核设施退役与放射性废物治理关键技术

主　编　张生栋

副主编　刘丽君　张振涛

中国原子能出版社

图书在版编目（CIP）数据

核设施退役与放射性废物治理关键技术／张生栋主
编；刘丽君，张振涛副主编. — 北京：中国原子能出
版社，2021.12

ISBN 978-7-5221-1892-5

Ⅰ.①核… Ⅱ.①张… ②刘… ③张… Ⅲ.①核设施–
放射性废物处理–研究 Ⅳ.①TL943

中国版本图书馆 CIP 数据核字（2021）第264072号

核设施退役与放射性废物治理关键技术

出版发行	中国原子能出版社（北京市海淀区阜成路43号　100048）	
策划编辑	王　朋	
责任编辑	胡晓彤	
责任校对	宋　巍	
责任印制	赵　明	
装帧设计	侯怡璇	
印　　刷	北京金港印刷有限公司	
开　　本	787 mm×1092 mm　1/16	
印　　张	19.25	**字　　数**　445 千字
版　　次	2021 年 12 月第 1 版　2021 年 12 月第 1 次印刷	
书　　号	ISBN 978-7-5221-1892-5	**定　　价**　98.00 元

网址：http://www.aep.com.cn　　　　　E-mail：atomep123@126.com
发行电话：010-68452845　　　　　　　版权所有　侵权必究

总　序

当今世界正经历着百年未有之大变局,我国发展面临的国内外环境发生深刻复杂的变化,我国"十四五"时期以及更长时期的发展对加快科技创新提出了更为迫切的要求。加快科技创新是推动高质量发展的需要,是实现人民高品质生活的需要,是构建新发展格局的需要,是顺利开启全面建设社会主义现代化国家新征程的需要。现在,我国社会发展比过去任何时候都更加需要增强科技创新这个第一动力。党的十九届五中全会强调要坚持创新发展在我国现代化建设全局中的核心地位,并对强化国家战略科技力量、提升企业创新能力、激发人才创造活力、完善科技创新体制机制等作出重要部署。

核工业是高科技战略产业,是国家安全重要基石,肩负着国防建设和经济发展的双重使命。在我国核工业创建 60 周年之际,习近平总书记作出重要指示,对我国核工业取得的成就给予充分肯定,同时为新形势下我国核工业发展指明了方向:"要坚持安全发展、创新发展,坚持和平利用核能,全面提升核工业的核心竞争力,续写我国核工业新的辉煌篇章。"

作为我国核工业的主体、核能开发利用的中坚、核技术应用的骨干,中国核工业集团有限公司全面启动实施"创新 2030"工程,推出一批科技创新重大举措,部署了一批重大科技攻关项目。通过自主创新与引进消化吸收再创新相结合,自主研发了具有完全自主知识产权的第三代百万千瓦级核电技术——"华龙一号",成功研发了多用途模块式小型反应堆、"燕龙"泳池式低温供热堆等多种堆型和中国环流器二号 M 装置。核燃料循环各环节技术水平实现跨越发展,二氧化碳＋氧气地浸采铀、离心法铀浓缩、先进核燃料研制等一大批关键技术相继突破。核技术应用取得重大进展，230 MeV质子治疗加速器完成总装，10 MeV/50 kW大功率辐照加速器完成研制，首批国产医用伽玛刀源研制成功。与此同时，中核集团高度重视高层次专业技术人才队伍建设工作，建立了首席专家、科技带头人制度，形成覆盖核工业全产业链各专业领域的科技创新人才的培养机制。在重大科研项目攻关过程中，首席专家及其团队发挥了中流砥柱的作用。

与世界核强国相比，我们在很多方面还存在一定的差距。当前我国核工业正处于由大到强到优的重要时期，责任重大、使命光荣。核领域门槛高、专业技术强、行业划分细，新时代核工业的创新发展、高质量发展需要更多的优秀科技人才，而优秀科技人才的培养离不开高水平的专业出版物。为了促进我国核科技成果的积累和传承，推动我国核科技工业自主创新和核领域高端人才培养，主要为中核集团、核行业乃至国家发展提供智力支撑的中核战略规划研究总院有限公司，组织策划出版《核工业首席专家科技丛书》，该系列丛书由核工业各专业领域的首席专家及其团队在多年研究成果的基础上总结提炼形成，是一套集创新性、系统性和时代性于一体的学术专著，可以系统全面地反映我国核工业科技创新发展的最新成就。相信该套丛书的出版，可为新时代强化我国国家战略核科技力量、提升核工业科技创新能力、加强核领域人才队伍建设、促进我国核能产业实现高质量发展作出贡献。

中国核工业集团有限公司董事长

2021 年 1 月 8 日

序 (1)

　　核能作为绿色、清洁、环保的能源是实现我国"碳达峰、碳中和"目标的重要补充。而核能的健康发展又受到核设施退役、放射性废物处理处置的影响。因此，加快核设施退役与放射性废物治理的技术研发、核设施退役和放射性废物安全处理与处置工作的实施对核能可持续发展、公众安全健康、环境友好等具有重要意义。

　　国际上有核国家都在高度关注并制定核设施退役与放射性废物治理相关的重大计划，如美国能源部设立了环境管理科学计划、经合组织核能机构（OECD/NEA）退役治理研发合作规划、法国的放射性废物处理处置研发法案等，并投入大量的经费加快开展核设施与放射性废物治理相关的技术研发和工程项目的实施。但是由于早期核设施建造没有标准规范，运行状况不尽相同，关键技术储备不足等，目前世界有核国家核设施退役及放射性废物治理总体进展相对滞后。

　　我国的核设施退役与放射性废物治理工作经过 20 多年的技术攻关，突破了一些技术，完成了部分核设施的退役，但是复杂核设施退役，高放废物处理、深地质处置等还没有完全开始实施。这充分说明核退役退役与放射性废物治理是一项集高科技为一体的复杂的系统工程。这个复杂系统工程必然会带动核设施退役与放射性废物治理学科的快速发展和新兴产业的发展。

　　本书根据世界有核国家核设施退役与放射性废物治理技术研发和项目实施的经验，并结合我国近 20 多年的技术研发经验，建立了核设施退役与放射性废物治理的技术体系，并对技术体系进行论述，对关键技术进行分析，提出该领域的重点基础问题和重大技术问题，提出了部分关键技术的发展方向。本书的出版，有利于核设施退役与放射性废物治理工作的研究人员和工程技术人员对该领域相关知识的了解和掌握，对加快推动我国核设施退役具有重要意义。

中国科学院院士 王方定

2021 年 8 月 28 日

序（2）

核设施退役与放射性废物治理是核行业重要的环节之一，不仅是核能可持续发展的重要保障，也是保障公众安全健康与保护环境的重要部分。

国际原子能机构（IAEA）发布的《2020年核技术评论》中提到：截至2019年12月31日，全世界有186座核电反应堆已关闭或正在退役，其中17座反应堆已完全退役。已永久关闭或正在退役的核燃料循环设施超过150座。已经永久关闭的研究堆和临界装置超过560座，其中约440座微型反应堆、临界装置、少量大型研究堆已完全退役。大约有60多座研究堆正在积极退役，约60座研究堆处于永久关闭状态并正在等待退役。主要拥有广泛核电计划的国家，正在部署和研发退役技术，以期满足核电退役的需要。纵观世界，核设施退役和放射性废物治理工作进展缓慢的主要原因是缺乏关键技术的储备、缺乏对原有关停核设施系统的源项系统调查、缺乏在强辐照条件的安全操作等。

我国的核设施退役与放射性废物治理工作始于20世纪90年代初，主要针对的是早期核设施的退役，经过20多年的技术攻关，突破了一些技术，完成了一些相对简单的核设施的退役，但是我国部分重要核设施退役和放射性废物的治理工作于"十三五"才进入实质性的实施阶段。

核退役退役与放射性废物治理是一项集高科技为一体的复杂的系统工程，涉及机械制造、自动化控制、核安全、辐射防护、放射性废物处置、分析检测、环境治理修复等诸多技术领域。同时还涉及退役标准制定、安全监管等方面的工作。因此，核退役治理将会逐步发展成为一个新兴学科和产业。

　　本书针对核设施退役与放射性废物治理的技术体系进行了系统的梳理，并对关键技术问题进行分析研判，并根据节能减排、环境保护、废物最小化以及工程实施过程的辐射防护最优化的要求，提出部分关键技术的发展方向。本书的出版，既对从事核设施退役与放射性废物治理工作的研究人员和工程技术人员等提供帮助和指导，也对推进我国核能可持续发展具有重要意义。

中国工程院院士

2021 年 8 月 28 日

前　言

　　核能可持续发展的最后一个环节即为核能领域各种废物安全最小化的处理处置，将放射性废物与人类安全隔离；对完成使命的核设施采取安全退役，消除对环境和公众健康可能产生的安全风险。因此，核设施退役与放射性废物治理在核能领域具有重要的作用。

　　2020 年 8 月，国际原子能机构（IAEA）发布的《2020 年核技术评论》中提到：截至 2019 年 12 月 31 日，全世界有 186 座核电反应堆已关闭或正在退役，其中 17 座反应堆已完全退役，还有更多反应堆正在进入退役的最后阶段。已永久关闭或正在退役的核燃料循环设施超过 150 座，不包括已经退役 130 座左右。已经永久关闭的研究堆和临界装置超过 560 座，其中约 440 座微型反应堆、临界装置、少量大型研究堆已完全退役。大约有 60 多座研究堆正在积极退役，约 60 座研究堆处于永久关闭状态并正在等待退役。拥有长期核电计划的主要国家，正在部署和研发退役技术，以期满足核电退役的需要。

　　截至目前，世界上共有 100 座铀矿，300 多座与军用 Pu 的分离、纯化、转化等相关核设施已关停，预计 2020 年后关闭与核燃料循环相关的核设施约 2800 座。

　　放射性废物的处理虽已随着核裂变研究的开始正在逐步发展，根据不同物理状态、不同比活度的放射性废物的处理方法逐步建立，并建立相应的处理设施，但是一些特殊的废物处理方法正在处于研发阶段，如放射性有机废物、放射性废石墨、放射性泥浆，以及高放固体废物等。同时前期废物处理并没有考虑废物的降级或者循环利用，也没有考虑放射性废物的最小化。另外在 20 世纪五六十年代，世界各核大国竞相研发核武器，在放射性废物产生、处理等方面没有考虑对环境的影响问题。随着核设施退役进程的加快，产生的放射性废物与原来产生的废物相比、其种类、状态、比活度等不尽相同。因此，本世纪开始，国际上将核设施退役、放射性废物整备、放射性废物分类检测、放射性废物处理、放射性废物处置、放射性废物管理等一并纳入到核设施退役与放射性废物治理范畴。

核设施退役与放射性废物治理是一项集高科技为一体的复杂的系统工程，涉及机械制造、自动化控制、核安全、辐射防护、放射性废物处置、分析检测、环境治理修复等诸多技术领域，逐步形成自身的技术体系和学科。同时还涉及退役标准制定、安全监管、资金运作、成本分析、项目管理、监理等方面的工作。因此，核设施退役与放射性废物治理将会逐步发展成为一个新兴学科和产业。

由于核设施退役与放射性废物治理在工程技术类学科相对其他学科起步晚较，国内外系统、全面的参考资料较少，因此，作者一直想能够参考国外的经验，并结合 20 多年在核设施退役与放射性废物治理技术研发和技术管理的经验，系统梳理技术体系，编制一本技术类书籍，也是很有意义的。

本书共分为 8 个章。第 1 章系统分析国际上主要有核国家有关核设施退役与放射性废物治理的重大计划以及开展的关键技术研发情况，明确核设施退役与放射性废物治理关键名词规范，建立较为完整的核设施退役与放射性废物治理的技术体系，并对技术体系进行论述，对关键技术进行分析，提出该领域的重点基础问题和重大技术问题，提出部分关键技术的发展方向；第 2 章重点介绍切割技术相关定义、分类、原理以及应用对象、切割过程的主要辐射安全的要求，以及国外的实践经验，并提出切割技术重点发展方向；第

3章重点介绍放射性去污技术相关定义，去污评价指标、各种去污的原理以及应用场景，以及良好的实践，并提出去污技术的发展重点；第4章重点介绍放射性废物分类检测的必要性、检测技术的分类、特点以及相关技术原理、应用情况，并提出放射性废物分类检测的发展重点；第5章重点论述放射性废石墨的来源、特性、放射性废石墨切割、回取及暂存、废石墨处理的需求分析、处理思路和处理技术以及发展方向；第6章重点介绍高放废液处理的需求及必要性、高放废液来源及特性，高放废液主要处理方法、我国高放废液玻璃固化发展历程、技术研发现状以及今后的发展方向和发展趋势；第7章重点介绍放射性有机废物来源及特性、放射性有机废物的处理方法、原理及工艺，以及放射性有机废物处理的发展方向和发展重点；第8章论述了低放废液的来源、处理方法，重点介绍利用热泵蒸发处理低放废液的原理、工艺以及实践，并提出今后的发展方向和重点。

本书各章节编写人员主要有：第1章由张生栋编写；第2章由张怡、张生栋编写；第3章由张怡、张生栋编写；第4章由何丽霞编写；第5章由游新锋、张振涛编写；第6章由刘丽君编写，第7章由游新锋、张振涛编写；第8章由韩一丹、鄢枭编写。全书由张生栋修改和审定，部分章节由刘丽君审定。本书编写过程中由张振涛提供了相关素材，李玉松在文字校正、编排等方面付出了辛勤工作，在此表示感谢。

本书编制过程，王方定院士、罗琦院士、中国原子能科学研究院薛小刚院长提出了很多很好的建议，特别是薛小刚院长给予了很多的鼓励和帮助；也得到国防科工局相关领导和同志们的帮助，在此也表示衷心的感谢。

本书可以作为核设施退役与放射性废物治理方面技术人员的参考书籍，也可以作为核设施退役与放射性废物治理专业本科生、研究生的参考书籍。

虽然编写人员都有多年相关技术研发和工程实施的经验，但由于编写水平的局限，难免有不妥之处，敬请广大读者提出宝贵的意见和建议。

张生栋

2021 年 8 月

目　录

第1章 核设施退役与放射性废物治理技术体系

核设施退役与放射性废物治理（简称核退役治理）是核设施退役、放射性废物分类检测及整备、放射性废物处理与处置、放射性废物管理的总称。

1942年第1个核反应堆在美国芝加哥诞生，标志着以钚为核材料的核武器研制开始，以军事目的为源头，美国开始建设并运行了大量以军用核材料生产为目的的核设施。1946年苏联第1座核反应堆建成，1954年，苏联建成世界上第一座核电厂，标志着核能和平利用的开始。为了核能和平利用，从铀矿开采到铀的浓缩、元件制造、核电厂、后处理厂等核设施逐步完善，并投入使用。同时，放射性废物的处理研究逐步开展，如20世纪40年代末就开始从高放废液中分离回收裂变产物的研究，50年代初，一些国家建立了分离回收裂变产物核素的中间工厂。

2020年8月，国际原子能机构（IAEA）发布的《2020年核技术评论》中提到：截至2019年12月31日，全世界有186座核电反应堆已关闭或正在退役。其中17座反应堆已完全退役，还有更多反应堆正在进入退役的最后阶段。已永久关闭或正在退役的核燃料循环设施超过150座，不包括已经退役130座左右。已经永久关闭的研究堆和临界装置超过560座，其中约440座微型反应堆、临界装置、少量大型研究堆已完全退役。大约有60多座研究堆正在积极退役，约60座研究堆处于永久关闭状态并正在等待退役。拥有长期核电计划的主要国家，正在部署和研发退役技术，以期满足核电退役的需要。

截至目前，世界上共有100座铀矿，300多座与军用钚的分离、纯化、转化等相关的核设施已关停，预计2020年后关闭与核燃料循环相关的核设施约2800座。我国青海核基地经过环境整治并通过国家验收，已成功地退役还牧；北京市平谷区中低放废物库、陆上模式堆等已完成退役。其他核设施正在逐步开展退役工作。

放射性废物的处理随着核裂变研究已逐步发展起来，针对不同物理状态、不同比活度的放射性废物的处理方法及相应的处理设施已逐步建立，但是一些特殊废物的处理方法还处于研发阶段，如放射性有机废物、放射性废石墨、放射性泥浆，以及固体高放废物等。同时前期废物处理并没有考虑废物的降级或者循环利用，也没有考虑放射性废物的最小化。另外在20世纪五六十年代，世界各核大国竞相研发核武器，在放射性废物产生、处理等方面没有考虑对环境的影响问题。随着核设施退役进程的加快，产生的放射性废物与原来产生的废物相比，其种类、状态、比活度等不尽相同。因此，21世纪开始，国际上将核设施退役、放射性废物整备、放射性废物分类检测、放射性废物处理、放射性废物处置、放射性废物管理等一并纳入退役治理范畴。

核退役治理是一项集高科技为一体的复杂的系统工程，涉及机械制造、自动化控制、核安全、辐射防护、放射性废物处置、分析检测、环境治理修复等诸多技术领域。同时还涉及退役标准制定、安全监管、资金运作、成本分析、项目管理、监理等方面的工作。因此，核退役治理将会逐步发展成为一个新兴学科和产业。

1.1 核设施退役及放射性废物治理相关概念

核退役治理作为一门新型学科，又是集高科技为一体的复杂技术体系，涉及诸多概念。在此，先对核退役治理紧密相关的概念进行介绍，以便了解核退役治理整体的技术体系和过程。

1.1.1 放射性废物治理相关概念

放射性废物（Radioactive waste）：含有放射性核素或被放射性核素污染，其浓度或者比活度大于国家审管部门规定的清洁解控水平，并且预计不再利用的物质。

放射性废物特点：

（1）含有放射性物质。放射性不能采取一般的物理、化学和生物方法消除，只能靠放射性核素自身的衰变而减少。

（2）射线危害。放射性核素释放出的射线通过物质时发生电离和激发，辐射剂量达到一定程度后会对生物体引起辐射损伤。

（3）热能释放。放射性核素通过衰变释放出能量，当废液中放射性核素含量较高时，这种能量释放会导致废液的温度不断升高甚至沸腾。

放射性废物处理（Radiaoactive waste treatment）：是指使放射性废物适于最终处置（包括往大气或者水体排放）的一切操作实践，例如收集、分类、浓缩、焚烧、压缩、去污、固化、包装、贮存和运输等。放射性废物处理的目标是尽量减少放射性废物的体积，以减少贮存、运输和处置的费用，并尽可能回收或复用，减少向环境排放。

排放的放射性总量和浓度必须符合有关规定。废物必须分类收集和存放，分别处理，防止交叉污染或者污染的扩散。

放射性废物治理（Radiaoactive waste management）：用安全、有效、成熟的技术手段将放射性废物进行预处理、处理、整备、运输、贮存和最终处置，或者进入再循环利用的技术活动，并在整个技术活动中遵循废物最小化原则，力求达到最佳的经济、环境和社会效益，有利于核能可持续发展。

一般情况下，放射性废物处理和放射性废物治理属于相同概念。在某些特定条件下，两者还是有所差别，放射性废物处理常用于技术领域，而放射性废物治理多用于管理领域。

放射性废物运输（Radiaoactive waste transport）：采用专门运输容器、监管部门确认的运输方式和运输线路将放射性废物从产生地运输到目的地（包括处理地或者处置地）的过程。运输方式包括公路运输、水路运输、铁路运输等，核材料和放射性物品也可以用航空运输。按照放射性物品的运输分类原则，放射性废物运输也分为 3 类。Ⅰ类主要指高放废物，包括高放废液玻璃固化体、未整备的或者整备后的高放固体废物。这类废物对人体健康和环境产生重大辐射影响；Ⅱ类主要是指中放废物，包括中放水泥固化体、未整备的或者整备后的中放固体废物，这类废物对人体健康和环境产生一般辐射影响；Ⅲ类主要指低放废物。这类放射性废物对人体健康和环境产生较小的影响。原则上，放射性废物运输仅指固体放射性废物的运输。

放射性废物在运输过程，由于采用专门的屏蔽容器，所以对人体的危害可以忽略不计。国务院、安全监管部门和其他依法履行放射性物品运输安全监督职责的部门，各自依法行使职责，对放射性废物的运输安全实施监督检查。

放射性废物处置（Radioactive waste disposal）：把放射性废物放置在一个经批准的专门的设施（例如近地表处置场或者深地质处置库）中，不再回取，使之与人类生存环境永久隔离的管理和技术活动的总称，它是核燃料循环的最后一个环节。处置也包括经批准的将净化过的流出物直接排入大气或者水体，随后弥散在环境中。处置实际上是对放射性废物实施的一种不可回取的处理。通常采用多重屏障隔离体系，使放射性核素在衰变到安全水平之前不以有害量进入人类生物圈，保护人类安全健康和环境不受影响。放射性废物不同，处置要求不同。IAEA 推荐：短寿命低中放废物（LIW-SL）采用近地表处置，长寿命低中放废物（LILW-LL）和高放废物（HLW）采用地质处置。放射性废物处置的安全性是通过选择适当的场址、良好的工程措施和完善的管理来达到的。许可证制度、质量保证体系、安全评价和环境影响评价制度是放射性废物安全处置的保证。

放射性废物最小化（Radioactive waste minimization）：放射性废物的体积和活度减少到可合理达到的尽可能小。最小化应贯穿从核设施设计开始到退役终止的全过程。包括减少源项、再循环、再利用、对二次废物和一次废物的处理等。放射性废物最小化的四种方法，即从主工艺运行和检维修控制放射性废物产生量、预防不必要的物质的活化或者污染、放射性物料的再循环和再利用以及废物管理最优化。

放射性废物管理（Radioactive waste management）：与放射性废物治理有关的技术管理和技术活动，包括制定方针政策，编制治理规划，制定法规标准，对放射性废物进行预处理、处理、整备、运输、贮存和处置，申办许可证或授权，进行监测和监督，安全分析和环境影响评价，以及对公众进行宣传教育等，放射性废物是重要的放射源和环境污染源。

IAEA 1995 年提出的放射性废物管理原则如下：

（1）保护人类健康。必须能够确保对人类健康的影响达到可接受的水平。

（2）保护环境。必须确保对环境影响达到可接受的水平。

（3）超越国界的保护。应该考虑超越国界的人类健康和环境的可能影响。

（4）保护后代。必须保证后代预期影响不会大于当今可接受的水平。

（5）对后代的负担。必须保证不给后代造成不适当的负担。

（6）控制放射性废物的产生。放射性废物的产生必须尽可能最小化。

（7）国家法律框架。必须在适当的国家法律框架内进行，包括划分责任独立地审查和监督。

（8）放射性废物产生和管理间的相依性。必须适当考虑放射性废物产生和管理各阶段之间存在的相互依赖关系。

(9) 设施安全。必须保证放射性废物管理设施使用寿期内的安全。

1.1.2 核设施退役相关概念

核设施（Nuclear installation）：是规模化生产、加工、使用、贮存或处理处置放射性物质，需要做安全考虑的设施，包括其设施、建筑物及其附属场地。《中华人民共和国放射性污染防治法》对核设施分为以下 3 类，即核动力（核电厂、核热电厂、核供汽供热厂）和其他反应堆（研究堆、实验堆、临界装置等），核燃料生产、加工、贮存和后处理设施，放射性废物的处理和处置设施等。

核设施退役（Nuclear installation decommissioning）：国防科技名词大典（核能）对核设施退役定义为核设施使用期满或因其他原因停止服役后，为充分考虑工作人员和公众的健康与安全及环境保护而采取的行动。退役的最终目的是实现场址不受限制地开放和使用。核设施退役有立即拆除、延缓拆除、就地掩埋等方式。

(1) 大型反应堆退役后封存适当时间可降低辐射水平，采取延缓拆除较为有利。

(2) 核燃料水冶厂、精制厂、富集厂、元件制造厂等核燃料循环前段工厂及乏燃料后处理厂采取立即拆除较为有利。

(3) 铀矿山、铀尾矿库退役一般采用覆土植被，固坝阻氡等措施。

核设施退役涉及去除放射性物料、放射性废物和其他有害物质，使核设施可以开放，不对公众健康和环境构成危害。退役工程可以分阶段进行（如大型反应堆退役等），也可以一步完成。退役工程包括源项调查、去污、切割解体、废物处理和处置、安全分析和环境影响评价等。对操作人员的培训、辐射监测和防护、质量保证和质量控制以及必要的应急准备等都是需要的。

IAEA 针对核设施退役的定义是为解除一座核设施的部分或者全部监管控制所采取行政和技术活动。从这个定义看出，核设施退役既包括许可、批准、监管等行政活动，也包括源项调查、去污、解体、拆除等技术活动。核设施也是有生命周期的。退役被认为是核设施生命周期的最后一个阶段，更是生命周期管理中的一个重要环节。核设施退役遵循废物最小化、辐射防护最优化、技术成熟可靠的原则。

核设施退役批准书（Instrument of ratification for nuclear installation decommissioning）：由国家核安全监管机构颁发的允许核设施开始退役活动直至最终退役的书面批准文件。核设施退役批准书的申请者需于开始退役活动前（我国核电厂则明确规定为开始退役前两年）向国家核安全监管机构提交退役申请书并附送退役报告。申请书和退役报告的内容应包括申请单位、负责人姓名、职务、地址、核设施退役前的状况、待处理的放射性物质的总量、处置方案及退役计划等。国家核安全监管机构审查的重点是：(1) 核设施运行结束时放射性物质的性质和数量；(2) 退役步骤和方法；(3) 退役各阶段的状态；(4) 退役各阶段的厂（场）区保卫和环境监测。国家核安全监管机构审查后先颁布退役批准书（临时），允许开始退役活动，然后再颁布退役批准书，批准最终退役。

退役阶段（Decommissioning phases）：从持续的时间上对退役活动所做的划分。除小型核设施或者装置关闭后可立即拆除外，大中型核设施退役过程可能要持续数年、数十年甚至上百年。因此，有必要对退役的全过程划分为若干阶段，明确每个阶段完成的目标和确定各阶段的步骤和任务，以便于退役活动的实施和管理。不同的核设施或者装置应有不同的阶段划分和实现目标，如大型核设施，我国目前倾向于分为去污、拆除和解体、环境治理和有限制或者无限制开放等若干阶段。涉及的主要内容为：污染系统和设备的去污，拆除与退役无关的辅助设施；拆除、解体退役建筑物内部的系统和设备（反应堆堆芯除外）；拆除全部的构筑物，对周边环境进行整治，实现场址有限制或无限制开放。各阶段均要对产生的放射性废物和其他有害物质进行处理和处置。在退役过程中可用退役深度来衡量退役工作实际进展情况，即在多长时间内完成多少退役工作，其中包括目标和内容等。

退役源项调查（Source term survey for decommissioning）：为核设施退役前，提供一个可靠的有关放射性核素种类、含量、分布及物理、化学形态的数据库进行的有效活动。退役前通过源项调查可以建立设施中相关放射性污染的信息数据，提供用于退役评估的信息。退役源项调查范围通常是指核设施内，设施外延伸另一个核设施之间的中界线或者本设施安保周界。除了场址的源项调查，一般不涉及受纳水体的调查。

核设施退役源项调查主要内容包括：放射性源项、废物源项、辐射源项 3 个方面。调查方法包括文档资料调查、计算、现场调查及航测。文档资料调查是指查阅核设施的档案资料、历史记载、与当事人进行交流等，以期了解和掌握核设施运行过程的基本情况，包括运行周期、运行状况、大修或者改造情况、发生的核事件（事故）以及处理情况等。计算包括物料衡算和通过适当计算软件进行的计算，对强辐射场中调查困难很大的物件，可以通过有限次的外部测量之后，用计算机软件推算内部的放射性水平。现场调查包括在现场查验设施内部、工艺设备、管道等残留放射性废物的状态、种类以及含量，设施及工艺设备放射性核素污染程度以及气溶胶、剂量场分布，或者现场取样进行实验室分析等。航测技术对面积较大的场址污染调查有一定作用，可以帮助找到放射性散落物或遗留点。

退役去污（Decontamination in decommissioning）：对处于退役状态的受污染系统、部件和设备等的去污过程。退役去污的目的是：（1）减少核设施中残留放射性量和潜在的放射性物质的释放量；（2）有利于系统、设备的拆除和设备、材料的回收利用；（3）降低现场操作人员的受照剂量；（4）减少送去处置的含放射性物质的体积；（5）便于场址、设施恢复到有限制或无限制地开放使用。退役去污不必要顾忌影响基体材料的完整性，因这些部件或者系统原则上不再使用。

退役切割（Cutting in decommissioning）：将核设施内放射性污染的工艺系统、设备、各种管件以及配套系统等切开或者断开，并变为可移取、可转运、可收集的物件的手段或者方法。根据这个定义，核设施退役切割技术对象是设施内的放射性污染的工艺系统、设备、各种管件以及配套系统，不包括建筑物及其附属构筑物。

环境修复（Enviromental remediation）：指被污染的环境采取物理、化学和生物学技术措施，使存在于环境中的污染物浓度减少或者毒性降低或者完全无害化。根据修复对象可以分为大气环境修复、水体环境修复、土壤环境修复及固体废物环境修复等几种类型。根据修复所采用的方法，可分为环境物理修复技术、环境化学修复技术及环境生物修复技术等。环境修复是一项复杂的综合性的系统工程，涉及多学科，如生态学、地理学、土壤学、生物气象学、环境化学、工程学以及经济学等。

退役终态目标（Final objective of decommissioning）：指退役活动结束后，对原核设施

所在场址的一种描述，退役终态目标是开放和利用场址程度及前景，这应在退役实践开始前确定，这是检验退役活动是否完全的标志。退役终态目标可以分为无限制开放目标和有限制开放目标。

上述论述的概念是退役治理宏观方面需要了解和掌握的基本概念，涉及管理方面其他概念，如退役许可、安全分析报告、环境评价报告、核设施退役大纲、核设施退役质量计划等没有论述，可以参考《核安全法》《放射性污染防治法》以及管理部门、监管部门等相关管理规定和要求。同时退役治理涉及的相关具体概念，如各种去污方法以及涉及的去污因子、去污速度等，各种切割技术以及涉及的相关切割、解体、拆除等名词在后续各章进行论述。

1.2 国外核退役治理计划和技术发展现状

1.2.1 美国环境管理科学计划

为解决军工核设施退役、放射性废物治理和污染环境净化过程中的技术难题，美国国会于 1996 年在能源部设立了环境管理科学计划（Environmental Management Science Program，EMSP），总经费估计约 2000 亿美元，目的是集中国家实验室、工业研发部门和大学等力量，在高放废物处理处置、超铀与混合废物处理处置、污染环境净化、设施去功能化与退役、核材料管理、生态/健康/风险管理等方面开展研究，其中高放废物处理处置研究周期最长、研究费用最多，预计到 2070 年高放废物处理处置技术研究才能结束，其研究费用是其他研究领域的 2 倍多，估计为 730 亿美元。美国核退役治理技术体系如图 1-1 所示。

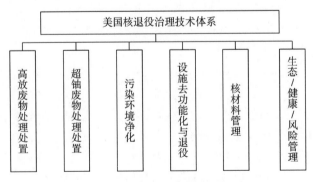

图 1-1 美国核退役治理技术体系图

1.2.1.1 高放废物处理处置

美国在高放废物处理处置方面主要开展乏燃料元件直接暂存包装后深地质处置、高放废液分离—嬗变、高放废液分离—整备、高放废物处理等方面研究。

美国目前存储了约 38 万 m^3 军用高放废液，主要集中在汉福特（58%）、萨凡纳河

（32%）和爱达荷（3%），给环境和社会带来很多问题，美国投入了大量经费研究军用高放废液的分离处理。1990 年美国太平洋西北国家实验室提出了"清洁使用反应堆能源计划"（CURE 计划），主张采用分离技术，把高放废液分成占绝大部分的中低放废液和少量的 α 核素及长寿命核素废液，实现放射性废物的降级和减容。1991 年，美国能源部成立一个"有效分离和处理"机构推动和管理高放废液分离的研究和工程开发工作。1997 年美国国家研究委员会研究报告指出分离处理生产堆（军用）高放废液是正确的，在经济上是合理的。随后橡树林国家实验室（ORNL）进行了无机离子交换剂 CST 除铯工程热试验，在爱达荷国家实验室（INL）进行了锕系元素和锶的萃取流程热中试。据初步估计，仅在 INL 采用分离法，就可节省 20 亿~70 亿美元处置费用。

美国的地质处置计划由美国能源部下属机构民用放射性废物管理局（OCRWM）负责组织实施，完全是由政府主导。1957 年提出高放废物深地质处置概念，1976 年开始选址研究，1983 年确定 9 个预选区，1986 年缩小到 3 个预选区，1989 年确定尤卡山地区为最终的预选区，提出了 15 个场址，1991 年确定尤卡山山脊为最终场址。2002 年才完成场址评价，开始深地质处置库建设。但一直以来，内华达州政府和当地民众都强烈反对在尤卡山建处置库，2009 年，美国政府暂停了在尤卡山建处置库的相关研究计划和活动，一个重要原因就是地方政府和民众反对。前后历时 50 多年，至今并未实施高放废物深地质处置。

1.2.1.2　超铀与混合废物处理处置

美国规定，对于含有 α 核素的废物，如果其比活度大于 100 nCi/g（3.7×10^3 Bq/g）属超铀废物，可归入 A 类低放废物。1970 年后，美国禁止超铀废物作近地表处置。能源部条例 Order435.1 规定：如果是国防废物，可在废物隔离示范工厂（WIPP）处置，如果尚未确定是不是国防废物，需先安全贮存等待将来再进行处置。1999 年 3 月 26 日废物隔离示范工厂开始运营，这是世界上第一个获得许可的安全永久贮存超铀废物的地下处置库，位置为地下大约 700 m 的岩层。能源部获得许可在废物隔离示范工厂处置 17.56×10^4 m³ 超铀废物。到 2006 年 9 月，已经处置了 4.1×10^4 m³ 超铀废物。尚未处置的超铀废物贮存在废物产生设施或能源部指定的设施内。贮存方法包括可回取式埋藏、浅地层掩体、混凝土箱、地上混凝土房和建筑内。

1.2.1.3　污染环境净化

2000 年，美国能源部土地管理办公室发布了一个"汉福特 2012 计划：加速净化和缩减厂址计划"（以下简称"汉福特 2012 计划"），其主要目标是：（1）修复和整治沿河流域厂址，实现清洁解控，归还公众使用；（2）整治核心实验平台区域，净化环境；（3）为厂址的未来利用和终态做准备。该计划围绕近期（3~5 年）环境修复及长期的厂址洁净的目标，开展关键科学与技术的研发，以期尽量降低和缩短汉福特厂址的净化和退役关闭费用、风险和时间。计划从 2000 财年到 2046 财年结束，直接费用预算约 240 亿美元，不确定费另计，由能源部土地管理办公室、河流保护办公室、西北太平洋国家实验室及汉福特厂址相关方等共同提出的关键技术有：放射性废物的遥控回取技术、超铀废物遥控处理处置技术、强沾污设施的去污及退役技术、核材料管理、地下水及土壤修复技术、反应堆最终处理和处置、厂址终态及环境修复技术等。西北太平洋国家实验室（PNNL）、麻省理工学院（MIT）、Electro-Pyrolysis 有限公司（EPI）等多家机构和大学参与该计划研究工作。

1.2.1.4　设施去功能化与退役

美国现有的核设施主要分布在汉福特、橡树岭、洛基弗拉茨、萨瓦纳河场址和爱达荷国家实验室等地。在核设施退役过程中挑战最大的是沾污比较严重的军工遗留设施：乏燃料放化处理设施、核材料（如钚、氚及其他核材料）生产和装备设施、气体扩散富集铀设施、钚处理和氚处理设施。针对难退役设施，提出了相应的主要科研领域包括：沾污材料的表征、设备和设施去污、提高操作人员安全的遥控智能操作系统、核设施退役的终态研究等技术（见图1-2）。

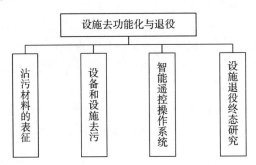

图1-2　美国核设施去功能化与退役技术体系图

沾污材料的表征研究主要包括：（1）能够快速表征、鉴定沾污材料或设备表面核素和 EPA 清单中的物质的超灵敏设备相关基础研究；（2）能够进行不同混凝土深度沾污核素及物质的实时分析方法研究；（3）实现放射性核素及 EPA 清单物质遥控绘图方法的基础研究，为源项调查服务。

设备核设施去污研究主要包括：（1）重要污染物与退役相关的主要材料（如混凝土、不锈钢、漆面及可剥离面等）之间物理、化学作用的基础研究，为现有的去污技术提供理论和科学依据，提高去污技术和方法；（2）生物去污技术基础研究，以实现 DOE 核设施相关的多孔材料表面及其内部去污。

智能遥控操作系统研究：核设施退役过程中不可避免地存在对工作人员危险，智能遥控系统（机器人）能够替代人进行操作，降低风险，提高效率。委员会建议开展能够进行各种工作且能标志化生产的机器人研究工作，重点为执行元器件研究、操作软件和现场操作研究。

设施退役终态研究：核设施去功能化及退役终态、材料的清洁解控及回收标准的界定会对退役成本、流程、公众、工作人员及环境的安全有很大的影响。但目前各种安全终态的界定并没有充分的科学基础作为支撑。分析材料及设备中沾污核素及化学成分，研究已处理和未处理的沾污材料的行为特性，并考虑其时间特性，最终比较和评价不同终态的长期安全性。

1.2.1.5　核材料管理

主要涉及 DOE 管理下的核设施内的乏燃料、铀、钚、Cs/Sr 胶囊，其他形式核材料的稳定化及贮存管理等。比如，仅汉福特就有 4 t 的钚，2100 t 的乏燃料，2.0×10^8 Ci 的 Sr

胶囊，4.7×10^8 Ci 的 Cs 胶囊等，根据汉福特 2012 计划，需要将这些核材料进行稳定化、包装、暂存，最后运至处置场，计划投资 50 多亿美元。

1.2.1.6　生态/健康/风险管理

它的主要任务是对核退役治理相关活动进行成本分析、风险管理，保证相关工作人员在操作过程中的安全，对退役后的设施及厂址进行环境安全评价和管理，保证公众健康和安全，以及相应的技术开发和评价活动等。

相关管理和研究机构有：美国能源局（DOE）科技办公室（OST），土地管理办公室（ORM），河流保护办公室，美国核管会等管理部门及汉福特、萨瓦纳河等业主单位和国家研究实验室和大学等。美国 DOE 环境管理项目部 OST（科技办公室）从事开发相关核活动的新技术、新设施以降低废物处理、核设施退役等相关活动过程中的风险和成本。比如在 2000 年 OST 联合西北太平洋国家实验室（PNNL）、麻省理工学院（MIT）等机构对汉福特清洁治理进行了相关的成本及技术风险评估，并提出了相关的研究方向，以缩短清理和整治周期，降低治理风险。

1.2.2　欧盟核退役治理科研合作规划

欧洲主要有核国家在经合组织核能机构（OECD/NEA）的组织下制定了系统的退役治理研发合作规划，根据反馈经验建立了退役治理技术体系。1979—1998 年间建立了去污与解体、废物最小化、退役策略、远距离操作、计划与管理五个方面的退役治理技术体系（见图 1-3），持续投入相当于 600 亿欧元的资金开展了核设施退役和放射性废物治理相关科研工作。在技术研发科研成果的基础上，进行了五个退役示范工程研究，分别是法国马库尔后处理中试厂 AT1、英国 Winscale 气冷堆（WAGR）、德国 Gundremmingen 沸水堆（KRB）、比利时压水堆（BR-3）和德国 Greifswald 的轻水反应堆（VVER）的退役。

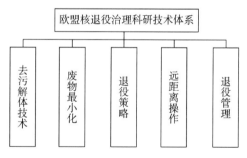

图 1-3　欧盟核退役治理科研技术体系图

1.2.2.1　去污解体技术

欧盟根据去污解体对象，总结了去污解体技术，如图 1-4 所示。金属去污技术包括系统去污、设备部件去污、化学去污、电化学去污、物理去污、其他化学工艺去污等方法；建筑物或混凝土去污技术介绍了剥离去污、破碎/刨铣去污、液/气压锤破碎去污等技术；土壤去污包括生物技术和非生物技术，其中生物法包括物理—化学法（如蒸汽萃取）、热处理法（如就地固化、焚烧等）和其他方法等，并对所有的方法进行了简单的比较和评价。

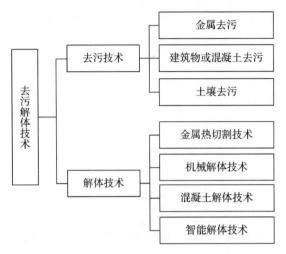

图 1-4 去污解体技术体系图

欧盟对核设施的解体技术进行了系统的归类和比较，包括金属热切割（包括氧气切割、等离子体切割、激光切割等）、机械解体（剪切、模切、水压切割等）、混凝土的解体和智能解体技术。

1.2.2.2 废物最小化

针对退役过程中产生的大量废物，提出了废物最小化管理要求。为了实现核设施退役过程中的废物最小化，建议进行如下相关研究：

（1）研究新的去污技术，实现金属材料的清洁解控；

（2）在退役各个阶段选择合理的技术，如废物分类、沾污材料的准确控制等；

（3）研究非金属材料的回收及环境影响评价；

（4）研究非表面污染难测量和控制技术；

（5）研究减容新技术。

同时 EC 还建议，将来核设施在设计、建造、运行等阶段均应提前考虑对退役过程的影响及废物最小化问题。

1.2.2.3 退役策略

OECD-NEA 欧洲各成员国对当前核设施的现状、国内政策及退役方法和策略进行了系统的分析和总结，均认可核设施退役的终态目标是实现厂址的安全开放或无限制使用。各国由于政策、核能发展目标、社会舆论、经济成本等原因，对核设施退役的方法、路径和时间安排有所区别。总体说来，退役策略包括三种情况：（1）立即拆除退役；（2）安全暂存监管；（3）埋葬。NEA 对这三种策略的优缺点、适用情况进行了初步的分析。比如，瑞典、德国、丹麦、意大利等国决定放弃核电，他们急切的想将关闭的核设施退役，将厂址恢复到安全和无限制使用的状态，因此他们就采用了立即拆除退役策略。像荷兰虽然决定放弃核能，但是由于缺乏相应的废物处置场和其他因素，他们采用了埋葬的退役策略。而法国坚持发展核能，但是由于具备退役条件且需要核电厂址，因此他们的退役策略是尽可能早地拆除关停的核设施，通过治理使厂址达到能够安全用于建设新的核设施的水平，而无需达到厂址的无限制开放和使用的标准。比利时、瑞士、英国等由于技术充分、政策灵活，因此，他们采取了更加灵活的退役策略，针对不同的设施具体情况具体对待，甚至将立即拆除退役和暂存监管策略结合起来的情况都有。所以，退役策略需要根据自己国家的实际情况而确定。

1.2.2.4　远距离操作

OECD/NEA 建议的研究和使用方向主要包括：远距离遥控操作、半自动远距离工具使用、强放射性污染区域内移动和升降操作、远距离遥控拆除和切割、人员无法达到的区域操作等。如英国在退役中已经成功应用了遥控切割和拆除技术，包括远距离轻重机械手、远距离切割机器人、远距离破碎机器人等，一个叫做 NEATER 的机器人可以举起约 100 kg 的重物实现转移。

1.2.2.5　退役管理

OECD/NEA 和欧盟委员会（EC）借鉴并联合 IAEA 对退役管理进行了系统的研究，包括组织构架、退役技术评价、经费管理、安全分析等方面，并取得了一些成果。如 EC、OECD/NEA 组织多个国家人员研究了退役过程中的经济分析，提出了影响退役经济成本的相关因素，并对其具体影响进行分析，给出了退役成本分析框架，供各国借鉴；并在1999年、2009年对该框架进行了两次更新。EC 还系统地总结了欧洲国家退役管理相关法律法规，提出了相应的退役管理准则和要求等，提出了相关的基金支持发展规划等。

1.2.3　法国制定了高放废物处理处置与核设施退役研发规划

法国核退役治理建立了完整体系，包括乏燃料管理、核设施退役、放射性废物处理、放射性废物运输、废放射源处理、高放废物处理与处置。由于民众和政府高度重视退役治理，其退役治理技术在多样性、先进性和应用程度方面处于世界先进水平。目前，法国核退役治理技术研发重点主要集中在高放废物处理处置技术和核设施退役技术两个方面。

1.2.3.1　高放废物处理处置方面

法国国会通过了放射性废物处理处置研发法案，从1991年到2005年，每年拨款15亿法郎，用于高放废物处理、地质处置和分离—嬗变等三个方向的研究。2006年法国对15年的研究成果进行了总结，决定继续深入上述三个方面的研究，同时制定了新的研究目标，即2016年实现高放废物的长期暂存，2020—2025年实现高放废物深地质处置，2040年实现分离—嬗变技术的工业应用。

（1）地质处置技术

针对高放废物和长寿命放射性废物处置问题，法国拟采用可回取废物的地质处置技术路线，即高放废物放入处置库后的100年内可以进行回取。该技术在2015年经过综合评估后，拟在2025年实现运行，期间需要开展的科研主要有：在 Meuse/Haute-Marne 地下实验室（MHM-URL）内进行地质处置概念优化、水文地质研究、核素输运和迁移研究及验证（包括腐植酸、微生物、胶体作用及影响）、天然类比研究、围岩机械性能和热性能研究、评价数学模型研究等；同时由 IRSN 研发黏土围岩地质处置安全分析技术，包括现有评价方法和评价数据可靠性、多因素耦合条件下不同处置情景合理性、安全评价各分项因子、甄别新技术和评价数据现场验证技术等。

对于近地表处置技术，则需要研发优化处置库设计和处置流程，建立可容纳更多种废物类型的近地表处置安全评价方法和接收标准。

（2）分离—嬗变技术

根据 91-1381 号法令要求，法国在 2006 年对高放废物和长寿命放射性废物分离—嬗变处置技术路线进行了第一次综合评估。评估后继续开展深化研究，2012 年进行第二次评估。根据第二次评估结论计划在 2020 年建立分离—嬗变设施，在 2040 年实现分离—嬗变商业化应用。关于分离—嬗变的相关计划如下。

分离技术：先建立 PURETEX 流程，改进 Pu 的分离，分离次锕系核素（如^{237}Np）；再建立 ACTINEX 流程，进一步分离其他长寿命核素，将 Cm（Ⅲ）和 Am（Ⅲ）与高价锕系元素分离，达到可嬗变的水平。

嬗变：采用"凤凰"快堆嬗变技术（Capra 计划）和热中子堆嬗变技术；同时与欧盟其他国家合作，利用大型快中子零功率试验装置开发 ADS 次临界嬗变技术（MUSE 计划）。

（3）高放废物处理技术

法国 ASN 以及 CEA 对现有高放废物处理技术总结分析后认为，法国应进一步在固化工艺、设备、基材等方面的技术研发，以适应未来废液多样性的趋势，保持技术的先进性。主要研发的方向：冷坩埚玻璃固化、等离子体焚烧及固化、陶瓷固化、新型固化基材研制。这些技术研发的一个重要目的是满足未来法国多类高放废物安全处理的需求，例如后处理高放废物、高放废物分离—嬗变产生的放射性废物以及其他活动产生的高放废物。

1.2.3.2 核设施退役技术方面

在核设施退役方面，法国确定了四个主要研究方向，即源项调查技术、设备解体技术、去污技术、废物处理技术。共投入研发费用 13.95 亿欧元，取得的研究成果，如 γ 相机、多关节机械手、含氟与 Ce（Ⅳ）高效去污技术和各种废物处理技术已经投入应用，并继续开展相关技术研发。法国核退役治理技术研发体系如图 1-5 所示。

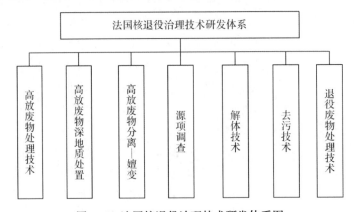

图 1-5　法国核退役治理技术研发体系图

（1）源项调查技术

加强多种新型的放射性探测技术研发，例如 α/γ 相机、便携式铀污染探测器等技术，其技术成果能够适应多类型、强辐射场条件下的准确测量，为退役场址源项 3D 分布以及模拟退役 3D 可视化操作提供支持。

（2）去污技术

研发多种高效去污技术，以适应不同退役设施去污工程的需要，包括凝胶去污技术、泡沫去污技术、电化学去污技术、高压水喷射去污技术、二氧化碳去污技术、生物去污技术等。

（3）解体技术

针对核设施内金属构件及混凝土构件，研发多种切割解体技术，以适应不同解体工程的需要，包括激光切割技术、远距离切割技术等。

（4）退役废物处理技术

对核设施退役过程产生的放射性废液，开展深度净化技术；对产生的固体放射性废物，开展降级、解控、复用相关技术研究，以期满足废物最小化要求。

1.2.4　英国核退役治理科研规划

2005 年英国政府设立了核设施退役机构（Nuclear Decommissioning Authority，NDA），专门负责英国的核设施退役、放射性废物治理管理工作。2006 年 NDA 对核退役治理技术进行了梳理和总结，制定了核退役治理技术研发规划，提出五个研究方向，即材料与废物性能测试、放射性废物处理、战略核材料管理、核设施终止与退役、场址恢复等（见图 1-6）。2006—2007 年的启动研究经费为 1.13 亿英镑，2008—2009 年研究经费为 1.01 亿英镑。

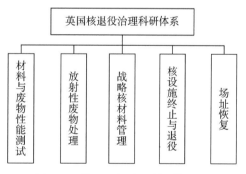

图 1-6　英国退役治理科研体系图

1.2.4.1　材料与废物性能测试技术

英国核退役场址内的污染设施及构筑物需要退役，同时核设施内还含有大量放射性废物需要治理。2005 年 NDA 对核退役场址现状及退役全流程分析后认为，促进材料和废物体性能测试技术研发能够有效加快退役工程进度，同时减少废物产生量，降低退役费用，需要重点研发的四类测试技术为：

（1）废物体快速分类检测技术。其应用目标是在退役现场快速准确地测量放射性废物的比活度及关键核素，快速判断处理措施（低放处理、清洁解控）。

（2）构筑物污染区快速检测技术。对构筑物污染区域，特别是多孔性污染区域进行现场快速检测，快速确定处理措施（去污、切割解体、清洁解控等）。

（3）场址污染分布探测新技术。研发探测限更低、探测深度更大的场址放射性探测技术，以利于决策场址退役后长期用途。

（4）特种放射性废物检测技术。针对泥浆、废液、废石墨、污染不锈钢和储氢废物，研发专用探测技术，获得废物体物理源项和化学源项。

1.2.4.2　放射性废物处理

NDA 对放射性废物处理现状和技术需求分析后认为，新规划的放射性废物处理技术应涵盖遗留废物处理、工业废物处理及循环复用技术、废物最小化技术、废物体贮存监测、废物处置等方面。

（1）遗留泥浆处理技术：对含有树脂的遗留放射性泥浆，需要研发专用回取技术、输送技术、固化技术。

（2）极低放工业废物处理技术：对于退役核设施内发生轻度污染的工业废物，例如废试剂、可燃废物、废铅、废油、废沙滤器、废干燥剂、废汞和废石棉等，需要研发相应的回取技术、分类及分拣技术、处理技术以及循环复用技术。

（3）放射性废物最小化技术：研发探测限低、准确度高、分析速度快的新型探测分析技术，减少由于探测技术限制造成极低放废物按低放废物处理的数量；研发新型废物压缩技术、切割技术，减少废物体体积。

（4）放射性废物体贮存监测技术：研发高中放废物远距离监测技术和泄漏快速报警技术，废物泄漏快速处理技术，减少因处理废物泄漏增加的废物数量。

（5）放射性废物处置技术：研究高中放废物体长期处置性能，特别是含铝废物、含氚废物和含钍废物长期贮存和处置技术。

1.2.4.3　战略核材料管理

NDA 对含钚废物、含铀废物和乏燃料元件管理现状分析后认为，后续技术研发应着重于战略核材料的稳定化、长期贮存/处置性能等方面，提高英国战略核材料的管理能力。

（1）含钚废物管理：对于民用含钚废物，重点开展 4 个方面技术研发，即二氧化钚长期贮存/处置性能、含钚废物固化技术和长期处置性能、MOX 乏燃料元件管理技术、钚循环利用的可行性。

（2）含铀废物管理：NDA 认为，英国现存的含铀废物种类繁多，包括氧化铀、六氟化铀、硝酸铀酰、碳酸铀酰、金属铀等多种形式，对含铀废物的贮存、处置带来很多问题，需要重点研发的技术有：六氟化铀稳定化技术、高浓铀处理处置技术、贫化铀处理处置技术以及含铀废物体长期贮存/处置性能。

（3）乏燃料元件管理：需要继续研发乏燃料贮存技术、循环复用技术和处理处置技术。

1.2.4.4　核设施终止与退役

NDA 对英国反应堆、核化工设施退役现状总结后认为，上述核设施退役难题集中在三个方面：源项调查及设施去污、流出物管理、拆除解体。其中核化工设施退役难度大于反应堆退役。

（1）源项调查及设施去污技术：研发核设施污染源项调查新技术，快速确定核设施内污染分布情况及相应处置措施；研发二次废物量少的去污新技术，包括机械去污、化学去污技术，移动去污技术等。

（2）流出物管理技术：针对去污过程中产生的流出物，需要继续研发废化学去污剂处理技术、移动式废液处理技术和新型离子交换吸附剂材料。

（3）拆除解体技术：针对金属、混凝土大型构件，需要研发低粉尘快速切割技术、热切割烟尘处理技术，以及远距离切割技术。

1.2.4.5　场址修复

NDA 认为，核退役场址的修复主要包括两个范畴的内容：场址调查和修复技术要求。因此，所需研发的技术有：污染场址源项调查技术、场址长期监测技术等。

（1）污染场址源项调查技术：源项调查是确定核退役场址修复方案的前提工作，需要发展多种检测技术。例如在对低放废物处置场场址实施修复时，就需要搞清近场和远场核素迁移情况，地球化学参数、污染物扩散模式、胶体扩散膜式等大量参数。

（2）场址长期监测技术：研发场址修复过程及修复后的长期监测技术，特别是排污口、矿洞等放射性水平长期监测。

1.2.5　其他国家退役治理研发规划

1.2.5.1　俄罗斯

苏联在俄罗斯与其他独联体国家建立了许多核设施，因为历史遗留问题、法律法规问题以及早期大量放射性废液排入天然水体、切尔诺贝利核电厂事故等技术难题，同时受到资金匮乏的影响，致使俄罗斯尚未形成系统性的核退役治理国家规划。但是俄罗斯一直将核电厂与潜艇反应堆、乏燃料/石墨/金属钠、冷战核材料生产厂与事故现场整治列为其研究和管理的重点。

在俄罗斯原子能部的企业中已累积的放射性废物的总活度约为 15 亿 Ci，其中大部分产生于国防活动。约 5.7 亿 Ci 的高放废液贮存在槽中，约 5 亿 Ci 在开放式水池及泥浆贮存设施中，并有 2 亿多 Ci 的放射性废物存在于开放式水库中。

为防止可能的应急情况和防止可能的放射性环境污染，俄罗斯制定了一个放射性废物管理的联邦计划（1995—2005），从 1996 年开始全面实施废物管理计划，每年由联邦政府资助 2 亿美元，全面停止将放射性废液向天然、人工水库的排放，将积存的和新产生的放射性废液处理固化，并在专门设施内贮存。已建成高放废液的玻璃固化装置，可燃物焚烧及固体废物压缩等减容设施。

1.2.5.2　德国

德国由经济部和教育与研发部分别负责原东、西德国境内的核设施退役技术研发。所有核设施的建造、运行、退役等许可证的审批由联邦政府和地方政府负责。核电厂退役也必须向政府申请退役执照，向所在州的主管机关提交退役程序、规划的拆除方案、准备采用的技术、环境影响的评估以及辐射防护措施等文件，并且退役采用分阶段审批许可制度。有核电厂的各州政府均有指定部门负责许可证的审批和监督，联邦环境和自然保护及核安全部（BMU）则负责监督各州的审批监督活动，联邦辐射防护局（BFS）主持所有有关核及辐射安全的事务，反应堆安全委员会（RSK）和辐射防护委员会（SSK）是

BMU 的咨询支持组织，反应堆安全研究所（GR）负责核安全科学研究和 BMU 的技术支持，核安全标准委员会（KTA）协调核安全监管方面和科学技术方面的意见并制定核安全标准。联邦州核能委员会由州政府的有关机构联合组成，协助解决州审批监管当局和 BMU 在监督活动中的事务。核电厂退役采取两种策略：（1）立即拆除，关闭之后尽可能早地拆除；（2）延缓拆除，安全封闭 30 年之后拆除。核设施退役以立即拆除为首选方案，这与其国内政策有关。1998 年，德国联邦选举产生的联合政府的一项代表性政策就是逐步淘汰核能。2000 年 6 月，政府与工业界和电力公司达成协议。该协议虽然在某种程度上限制了电厂寿期，却也防止了在现政府任期内强制关闭核电厂的危险。协议要求 19 座运行中的反应堆在寿期内生产电力总计 2.623 万亿 kW·h，这相当于这些反应堆的平均寿期为 32 年。协议中尊重电力公司运营现有核电厂权利的承诺，保留位于 Konrad 和戈莱本的 2 个废物最终处置库项目。2011 年，德国联邦政府于宣布到 2022 年将关闭德国境内全部 17 座核电厂。

现在德国除了东德的 Greifswad 核电厂采取延缓拆除外，都在实施立即拆除，有的已退役到场址完全开放。德国的放射性废物采取深地质处置，封固埋葬方案不符合德国废物处置政策，所以封固埋葬退役策略不考虑。现在德国核设施退役项目包括：

（1）11 个核燃料循环设施中 5 个已完全拆除，6 个正进行拆除。例如，Hanau 的 4 个核燃料元件制造厂，已接近完全拆除，场址净化正在进行；卡尔斯鲁厄后处理厂（WAK）热工艺室已经完成去污净化，厂房正在进行去污净化，高放废液已用 VEK 玻璃固化设施处理完，槽罐和 VEK 玻璃固化设施等待拆除。

（2）34 个研究堆中 22 个已完成拆除，10 个正在拆除或准备拆除，只有 2 个在安全封存。德国卡尔斯鲁厄研究中心的多用途重水研究堆已退役成为向公众开放的博物馆，还有两座研究堆已完成退役，原场址已成为绿地。钠冷原型快堆正在拆除。

（3）19 个核电厂和 14 个核电原型堆正在拆除，目标要达到无限制使用。KKN（Niederaichbach）和 HDR（Grosswelzheim）两个动力堆已完成拆除，场址恢复为绿地。两个动力堆（KWL Lingen，THTR-300 Hamm-Untrop）在执行安全封存。

为缩短延缓拆除时间，德国把部分反应堆（Greifswald、Rheinsberg 和 Julich 反应堆）的大设备（如压力容器、蒸汽发生器）整体移走，贮存在其他设施中。如 2007 年德国把 Rheinsberg 的压力容器用铁路运输到 Lubmin 贮存设施。

为提高核电厂放射性废物处理质量，德国政府根据大众对放射性废物的接受和容忍程度，建立了一系列相关的制度、标准和规划，严格规范放射性废物处理，要求放射性废物的产生者对放射性废物处理的质量必须符合法规要求并获得 ISO 认证。

1.2.5.3 日本

日本从 1986 年至 2003 年重点开展的核退役治理技术如下：放射性测量与设施信息收集、远距离拆除技术、高效去污技术、放射性废物源项评估、放射性废物处理技术等方面。在"3·11"福岛地震前日本有 52 个核电机组在发电，到 2005 年，日本有 10 个机组运行超过设计寿命。日本确定的核电退役策略是安全关闭封存 5~10 年之后再进行退役，将旧场址恢复至安全水平，用来再建新核电项目。"3·11"大地震使福岛核电厂的 4 个机组报废，引起了国内外对核电安全和环境的担忧，国内公众情绪发生变化，政府和科研机构需要对大量核电机组进行安全审评，日本核电厂退役策略将会发生变化。

1.2.6　国外核退役治理技术发展

国外核退役治理工作起步于 20 世纪 60 年代,美国、法国、德国等主要有核国家在各自专项计划基础上,针对早期军工核设施、核电反应堆退役疑难废物的处理等方面开展了较为系统的研究,取得了大量研究成果,其中大部分成果已成功应用于工程实践。但至今为止没有形成完整的核退役治理技术体系。现将主要研发成果进行梳理,以便后续构建技术体系。

1.2.6.1　退役技术

（1）反应堆退役技术

退役策略:已开展大型生产堆采取先移走乏燃料、拆除反应堆外围厂房及堆芯长期封闭几十年再拆除的退役策略研究;小型反应堆拆除、就地埋葬或整体移走再埋葬的退役技术已应用于工程实践,大型反应堆封闭-监测技术已成功应用于工程。

大型构件切割平台和切割技术:开展了反应堆超厚和大型反应堆设施远距离切割-吊装平台及工装设备研究。大型多关节机械手切割平台、大型带锯切割设备、大型水下切割装备、机器人切割平台、乏燃料回取机器人、深竖井自动吊具等专用装备广泛应用于实际工程。

反应堆回路就地去污技术:开展了反应堆回路就地去污、乏燃料水池清洗去污、墙面去污、乏燃料表面腐蚀层清洗技术、乏燃料泥浆清洗技术等方面研究。反应堆回路就地去污技术在德国的 WAGR、KRB、VVER 反应堆和比利时的 BR3 反应堆退役中得到工程验证和应用。

（2）核化工设施退役技术

后处理厂退役技术:国外与我国某后处理中试厂规模类似的小型后处理厂已实现完全拆除,大型军用后处理设施就地埋葬技术正处于工程研发阶段。针对难拆除后处理设施的退役,汉福特开展了后处理厂就地埋葬退役技术研究,就地埋葬强污染难拆除后处理设施退役技术目前处于研发阶段。针对后处理工艺段的远距离拆除,法国研制了吊轨可移动式热室切割大型机械手 ATENA 和远距离机器人切割解体技术并投入使用。

放射性废液贮罐退役技术:大型高放废液贮罐就地埋葬技术正处于研发评估阶段,废液蒸发池等低放废液处理设施已完成了退役策略的评估,正在实施就地处置工程;小型高放废液贮罐远距离拆除技术已经实现工程应用;针对高放废液大罐的退役,美国汉福特建立了全规模平底废液罐,花费了 10 年的时间开展了废液及泥浆导出技术研究,该研究计划还需要持续 10 年左右;萨凡纳河开展了高放废液贮罐浇注水泥砂浆就地处置技术研究,并完成了两个高放废液罐的水泥灌浆,正在评估高放废液罐就地埋葬技术是否投入工程应用。

钚污染设施退役技术:美国研制了钚污染设备去污方法和钚回收技术,这些技术已经用到汉福特 B 工厂退役工程中。

特殊设施退役技术:美国针对汉福特地区的低放废水蒸发渗透湖 216-U-10（U）和蒸发渗透沟 216-Z-19（Z-19）的退役,从 1979 年就开始研究了放射性核素在地下土壤中分布、Pu 和 Am 对生态环境的影响、污染土壤挖掘技术、污染土壤覆盖技术、污染层就地固化技术等研究，研究成果已应用于 Z-19 蒸发渗沟的退役工程中。对于 U 蒸发湖深层地下水的污染，美国研发了地下水抽取—再净化技术并应用实际工程。由于 U 蒸发湖污染深度和污染范围太大，污染核素多，美国采取了边科研边治理的策略。正在开展的科研包括放射性核素污染物去除技术研究和就地固化技术。

1.2.6.2　废物处理技术

世界核大国在军工科研生产期间遗留了大量的放射性废物亟待处理，军工核设施退役过程也产生了许多中低放废物和强污染放射性石墨、α 废物、特殊有机废物等。目前，美国、法国、俄罗斯等国的高放废液玻璃固化、α 废物处理处置、可燃废物热解焚烧等技术已投入工程应用，高钼高放废液、强污染放射性石墨等特殊废物处理等技术尚处于研发阶段。

高放废液处理技术：美国、俄罗斯、德国研发了陶瓷熔炉玻璃固化技术，法国研发了回转煅烧—热金属熔炉玻璃固化技术，这些技术均已投入工程应用；同时，法国也开展了高钼高放废液冷坩埚玻璃固化技术研究，并已通过中试热验证；美国正在开展高放煅烧物陶瓷固化技术研究。

中低放废物方面：针对可燃和可压缩固体废物，许多国家研制了焚烧技术和超级压缩技术，这些技术均已工程应用；德国研发了热泵处理低放废液技术，并在卡尔斯鲁厄运行近 30 年，节能效果达到 75%以上；中放废液和低放蒸残液盐岩固化、特种水泥固化新技术已实现工程化。

特种废物方面：俄罗斯开展强污染放射性石墨自蔓延处理技术，并实现了中试，证明了技术的可行性；法国和英国开展强污染放射性石墨碳化硅固化技术和中等深度地质处置技术研究；针对 α 有机废物，美国研发了蒸汽重整技术，法国研发了超临界水处理技术，这些技术正处于工程验证阶段。

1.2.6.3　废物处置技术

超铀废物地质处置在美国已投入运行，高放废物深地质处置处于研发阶段，围绕选址和场址评价处置工程、选址和场址评价、地质处置物理化学、安全评价等方面开展了大量研究。

选址和场址评价技术：芬兰和瑞典已批准高放废物地质处置库场址；IAEA 和许多国家建立了选址标准与导则；芬兰等国建立了比较系统的场址评价方法。

处置工程技术：地下实验室的设计与建造技术日臻成熟，已建成若干高放废物地质处置地下实验室，并进行了大量处置工程技术研究。工程屏障系统特性研究取得了阶段成果，处置库长期性能验证正在进行，部分设计与建造技术在美国的超铀废物处置库 WIPP 的建造和运行中得到验证。

地质处置物理化学：在废物体和包装材料处置性能、放射性核素形态、介质的化学行为、核素与介质的作用、辐射分解作用以及胶体、微生物、有机质、气体对核素迁移的影响研究等方面取得了重要进展，开发了许多数据库及数学模型，并进行了部分现场验证研究，为大时间尺度的性能评价应用创造了条件。

安全评价技术：ICRP、IAEA 和 OECD/NEA 等国际组织提出了高放废物地质处置的基本安全要求，建立了处置安全国际标准和基本安全评价方法，瑞典、美国等国家完成了阶段性的处置系统安全性能评价报告。

1.2.6.4 环境整治与修复技术

国外在污染土壤、地下水等物理/化学修复、环境治理方面采取边治理边研究的策略，地下水修复、污染土壤覆盖等技术已大规模应用于军工放射性污染场址的修复和治理；生物修复技术处于研发阶段。

铀尾矿治理技术：建立了铀尾矿氡屏蔽层、排水层、防渗层、生物阻挡层、根系扩展和冰冻防护层、侵蚀防护层、植物生长层、植被等（从下至上）多层覆盖体系；在污染地下水治理方面，研发了可渗透反应墙、深井灌注、自然净化等方法。

放射性污染场址的治理和修复方面：美国汉福特开展了哥伦比亚河现场综合治理研究，包括放射性核素（^{99}Tc）、重金属（铬、汞）和有机物（^{14}C）的去除。研究最短的项目达到 18 年，并将持续跟踪研究。

1.2.6.5 共性技术

共性技术包括源项调查、国家法律法规、标准研究等方面内容，支撑核设施退役工程的有效实施。

源项调查：国外已经掌握了高放废液贮罐、大型热室等退役源项调查所需的远距离取样、放射性测量、特殊废物回取等技术，取样机器人、热室伽马相机等专用设备已实现商品化。常规源项调查技术已基本掌握并应用于核设施退役过程中，现在正在研究和发展新的源项调查技术，以解决核设施退役过程中所面临的时实测量、非破坏性测量、安全测量等问题，主要特点是：快速、灵敏、测量范围广、远距离遥控测量技术等，在放射性核素分析方面开始探索低能纯 β 核素和低能光发射体核素的快速、现场测量，发展高灵敏度化学分析方法测量微量长寿命核素测量如各种激光质谱法（如 LA/MS、LA-ICP-AES、LIBS 等），纳米传感器、生物传感器的应用，高性能探测器材料（如 CdTe、CZT、GaAs、TlBr 和 Pbl 等）的开发，光纤辐射传感器、光纤化学传感器的开发和应用等。

政策法规标准：经过近 40 年的探索，国外在退役治理机构设置、法规标准、项目管理、方案论证、后评估、经费控制等方面已建立了一套符合本国国情的管理体系。美国经过多年实践，针对核退役项目技术复杂、不可预见因素多等特点，为解决项目拖期、经费超概等问题，建立起一整套适合退役项目管理的"四阶段五决定"体系。

1.3 核退役治理技术技术体系构建

根据世界各国核退役治理技术研发现状来看，国外已有的核退役治理技术体系更多是与各国核设施退役需求和工业技术发展状况紧密结合的，并不断更新完善。没有从学科和技术发展角度形成一套完整的技术体系。如世界各国在技术研发方面主要侧重于核设施退役技术、废物处理技术、处置技术、环境治理和修复技术、共性技术，对放射性废物分类检测、相关的源项调查重点内容、相关的放射性废物运输等内容涉及较少。但是可以通过国外技术研发计划和技术发展方向，并从已退役核设施的流程来看，核退役治理主要包括核设施退役、放射性废物治理、环境治理修复等三个阶段，并在退役治理过程涉及国家政策的监管指导，相关共性技术的支撑，如图 1-7 所示。

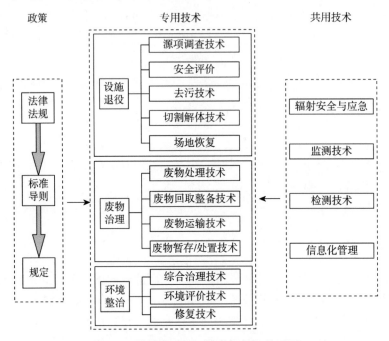

图 1-7　核退役治理三个阶段框架体系图

作为一门学科，从技术发展而言必然要有原理、材料、方法和技术，同时涉及基础研究、关键技术、工程化应用等方面。因此，核退役治理应包括核设施退役、放射性废物整备处理、放射性废物运输与处置、环境治理与修复、共性技术等相关技术体系，如图 1-8 所示。同时兼顾法律法规、核退役治理监管、放射性废物管理、经济分析等方面的研究，而这些不建议放到技术体系中。

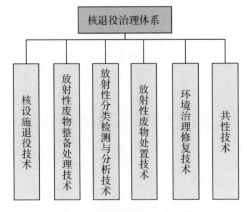

图 1-8　核设施退役治理技术体系图

1.3.1　核设施退役技术

核设施退役技术包括核设施的源项调查、去污、设备的切割解体、拆除等技术。其技术体系如图 1-9 所示。

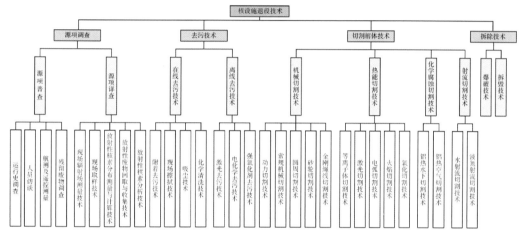

图 1-9　核设施退役技术一级技术体系图

（1）源项调查包括普查和详查两个阶段。源项普查针对退役的核设施内的污染程度、放射性废物种类及残存量、设施内剂量场分布和强度等进行调查，涉及设施运行史的调查、人员访谈、航测与遥控测量、残留废物调查等方面，是核设施退役立项前开展的研究工作。源项详查内容包括放射性废物的种类（固体、液体）、残存量、比活度，剂量场分布（剂量强度、气溶胶浓度等），系统和构筑物污染程度（深度、污染核素比活度等）等，主要技术涵盖现场辐射场直接测量、现场取样、分析测试、放射性分布计算、核设施特性评定、放射性废物回取与收集等。源项详查是项目立项后，在制定核设施退役方案前开展的源项调查研究，主要以现场测量、取样与实验室分析、理论计算等为主。对于简单核设施来说，源项普查和详查合二为一，但是针对复杂核设施，如核试验场、生产堆、大型后处理厂等，为满足核设施退役的进程和实施方案的制定，尽可能将普查和详查分开进行。

（2）去污技术包括在线去污技术和离线去污技术。在线去污的目的是为了在工艺系统、设备以及构筑物切割解体、拆除等过程中降低操作人员的剂量水平和场所气溶胶等。离线去污的目的是为了将放射性废物，特别是金属废物能够降级或者达到解控，减少废物处理处置量，实现废物的最小化，或者废物的复用。

在线去污一般采用现场擦拭、吸尘、附着以及化学清洗等技术，主要是针对现场附着的放射性进行浅层去污。离线去污以深度去污为主，如激光去污、电化学去污、强氧化剂去污等。详见第 3 章。

（3）切割解体技术主要目的是将核设施内放射性污染的工艺系统、设备、各种管件、以及配套系统等切开或者断开，并变为可移取、可转运、可收集的物件。由于核设施属于放射性污染区，与常规设备的切割相比，难度很大。主要体现在操作场所处在剂量场辐照下，操作空间狭小，切割解体过程又形成放射性气溶胶等。因此，现场切割尽可能满足切割部件具备可移取、可转运、可收集条件即可，需要进一步切割整备，只能转移到离线切割整备间处理。

在核设施退役中，切割对象按照材料类型可分为 3 类：1）金属材料类，包括碳钢、不锈钢、铜、铝等金属材料构成的大型箱室、容器、设备、工艺管件；2）钢筋混凝土类，包括反应堆生物屏蔽体、热室框架、屏蔽构筑物等；3）非金属材料类，包括有机玻璃容器和手套箱、废石墨切块、套管、热柱等。由于上述对象有不同的形状、大小和厚度，且都不同程度受到放射性核素的污染，即使通过现场去污也不能够达到解控的要求，因此，需要有针对性的选择切割技术，以期达到最快的工作效率，减少工作人员的受照剂量。

按照切割原理不同可分为机械切割技术、热能切割技术、化学腐蚀切割技术、射流切割技术等。详见第 2 章。

（4）拆除是将主工艺系统、设备等切割移取后，对设施构筑物的放射性去污达到解控水平后，将建筑物破坏性拆毁，并将建筑垃圾移走，使设施夷为平地。由于通过去污，构筑物已达到解控水平，构筑物的放射性含量达到天然本底，因此，可以采用常规的拆除技术。在此不再赘述。

1.3.2　放射性废物整备处理技术

放射性废物治理是从 20 世纪 40 年代开展研究，重点是针对液体废物的处理，固体废物主要是以暂存为主。到了 20 世纪末，世界各核大国由于军工遗留固体废物的暂存量大，且考虑核电运行成本问题，开展了放射性固体废物的整备处理研究，将 1 个核电机组的固体废物由 100 t/a 以上降低到 20~30 t/a，大大降低固体废物处置库容，也降低核电成本。核设施退役工作的开展加快了放射性固体废物的治理（分类、处理、整备）工作。按照放射性废物的物理形态分为：气载废物、液体废物、固体废物；按照比活度高低分为高放废物、中放废物、低放废物、极低放废物和解控废物等。在放射性废物治理的技术体系建立时，兼顾考虑两种分类（见图 1-10）。

（1）高放废物处理技术

高放废物来源于乏燃料后处理厂（包括高放废液、高放固体废物等）以及核电厂核事故处理（如切尔诺贝利核事故、日本福岛核事故等）。高放废物一般是经过处理将其转变成能够深地质处置的固化体，实现与人类生物圈的安全隔离。高放废物包括高放废液和高放固体废物。

高放废液处理技术。主要包括直接玻璃固化、分离—整备—玻璃固化、分离—嬗变—玻璃固化等方法。直接玻璃固化工艺有四种：感应加热金属熔炉一步法罐式工艺（罐式法）、回转煅烧炉+感应加热金属熔炉工艺（两步法）、焦耳加热陶瓷熔炉工艺（电熔炉法）、冷坩埚感应熔炉工艺（冷坩埚法）。高放废液分离—整备—玻璃固化涉及的关键技术包括关键长寿命核素和释热核素的分离（如 ^{99}Tc、^{93}Zr、^{79}Se、^{137}Cs、^{90}Sr 等）、次锕系元素的分离（如 ^{241}Am、^{237}Np、^{239}Pu、^{242}Cm 等）、分离核素的暂存、无核技术应用长寿命核素的固化等技术。高放废液分离—嬗变—固化涉及的关键技术包括次锕系元素的分离、次锕系

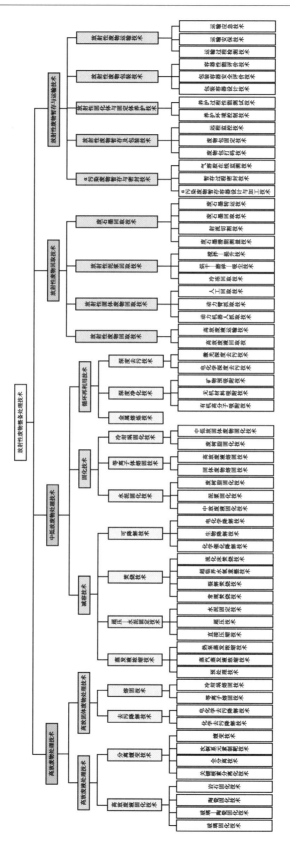

图1-10　放射性废物整备处理技术体系

元素制靶、次锕系元素辐照、嬗变装置制造、辐照后放化分离以及长寿命核素的固化技术。目前主要开展的是高放废液直接玻璃固化技术研究，主要目的是解决高放废液暂存的安全问题。分离—整备—直接固化以及分离—嬗变—固化技术正处于研发阶段。主要存在的问题是分离出长寿核素的应用前景没有开发出来，且嬗变技术与工程应用还有很大的差距。

高放固体废物处理技术。高放固体废物处理技术包括高放金属废物的处理和熔盐及 α 泥浆处理两大部分。高放金属废物主要来源是核事故造成反应堆元件的熔化，如切尔诺贝利核电厂在退役时，产生大量的高放固体废物，这些废物的处理技术包括清洗去污、等离子体熔固等技术，其目的是将高放废物能够降级变为中放废物，降低处置成本，在无法降级的情况下，将高放固体废物变成稳定的固化体。熔盐及 α 泥浆的处理技术包括放化分离、清洗以及固化技术。随着核能的转型升级、MOX 元件的应用以及 MOX 乏燃料后处理，这类废物的产生量将越来越多。因此，这类废物的处理技术研发亟待提上日程。

（2）中低放废物处理技术

中低放废物来源相当广泛，包括核燃料循环整个过程以及核电运行、核技术应用、核设施退役、科研等过程，是放射性废物中体量最大、状态最为复杂的废物。针对不同状态的中低放废物，采用不同的处理方法，以期满足处置的要求。我国前期针对中低放废物都是采用浅地表处置，从 2018 年开始，低放废物采用近地表处置，中放废物采用中等深度处置。因此，中低放废物原有的处理方法就可能不能完全适应于处置的要求，需要开发新的处理方法。

减容技术。减容技术包括放射性废液的蒸发浓缩、超压、焚烧、可降解等技术。其主要目的将放射性废物能够减容，降低处置的体积。其中蒸发浓缩技术又包括蒸汽蒸发浓缩、热泵蒸发浓缩等技术，这类技术与预处理技术、离子交换技术结合可以将低放废液减容几十倍以上，净化液比活度小于 10 Bq/L；超压技术主要针对中低放可压缩固体的处理，目前这类技术相对比较成熟，工程应用比较多；焚烧技术主要针对可焚烧的中低放废物的处理，主要包括常规焚烧、裂解焚烧、超临界水氧重整、流化床焚烧等技术，减容系数可达 20 以上，目前除了常规焚烧、裂解焚烧外，其他技术还没有工程应用的范例，焚烧灰的进一步处理还处在研发阶段；可降解技术主要针对工作服等劳保用品，以及有机分离材料等放射性废物的处理，主要包括化学催化降解、生物降解、电化学降解等技术，目前处于研发阶段。

固化技术。其目的是将放射性废物固定化，转变为稳定的固化体，满足处置要求。主要包括水泥固化、等离子体熔固、冷坩埚固化等技术。水泥固化对象是中放废液、低放废液的蒸残液，也有针对放射性废树脂、有机废液开展固化研究的，但是固化体从长期处置来看有风险；等离子体熔固技术主要针对中低放固体废物，既具有减容焚烧的功能，又具有稳定化固化的功能，现处于工程化应用研究阶段，具有很好的应用前景；冷坩埚固化技术除了高放废液的固化外，对中低放固体废物也具有良好的焚烧固化的能力，特别针对放射性废树脂、泥浆等不失为一种很好的技术，目前处于研发阶段。

循环再利用技术。其目的是将放射性废物通过处理达到解控或者降级使用的水平，满足放射性废物最小化要求。主要包括金属熔炼、深度净化、深度去污等技术。金属熔炼技术早期针对核燃料循环前段产生的放射性金属废物，也逐步应用于后端金属废物的处理。

但不建议处理后段金属废物和反应堆结构材料的熔炼处理，原因是难以通过熔炼将 ^{137}Cs、^{90}Sr 以及次锕系元素等去污达到解控要求，特别是反应堆结构材料本身已活化，熔炼没有去污效果。深度去污技术是采用某种技术将金属表面附着的放射性核素去除，以期达到放射性废物解控的要求，主要包括电化学去污、激光去污等技术；深度净化技术主要针对低放废液而言，主要应用水溶性高分子螯合剂和磷辉石选择性吸附锕系元素、矿针硅钛酸盐选择性吸附锶、四苯基膦化溴选择性吸附锝、亚铁氰化镍钾选择性吸附铯等，将低放废液深度净化达到 10 Bq/L 以下，废液可以复用。

（3）放射性废物回取技术

军工遗留放射性废物都存放在深井、填埋场等地，即使是放射性废物暂存库也没有对放射性废物进行分类、包装，而是混放堆积，后续在进一步处理整备时涉及放射性固体废物的回取；乏燃料水池、放射性废液储罐等退役前也涉及废液、底泥等的回取。因此，在放射性废物处理技术体系中回取技术至关重要。主要涉及放射性废液回取、固体废物回取、放射性泥浆回取以及废石墨回取等技术。

放射性废液回取主要有两个目的，一是废液处理前取样分析，二是放射性废液的导出，以便用于后续处理。目的不同，所采取的方法差异很大。用于取样的回取装置设计必须考虑分层取样时的交叉污染问题；用于废液导出的回取技术考虑废液提升能力、回取完全程度。在放射性废液回取技术领域要重点关注高放废液回取技术。

放射性固体废物回取技术。主要是针对早期埋藏深井、填埋场、老式废物库中的放射性固体废物的回取，也包括反应堆堆本体中反射层、热柱等废石墨的回取。在放射性固体废物回取过程，由于处于半开放的状态，需要考虑剂量场的影响、气溶胶的产生以及废物抓取方式和抓取能力。在剂量场较大时，一般采用爬行机器人（如 BROKK 等）、动力机械臂等进行放射性固体废物的回取，在剂量场较低时，可以采用机械与人工相结合的方式进行回取。

放射性泥浆回取技术。放射性泥浆回取是乏燃料水池、放射性废液贮罐、天然蒸发池等退役前的主要工作，针对不同的对象，选择不同的回取方式和技术。乏燃料水池和放射性废液储罐中泥浆绝大多数都是以盐的形式存在，可以加酸进行溶解，按照废液回取方式回取，如果有不溶解泥浆可以采用冷冻技术、烘干—磨碎—吸尘技术、搅拌—提升技术等进行回取。天然蒸发池的泥浆最好采用机器人进行操作，防止操作人员照射剂量的增加。

放射性废石墨回取技术。放射性废石墨回取是重水反应堆、放射性废物库退役过程的一个环节。废物库中的废石墨按照中低放固体废物回取方式即可实现，但是针对重水反应堆的反射层、热柱等废石墨回取时，要考虑中子辐照后石墨的魏格纳能（储能），研究发现重水反应堆中废石墨最大储能可达 2700 J/g。因此，在回取过程要采取必要措施防止废石墨储能的释放，造成安全事故。

（4）放射性废物暂存与运输技术

放射性废物的暂存与运输是放射性废物治理中关键环节之一，既要考虑放射性废物在整备处理过后安全暂存，也要考虑放射性废物在运输过程的安全问题。其主要包括 α 污染废物的暂存与密封、放射性废物暂存的信息化管理、固化体与固定体的养护、放射性废物包装、放射性废物运输等技术。

α 污染废物的暂存与密封技术。主要包括 α 污染废物暂存容器设计与加工技术、暂存过程密封性和气溶胶检测技术、暂存的释热检测技术等。由于 α 污染废物目前没有成熟的处理技术，国际上绝大多数 α 污染废物处于暂存状态。由于 α 污染废物在暂存过程存在 α 污染废物的释热、气溶胶的释放等问题，其暂存与密封问题应引起业界的广泛重视。

放射性废物暂存信息化管理技术。其目的就是对整备处理后放射性废物在暂存过程如何通过信息化技术进行安全监控和管理。其主要包括放射性废物包的打码技术、废物包定位技术、远程监控技术等。采用信息化管理技术可以有效降低劳动强度、避免管理者的受照剂量，对放射性废物暂存过程实施有效性的安全管理。

放射性固化体和固定体养护技术。放射性废物整备处理后送至暂存或者处置库前的关键过程。放射性固化体和固定体养护没有引起高度重视，造成在运输、处置过程固化体或者固定体的性能发生变化，造成长期处置过程存在安全风险。主要技术包括养护环境控制、养护过程性能测试等。

放射性废物包装技术。放射性废物包装主要涵盖暂存、废物体、运输等过程的包装，其目的是对放射性废物在暂存、处理、运输、处置等各个环节都处于安全控制状态，防止放射性废物在各个环节泄漏于环境中，造成环境的潜在危害。其关键技术包括各种容器的设计加工、容器安全评价、容器的性能测试等相关技术。

放射性废物运输技术。放射性废物运输包括散装固体废物的运输、液体废物的运输、整备处理后放射性废物固化体或者固定体的运输等。对于固化体和固定体的运输没有太多的技术问题，但是针对固体废物的运输、液体废物的运输相对较少，存在诸多的技术问题。如高放废液运输，法律法规没有明确规定可否运输，散装中低放固体废物特别是 α 污染废物运输安全性如何等需要系统性研究和评价。前期我国主要是以公路运输作为主要方式，受环境影响较大，且可能通过人口密集场所。目前国家开展公海铁运输体系的建设，运输存在诸多技术需要重新研究。因此，放射性运输技术根据所选用的运输工具可分为公路运输技术、铁路运输技术、海运技术等，从技术层面考虑包括运输过程检测、运输安保、运输应急等相关技术。

1.3.3　放射性分类检测与分析技术

放射性废物分类检测与分析是指导放射性废物处理工艺选择，判断放射性废物处理是否达标的重要手段，也是放射性废物处置库接受的依据，更是放射性废物最小化的"眼睛"。因此，放射性废物分类检测与分析测试是核退役治理全过程的重要环节。放射性废物分类检测与测试技术体系包括现场直接测量、实验室直接分析、放化分离—分析等。绝大多数分析测试方法与常规放化分析雷同，在此重点介绍与常规放化分析差异的方法和技术。其技术体系见图 1-11。

（1）现场直接测量技术

在核设施退役、环境治理修复、放射性废物分类检测等阶段都涉及现场放射性测量，针对不同用途的测量，采用不同的的测量方法和技术。主要测量技术包括流出物在线测量技术（如总 β、γ、α 的测量技术、^{90}Sr 在线测量技术等）、环境在线测量技术（如^{90}Sr 在线监测技术、总 γ 在线检测技术等）、放射性废物分类检测技术（如钢桶、钢箱以及不规则废物包的 γ 能谱法、中子计数法、γ 能谱/中子计数联合测量分析技术等）等。现场测

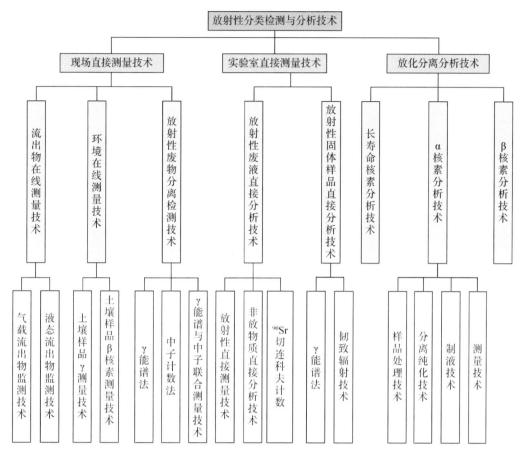

图 1-11 放射性分类检测与分析技术图

量技术主要特点是采用无损测量方法，很快给出数据以期判断后续采用的工序，不需要很高的数据精度。

流出物在线监测技术。流出物主要包括气载流出物和液态流出物两类，是放射性气体和放射性废液经过处理净化达到国家排放标准后，向自然界排放，并对环境辐射剂量影响较小或者忽略不计。在排放时或者排放前需要进行在线监测。流出物在线监测包括气载流出物监测技术、液态流出物监测技术。主要监测对象是^{3}H、^{90}Sr、总 γ、总 α、总 β 等。

环境在线测量技术。这里提到的环境监测主要针对核设施退役、污染环境治理等过程对环境污染状况的在线监测，与常规环境监测有所不同，不包括气溶胶在线监测、大气环境的在线测量。主要监测的对象是总 γ，以及重点关注^{137}Cs、^{60}Co、^{90}Sr 等核素，以期满足工程实施过程的连续性。

放射性废物分类检测技术。在放射性固体废物回取、放射性废物收集、暂存和整备过后、放射性废物入处置库前都要对放射性废物包进行检测。主要目的一是对放射性废物进行分类，判断为可解控、低放废物、中放废物、α 污染废物中的哪一类；二是通过对整备后废物包的检测，确定运输前能否满足运输的要求，是否超剂量；三是在入处置库之前对关键核素的比活度、总活度进行测量，确定是否满足处置库的条件以及入库时的布局。针对放射性废物包（如钢桶、钢箱以及不规则废物包）的检测主要包括 γ 能谱法、中子计数法、γ 能谱/中子计数联合测量分析技术等。

（2）实验室直接分析技术

在核设施退役、放射性废物处理、环境治理等过程都涉及样品的分析。有些取样后，将样品送到实验室可直接进行分析，给出数据。直接分析主要针对具有发射 γ 射线的放射性核素测量或者具有很高 β 射线能量的 β 放射性核素而言，另外针对放射性物质中化学组成分析也可以采用取样—直接测量。如放射性废液样品（如高放、中放、低放、流出物、有机废液等）中总 γ 分析、关键核素的 γ 活度分析、溶液 pH、溶液总盐分含量、放射性废液中 ^{90}Sr 活度等；放射性固体样品（如泥浆、放射性废树脂等）以及金属熔炼体中总 γ、关键核素的 γ 活度、^{90}Sr 活度等分析；退役过程墙面、地面以及擦拭等样品中总 γ、关键核素的 γ 活度、^{90}Sr 活度等分析；另外还有固化体性能测试（如玻璃固化体、水泥固化体等）中总 γ 放射性直接测量等。因此，取样—直接分析是核退役治理关键的分析技术之一。

放射性废液直接分析技术。无论高放废液、中放废液、还是低放废液在处理前都要对其进行分析，涉及放射性废液中总 γ 分析、关键核素的 γ 活度分析、溶液 pH、溶液总盐分含量、放射性废液中 ^{90}Sr 活度等都可以进行直接分析。如 pH 可以直接用 pH 计进行测量；总盐分可以灼烧后直接测定；总 γ 活度可以用 NaI 或者 HPGe 探测器进行直接测量；关键核素如 ^{137}Cs、^{60}Co 等可以用 HPGe 直接进行测量；^{90}Sr 经过稀释后，用液闪直接进行切连科夫计数进行测量。

放射性固体样品直接分析技术。放射性固体样品包括放射性废树脂、放射性废液储罐中泥浆、低放土壤样品以及退役过程产生的墙面、地面、擦拭样品等，这类样品中总 γ、关键核素的 γ 活度、^{90}Sr 活度等可以采用直接分析技术。如样品中的 ^{137}Cs、^{60}Co 等可采用 HPGe γ 探测器等直接测量，样品进过干燥处理后，可以用 HPGe 探测器测量 ^{90}Sr—^{90}Y 的韧致辐射技术给出 ^{90}Sr 的活度；放射性固体废物含水率可以将样品干燥处理后直接称重得到等。

（3）放化分离—分析技术

针对核退役治理过程用直接分析测试干扰严重、又要给出相对准确的数据、且需要较高分析精度时可采用取样—放化分离—分析技术。主要分析对象是放射性废液、放射性固体样品、环境土壤样品、环境水样、生物样品以及大气样品等中长寿命核素分析、α 核素分析、β 核素分析以及化学组成等。

长寿命核素分析技术。主要针对核退役治理过程各种样品中长寿命核素如 ^{14}C、^{63}Ni、^{129}I、^{99}Tc 等的分析，由于这些核素的半衰期比较长，比活度较低，需要先对样品进行预处理（包括放射性样品除盐、固体样品全溶解，生物样品焚化等），再进行放化分离（针对不同样品、不同核素采取不同的分离技术），最后纯化后进行测量（如液闪、质谱等）。

α 核素分析。在核化工设施退役、污染环境治理时若涉及样品中 ^{241}Am、^{239}Pu、^{237}Np 等锕系元素的分析，需要对样品进行处理（如全溶解、除盐分等）、化学分离（不同分离纯化方法）、制源（电镀源、溶液源等）、测量（液闪、α 能谱、质谱等）。在进行放化分离时，在不同样品中针对不同核素采用不同的分离方法，重点要考虑干扰核素的去污，降低测量时的干扰，同时要有高的化学收率。测量时重点考虑 α 射线的自吸收校正和干扰核素的扣除。测量方法和常规放化分析所采用的方法一样，需要考虑样品中待测核素的含量高低来确定分析仪器。

β核素分析。核退役治理过程中关注的β放射性核素主要有 ^{90}Sr、^3H 等，^{90}Sr 是亲骨性的核素，具有较高的毒性，在环境中要求严格，一般残存量不得高于 1 Bq/g；^3H 半衰期相对较短，只有 12.43 a，但比活度较高，是难以分离去除的核素。在核燃料循环后端设施、核电机组退役、科研设施等退役中都涉及它们的分析。针对不同来源的样品在实验室分析前，都需要对样品进行处理，并对影响测量的干扰核素进行去污后，通过液闪谱仪进行测量。

1.3.4　环境治理修复技术

环境治理修复主要解决放射性污染场址的恢复问题，满足场址的无限制开放。国标《电离辐射防护与辐射源安全基本标准》规定，核设施退役后场址开放场区土地重新开发利用，造成持续照射剂量约束值在 0.3 mSv/a 内，可将剂量约束值放宽到 1 mSv/a。放射性污染场址包括核电站、后处理厂、放射性废物处理设施、科研设施以及核试验场地等。按照污染核素可分天然放射性污染场址和人工放射性污染场址。天然放射性污染场址包括铀矿、铀水冶厂、铀转化厂、铀分离厂、元件制造厂等退役场址，人工放射性污染场址包括核电站和研究堆、后处理厂、放射性废物处理厂、核试验场以及大型核科研基地等。这些场址进行环境治理修复后，有的场址不再继续使用，可进行无限制开放；有的还要在原场址上建造新的核设施，可以实行有限制开放使用。其技术体系如图 1-12 所示。

放射性污染场址的治理修复包括土壤污染治理修复、水污染治理修复两个方面。水污染治理技术相对比较成熟，而土壤污染治理修复技术均处在研发阶段或工程应用阶段。

（1）水污染治理修复主要包括污染水净化、污染核素载带吸附、污染水截留阻滞等技术。水净化技术是将污染水抽出后通过化学处理除去放射性污染核素，满足使用要求，又分为离子交换法、电渗析法等技术；污染核素载带吸附技术是在场址内的污染水中加入各种吸附剂，将放射性核素载带，沉降到底部以达到去污的目的，其包括无机吸附、凝胶吸附等技术；污染水截留阻滞技术是将贮存水坝进行加固处理，将其与地下水源、周边环境隔离，不造成污染水的进一步扩散，主要包括污染水库（池）的加固、隔离等技术。

（2）土壤污染环境治理修复主要包括物理（机械）治理修复、化学治理修复、生物修复等技术。

物理（机械）治理修复技术是采用物理（机械）方式将污染土回取、固定，使其与环境相对隔离，避免污染土壤中的放射性核素进一步扩散。主要包括固化/稳定化法、工程回取技术以及电动力法等技术。固化/稳定化法是一种防止或者降低污染土壤释放放射性核素的一种技术，其目的是将污染土壤转变为稳定的固态形式，降低污染物暴露的表面，从而达到控制放射性核素迁移，或者是将放射性核素污染土壤转化为不易溶解、迁移的形式，以实现进一步阻滞迁移核素的作用，其包括固化法、稳定法两类。工程回取技术是对放射性污染严重、污染面积小的土壤的一种处理方法，主要采用工程装置将受污染土壤铲除、转移到地下，并引入外运土壤将污染土壤表面覆盖，降低放射性污染土壤的进一

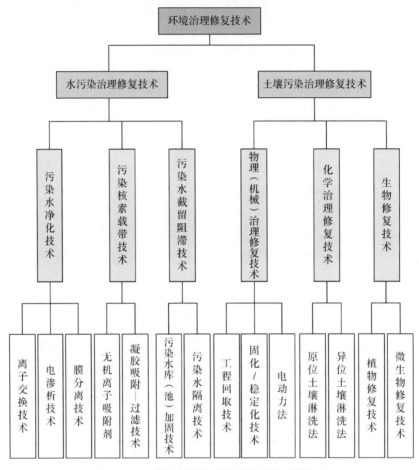

图 1-12　放射性污染环境治理修复技术体系图

步扩大；电动力法是利用插入到土壤中的两个电极，在直流电场作用下，发生土壤空隙水和带电放射性离子的迁移，使放射性核素在电极区富集，进而进行集中处理或分离，从而实现对土壤污染放射性核素的去除。

化学治理修复技术是利用加入到污染土壤中的化学淋洗剂与放射性核素发生化学反应将放射性核素去除的治理修复技术，一般按照处理污染土壤的位置可分为原位土壤淋洗法和异位土壤淋洗法。原位土壤淋洗是通过注射井等设备向污染土壤施加淋洗剂，使其向下渗透，在渗透过程中淋洗剂与放射性核素螯合、溶解或者络合等，继而形成可迁移的化合物，最后通过提取井等装置收集含放射性核素的溶液，实现对污染土壤的修复；异位土壤淋洗法与原位土壤淋洗法原理和工艺相同，只是增加污染土壤挖掘、筛分和回填工艺。

生物修复技术是利用自然界植物或者微生物将污染土壤中的放射性核素稳定、挥发、吸附、富集等，清除污染土壤中的放射性污染核素。主要包括植物修复技术和微生物修复技术。植物修复技术是以特定植物对某些化学元素的忍耐或者超量累积为基础，实现以植物及其根系对土壤放射性核素的稳定、吸收和富集的过程，通过多次重复，实现对污染土壤的有效修复。微生物修复技术是利用土壤中最为活跃的微生物对某些放射性核素的吸收及其相互作用，达到对放射性核素的累积，以清除污染土壤中放射性核素。该技术针对大面积低剂量污染土壤的修复具有重要的价值。

1.3.5 放射性废物处置技术

放射性废物处置主要解决的是放射性废物与环境隔离问题，是放射性废物管理的终态环节。放射性废物处置的基本要求是保护公众的健康和生态环境，不给后代带来不适当的负担。IAEA 要求成员国建立放射性废物管理体系，确定放射性废物处置场（库）建设和运行的责任主体，实行许可证制度，建立和实施审评与监督制度。我国目前针对不同种类的放射性废物采用不同的处置方式。极低放废物采用填埋场处置，低放废物采用近地表处置，中放废物采用中等深度处置，高放废物采用深地质处置。不同处置场（库）审评的技术条件和安全条件不同。放射性废物处置虽然属于核退役治理的范畴，但是又自成体系，其技术体系如图 1-13 所示。

选址和厂址评价技术。评价内容包括地质适应性、工程实施的可行性、运输安全问题、环境与安全以及人文环境发展基础等。主要涵盖的技术包括地质物理调查、环境特性鉴定、钻探和钻孔取样、现场和实验室测试、检测活动调查、人文环境调查等技术。

处置化学技术。高放废物处置化学是研究高放固化体、乏燃料元件包装体在深地质处置条件的长寿命放射性核素的一系列物理化学行为及其变化规律。主要研究内容包括固化体及乏燃料包装体处置的长期稳定性计算方法、包装材料的蚀变行为及界面化学测试方法、长寿命核素的释放规律和阻滞行为实验技术、近场核素迁移扩散实验技术、多因素条件下耦合作用测试方法、远场核素迁移及模型等。

地下实验室实验技术。深地质处置库能否满足长期安全隔离高水平放射性废物和长寿命核素的要求，需要建设地下实验室验证或者解决诸多问题。主要包括地下场址特性鉴定方法、地下系统裂隙与水力学测定技术、核素在岩体中输运模型建立及试验验证、放射性废物处置效应（热、核素释放、力学影响、长期作用、运行后腐蚀等）、处置库工程系统（屏障、地质力学稳定性）验证等方面研究。

处置安全评价技术。深钻孔建造、处置容器布局、运行安全、放射性核素长期阻滞安全等都是处置安全评价范围，其中处置库密封回填后放射性核素长期阻滞行为是深钻孔处置安全的重点内容，这是因为高放废物放置到钻孔后，需放置数千年、万年，期间会发生一系列复杂变化影响处置的安全性，如放射性废物释热、α 辐解等将导致固化体蚀变、处置容器腐蚀，地下水会造成围岩渗透和迁移、裂隙扩散等。

处置工艺技术。放射性废物处置库建造后，根据放射性废物的比活度、废物种类等合理分区、库容布局、放置与回取等都涉及处置工艺技术。放射性废物库建造后要合理利用空间以降低处置成本，同时既要满足建造后废物包合理的吊装和码放，更要满足若干年后废物包可回取。其主要包括孔道布局（深井、巷道）、废物包处置散热、废物包码放与密封、废物包吊装与运输、废物包回取等技术。

处置工程建造技术。处置工程建造包括地下实验室和处置库的建造两个方面，但是从建造工程技术而言，两者相同。建造技术包括竖井和巷道挖掘、支撑和固定、工程屏障建造、地下水密封与防护、通排风设计等相关技术。

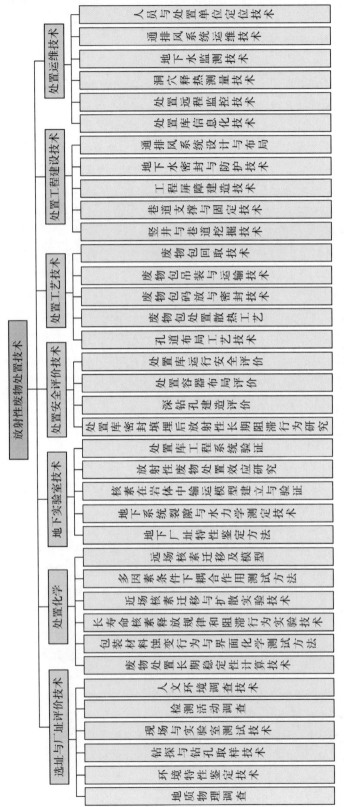

图1-13 放射性废物处置技术体系

处置运维技术。运维是设施运行的最后环节，也是关键环节，地下实验室和处置库的运维与其他核设施的运维有相似之处，也有不同，最大的差异就是处置运程监控、洞穴的释热、地下水在线监测、通排风系统、人员与处置单元的定位等运维技术，由于涉及深地质处置的高放废物，在运维过程关注辐射防护、操作人员的供氧等问题。

1.3.6 共性技术

核退役治理共性技术主要包括辐射防护技术、信息化技术、经济性分析、政策法规标准等部分，其技术体系如图 1-14 所示。

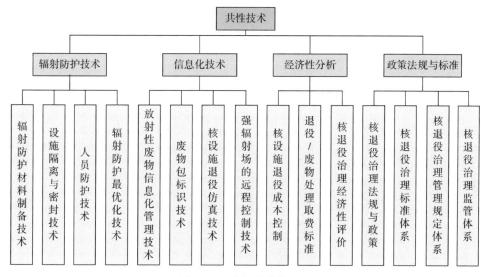

图 1-14 共性技术体系图

辐射防护技术包括辐射防护材料制备技术、设施隔离密封技术、人员防护技术、辐射防护最优化技术等；信息化技术包括放射性废物信息化管理技术、废物包标识技术、核设施退役仿真技术等；经济性分析包括核设施退役成本控制、取费标准、经济性评价等方面；政策法规标准主要指核退役治理相关政策法规标准研究。

1.4 核退役治理重点研究领域及发展方向

核退役治理作为新兴工程类学科，既包括工程相关的技术，如大型构件和重混凝土切割、高放废液玻璃固化等工艺技术，也包括基础性研究，如高放废液固化机理、配方以及放射性有机废液无机化方法等。虽然世界各国都已启动核退役治理工作，并取得了许多成果，并有良好的实践。但核退役治理仍有诸多问题没有解决，许多关键技术亟待开发，以期加快核退役治理工作。在核退役治理学科中，至关重要的两个领域就是核设施退役和放射性废物处理及处置，因此，下面重点论述核设施退役、放射性废物处理及处置领域的发展方向。

1.4.1 核退役治理基础研究方向

核退役治理基础研究重点包括核设施退役、放射性废物处理两个领域的研究。

1.4.1.1 核设施退役重点基础研究

核设施退役是工程类学科，但仍有许多重大基础问题没有很好解决，从而影响到工程的实施。重点基础问题如下。

（1）放射性物质污染方式和深度。重点开展放射性物质与不同材料表面经过长时间的相互作用后，其污染方式（弱固定污染、固定污染）的分析，放射性核素在金属晶格扩散渗透深度，放射性核素化学形态等，为去污方法和去污工艺的选择提供决策，为放射性废物清洁解控和最小化提供依据。

（2）气溶胶产生机理及扩散机制。重点开展在热切割条件下放射性气溶胶产生机理、气溶胶扩散机制、传输方式，以及气溶胶在线快速监测方法、气溶胶压制方法等研究，为核设施退役实施方案制定、工程实施中辐射防护最优化提供技术指导。

（3）长寿命核素分析方法。重点开展核设施退役过程中关注的痕量长寿命核素如 ^{14}C、^{129}I、^{63}Ni 等分析方法研究，包括样品处理方法、高效分离方法、制源、分析测试等，为放射性废物的分类、环境终态验收等提供支撑。

（4）去污方法。去污方法依据是放射性物质的污染方式，重点开展去污效果的实时监测、去污机理、去污控制、去污深度表征等方面研究。

（5）放射性污染场地修复。重点开展长寿命多价态关键核素在污染环境中化学形态、氧化还原、络合、腐殖酸相互作用等基础研究，以期寻找经济性好、去污高效的污染环境治理修复方法。

1.4.1.2 放射性废物处理及处置重点基础研究方向

放射性废物处理中涉及的基础问题很多，既涉及高放废液玻璃固化等重大工程中关键科学问题，也涉及新形势下满足安全、节能、环保要求的新方法研究。

（1）高放废物处理方法。针对高燃耗乏燃料后处理产生的高放废液，开展冷坩埚固化、陶瓷固化、岩石固化等高包容率、高稳定性的固化基材、固化机理、固化体相容性等方面研究。

（2）高放废液分离嬗变。针对高放废液开展全分离方法、关键核素提取纯化、镧锕分离、次锕系元素制靶、嬗变方式、嬗变后分离方法等方面研究，以期降低高放废液固化体的产生量，同时提取核技术应用有用的关键核素。

（3）低放废液深度净化方法。针对不同来源的低放废液，开展放射性胶体去除、关键核素高效去污、关键核素分离材料、深度净化机理等方面研究，满足核电、后处理厂放射性废液的"零"排放。

（4）放射性有机废物无机化方法研究。针对放射性废树脂、TBP、有机污溶剂等有机废物开展超临界水氧化、湿法催化氧化等研究，解决放射性有机废物处理难题。

（5）中放废物高效减容方法。针对中放固体废物开展等离子体、冷坩埚固化等研究，重点研究多组分高效降解、高温熔融机理和规律以及尾气高效净化、关键核素吸附材料和吸附机理等，实现中放固体废物处置的最小化。

（6）高放废液玻璃固化体长期稳定研究。重点开展高放废液玻璃固化体释热规律、α微粒对固化体晶型辐解效应、贵金属和氢化催化金属材料蚀变、玻璃体与金属材料界面化学、容器金属材料腐蚀效应等研究，为高放玻璃固化体长期处置提供理论指导，也为处置库处置布局提供依据。

（7）高放地质处置物理化学。主要开展地下水热力耦合作用规律、回填材料阻滞行为、电极催化条件下的加速迁移和扩散行为、关键核素在岩体中输运概念模型和数学模型开发、地下水在花岗岩裂隙渗透性和地下水迁移规律、地下水中关键核素化学形态变化及数据库建立等方面研究，为高放处置库安全分析评价和处置库的安全监管提供指导。

1.4.2　核退役治理关键技术研究

时至今日，世界各国核退役治理工作取得重大进展，但是总体工作进展缓慢，究其原因，仍有大量的技术还不成熟，没有达到工程化要求。同时早期建造核设施没有统一的规范标准，造成其退役总体方案相同，但采用的工器具不尽相同。通过军工遗留核设施的退役，逐步形成技术和装备的体系化、标准化，是核退役治理的发展目标。

核设施退役关键技术研发方向主要有：

（1）大型构件和重混凝土生物屏蔽体切割技术。重点开展激光切割、水下等离子体切割、磨料水射流切割以及金刚绳线切割等技术以及自动操作的工装设备以及研发平台，在解决军工遗留核设施退役的基础上，逐步形成我国退役治理标准化的系列工装设备。

（2）强污染设施源项调查技术。重点开展后处理钚线、反应堆回路系统、埋葬深井等强污染环境下的源项调查技术及其自动工装设备，满足核退役治理的需要。

（3）强污染环境下的取样技术。重点开展高放废液及储罐取样、储罐泥浆取样、天然蒸发池泥浆取样、强放管道取样以及深井取样等技术和装备。液态和泥浆取样需要关注取样的代表性和交叉污染问题。

（4）金属废物深度去污技术。开展箱室钢覆面、金属管道等表面固定污染核素的深度去污技术和装备，实现放射性废物最小化。重点关注激光去污、电化学去污技术和装备的开发。

（5）强 α 污染管道内切割技术。开展后处理工艺管道、反应堆堆芯元件辐照管道等内切割技术和装备。提高切割工效，防止切割时气溶胶扩散，降低人员防护。

（6）放射性废石墨切割回取技术。重点开展重水堆石墨反射层、反应堆热柱等放射性污染石墨的液氮、水流喷射切割技术的研究，阻滞放射性废石墨的切割过程潜能释放造成的火灾。

（7）中放金属管件的切割技术。重点开展水下等离子体、圆盘锯、激光等切割中放金属管件的技术和装备的研究，装备尽可能实现远距离操作，降低人员的辐照剂量。

（8）现场测量技术。重点开展管道核材料滞留量、α 污染分布测量和污染深度、环境 ^{90}Sr 直接测量等技术和装备研究，为了加快核设施退役提供技术支撑。

放射性废物处理已基本形成较为完整工业体系，为核工业可持续发展奠定了良好的基础。如已建立高放废液熔炉玻璃固化设施，即将投入热运行；中低放固体废物已初步形成可燃、超压、金属熔炼等整备处理方式；核电厂已将废物包体积从 100 多 m^3 降低到 50~60 m^3，低放废液排放从 1000 Bq/L 降低到 100 Bq/L；低放废液采用蒸发—离子交换处理，满足内陆 10 Bq/L 的排放标准等。但仍有许多问题没有解决，且原有工艺与新形势下节能、环保、经济等要求仍有差距。放射性废物处理领域重点研发方向如下。

（1）高放废液全分离工艺。开展高放废液中长寿命核素、稀土元素、释热核素、次锕系元素等进行分组或者全分离，实现放射性核素资源化和合理的应用，并实现高放废液中低化，降低处理成本和高放处置成本。

（2）分离嬗变技术。开展次锕系元素的分离、次锕系元素制靶、快堆嬗变或者加速器驱动嬗变技术、嬗变后靶件评估、靶件处理等工艺技术研究，将次锕系元素转变为裂变产物核素，大大降低高放废液的毒性和长期处置的安全性。

（3）高放废液玻璃固化技术。主要开展冷坩埚玻璃固化工艺及装备研制、熔炉玻璃固化国产化装备研制等方面研究，既要尽快解决军工遗留高放废液"液转固"问题，降低高放废液安全贮存风险，也要针对动力堆乏燃料后处理产生高放废液的新型固化工艺，解决熔炉处理工艺的不足。

（4）热泵在核行业工程化应用技术。开展大体积处理能力的低放废液的分离泵、蒸发器、加热器设备定型以及高盐份低放废液处理工艺、含硼废液蒸发浓缩工艺及装备研制等。降低蒸汽蒸发处理能耗高的问题，实现节能减排。

（5）放射性废液深度净化技术。开展研究有机大分子功能材料、凝胶、无机功能材料、分离膜等分离工艺、以及高速离心泵、处理床等装备，实现低放废液深度净化，实现核电废液、燃料循环后端低放废液"零排放"要求。

（6）α 污染固体废物处理工艺。开展 α 污染固体废物、泥浆、熔盐等放射性废物的处理技术研究、工艺研发和工装设备研制，力求将这类松散废物转变为固化体，满足暂存或者处置的要求。

（7）α 污染废物安全贮存技术。开展 α 污染废物安全贮存过程包装体的密封技术、气溶胶释放检测及报警技术、远程控制技术以及废物包的信息化管理技术。确保 α 废物在贮存期间的安全管控。

（8）放射性有机废物无机化技术研究。开展超临界水氧化、湿法催化氧化、超临界水样重整等技术研究、工艺研发和工装设备研制，解决放射性有机废物如废树脂、废TBP、放射性污溶剂等处理处置的难题，满足废物最小化和环保要求。

（9）中低放固体废物减容技术。开展等离子体焚烧、冷坩埚高温固化等技术研发，掌握中低放固体废物高效减容技术，实现废物最小化。

（10）废物包直接测量技术。重点开展散装废物包、废物钢箱直接测量放射性总 α、总 γ 以及关键长寿命放射性核素比活度测量技术和装备的设计定型，满足放射性废物分类、处理、处置的要求。

参考文献

［1］国防科技名词大典总编委会. 国防科技名词大典/核能［M］. 北京：航天工业出版社，兵器工业出版社，原子能出版社，2002.

［2］环境保护部，工业和信息化部，国家国防科技工业局. 放射性废物分类［Z］. 2017.

［3］卢玉楷. 简明放射性同位素应用手册［M］. 上海：上海科学普及出版社，2004.

［4］化学名词审定委员会. 化学名词［M］. 2 版. 北京：科学出版社，2016.

［5］金立云，陈连仲. 高放废液组成 I 主要化学成分及放射性核素分析［R］. 中国原子能科学研究院，北京，1988.

［6］L. Cecille. Radioactive waste management and disposal［J］. Elsevier Applied Science，London and New York，1991.

［7］罗上庚. 玻璃固化国际现状及发展前景［J］. 硅酸盐通报，2003（1）.

［8］P. Vankerckhoven Compiled. Nuclear Safety and the Enviroment—Decommissioning o Nuclear Installations in the European Union［R］. European Commission Report EUR-18860，1998.

［9］IAEA. PredisposalManagement of Organic Radioactive Waste［R］. Technical Reports Series No. 427，IAEA，Austria，July. 2004.

［10］M. Cumo. Experiences and Techniques in the Decommissioning of Old Nuclear Power Plants［R］. Workshop on Nuclear Reaction Data and Nuclear Reactor：Physics，Design and Safety，Trieste，25 Feb-28 Mar. 2002.

［11］K. Lauridsen. Decommissioning of the Nuclear Facilities at RisØ National Laboratory［R］. RisØ National Laboratory，Feb. 2001.

［12］P. Risoluti，L. Coppola，M. Collepardi. Material for the Engineered Barrier System Under Development for the LLW Repository in Italy［C］. 24th International Symposium on the Scientific Basis for Nuclear Waste Management，Sydney，Australia，August 2000.

［13］IAEA. Decommissioning of Nuclear Power Plants and Research Reactors［R］. IAEA Safety Standards Series No. WS-G-2. 1，IAEA，Vienna，1999.

［14］M. Levenson，et al. Waste Forms Technology and Performance：Final Report［M］. the Natinal Academies Press，Washington，D. C.，2001.

［15］S. Remont，R. Masson，J. Gosset，et al. Le Démantèlement Des Installations Nucléaires［M］. Paris：Les Presses de L'ecole des Mines，1998.

［16］OECD/NEA. Intenational Structre for Decommissiong Costing（ISDC）of Nuclear Installations［R］. OECD-NEA，2012.

［17］C. A. Dahl. A Summary of Properties Used to Evaluate INNEL Calcine Disposal in the Yucca Mountain Repositroy［R］. Idaho National Engineering and Enviromental Laboratory，Idaho，July 2003.

[18] W. Lin, D. G. Wilder, et al. A Large Block Heater Test for High Level Nuclear Waste Management [C]. 18ᵗʰ Intenatinal Symposium on the Scientific Basis for Nuclear Waste Management, Kyoto, Japan, October 1994.

[19] OECD/NEA. The Decommissioning and Dismantling of Nuclear Facilities—Status [R]. Approaches, Challenges, OECD/ENA, paris, 2002.

[20] R. Sjoblom, A. B. Tekedo, C. Sjoo. Early Stage Cost Calculations for Decontamiation and Decommissioning of the Nuclear Research Facilities [C]. the 10ᵗʰ International Conference on Enviormental Remediation and Radioactive Waste Management, Glasgow, Scotland, September 2005.

[21] A. E. Ringwood. Dispoal of High-Level Nuclear Wastes: a Geological Perspective [J]. Mineralogical Magazine, 1985, 49: 159-176.

[22] P. Christophe, T. Pierre, G. Jean-Marie, et al. Long Term Evolution of Spent Nuclear Fule in Long Term Storage or Geological Disposal: New Findings from the French PREECCI R&D Program and Implications for the Definition of the RN Source Term in Geological Repository [R]. 2006.

[23] V. Ljubenov. IAEA Program on Decommissioning, Inter-regional Workshop on Practical Skills Development for Characterization [R]. Clearance and Management of Waste from Decommissioning and Remediation, Canada, September 2012.

[24] IAEA. Method for the Minimization of Radioactive Waste from Decontamination and Decommissioning of Nuclear Facilities, Technical Reports Series No. 401 [R]. Vienna, 2001.

[25] IAEA. Handling and Processing of Radioactive Waste from Nuclear Applications, Technical Reports Series No. 402 [R]. Vienna, 2001.

[26] IAEA. Transition from Operation to Decommissioning of Nuclear Installations, Technical Reports Series No. 420 [R]. Vienna, 2004.

[27] IAEA. Radiological Characterization of Shut Down Nuclear Reactors for Decommissioning Purpoese, Technical Reports Series No. 389 [R]. Vienna, 1998.

[28] IAEA. Innovative and Adaptive Technologies in Decommissioning of Nuclear Facilities, IAEA-TECDOC-1602 [R]. Vienna, 2008.

[29] IAEA. Applications of Thermal Technologies for Processing of Radioactive Waste, IAEA-TECDOC-1527 [R]. Vienna, 2006.

[30] IAEA. Safety of Radioactive Waste Dispoal, Proceedings of an International Conference [R]. Tokyo, Janpan, October 2005.

[31] 罗上庚. 高放废液的分离与嬗变 [J]. 辐射防护, 1996, 16 (1): 72.

[32] M. I. Ojovan. Handbook of Adacanced Radioactive Waste Conditioning Technologies [M]. Woodhead Pulishing Limited, 2011.

[33] IAEA. State of the Art Technology for Decontamination and Dismantling of Nuclear Facilities, Technical Reports Series No. 395 [R]. Vienna, 1999.

[34] European Commission. Dismantling Techniques, Decontamination Techniques [R]. Dissemination of Best Practice, Experience and Know-how, EC, June 2009.

［35］C. R. Bayliss, K. F. Langley. Nuclear Decommissioning Waste Management, and Enviromental Site Remediation, Elslevier ［M］. London, 2003.

［36］IAEA. Remeditaion of Site with Dispersed Radioavtive Contamination, Technical Reports Series No. 424 ［R］. Vienna, 2004.

［37］PNNL. Hanford Site Cleanup Challenges and Opportunities for Science and Technology-A Strategic Assessment, DOE/RL-2001-03-Rev. 0 ［R］. Richland, Washington, February 2001.

［38］DOE, BRWM, NRC. Decision Making in the U.S. Department of Energy's Environmental Management Office of Science and Technology ［M］. National Academy Press, Washinton, D. C., 1999.

［39］DOE, BRWM, NRC. Research Opportunities for Deactivating and Decommissioning Department of Energy Facilities ［R］. National Academy Press, Washinton, D. C., 2001.

［40］DOE. Reprot to Congress—Status of Enviromental Management Initiatives to Accelerate the Reduction of Enviromental Risks and Challenges Posed By the Legacy of the Cold War ［R］. DOE, January 2009.

［41］罗上庚，等. 论退役策略 ［J］. 核安全，2011 （1）：13-21.

［42］孙敬东，等. 德国核电厂的退役工作 ［J］. 能源技术，2009 （30）：212-214.

［43］潘启龙. 新世纪国际放射性废物处置 ［M］. 北京：中国原子能出版社，2018.

［44］徐健，万力，宗自华，等. 乏燃料贮存技术与管理 ［M］. 北京：兵器工业出版社，2020.

［45］中国科学院. 中国核燃料循环技术发展战略报告 ［M］. 北京：科学出版社，2017.

［46］周培德. 快堆嬗变技术 ［M］. 北京：中国原子能出版社，2015.

［47］核能安全利用的中长期发展战略研究编写组. 新形势下中国核能安全利用的中长期发展战略研究 ［M］. 北京：科学出版社，2019.

习　题

1. 核设施退役与放射性废物治理技术体系涵盖范围有哪些？
2. 简述放射性废物处理、放射性废物治理与放射性废物管理之间的关系？
3. 核设施退包括哪些环节？
4. 简述中低放固体废物整备处理技术都有哪些？
5. 简述高放废液处理技术发展趋势？

第2章　核设施退役切割技术

切割技术是核设施退役中最为关键的技术，也是强污染核设施退役过程的瓶颈技术。主要涉及核设施中大型构件（如反应堆堆本体、后处理溶解器、大型萃取柱、废液储罐、大型箱室等）、工艺系统（反应堆回路、后处理萃取系统、废物处理系统等）、重混凝土（反应堆生物屏蔽体、热室屏蔽体、设施构筑物等）及各种管件（通风管道、废水输送系统、穿墙管等）的切割，针对不同的对象和放射性核素污染种类，所采用的切割技术和切割装备不尽相同。

2.1　切割技术的定义及基本概念

切割是一种物理动作。狭义的切割是指用刀等利器将物体（如食物、木料等硬度较低的物体）切开；广义的切割是指利用工具，如机床、火焰等将物体在压力或者高温作用下断开，也就是将大物体转变为小物体的过程，它包括冷切割、热切割两类。冷切割有挤压切割、机械剥离等，热切割有气体火焰切割、电弧切割、等离子体切割和激光切割等。

针对核设施退役而言，切割技术没有明确的定义。它与民用常规切割有相同之处，但也有不同之处。不同之处在于核设施退役中切割需要考虑强辐射场条件下的操作；操作过程存在放射性气溶胶的形成；切割的部件需满足物件的转移及后续处理的要求；切割场地比较有限。因此，核设施退役所采用的切割技术是在传统切割技术上进行优化，以期满足在强辐射场条件下对操作人员辐射剂量最优化的要求。

核设施退役中的切割技术的定义可概述为：将核设施内放射性污染的工艺系统、设备、各种管件，以及配套系统等切开或者断开，并变为可移取、可转运、可收集的物件的手段或者方法。根据这个定义，核设施退役切割技术对象是设施内的放射性污染的工艺系统、设备、各种管件以及配套系统，不包括建筑物及其附属构筑物。

在核设施退役中，与切割相近的概念还有解体、拆除和拆毁。这几个概念的定义如下。

解体是物体的结构分解，按照组装部件进行拆解，有时也将切割和解体联用，称为切割解体。

拆除（又称拆卸）是指核设施退役中将阀门、关管件、仪表从系统中拆下来的过程。

拆毁指将一个建筑物完全转为碎块的过程。常用于建筑物及附属设施。

2.2　切割技术的分类

在核设施退役中，切割对象按照材料类型可分为 3 类：（1）金属材料类，包括碳钢、不锈钢、铜、铝等金属材料构成的大型箱室、容器、设备、工艺管件；（2）钢筋混凝土类，包括反应堆生物屏蔽体、热室框架、屏蔽构筑物等；（3）非金属材料类，包括有机玻璃容器和手套箱、废石墨切块、套管、热柱等。由于上述对象有不同的形状、大小和厚度，且都不同程度受到放射性核素的污染，即使通过现场去污也不能够达到解控的要求，因此，需要有针对性的选择切割技术，以期达到最快的工作效率，减少工作人员的受照剂量。

核设施退役中切割技术按照物理状态可分为冷切割技术、热能切割技术两大类。

按照切割原理不同可分为机械切割技术、热能切割技术、化学腐蚀切割技术、射流切割技术等。

2.2.1　机械切割技术

机械切割技术的原理，是通过机械力和/或机械运动将核设施退役中放射性污染大型构件切开或者断开，变成可供收集、转运、贮存的小部件。常采用电力、气压、液压带动机械运动（往复的、圆周的）和产生力（剪切），从而达到切割的目的。该技术在核设施退役中应用较为广泛，其优点包括：（1）产生烟尘及放射性气溶胶量少；（2）投资较少；（3）易于实现自动化操作和控制。该方法也存在一些缺点，如：（1）设备重而大；（2）切割速度较慢，效率低；（3）仅适于小体积和较薄的物体；（4）大多需要外加冷却剂。

2.2.1.1　动力切锯机和剪切机

切锯机是一种冲压和模切工具，通常由冲头对着模块作快速往复运动来进行切割，每次冲击可切下小块薄板金属工件。对于复杂形状和导向弯头来说，这种方法是理想的。

剪切机是一种装有双刀片或双割刀的切割工具，其工作原理与普通剪刀的原理相同。装刀片的剪切机主要用于薄板金属的在线切割。旋转式剪切机能够进行不规则的或环形的切割。

动力剪切机还适用于切割小孔径管，在某些情况下，可用于切割槽罐。大型移动式剪切机能切割厚的钢材，并能用于结构钢、大直径管道以及地上和地下的槽罐。移动式剪切机的应用仅限于户外作业，可以将部件运到分割区进行分割。电动切锯机和剪切机加上一台功率输出器后，可用于远距离干式切割。气动切锯机和剪切机可用于远距离水下和空气中作业。对于水下作业，可以选用带排气导管的标准切锯机和剪切机，该导管用于从切割处排气，这就消除了切割处的空气泡，从而提高了操作人员的能见度（见图 2-1 至图 2-5）。

图 2-1　挪威 Kieller 后处理厂使用的液压剪切机图

图 2-2　用液压剪切机切割图

图 2-3　用于小直径氚污染管线的液压管道切割器图

图 2-4　液压剪切机剪切薄板部件图

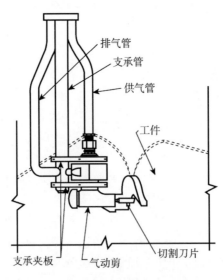

图 2-5　典型的气动剪切装置图

附在长支撑管上的重型切锯机和剪切机可用于远距离切割低碳钢和不锈钢部件。

剪切技术在核设施退役中得到了广泛应用。在埃尔克河反应堆拆除作业期间，曾用气动切锯机在水下把堆芯围筒遥控切割成适于运输的段块。围筒由两部分组成，其材料分别是 2.4 mm 的不锈钢和 1.6 mm 的铬合金。许多切块的长度达 1.5 m。为了在切割已硬化不锈钢时得到满意结果，把切锯机的工作空气压力从 0.34 MPa（表压）提高到 0.62 MPa（表压）。

拉克罗斯沸水堆退役期间曾用气动剪切机从拉克罗斯沸水堆压力容器水下遥控分割了 1.6 mm 厚的不锈钢堆芯围筒。

在法国 AT1 快堆乏燃料后处理中间试验装置退役期间，曾用液压剪切机（这只是使用的机械切割方法的一种）来切割热室穿墙管和系统小的工艺管路系统，从而避免了热切割过程带来的气溶胶污染和扩散问题。英国核燃料有限公司（BNFL）的共沉淀装置，曾用压扁/剪切工具来切割污染管道，用该工具进行了几百次切割，其中大部分是在 12.7 mm 管子上进行的。

2.2.1.2 常规机械锯

弓锯、剪断锯和往复式锯都是工业上常规机械锯，通过锯条的往复运动，对相对质软的或可磨损的材料进行切割。常规机械锯具有两个明显的优点：一是火灾危险低；二是没有烟尘和气体，放射性污染控制比较容易。因为这些锯的操作费用低、切割速度高（相对其他冷切割）和污染控制容易，所以常常被用作切割管道系统，既可以是便携式的（手持的或遥控的），也可固定使用（见图 2-6 至图 2-9）。

图 2-6 缅基扬核电厂退役所使用往复式锯图　图 2-7 加拿大 Gentilly-1 退役所用的
管道固定式往复式锯图

带金刚石链/锯片的链锯也可归入这类切割工具，但与弓锯或剪断锯相比较，由于链锯存在切屑扩散到工作区附近的倾向，所以不管这些切屑是污染的还是没有污染的，都对工作人员的安全构成危害。

便携式动力弓锯用链条卡紧在管道的适当位置上，使锯片接触管子的下部。这使得助推器的自重能推动锯片在安装链条的支点附近进入工件中。操作者可以在助推器壳体上施加向下的作用力或在助推器壳体上挂重物来人为地增大进刀压力。在一般情况下，不需要润滑锯片。便携式动力弓锯可以切割直径达 356 mm 的管子，切割时间随切割的材料和施加于锯片上的压力而变化。当使用便携式动力弓锯切割直径为 203 mm 的管时，可在 6~10 min 内完成。

图 2-8 BR3 退役项目中用往复锯切割管道操作图

图 2-9 BR3 退役项目中的链锯模拟试验台架图

便携式剪断锯也用链条卡紧在管道上。但是，由于该锯和助推器都安装在切口上，这就有可能利用设备的重量来推动锯进入工件。通常不需要润滑锯片。两种便携式锯的助推器可以使用空气或电力作动力源。

一般说来，弓锯的重量约为 6.8 kg，锯片长 203~610 mm，加上长度为 610 mm 的动力装置，整体装置还是比较小的，易于安装在狭窄的地方。气动助推器的耗气量（标准）在表压为 620 kPa 时，为 0.85~1.42 m³/min，而电动助推器所需的电功率为 75 kW。

大型剪断锯的重量可能达 233 kg，因而需靠机械来定位。剪断锯能够切割直径范围为 51~610 mm 的管道。对直径为 203 mm 的管来说，切割速度约为厚度为 25 mm 管道需 1~1.5 min。小型剪断锯的重量约为 54.4 kg，一般需要两名操作人员来定位。

在希平港核电厂退役的早期切割作业期间，曾使用了弓锯和剪断锯。结果显示这些锯对铝管的切割来说是非常有效的，切割速度很快，但对碳钢和不锈钢切割效果不理想。当应用于碳钢时，切割速度较慢并且发生过电动机因过热而被烧坏的事故；而对不锈钢效果更差，例如，对于 152.4 mm 不锈钢管来说，需要使用 20 个锯片才能完成切割。

弓锯也有固定式的，采用一个大型的刚性床来固定工件，一个往复式锯框来安装切割工件的锯片。固定式锯较便携式锯的体积大、功率高、速度快，并配有喷雾润滑剂的装置，润滑剂需进行再循环或过滤，以去除污染物。这些锯的重量可高达 5 t，一旦安装好就不易移动。该锯能够切割厚度为 635 mm 的材料。切割碳钢轧件和管道的速度分别为 90.3 cm²/min 和 109.7 cm²/min，是切割大量材料的理想工具。如果建立一个中心切割站，那么大型固定式弓锯就能有效地用于退役工作。在切割站，可用这些锯来将长管切为短节，以便包装和运输。在退役工作中，固定式弓锯的有效性取决于与场址有关的许多因素，其中包括：劳务费用、要切割材料的数量、材料的放射性水平和切割期间的照射量水平。将切割站建在靠近退役活动现场自然会减少与吊装和运送长管件有关的费用和照射量。

往复式动力锯类似于动力弓锯，一台标准的工业用气动往复式锯装有专用的气动夹紧装置和气动推进系统来将锯保持在工件上，只是它的锯片的一端是不固定的。这些锯重量轻、结构紧凑、易安装，气动装备还避免了故障损坏。这些锯一旦定位，其

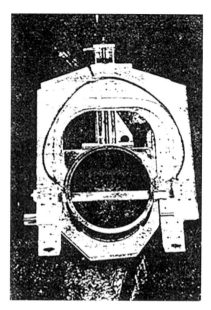

图 2-10 便携式气动剪断锯图

运行都不需要操作人员协助，因此它们成为在高水平放射性污染区可操作的理想工具。在美国太平洋西北国家实验室（PNNL），曾用一台往复式锯在热室中遥控切割部件，利用热室内的高架吊车，可以远距离地将锯附在管道、横梁和其他设备突出部分，由于是气动推进系统，所以在任何位置，包括非常复杂的位置，都可进行很好的操作。在布置和操作位置方面的这种通用性，与等离子体弧割炬和其他较快切割装备相比，大大减少了时间和费用。尽管往复式锯的切割速度较慢，但由于可以实现无人操作，所以劳务费用可能降低。

2.2.1.3 圆周切割机

圆周切割机是一种推进式工具，当它在管道外侧沿轨道作圆周运动时，即可进行切割。该切割机可用气动、液压或电力来驱动。调整尺寸将与管道外径相匹配的导向链固定在管道或部件的外侧，如果需要进行非常准确的切割，可以使用导向环。

圆周切割机的锯片是用淬硬钢制造的，可根据切割厚度选择相应的型号，若要斜切管道，需使用专用的切割刀具。对于外径范围为 152～6100 mm 的管道，圆周切割机可切割管壁厚度达 76.2 mm。图 2-11 为一台典型的圆周切割机。

钳夹车旋器、手动悬挂式切割机和旋转切割器以及手动切割机都属于圆周切割机。钳夹车旋器可以很容易地从两侧打开或完全分为两个独立的部件，随着车旋器的每一次旋转，切割器及其刀具将自动进入工件，可以保证精确的切割。由于采用了集成的结构设计，所以比较容易安装于在线的管道、三通管、阀门、喷嘴和突缘。采用市售的远距离控制设备，一个操作员能够在任何距离选择所需的切割深度并控制推进、转动和停止/起动系统。钳夹车旋器可以切割外径在 31.7～1067 mm 范围、厚达 152 mm 的管道，驱动方式为液压或气动。图 2-12 是钳夹车旋器的示意图。

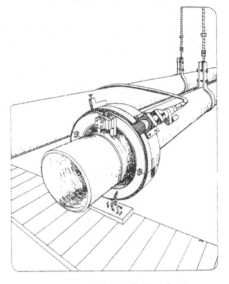

图 2-11　圆周切割机图　　　　　　　　图 2-12　钳夹车旋器示意图

　　手动操作的悬挂式切割机和旋转切割器可用于封闭环境。四个切轮等距离地安装在一放在管道周围的框架内。向切割器施压，并使其围绕管道旋转。对悬挂式切割机，手柄最大运动范围为 90°~110°，切割时对大多数管道都需要 100 mm 间隙。对旋转切割器来说，手柄最大运动范围为 45°~60°，切割管径在 406 mm 以下的管道需要 100 mm 间隙，管径大于 406 mm 的则需要 200 mm 间隙。两种切割设备都能切割碳钢、大部分不锈钢、球墨铸铁和一般铸铁。手动操作的切割设备几乎可以在间隙得到满足的任何地方使用，包括沟渠、水下、存在爆炸危险的环境。图 2-13 为一台旋转切割器的照片。

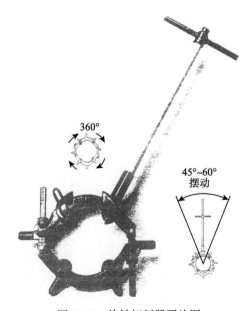

图 2-13　旋转切割器照片图

圆周切割机主要用于管道焊接准备工作，退役时对分割管道和圆形容器也是有效的工具。切割产生的切屑可用真空吸尘器来清除以控制污染。若使用了润滑剂，则要对其进行收集、过滤和复用。该切割机可远距离操作，且由于这种切割采用的是机械方法，所以几乎没有火灾风险。

因为对碳钢的最大切割深度每次限于 19 mm，所以对较厚的管壁需要多次切割。不过，这是圆周切割机的一个独特优点，因为它能不完全切断管道而仅使管子的壁厚减至最小。这样就可以用冷凿和锤子来最后断开管子，从而限制外来物进入管内和减少污染的扩散。

2.2.1.4　砂轮切割机

砂轮切割机是一个由电动、液压或气体驱动的砂轮通过磨削金属来切开工伯的工具。砂轮是由树脂黏结的氧化铝或碳化硅颗粒构成，通常用玻璃纤维网来增强其强度。

手提式砂轮切割机的切割速度较慢，且操作人员长时间受工件的反作用力很容易疲劳，因此仅适用于直径小于 51 mm 的管道和部件。配上导轨系统后，可以切割直径达 1.52 m、壁厚为 100 mm 的管道。

砂轮切割可固定在专门的切割车间。在车间内应用速度较快和功率较大的砂轮切割机可把长的管道分割成便于包装和运输的短管。一台 22 kW 的装置能在两分钟内切割完 152 mm 的实心材料。

与固定式弓锯相比，砂轮切割机具有相近的切割速度，费用较少。砂轮切割机的缺点是：1）这种切割技术会产生一连串的火花，不适合在易燃品附近操作。2）由于磨削产生的铁屑很细微，需考虑污染控制。为限制污染扩散可以为切割机配备一个铁屑封闭系统或用水作润滑剂。在大多数情况下，操作人员应工作在污染控制罩内工作，并穿戴个人防护用品，其中包括呼吸防护面罩。但在使用污染控制罩的情况下，只能切割厚度小于 203 mm 的材料。

2.2.1.5　墙壁锯和地板锯

针对污染的钢筋混凝土墙面和地板一般采用墙壁锯或者地板锯，其对周围材料的干扰较小。

地板锯又称为板锯和平锯，其特点是锯片安装在后推机上，工作人员推动机身行进，利用高速旋转的锯片，达到切割的效果。墙壁锯又称轨道锯，导轨安装于墙上或不允许使用地板锯的斜面上。操作人员手动将锯片推入工件。用喷水来控制磨切时产生的微尘。锯片不产生振动、冲击波、烟雾或熔渣，同时噪声也相当小。

图 2-14 所示一台典型的墙壁锯的照片，而图 2-15 是一台典型的地板锯。

墙壁锯或地板锯的最大切割厚度约为锯片直径的 1/3，用这种锯已切割过厚度达 914 mm 的混凝土。每分钟大约可切割 968 cm² 的切割面，而与厚度无关。既可以手动切割，也能遥控切割。表 2-1 列出常规混凝土锯的典型切割速度。

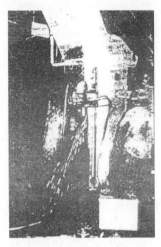

图 2-14 典型墙壁锯图

图 2-15 典型地板锯图

表 2-1 混凝土锯的切割速度

混凝土厚度/mm	切割速度/（mm/min）
127	762
254	381
610	152
914	102

切割锯片直径为 350 mm 的便携式动力锯，配上专用的偏心传动装置，可以达到的切割深度为 260 mm。设备较轻，一人即能操作。既能切割钢筋混凝土，也可以切割无钢筋的混凝土。如使用常规的（中心驱动）锯，则切割锯片的直径需要达到700 mm，长时间的连续工作，产生的锯屑影响设备的传动机构。不过，对于短时间工作来说，这种机械设备的性能还是很好的。

2.2.1.6 金刚石线锯切割

金刚绳线锯的主要优点是：（1）可以实现高速的水平和垂直切割；（2）可进行准确的切割；（3）具有很强的适用性（能够切割任何材料）和灵活性，不仅能对异型构件进行切割，适合于在难于接近地区安全地进行切割，且不需要移去障碍物；（4）进行远距离切割；（5）切割时没有什么噪声和振动，对周围环境影响小。

金刚石线锯切割的缺点是：（1）切割时有时需要对工件进行钻孔处理，以便金刚石线能穿过去；（2）存在由机械故障或污染物转移引起的潜在人身安全危险。例如，使用中的丝绳断裂就可能伤及操作人员。

虽然全刚石线切割系统能够切割任何材料，但是，在退役项目中，通常用它来切割厚的钢筋混凝土平板或墙壁，如核设施中的生物屏蔽层。例如，在普林斯顿—宾夕法尼亚加速器（PPA）退役期间，用金刚石线切割系统来有效地处理运输容器。虽然加速器底板的厚度达 838 mm，仍成功地进行了精细的切割。在 Zimmer 核电厂改建为燃煤电厂的过程中，也曾使用了金刚石线切割系统，在存有许多障碍物以及埋置的管道和导管的厚钢筋混凝土墙上，切出一些开口。共切割和移走 60 多块混凝土，其中一块重混凝土尺寸可达 6.7 m（长）×5 m（宽）×1.8 m（厚），重达 40 t。总共使用了 5 个线绳系统同时作业，历时 3 个月完成。

在许多核设施，已用金刚石线来切割热交换器的管束。1989 年在 Studsvik 核电厂，首次使用了金刚石线绳锯对直径达 2.5 m 的预热器管束进行了切割，为这个技术的应用提供了一个例证。切割管束含 4000 根直径约为 2 cm 的 304L 不锈钢管和 1 根 12 cm 碳钢中心管。切割时间为 17 h，切割丝的线速度低于 25 m/s。随后 1989 年 Sequoyah 核电厂的部件冷却用热交换器管束，1990 年 Millstone 核电厂的预热器管束，以及 1991 年 IndianPoint 核电厂 2 号机组的冷凝器管束都采用这项技术。

2.2.2　热能切割技术

热能切割技术是利用高温将切割材料局部进行熔化，以达到分解的目的。常见的有等离子弧切割技术、激光切割技术、电弧切割技术、火焰切割技术、氧气切割技术和铝热剂反应喷枪技术等。热切割技术的优点包括：切割效率高；设备较轻；便于远距离操作；切割时不与工件直接接触，反作用力小。

该方法的缺点是：容易产生烟尘和气溶胶，需配置预过滤器和高效空气微粒过滤器；部件耗损快；操作过程中易发生火灾。

热切割技术按物理现象可以细分为以下 3 类：

（1）燃烧切割技术。燃烧切割技术是材料在切口处采用加热燃烧，产生的氧化物被切割氧流吹出而形成切口。

（2）熔化切割技术。熔化切割技术是材料在切口处主要采用加热熔化，熔化产物被高速及高温气体射流吹出而形成切口。

（3）升华切割技术。升华切割技术是材料在切口处主要采用加热汽化，汽化产物通过膨胀或被气体射流吹出而形成切口。

热切割技术按照所用能源不同，可以进一步分为：

（1）气体火焰的热切割技术

1）气割技术：采用气体火焰的热能将工件切割处预热到一定温度后，喷出高速切割氧流，使其燃烧并放出热量实现切割。

2）氧—熔剂切割技术：在切割氧流中加入纯铁粉或其他熔剂，利用它们的燃烧和造渣作用实现气割。

（2）气体放电的热切割技术

1）电弧—氧切割技术：利用电弧加切割氧进行切割，电弧在空心电极与工件之间燃烧，由电弧和材料燃烧时产生的热力使材料能通过切割氧进行连续燃烧，熔融物被切割氧排出。反应过程沿移动方向继续进行而形成切口。

2）电弧—压缩空气气刨技术：利用电弧及压缩空气在表面进行切割，由电弧和材料燃烧时产生热量使材料能够连续地熔化及燃烧。反应过程沿移动方向继续发展，由压缩空气流驱除熔融物及熔渣而形成切口。

3）等离子弧切割技术：利用等离子弧的热能实现切割。

（3）利用束流的热切割技术

1）激光切割技术：利用激光束的热能实现切割。

2）电子束切割技术：利用电子束的能量将被切割材料熔化，熔化物蒸发或靠重力流出而产生切口。

2.2.2.1 等离子弧切割技术

等离子弧切割技术（也称等离子体切割技术）诞生于 20 世纪 50 年代，最初用于切割氧—乙炔火焰无法切割的金属材料，如铝合金、不锈钢等，随着技术的发展，其应用范围已扩大到碳钢和低合金钢。

等离子弧切割技术，是利用高能量密度的等离子弧和高速的等离子流，将被切割件局部熔化并从割口处吹走，以达到切割的目的。等离子体切割时，电弧温度一般在 10 000 ~ 14 000 ℃之间，远远超过所有金属以及非金属的熔点，因此能够切割绝大多数金属和非金属材料。

等离子切割配合不同的工作气体可以切割所有金属材料和非金属材料。其优点如下。

（1）应用范围广

可以切割各种高熔点金属及其他切割方法不能切割的金属。如：不锈钢、耐热钢、钛、钼、钨、铸铁、铜、铝等及其合金。切割不锈钢、铝材厚度可达 200 mm 以上。采用非转移弧时，由于工件不接电源还可切割各种非导电材料，如耐火砖、混凝土、花岗石等。

（2）切割速度快，生产效率高

切割普通碳钢薄板时，其速度可达气体火焰切割法的 5~6 倍。

（3）切割质量高

割缝窄而平整，光洁、无黏渣，接近于垂直切口，并且切口变形和热影响小，淬火钢也可用此法切割，其硬度变化不大，切割质量好。

等离子切割技术的缺点主要有：

（1）切割过程中产生弧光辐射、烟尘及噪声等；

（2）等离子弧切割设备贵；

（3）切割用电源空载电压高；

（4）如果切割后不经任何处理，容易产生气孔等缺陷。

等离子弧切割技术按照等离子弧的类型可分为转移型等离子弧切割技术和非转移型等离子弧切割；按照所用的工作气体（即等离子气）分为氩气等离子弧、氮气等离子弧、氧气等离子弧和空气等离子弧等切割技术。按照电弧压缩情况分为一般等离子弧切割技术（电弧只经过机械压缩、热压缩和电磁压缩）和水再压缩等离子弧切割技术。目前在核设施退役中常用一般等离子弧切割技术、水再压缩等离子弧切割技术和空气等离子弧切割技术三种。

一般等离子弧切割技术不用保护气体，所以工作气体和切割气体从同一个喷嘴喷出。引弧时，喷出小气流的离子气体作为电离介质。切割时则同时喷出大气流的气体以排除熔化金属。一般等离子弧切割可采用转移型电弧或者非转移型电弧，切割金属材料通常都采用转移型电弧。因为工件接电，可以切割较厚的钢板。切割薄金属板材时，可以采用微束等离子弧切割，以获得更小的切口。常用工作气体为氮、氩或者两者的混合气体。

水再压缩等离子弧切割技术也称水射流等离子弧切割技术，利用此技术切割时，由切割枪喷出的除工作气体外，还伴随高速流动的水束，共同迅速地将熔化金属排开。由工作气体形成等离子弧，并喷出经过处理的高压水，对等离子弧再次加以压缩。这种技术常用于水下切割，水再压缩等离子弧切割时，水喷溅严重，一般在水槽中进行，工件位于水下 200 mm 左右。切割时，利用水的特性可以大大降低切割噪声，并能够吸收切割过程中所形成的强烈弧光、金属碎粒、烟气、紫外线等，改善了工作条件。水还能冷却工件，使切口平整及切割后工件热变形小，切口宽度比一般等离子弧切口窄。

空气等离子弧切割技术一般使用压缩空气作为离子气。将空气压缩后直接通入喷嘴，经电弧加热分解出氧，未分解的空气以高速冲刷切割口。分解出的氧与切割金属产生强烈化学放热反应，加速切割速度。电弧能量大，切割速度快，质量好，特别适合于切割厚度 30 mm 以下碳钢，也可以切割铜、不锈钢、铝及其他材料。但这种切割技术的电极氧化腐蚀严重，一般采用镶嵌式纯锆或者纯铪电极，不能采用纯钨电极或者氧化物电极。

对于污染部件，等离子体弧切割系统的操作常常要使用污染控制封闭罩，排气要设净化过滤。对于典型的切割器组件的使用寿命，喷嘴和夹持器械为 30 min，电极为 3 h。

在希平港核电厂退役期间，曾使用了等离子体弧工艺来拆除反应堆冷却管路系统和设备。切割区周围的增强塑料包容罩与装有 HEPA 过滤器的排风系统相连接，管道内部与 HEPA 过滤器连接，以有效地俘获烟雾和废气。此工艺曾用于大直径管道、厚壁部件和某些不锈钢梁。平均 30 min 可切割一根外径为 203 mm、壁厚为 38.1 mm 的管道。

2.2.2.2　激光切割技术

激光切割技术是材料加工中一种先进的、应用较为广泛的切割工艺。既可以实现各种金属材料的切割，也可以实现非金属板材、复合材料及其碳化钨、碳化钛等硬质材料的切割。利用激光切割技术的特点，将其应用于核设施退役中污染金属箱室、容器以及管道的切割，具有良好的应用实践。

激光切割技术是利用经聚焦的高功率高能量密度的激光束照射工件，使被照射的材料迅速熔化、汽化、烧蚀或者达到燃点，同时借助与光束同轴的高速气流吹除熔融物质，从而实现将工件的割开，属于热切割技术之一。

激光切割技术与其他热切割技术相比，具体以下特点。

（1）切割质量好

由于激光光斑小、能量密度高、切割速度快，因此激光切割能够获得较好的切割质量。

1）激光切割切口细窄，切缝两边平行并且与表面垂直，切割零件的尺寸精度可达 ±0.05 mm。

2）切割表面光洁美观，表面粗糙度只有几十微米。

3）材料经过激光切割后，热影响宽度很小，切缝附近材料的性能也几乎不受影响，并且工件变形小，切割精度高，切缝的几何形状好，切缝横截面形状呈现较为规则的长方形。

激光切割、氧乙炔切割和等离子切割方法的比较见表 2-2（切割材料为 6.2 mm 厚的低碳钢板）。

表 2-2　激光切割、氧—乙炔切割和等离子切割方法的比较

切割方法	切缝宽度/mm	热影响区宽度/mm	切缝形态	切割速度	设计费用
激光切割	0.2~0.3	0.04~0.06	平行	快	高
氧—乙炔切割	0.9~1.2	0.6~1.2	比较平行	慢	低
等离子切割	3.0~4.0	0.5~1.0	倾斜	快	中到高

（2）切割效率高

由于激光的传输特性，激光切割机上一般配有多台数控工作台，整个切割过程可以全部实现数控。操作时，只需改变数控程序，就可以适用不同形状零件的切割，既可进行二维切割，又可实现三维切割。

（3）切割速度快

用功率为 1200 W 的激光切割 2 mm 厚的低碳钢板，切割速度可达 600 cm/min；切割 5 mm 厚的聚丙烯树脂板，切割速度可达 1200 cm/min。

（4）非接触式切割

激光切割时割炬与工件无接触，不存在工具的磨损。激光切割过程噪声低，振动小，无污染。

（5）切割材料的种类多

目前，激光切割技术大多数处于实验室研究阶段。许多研究表明，激光切割技术是一种很有前途的切割技术。

激光切割技术可分为激光汽化切割、激光熔化切割、激光氧气切割和激光划片与控制断裂 4 类技术。

激光汽化切割技术也叫激光蒸发切割技术，利用高能量高密度的激光束加热工件，使温度迅速上升，在非常短的时间内达到材料的沸点，材料开始汽化，形成蒸汽，这些蒸汽的喷出速度很大，在蒸汽喷出的同时，在材料上形成切口，材料的汽化热一般很大，所以激光汽化切割时需要很大的功率和功率密度。

激光汽化切割技术常用于极薄金属材料和非金属材料（如纸、布、木材、塑料和橡胶等）的切割。

激光熔化切割技术是利用激光束加热使金属熔化，然后通过与光束同轴的喷嘴喷出非氧化性气体（如 Ar、He、N_2 等），依靠气体的强大压力使液态金属排出，形成切口，激光熔化切割技术不需要使金属完全汽化，所需能量只有汽化切割的 1/10。

激光熔化切割技术主要用于一些不易氧化材料或者活性金属的切割，如不锈钢、钛、铝及其合金。

激光氧气切割技术类似于氧—乙炔切割，它是利用激光作为预热热源，用氧气等活性气体作切割气体。喷吹出的气体一方面与切割金属作用，发生氧化反应，放出大量的氧化热，另一方面把熔融的氧化物或者熔化物从反应区吹出，在金属中形成切口，由于切割过程中的氧化反应产生了大量的热，所以激光氧气切割所需的能量只是熔化切割的 1/2，而切割速度远远大于激光汽化切割和熔化切割。

激光氧化切割技术主要用于碳钢、钛钢以及热处理钢等易氧化的金属材料的切割。

激光划片与控制断裂技术是利用高能量密度的激光在脆性材料的表面进行扫描，使材

料受热蒸发出一条小槽，然后施加一定的压力，脆性材料就会沿小槽处裂开。控制断裂是利用激光刻槽时产生的陡峭的温度分布，在脆性材料中产生局部热应力，使材料沿小槽断开。一般情况下，激光划片与控制断裂技术主要用于脆性材料的切割，所以归为一类。

大多数激光切割机都是由数控程序进行控制操作或切割机器人，激光切割技术作为一种精密的加工方法，几乎可以切割所有材料。除了在汽车制造领域、航空航天领域应用外，也逐步在核设施退役中应用于不锈钢、碳钢等材料的箱室、容器和管道的切割。

2.2.2.3 电弧切割技术

电弧切割技术因其设备简单、成本较低、快速方便等优点，广泛应用于能源、机械等工业部门的实际生产中。随着等离子和激光切割技术的推广应用，常用的电弧切割在大规模生产中基本被淘汰，电弧—氧切割和熔化极电弧切割等方法已转向水下切割。但在实际生产中电弧切割仍以其简便实用的特点，在零部件的切割、焊前接头的表面处理等方面广泛使用。

电弧切割技术主要是利用焊接电源，并借助于电极或者气体与工件间电弧产生的热量进行熔割的方法。电弧放电是气体放电的一种形式，电流密度最大，温度高达 $2800 \sim 4500 \, ℃$，且维持放电所需要的电压比辉光放电的电压低 10 倍左右，通常只有几十伏，安全可靠。由于电弧放电具备以下优点，它可以作为切断金属的热源。

电弧锯切割的优点包括：

（1）电弧锯切割是一种"非接触式"工艺过程，与机械切割工艺相比，切割固定件所需力较小；

（2）切割速度比氧焊切割等其他工艺快；

（3）能够切割任何导电金属材料，特别对于那些不能用氧焊切割工艺的有色金属材料尤其具有吸引力；

（4）切割过程不需要预热系统；

（5）可在水下或空气中操作。

按照切割过程所使用的能量不同进行分类，电弧切割主要分为电弧—氧切割、钨极电弧切割（TIG 切割）、熔化极电弧切割（MIG 切割）、电弧锯切割及阳极切割等。

电弧—氧切割技术是利用中空的管状割条与工件间产生的电弧热和从割条内喷出的氧气与金属反应热进行切割的方法。切割速度比气割快，但切割面质量差。

钨极电弧切割（TIG 切割）技术是利用 TIG 焊接装置借助于钨极与工件间电弧热量进行熔化切割的方法。切割成本高，效率比较低。

熔化极电弧切割（MIG 切割）技术是利用 MIG 焊接装置借助于熔化极与工件间电弧的热量进行熔化切割的方法。目前主要用于水下切割，切割的效率比较高，切割面质量比较好。

电弧锯切割技术主要是利用高速运动的圆盘或者带状电极与工件间产生的大电流电弧使工件熔化，并借助于电极的运动将熔化金属除去的切割方法。切割面质量好，切割效率较高。

阳极切割技术是采用手工电弧焊设备，将直流电源的正极接在待切割的工件上，负极与切割盘相连进行切割的方法。

电弧切割主要用于各种金属材料的切割，不适用于塑料、陶瓷等材料的切割。其中电弧—氧切割、熔化极电弧切割技术一般不适用陆地上，主要用于水下切割。电弧锯切割技术主要用于核电站反应堆、核设施退役过程中不锈钢零部件的解体，而阳极切割适用于高硬度淬火钢、硬质合金等切割。

下面重点介绍在核设施退役中常使用的电弧锯切割技术。

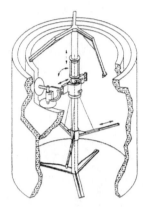

电弧锯是无自耗熔融电极技术的一种派生工艺。它使用一种圆形的无齿锯片，通过锯片与被切金属之间保持高电流电弧实现切割，能切割任何导电的金属。锯片可用任何导电的金属制成（例如，工具钢、低碳钢或铜），并都能取得相同的结果。图 2-16 示出电弧锯的切割头。

锯片的转动速度一般在 300~1800 r/min，可将工件锯缝中由电弧产生的熔融金属清除。熔融金属从工件锯缝中排出之后，便凝结成高度氧化的颗粒。电弧锯可在水下操作，也可在喷水的条件下在空气中操作，两种操作都需要与锯片直径相适应的空间。切割深度受锯片直径的限制，有报道当不

图 2-16　电弧锯的切割头图

锈钢材料的切割速度为 1750 cm²/min，比任何割炬切割速度快许多倍。材料越薄，切割的速度越快。在空气中切割时切割表面较粗糙、可能需要用水来冷却锯片、会产生大量的烟雾和较大的噪声。水下切割的优点是产生的切缝平滑而均匀，但缺点是在切割期间可能使水变得浑浊，操作时难以掌握工作状态。

电弧锯可切割任何导电的金属，如不锈钢、高合金钢、铝、铜和因科镍合金等，其切割速度与金属的强度和延展性无关。碳钢是最难切割的，因为锯缝中积累的渣物对切割有阻碍作用。在切割镁、钛和锆时，燃弧将产生一些氢气，有可能在局部引起着火或爆燃。

据报道电弧锯切割是反应堆容器及容器内构件的最佳候选切割方法。堆芯构件、支撑件和流量分配盘的复杂几何形状对切割电弧的起燃或延续都不产生影响。这些切割可在水下进行，这样可提供光滑的切割面、操作的噪声小、切割效率高（因锯片得到最大限度的冷却）和熔融放射性金属的良好控制。

在日本发电示范堆（JPDR），已用远距离操作的水下电弧锯来拆除反应堆压力容器（RPV）的壳体。在这一实例中，于 RPV 与生物屏蔽层之间临时安装了一个圆筒形水槽，使 RPV 在被切割时可以浸在水下。为了有效地利用放射性废物容器，将壳体切割为 65 块，每块的尺寸约为 0.9 mm×0.9 mm 切割速度达 51~305 mm/min。安装和拆除切割系统、水槽和水处理系统共耗时约 8 个月，而实际切割 RPV 只用了 50 天。

2.2.2.4　火焰切割技术

火焰切割技术是利用燃气配氧气或者汽油配氧气进行金属材料切割的一种方法。根据机型结构的不同，火焰切割技术可以分为手动火焰切割、仿形切割、便携式数控切割、悬臂式数控切割、龙门数控切割、台式数控切割和专门用于钢管相贯线数控切割等。一般5 mm 以上的碳钢板推荐用火焰进行切割，因为碳钢板产生的热变形很小。而不锈钢和有色金属不能用火焰进行切割，因为不锈钢在受热后表面产生高密度氧化层，阻止热量向下传递，从而影响板材的熔断；铜、铝等有色金属的散热能力很强，导致割面的热量快速散失，影响板材熔断。

与等离子弧切割技术相比：火焰切割时温度比等离子弧切割低，直接导致了切割速度不及等离子弧，而且无法切割不锈钢以及很多有色金属。优点是可以切割大厚度板材（我国已经掌握了切割 2000 mm 厚度的火焰切割技术），切割设备和切割成本相对低廉，污染较等离子弧切割小。

火焰切割技术也可以用于混凝土切割，它涉及一个铝热反应，其间铁和铝的混合粉剂在纯氧喷流中氧化，喷流的高温（高达 8870 ℃）引起混凝土分解。通过火焰切割器喷嘴的气流能清除工件区的碎屑，留下干净的切缝。混凝土里的任何钢筋都将作为铁而参与反应，使火焰维持下去，从而有助于切割。火焰切割器的喷嘴安装在横跨于待切区域的金属框架上，与软管相连的喷嘴以稳定的速度沿着框架移动（其在轨道上的移动速度取决于混凝土的厚度）。可用 3.7~5.1 kW 的鼠笼式风机来消除工艺过程产生的热量和烟雾，并且把烟气导入装有水喷雾器的软通风管道中，以去除烟气中的微粒。由于操作温度高，不可能用 HEPA 过滤器来控制污染，所以火焰切割技术不适用于污染环境，为防止污染需要对排出气体进行预冷。

当周围区域不允许振动或混凝土的厚度超过机械切割器的能力时（不包括金刚石线锯切割），可以使用火焰切割器。火焰切割器切割速度为 930 cm²/h，能切割的最大深度为 1.5 m。当切割深度为 1.5 m 时，缝宽约 100 mm。该工艺使用的起动燃料为丙烷和氧，每切割 100 cm² 的燃料消耗为 2.4 m³ 氧；0.7 kg 铁粉和 0.3 kg 铝粉。

2.2.2.5 氧气切割技术

氧气切割技术是利用气体火焰的热能将工件切割处预热到燃点后，喷出高速切割氧流，使金属燃烧并放出热量而实现切割的方法。氧气切割过程有三个阶段。

（1）预热。气割开始时，利用气体火焰（氧乙炔焰或者氧丙烷焰）将工件待切割处预热到该种金属材料的燃烧温度—燃点（对于碳钢约为 1100~1150 ℃）。

（2）燃烧。喷出高速切割氧流，使已达到燃点的金属在氧流中激烈燃烧，生成氧化物。

（3）吹渣。金属燃烧生成的氧化物被气流吹掉，形成切口，使金属分离，完成切割过程。

金属材料要进行氧气切割应满足 3 个条件：①金属燃烧生成氧化物的熔点应低于金属燃点，且流动性能要好；②金属的燃点应比熔点低；③金属在氧流中燃烧时能放出大量的热量，且金属本身的导热性要低。符合上述 3 个条件的金属有纯铁、低碳钢、中碳钢、低合金钢以及钛。而常用的金属材料如铸铁、不锈钢、铝和铜等都不可以用氧气切割技术，可以考虑使用等离子弧切割技术。

氧气切割所使用的可燃气体是乙炔、丙烷或氢气。常采用手持切割器来进行切割操作。图 2-17 为手持操作的自动气体切割工具，而图 2-18 是一台环形火焰切割机。

氧气切割可在空气中或水下进行。在水下进行切割比较困难，这是因为水下环境的热量损失较大。由于这个缘故，能够切割的最大厚度是 89 mm。由于安全上的原因，在水下不使用乙炔（浅水除外），因为在表压大于 0.1 Pa 时，它成为易爆炸的不稳定气体。在这种情况下，一般用氢作可燃气体。

氧气切割工艺操作相对简单、设备购买和维护费用较低，安装容易，可远距离操作。在核设施退役工作中作为主要优选的切割技术之一，主要用于拆卸碳钢结构部件（例如，

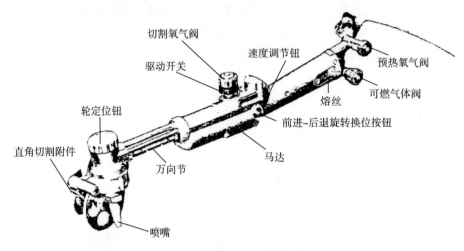

图 2-17 手操作的自动气体切割工具图

图 2-18 环形火焰切割机图

梁、柱和支撑、容器、管道）等。用氧气切割法来切割核设施的管道和部件时，要考虑管道厚度和切割速度。例如在压水堆的热段和冷段管道切割时，管子的厚度不能超过 76 mm。

2.2.3 化学切割（铝热剂反应喷枪）

铝热剂反应喷枪是一根装有钢、铝和镁金属丝组合物的铁管，氧气持续地流经此管。通过喷嘴处发生的铝热剂反应来实现喷枪切割，直至完全耗尽管内组合物。喷枪端部的温度在 2200~5540 ℃之间，取决于工作环境（在空气中或水下）及周围条件。在空气中，使用诸如氧气割炬或电弧等高温源来点燃喷枪。常用的喷枪长度为 3.2 m，外径为 9.5 mm、12.7 mm、16 mm 和 17.4 mm。这种喷枪的使用实际上仅限于手持方式。铝热剂反应喷枪的构件有：喷枪支架、喷枪、氧气源、调压器、输氧软管等。同时还必须为喷枪操作人员配备完整的防火服和面罩。

可以把铝热剂反应喷枪切割归类为普通的手工切割技术，它能切割退役项目中涉及大部分的金属。只要能从切缝清除熔融金属，切割的最大深度是不受限制的。因此与清除熔融金属必需的流道有关的工件几何形状，是这种金属切割工艺技术可行性的决定因素。混凝土中的钢筋，由于可维持和促进加热过程，因而能加速燃烧，所以不是技术可行性的决定因素。通常该切割技术更多用于很厚的墙壁或难于接近的地面的切割。

铝热剂反应喷枪可在空气中或水下使用，所不同的是，两种情况下喷枪都必须在空气中点火，而对水下工件必须考虑喷枪的入射角，以便保持操作人员的视野，因为在切割过程中有大量的气泡形成。

铝热剂喷枪可用来在各种材料上切缝、打洞和开口。为了在材料上切割出一条狭缝，需要首先在该材料上烧穿一系列的孔洞，然后再用喷枪或机械方法（例如气锤或手用大铁锤），去掉这些洞孔之间剩下的材料。打洞和开口的办法是，先在要去掉区域的周围割出一条狭缝，一旦这条狭缝割成，即可将其内的材料除去而形成所需的洞孔或开口。

虽然这一技术很适合切割不规则表面（最少接触），但是由于此种切割工艺要产生大量的烟雾和废气，所以一般用于低污染物项的切割，很少用于高活化的和高污染的部件分割。在使用这一技术时，必须提供充足的通风，且由于喷枪产生的烟雾量较多，使操作人员的能见度降低，所以不推荐采用远距离操作。

在温斯凯尔改进型气冷堆（WAGR），曾使用这一技术将顶部生物屏蔽层切割为 6 块（每块约 3 m）。

2.2.4　射流喷射切割

该技术既不属于机械切割也不属于热切割，是由磨擦力来冲蚀材料。

水喷射磨擦切割技术使用高压水（高达 380 MPa）。水由液压驱动的增压泵加压。水通过一混合室与一种磨料混合。最常用的磨料为粉碎的石榴石。然后，让水和磨料的混合物通过具有小孔的耐磨喷嘴，使含磨料的喷射流集中射向待切部件。从喷嘴小孔射出的高压水具有非常高的速度，它的冲蚀作用可产生具有清洁切面的极小切缝。如果将此工艺实施于污染的表面，那么可能需要收集和处理产生的、由被切割材料（即混凝土和钢筋）的粒子、磨料和水组成的泥浆。

因为这一技术属于非热利用，所以不存在任何着火危险，不锈钢和碳钢的物理特性对水射流磨擦切割也没有影响。该技术还可用作去污方法来松动混凝土和钢材表面的污染物。有不同类型的磨料可供使用，诸如石英砂、氧化铝或碳化硅。不过，后两类非常硬，使用它们将缩短喷嘴的寿命。

水射流磨擦切割产生大量的水和用过的磨料。尽管水可以循环利用，但是再循环系统需要超纯过滤设备及足够容量的辅助操作设备。如果不用超纯过滤器，增强泵的筒体很快就会被擦伤，达不到所需高压，且管路部件磨损过快，易致使污染物泄漏。过滤系统的费用加上增压器的高价，使系统的总费用相当高。

水喷射磨擦切割技术实际上可以切割所有材料。对于钢筋混凝土的切割已经得到验证是非常有效的。在 JPDR 做模拟试验时，曾在 80 min 内，用 4~12 次，切割了一些宽

560 mm，长 400 mm 和高 400 mm 的方块，切割速度为 305 mm/min。图 2-19 为 JPDR 用于切割生物屏蔽层的水喷射切割系统示意图。

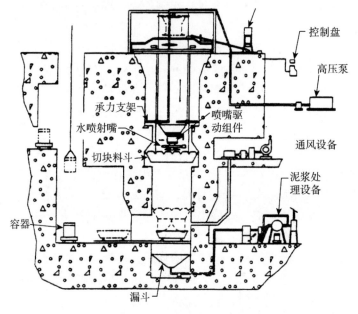

图 2-19　用于切割生物屏蔽层的水喷射切割系统示意图

该技术也适用于水下切割。不过能够切割的最大深度要大大减小（30%~40%）。使用空气罩喷嘴可以稍稍提高这方面的操作效率。

2.2.5　其他切割技术

（1）液化气体切割

液化气体切割在原理上类似于水喷射切割，只是用的切割介质不是水而是液化气体。这一技术的优点是其切割材料由蒸发气体带离表面。因为表面是利用液体冲击作用而不是被往复的摩擦运动切割，所以这一技术具有在低于金属脆化温度的条件下进行切割的优点，与切割相联系的任何潜在污染被推进入工件表面较深层的机会较小。美国现在所用的切割介质是液氮。

（2）放电切割机

放电切割机（EDM）基于通过精确控制细小电火花在金属上进行热—机械侵蚀的原理。电火花是通过置于介电流体的两个带电电极（即切割工具和工件）之间的缝隙产生的。随着给工具通电，它与工件之间即建立起电位差，而该电位差大到足以导致介电流体被击穿，于是在缝隙间产生电弧，使局部被加热，由局部加热引起的热膨胀使已熔融的小颗粒脱离金属表面。介电流体还起冷却介质的作用，使颗粒再固化并载带它们离开工件。设有一局部过滤系统来收集这些颗粒。

这一工艺可以切割导电性能足够好的所有材料。利用将电极做成所要求的孔道形式，EDM 实际上可造成任何形状的穿透。连续作业的去除速率约为 82 cm³/h，相比其他方法，速度算是相当慢的。这一技术的优点是：不产生任何材料的碎屑、熔渣或其他的大颗粒；可以在低温下作业。由于工具不与工件接触，所以机械加工的反作用力较小，适用于远距离操作。

EDM 技术已用于核电厂的修改工作。因为工作是在介电流体中完成的，所以非常适合水下应用。EDM 已在西屋电气公司的几座压水堆中得到了应用，用其来在水下完成对堆芯下板组件的板块进行的修改工作。在 76 mm 厚的钢板上加一个直径为 51 mm 的孔约需两小时。

（3）金属分裂机

金属分裂机（MDM）类似于 EDM，只是它的切割脉冲由振动电极产生。它使用恒电流电源。当将电极（即工具）置于工件附近时，其间的缝隙即建立起电位差。这导致在工具与工件刚刚实体接触时（与 EDM 不一样），即产生非常高能量的脉冲。MDM 和 EDM 的主要差别如下：

MDM 是恒电流供电，所以电子设备较简单；

MDM 对切割速率和表面光洁度的控制程度较低；

工具磨损少；

MDM 与工件接触，所以机械反作用力较大。

与 EDM 相比较，总起来说 MDM 较快，但精细度较差。

这一工艺的应用基本上与 EDM 工艺是相同的。

（4）形状记忆合金劈裂器

形状记忆合金（SMA）是一种新奇材料，这种材料在加热时它们可以返回预先确定的形状。当 SMA 被冷却或在低于转变温度时，它具有非常低的屈服强度，能够很容易地转变为任何新的形状，并加以保持。但是，当材料被加热到转变温度以上时，它的晶体结构即发生变化，使它又返回到它的原来形状。如果在 SMA 转变时，遇到任何阻力，它能产生非常大的力量。这一现象为实现远距离操作提供了独特的机制。

最普通的记忆合金是称为镍钦诺尔的镍钛合金。这种特制的合金具有非常好的电和机械性质、很长的工作寿期和很高的耐蚀能力。作为执行元件，通过多次循环，它可以达到 5%的应变恢复和 340 MPa 的恢复应力。镍钛诺尔由于具有电阻性质，可通过电加热形式使其发生动作。

此方法可用于混凝土结构的拆除。日本研制的手掌大小的管状装备由 6 个 28.9 mm 的 SMA 圆筒构成，而每个圆筒都是组分为 50.5%Ni-49.5%Ti 的合金，它们都垂直安装在一对回火钢板之间。将称为记忆合金劈裂器（也可称为混凝土切断器）的整个组件楔入在混凝土上钻好的孔中后，通过内部导线对圆筒加热。当温度上升到 50~80 ℃时，圆筒返回它们的原来形状，并伸长 1.27 mm。这样产生的力约为 10 t，足以破开混凝土。

2.3 核设施退役过程对切割技术的要求

2.3.1 核设施退役中切割技术需求分析

国内在核设施退役切割拆除技术方面已有一定的经验，也完成了一些核设施的退役，如原子能院中放管网的退役、核动力院两座小型压水堆的退役（一座原型堆和一座实验堆）、上海计量测试技术研究院微型中子反应堆（简称微堆）的退役等，在此过程中积累了一些切割技术，但远不能满足今后核设施退役工作的需求。对切割技术的需求主要体现在以下几个方面。

（1）国内一批老旧核设施的退役需求

我国早期的核设施多属苏联援建设施，设施设计标准低、运行时间长，如原子能院重水反应堆，以重水作为冷却剂和慢化剂，石墨作为反射层，1958 年建成，设计功率为 7 MW，2007 年关停，其退役分为 4 个阶段，其中实施阶段 Ⅱ（2016—2020 年）完成拆除堆内构件、反应堆混凝土屏蔽层等。国内某厂废液大罐建于 20 世纪 80 年代，于 2025 年完成退役，对切割技术的需求非常紧迫。对这些大型设施和容器的拆除，技术难度大，需要进行模拟设施的技术可行性的验证。

（2）国内核电大发展带来对切割技术的需求

近年来我国核电发展很快，到 2020 年我国核电装机将达到约 5800 万 kW。未来这些核电站的退役将对厚金属构件的切割技术及重型混凝土的切割技术需求巨大。

总之，国内核设施退役市场对切割技术的需求紧迫而巨大，应尽快形成具有自主知识产权的切割技术体系以解决核设施退役面临的难题。

2.3.2 核设施退役中对切割技术和装备的要求

核设施的退役需要对不同尺寸的工艺系统、设备、各种管件以及配套系统进行切割。切割对象可能由金属，混凝土，石材或塑性材料组成。如核电机组退役时，主要切割物项包括核电站反应堆压力容器（其钢板壁厚可能达到几十厘米），不同直径的回路系统及热交换器，钢筋混凝土构件（几米厚）等。

核设施退役中切割工装器具是关键，直接影响核设施退役的进度，进而影响到经费。因此，对切割工装器具性能有严格的要求。切割工装器具的主要性能如下。

（1）切割速度：反映切割工效。

（2）切割厚度：反映切割能力和工效。

（3）可靠性：反映切割工装器具的维修频次，切割成本。

（4）装备大小：包括体积、重量等，反映现场的实用性。

（5）智能化程度：反映是否具有远距离或者要操作的能力。

尽管现有的切割工具种类繁多，但每一种工具都有其自身的性能、使用条件及应用范围，需要根据需求和现场条件来选择一种最合适的工具。在选择切割工具及设备时应当考虑下列因素。

（1）切割对象的材质。根据切割对象的材质、尺寸、大小、厚度等选择切割技术和切割工装器具，不同的切割技术对应不同的材质。

（2）切割设备的技术成熟度和可靠性。尽可能选择具有工程应用或者经过工程验证的切割设备。

（3）切割速度快、具有安全性。由于在辐照条件下操作，尽可能选择切割速度比较快，缩短操作人员现场工作时间，降低辐照剂量；同时设备具有很高的安全性，防止对操作人员造成伤害。

（4）切割设备具有智能化功能。针对强辐射条件下切割，切割设备具有远距离操作的功能，或者要操作的功能。

（5）切割设备具有环境适应性。具备在强辐射场条件下长时间工作的能力，也要具备在各种气氛（空气、氮气等）、一定环境（如温度）条件下工作的能力。

切割工装器选购时，特别是具有机器人和机械臂等远程操控装置功能的系统时，既要考虑强辐射复杂环境中功能。也要考虑现场的条件，包括以下几个方面。

1）施工现场条件和位置；

2）设备是否具备安装条件；

3）设备能否运送或者转出现场；

4）可利用的服务和辅助系统是否满足；

5）现场安全性是否有保障；

6）现场是否具备检维修条件。

2.3.3　切割工装器具使用前注意事项

切割工装器具到现场后，需要对设备性能、操作条件等认真审阅，并对操作人员进行培训。设备要进行模拟状态条件下操作、或者在低辐射场条件下工程验证，以保证机器人和机械臂的安全稳定性，然后才能在强辐射场条件下应用。应用前关注以下问题：

（1）制定现场操作的规范和作业指导书；

制定详细的应急预案；

制定检维修操作程序。

（2）现场辐射防护措施到位情况等。

2.3.4　核设施退役实施过程关注的问题

核设施退役中实施切割的操作条件取决于现场场地大小、对象的污染程度、切割装置可操作性等。

在核设施退役中，切割实践中要关注以下问题。

（1）放射性废液残留程度。切割操作时，要警惕弯管或 U 型管道中是否积存着放射性废液或放射性物质。

（2）放射性污染程度。螺栓和法兰等连接部件，可能由于泄漏存在着较高的放射性污染，要特别重视这些污染热点。

（3）通风系统完好性。由于切割过程有烟雾、气溶胶、粉尘等产生，需确保通风系统的完好，并要增设局部通风措施，每次作业后进行真空吸尘清污。

（4）具备粉尘或者气溶胶压制的条件。表面喷涂环氧树脂、黏结剂固定污染物，或者具有喷洒降尘物质的功能，可降低粉尘的扩散，减少放射性气溶胶的污染。

（5）构件的吊装或者转运条件。切割前要考虑在强辐射条件下，切割最大尺寸，满足现场吊装或者转运的能力，防止在切割后现场二次操作。

（6）操作的气帐搭建。特别在强辐射条件下切割时，需要搭建气帐，气帐内具有人流、物流通道，也具有临时局排风系统，转运或者吊装共轭能。

（7）辐射防护条件。切割前，要考虑切割时人员、环境等辐射防护的最优化，并考虑切割时的辐射防护监测问题。

（8）二次废物收集转运能力。在切割操作前，要考虑切割过程产生二次废物状态及总量，配备其收集、转运的条件。

2.4　核设施退役中切割应用实例

切割技术在非核领域的应用甚为广泛，如在石化工业中切割大型管道、大型反应釜等部件方面积累了经验。在核设施退役领域的应用，国外相对经验比较丰富，国内虽然也积累了一些，但对于一些退役中出现的切割难点，技术依然匮乏。

2.4.1　超厚金属构件的切割

针对反应堆压力容器切割，国外主要开发了水下机械切割技术、水下等离子体切割技术、金刚砂磨料射流切割技术及其他切割技术。先对这些技术在国外实践进行简单介绍。

（1）水下机械切割技术

比利时莫尔 BR3 为西欧第 1 座重水堆核电厂，于 1962 年运行，热功率为40.9 MW，电功率为 10.5 MW，1987 年关闭，共运行 25 年，1989 年开始退役，历时 22 年。

为了拆除反应堆内强放射性构件，试验了三种不同的切割技术：等离子电弧锯切割、电火花加工法和机械切割，最终选用了水下机械切割技术。其主要优点：（1）该技术应用广泛，可在很多工作场合使用；（2）产生的二次废物（金属残渣）容易收集；（3）不产生烟雾、气体或可溶性离子；（4）总体作业时间与其他切割方法相比大致相同。选择了两种机械切割工具，即圆盘锯与带有转盘的带锯，所有切割操作都在装料池的水下进行。实践表明，两种工具都适用，可靠高效。圆盘锯的优点是切割速度较高（带锯的1.25 倍），缺点是切口宽度较大，会产生较多的二次废物（带锯的 3 倍）。在堆内构件拆除过程中，依据切割件的高度、形状与周围环境，两种切割工具交替应用。

BR3 的压力容器为不锈钢包覆的碳钢锻造件，总重约 28 t。首先将整个压力容器从其腔体中拆卸后运至换料池内，在换料池内将压力容器切割成环或段，以便于包装。之后拆除主回路中的大型构件，选用并试验了磨料水射流切割技术，配合机器人远程控制，可实现对复杂几何形状构件的切割。之后拆除蒸汽发生器设备室的 3 个大罐，拆除二回路和冷凝器（见图 2-20 至图 2-22）。

图 2-20 模拟切割试验装置图

图 2-21 切割活动图　　　　　　图 2-22 压力容器凸缘的一小块图

（2）等离子体切割技术

日本动力示范堆于 1963 年 10 月发电，1976 年 3 月关闭，1986 年 12 月开始拆除反应堆，1996 年完成退役。JPDR 为沸水堆，电功率为 12.5 MW，堆内放射性存量为 130 TBq。退役切割技术采用了水下等离子电弧锯切割系统、旋转式圆盘刀切割装置和常规切割工具。等离子电弧锯切割系统包括 1 台直流电机，1 个液压驱动、可垂直和水平切割钢结构的切割头，以及相连接的伺服机构，1 个控制台；所选择的电弧锯片尺寸为 $\phi1000$ mm，工作电流为 20~40 kA；以及 1 个废料处置装置，用来处理铁屑、粉尘和气溶胶。首先，所有的堆内构件从反应堆压力容器壁上拆除，并切成小块，通过水下转运到乏燃料贮存水池，在完成所有连接到压力容器上的管道拆除后，采用水下电弧锯切割系统对压力容器进行切割，压力容器筒体的顶部法兰盘垂直切割成 9 块，其他部分先水平切割成 8 块，然后把每块垂直切割成 9 段。压力容器壳厚 73 mm，凸缘部分厚 250 mm，内径 2 m，高约 8 m，内衬不锈钢，内表面最大剂量率为 60 mSv/h，放射性比活度为 $3.7×10^5$ Bq/g。电弧锯切割系统安装之前，在压力容器和生物屏蔽结构之间的空间安装一个临时性的圆筒形水箱，水箱内充满水，以减少作业人员受照剂量和防止污染扩散。电弧锯切割系统安装在作业面上，由位于反应堆安全壳外的控制室遥控操作该装置。压力容器的切割程序为：①从顶部进行垂直切割，切割线长约800 mm，间距为700~800 mm；②安装在顶部升降架的夹持装置固定在准备切割部分的顶部；③水平切割拆除部分的下部；④从压力容器上将被切割的部分切下来，提起并放入操作地面上的容器内；⑤重复此过程，同时在从顶部到底部的8个水平面上进行水平切割。压力容器壳体的切割速度为3 mm/s，而切割凸缘较切割壳体需要更多的时间和锯片。切割完壳体后，将容器的半球形底部提升至操作地面。因为这个半球底部的放射性很低，所以采用常规技术进行切割。将容器最终切割为65块，尺寸为70~90 cm宽的块体，根据块体的放射性情况分别放入不同的屏蔽容器。由于使用水下电弧切割技术，因此仅有少量放射性气体被释放到工作区内。

英国温斯凯尔的WAGR（先进气冷堆）属于研究堆，输出功率为33 MW，累计运行了18年，1981年关闭。其压力容器共有247根竖管和6根独立测试环路管穿过，竖管从换料平面开始，向下穿过压力容器顶部，进入热箱，由于竖管贯穿于屏蔽结构和圆顶结构，因此需要在完成其他部件拆除后进行切割。在切割技术上，选择了砂轮切割机和等离子体切割机进了验证实验。结果表明，等离子切割机对竖管切割更为有效。顶部圆顶是反应堆压力容器上半球端，最初想将其切割为1 m³的小块，并移走，经过计算其辐射水平，这种方法难以实现，因此在圆顶部分周围使用传统的工业氧—乙炔设备进行圆周切割，切割炬安装在一个远距离操作的履带车上，切割部分置于具有临时通风的封闭系统中，并将它切割成适于处置的小块。热箱是一个大型低碳钢平头圆柱形容器，直径约5 m，高9 m，有247个换料通道和6个环路管道通道穿过。它的作用是将反应堆燃料通道产生的热冷却气分配给4个换热器，切割时采用了远距离（在剂量允许的情况下，采用手动作业）等离子弧切割设备对其进行切割。环路管道为不锈钢材质，在切割前，将所有的6个环路管道灌满水泥浆，以便于剪切。使用一套远距离安装的750 t液压剪切机和模块化组件，在单独的通道内将环路管道按规定的位置进行剪切，使用机械搬运抓具移走被切割部分并封装。使用氧气—丙烷切割并移走堆芯栅板格架和环架。

在美国ORNL的2号实验堆堆芯的退役切割中，使用了机械手安装氩弧割炬，通过ϕ54 mm的检修孔道插入充满水的压力容器中进行切割，其切割平均速度为650~750 mm/min。ORNL利用等离子体弧锯将压力容器切割为78片，平均尺寸76 mm×228 mm，其中12片切自球形封头，18片切自球壳下方的椎体，48片切自上堆芯扇形体。

德国贡德雷明根核电站退役中使用水下等离子体弧切割技术切割了蒸汽干燥器、油水分离器，水深约4 m，使用的是氮气和氩气的混合气体，切割电流为200 A。

特朗贝反应堆压力容器切割时采用了ϕ76 mm和ϕ102 mm的电弧锯，可切割厚达280 mm的容器壁，并且开发了远程控制的切割装置，并将其应用于压力容器的水下切割。

（3）金刚砂磨料射流切割技术

美国用金刚砂磨料射流切割反应堆压力容器，操作条件：压力为276~414 MPa，喷射量为19~30 L/min。

（4）其他切割技术

德国卡尔施泰因的超热蒸汽堆于1969年开始运行，由于设计问题1971年4月关闭。1974—1991年主要用于开展反应堆安全研究实验，由于运行时间短，退役时其压力容器内部的剂量约 70 μSv/h，操作人员用丙烷切割系统直接靠近切割，现场直接切割成熔融桶（总体积 180 L）所需的小块，熔融处理后有限制使用。图 2-23 为丙烷切割炬切割反应堆压力容器，图 2-24 为准备熔炼而切割的压力容器的小块。

荷兰生物农业研究堆（BARN），热功率为 100 kW，为池式反应堆。在取走堆中乏燃料元件，拆除和贮存高活性物料，抽出池水后，由于堆芯部件仅是下部放射性强，所以用电锯进行切割解体。高放射性的堆芯大部件和控制板用专门容器包装，运至热室切割，最终运出热室贮存。

图 2-23　丙烷切割炬切割反应堆压力容器图　　　图 2-24　准备熔炼而切割的压力容器的小块图

2.4.2　混凝土切割

混凝土是核设施的重要组成部分，如反应堆生物屏蔽层（安全壳）、热室的屏蔽墙、乏燃料水池底部等都使用混凝土或重型混凝土作为屏蔽层，具有密度大、抗压强度高、堆池内壁部分存在活化放射性污染等特点。因此，核设施退役时，混凝土的切割、拆除（毁）也是重要一部分。混凝土的切割技术和工具很多，如：金刚石线锯、水力（磨料）喷射、微波切割机、火焰切割机等。采用较多主要是机械切割、水力切割、机械冲击等技术。

（1）磨料水射流切割技术

日本 JPDR 退役时，部分生物屏蔽层采用了磨料水切割技术。将高放射性屏蔽层的下部用磨料水切割成 102 块。待拆除的圆筒总体高度为 2.4 m，切成 7 片，每片再切为 15~16 块。二次废物包括水、磨料及切下的混凝土颗粒。在做模拟实验时，曾在 80 min 内，用 4~12 次切割了一部分宽 560 mm，长 400 mm 和高 400 mm 的方块，切割速度为 305 mm/min。试验证明，磨料水切割技术完全适用于生物屏蔽层的切割解体。在实际作业中，使用了两台并联的增压泵，其压力为 200 MPa，水总流量为 50 L/min。为了拆除屏蔽块达到需要的切割深度 400 mm，需要在 300 mm/min 切割速度下切割 10~20 次。磨料采用高密度钢屑，与矿物磨料相比，钢屑磨料处理时可快速沉降分离，贮存的废物体积少。

（2）热切割技术

英国温斯凯尔改进型气冷堆（WAGR）退役时，其顶部生物屏蔽层污染水平在 5~10 Bq/cm² 之间，采用低碳钢构架，混凝土填充方法建造，直径为 5 m，重 60 t，切割时首先用换料机械龙门起重机作为平台，在它上面安装 4 个立式千斤顶，以举起顶部生物屏蔽层，并脱离其原位置。利用起重机将其脱离反应堆，并放入通风的临时密封系统中，采用热切割技术，在切割过程中，使用长杆辅助切割，最后借助起重机吊入大厅货物气闸室暂存。

2009 年日本东海大学和日本光学应用研究院联合开展了激光切割混凝土的研究。研究采用了 1070 nm 波长、功率为 10 kW 的光纤激光器，传输光纤的直径为300 μm，通过棱镜聚焦得到直径为 10 mm 光斑。激光切割装置如图 2-25 所示。

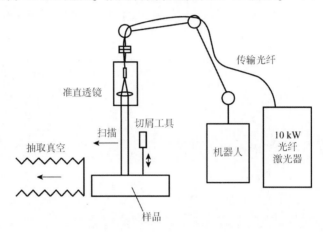

图 2-25　激光切割装置图

实验切割了两种混凝土：普通混凝土和重型混凝土，特性参数如表 2-3 所示，结果表明激光切割普通混凝土（见图 2-26）速度约 3.5 h/m²；重型混凝土（见图 2-27）约 4.5 h/m²。

表 2-3　实验样品参数

类型	普通混凝土	重型混凝土
目的	一般公众建筑	核设施
密度	2.3 g/cm³	3.6 g/cm³
抗压强度（28 天后）	36.4 N/mm²	58.6 N/mm²
组成	散沙、河沙和石头	铁和不锈钢渣物

图 2-26　普通混凝土切割样品图
（左：扫描速度 2.5 mm/s；右：扫描速度 10 mm/s）

图 2-27　重型混凝土切割样品图
（左：扫描速度 2.5 mm/s；右：扫描速度 10 mm/s）

（3）金刚石线锯/圆盘锯切割技术

奥地利的研究堆（ASTRA）运行 40 年后于 1999 年 7 月 31 日关闭。得到退役许可后，对非活化的生物屏蔽层（400 m³的加强型重晶石混凝土约 1500 t）用线锯切割技术切割为 7~9 t（限于吊车 10 t 的能力）的块。2004 年 2 月开始切割距顶 2.4 m 的第一层分为 33 块，于 3 月 16 日完成。第二层高 2.15 m，切割为 43 块，第三层 0.94 m 高，切割为 14 块。

其余部分由于存在活化污染，通过在反应堆通道附近钻孔取样分析和计算得到污染分布后，确定切割边界，对非污染部分丹麦的 DR-2 研究堆退役时，生物屏蔽层的切割使用了远距离操作的线锯和布鲁克机器人公司携带破碎锤的方法。

法国 AT-1 是马库尔军用后处理中试厂，1958 年建成，经过十年运行后关闭，其退役时，切割混凝土墙采用了金刚石圆盘锯，圆盘锯用液氮冷却，避免了废液的产生。

加拿大渥太华特尼牧场设施用于同位素的研究、生产等，运行 30 年后于 1984 年停产。其热室混凝土厚度为 800~1000 mm，内外部均包覆 13 mm 厚的钢板，退役采用金刚石线锯切割混凝土/钢符合的屏蔽层，产生 2000 t 的废混凝土经过检测后解控。

（4）铝热剂切割技术

美国佐治亚州反应堆生物屏蔽层的切割使用了铝热剂切割（见图 2-28）。使用铝热剂切割混凝土的过程中，铁和铝的混合粉剂在纯氧喷流中氧化，喷流中的温度约 8871 ℃，使混凝土在接触到喷流后迅速分解。通过火焰切割器喷嘴的质量流清除分解的混凝土。在混凝土钢筋中加入铝热反应剂会使火焰持续不断进行下去。切割开始时，应先割穿一个起始孔，以免渣物回吹损坏喷射器。

图 2-28　美国佐治亚州反应堆生物屏蔽层的铝热剂切割图

（5）其他切割研究技术

在普林斯顿—宾夕法尼亚加速器退役期间，曾用膨胀灰浆来从残留混凝土块中分离出活化的混凝土，为有效的利用处置容器创造了条件。膨胀灰浆也是可用来破碎混凝土的材料，性质类似于波兰特水泥的材料，与水混合后灌入预先钻好的孔洞中，让混合物熟化，随着混合物的熟化，它将膨胀而胀裂混凝土。该化合物反作用于混凝土的抗胀强度（在 1.4~2.9 MPa），因此主要存在可以膨胀的自由面，这种方法可以碎裂任何混凝土。

日本曾研究使用形状记忆合金（SMA）来破碎混凝土，具体见前面 2.5 节。

2.4.3　薄壁大型污染系统构件的切割

在核设施的建设中，应用了大量的薄壁金属，如反应堆堆芯围筒、管道、通风系统和一些手套箱等，由于这些系统壁薄，对于薄壁金属的切割一般主要使用电动切锯机和剪切机，气动切锯机和剪切机可用于远距离水下和空气中作业。

在埃尔克河反应堆拆除作业中，曾用切割薄金属板的气动切割机在水下遥控地把堆芯围筒切割成适于运输的段块。围筒由两部分组成，其材料分别是 2.4 mm 的不锈钢和 1.6 mm 的锆合金，段块的长度达 1.5 m。切割锯的工作压力为 0.62 MPa（表压）。

在拉克罗斯沸水堆的退役中，使用气动剪切机在水下遥控切割了 1.6 mm 厚的不锈钢堆芯围筒。

法国 AT1 退役期间，曾使用液压剪切机来切割热室中细的和小容量的管路系统，从而避免了热切割过程带来的气溶胶污染问题。在 BNFL 的共沉淀装置，使用压扁—剪切工具来切割污染管道。用该工具进行了几百次切割，其中大部分在 12.7 mm 管子上进行，还用于切割 25.4 mm 管子，不过刀片的寿命明显减少。

加拿大渥太华特尼牧场设施的通风系统含有该设施 140 GBq 放射性总存量的大部分放射性物质，采用了等离子体弧、金属锯和步冲剪切机三种切割技术切割通风系统的金属部件。

最近研究用冷冻切割法切割薄壁大型通风系统。

2.5　核设施退役中切割技术发展展望

2.5.1　国内现有基础及与存在的问题

核设施退役工作在我国已开展了二十几年了，主要通过核动力院两座小型压水堆、上海市计量测试技术研究院微型中子源反应堆的退役，以及其他一些核设施的退役应用了水下等离子体切割技术、金刚石绳锯切割技术、爬管式自动冷切割技术等一批切割技术，研发方面主要开展了超临界氧乙炔切割技术、金刚石串珠绳锯和混凝土破坏剂等技术。原子能院于"十二五"期间研制的切割不锈钢覆面的专用砂轮片可以300 m/h 的速度完成 3 mm 厚不锈钢覆面的切割，以 150 m/h 的速度完成6 mm 厚不锈钢覆面的切割，产生切屑在粉尘抽吸收集装置辅助下，空气中的粉尘浓度达到国家标准要求。国内核设施退役已引进了大量的瑞典布鲁克公司机器人和德国托普泰克公司机器人，已有一定的应用经验。

通过小型压水堆、微型中子源反应堆和石墨水冷堆的退役以及其他一些核设施的退役，对反应堆压力容器、重型混凝土和通风系统切割拆除有一定工程经验，但在大型反应堆压力容器的水下切割技术、3D 仿真技术以及切割新技术研究甚少。研发进展也极其缓慢，远无法满足核设施退役市场的需求，其主要原因如下。

（1）研究基础薄弱，研发力量短缺。核设施退役切割技术是一项综合性工程技术，涉及机械设计、计算、3D 仿真、辐射安全、远距离操作等各方面。目前，从业人员的专业相对较窄，跨领域的能力不强，无法掌握关键技术。尤其在 3D 仿真技术方面，国外在核设施的退役切割中应用非常普遍，但国内应用极少。另外，国内还没有一个单位集中这几个专业开展相关的退役切割技术研究。

（2）缺乏切割技术验证平台。由于对核设施退役切割技术研发投入较少，再加上国内退役市场倾向于购买国外成熟的切割设备和工具，使得研发成果仅限于实验室，没有进一步进行工程验证，谈不上具有工程实践经验。

2.5.2　我国核设施退役切割技术研发重点

2.5.2.1　总体发展思路

今后我国核设施退役切割技术的总体发展思路是：以核设施退役工程需求为导向，针对国内核设施退役中的切割难点，建立 3D 仿真技术，开发具有自主知识产权的智能功能化切割工装器具，并通过工程应用，掌握一批切割新技术，解决国内核设施退役中切割拆除工程技术难题，并建立核设施退役切割技术库，为国内其他核设施退役提供技术参考。

2.5.2.2　重点研发内容

核设施退役切割技术工程应用深度研发内容包括：针对厚金属构件的切割开展水下等离子体切割技术；针对重型混凝土开展磨料水射流切割技术，研究主要如下。

（1）水下等离子体切割技术工程应用研究

研究主要包括：等离子体切割中电极与气体的选择；等离子体切割的工艺参数选择（包括电压、电流、切割速度、切割角度、气体流量等）；水介质对等离子体切割技术的影响因素研究等。

（2）磨料水射流切割技术工程应用研究

研究主要包括：磨料的选型研究；磨料水射流切割工艺参数的研究；二次废物（包括废磨料和切割产生的泥渣）的处理研究等。

核设施退役切割新技术研发如下。

（1）激光切割技术研发

研究主要包括：激光器的选型研究；激光传输系统的研究；激光对切割基材和混凝土表面作用机理研究；激光切割工艺参数的研究等。

（2）混凝土破坏剂的研发

研究主要包括：破坏剂配方的研制；破坏剂与混凝土的相互作用；混凝土表面钻孔深度、大小及孔间距对破坏剂破坏力的影响等。

（3）冷冻切割技术

研究主要包括：冷却剂对金属表面冷却性能研究；冷却切割工艺参数研究；冷却切割产生的二次废物特性研究等。

2.5.3 发展路线及建议

2.5.3.1 关键技术发展路线

针对核设施退役产生的厚金属构件和重型混凝土分别开展水下等离子体切割技术工程应用研究和磨料水射流切割技术工程应用研究，关键技术发展线路图如图 2-29 所示。

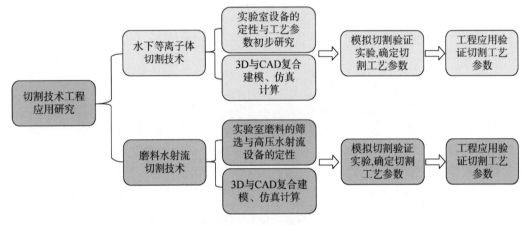

图 2-29 切割技术工程应用研究发展线路图

在切割新技术研究方面，主要开展三项：①激光切割技术。激光切割是利用聚焦的高功率密度激光束照射工件，使被照射的材料迅速熔化、汽化、烧蚀或达到燃点，同时借助与光束同轴的高速气流吹除熔融物质，从而将工件切割。激光切割具有切割效率高、切割速度快等特点。由于割据与工件无接触，也不存在工具的磨损。另外，激光既能切割金属，也能切割混凝土。②新型混凝土破坏剂研究。利用特殊性质的化学试剂，通过钻孔将这种试剂注入到混凝土内部，固化过程发生体积膨胀将混凝土胀裂，产生的灰尘量很少，尤其适合活化污染的混凝土拆除。③冷冻切割技术。是一种针对薄壁、污染的通风管道系统的切割研发的一种新技术。其技术发展线路图如图 2-30 所示。

图 2-30 切割新技术研究发展线路图

在国外，由于降低人员成本以及对人员的放射性辐照的原因，随着核设施退役技术的发展，机器人和远距离操作系统在核设施退役切割技术中得到更大范围的应用。其作用主要包括以下几个方面：

（1）在核设施退役中对于不能用化学去污或其他去污方法达到允许人员接近的环境条件下的作业，必须使用机器人。

（2）核设施退役机器人能够部分或全部取代在危险环境中人员的工作，减少或避免工作人员的辐射照射，大大提高工作的安全性。

（3）可以加快核设施退役的进程，缩短退役时间，为环境恢复，区域安全提供充分的条件。

20 世纪 80 年代末到 90 年代初，作为 Teleman 计划的一部分，欧洲在机器人和远距离操作领域获得了较多经验，同时美国也通过能源部 EM50 科学技术办公室获得了一些经验。1993 年 IAEA 出版了遥控操作装置概况，作为参考资料。自从报告出版后，机器人技术和遥控操作系统设备得到了发展和应用。

轮/轨道式的机器人被广泛用于国内外核设施退役去污和拆除工作中其发展包括：桥式悬挂机器人平台；可移动能源平台；故障恢复装置；自动分离技术；排除故障的既定程序；按程序工作的动作；语音控制；便携式控制系统；硬件（与母体联系用）；激光基地通讯；力反馈以及流量、质量和体积传感器，这些都是成熟的技术。

国外研究的一些系统设备还需要更进一步的测试和评估，如管道内爬行机器人；光、介质和重型伸长机械手臂；六种自由度的机械手臂；遥控/自动化的交替性；机械手接口；力量限制器；多重协作移动平台控制机构；组合式移动性/操作/末端执行器控制；样品管理；数据集成/汇合；微波通信；视频基地通讯；3D 视觉；高清晰度电视；音频定向；墙厚度的测量；激光测距仪；受力控制；大功率机械臂；多触点末端操纵装置；单人多重机械控制；人—机器人协作；成像和图像处理；近程探头布置等都需要研发。

根据欧委会 1984—1988 年和 1989—1993 年研究与开发日程，半自动机械手应改进到与传感系统和计算机软件一样成熟，以适合特殊解体作业。遥控机器人监控，英国原子能管理局开发了去污和破碎系统，并用于金属表面电解抛光，混凝土表面和手套箱破碎清除及监控，在 Selkifield 退役中得到应用。原子能军需部的主从机械臂（RD500）被改造为水下使用，并且经试验完全适合水下作业。

国外对研发的退役用机器人进行设计改良，并通过多种特殊条件、环境恶劣场所中作业，机器人操作积累了大量的经验，其中在退役工作中的应用表现在：放射性废物的回取和处理；热室和废物库的拆除和清理；反应堆退役中重混凝土的拆除；去污；放射性探测和源项调查；贮液罐的拆除，水下切割；钻孔取样；放射性污染物料分拣、搬运、剪切；事故抢险救援。代表性的一种布鲁克机器人在进行作业时可配备多种工具头，如液压剪、液压钳、金属剪、抓斗、铲斗、剪切机、扩张器、铣刨头、搬运夹、锯等。而且适配视频观察器方便远程操控作业。根据作业环境的限制条件，机器人的机身体积、具头作业灵活性都是决定退役工程是否能顺利进行的决定条件，尤其是在进行厂房内部的作业，对这些条件的要求更高。

除了单纯的拆除工作，还需要增设一些辅助设备。一些工作中需要用源项调查设备进行源项调查工作，将源项情况调查清楚后，用拆除设施进行拆除工作。一些工作中则是把这些源项调查的设备和照明设备安装在拆除设备之上。总而言之都是使拆除工作更顺利地进行提供保障的措施。

2.5.3.2 我国切割技术发展建议

核设施的退役中，系统、设备和构筑的切割是退役工程的基本活动和主要环节。对于反应堆退役来说，有压力容器、堆内构件（吊篮、堆芯支撑板、堆芯围筒等）、蒸汽发生器，还有一定厚度的混凝土安全壳等，切割的任务十分艰巨。目前，对核设施退役切割技术的研发进展缓慢，研发技术的针对性不强，远远满足不了退役场景的实际需求。为了形成核设施退役专用切割技术，建议如下。

（1）加强对已有技术的深度研发，使之适合于核设施退役工程的要求。一些切割技术已在石油、化工等行业应用较多，借鉴其他行业类似的切割技术，综合考虑切割能力、速度等方面，优选出一些可靠的技术和切割工具，在此基础上进行深度研发和改进，使尽快适用于退役的需求。

（2）支持新技术的研发。核设施退役不同于一般设施的退役，要尽量避免或减少放射性二次废物的产生和污染扩散事故，一些新技术的研发主要是为了满足核设施退役的 ALARA 原则，降低退役费用，因此对新技术应加大投入进行研发。

（3）建立国内核设施退役技术库。我国核设施众多，一批老旧核设施即将进入退役阶段，核电大发展也会为未来退役市场带来巨大的需求，建议从国家层面建立核设施退役技术库，既能为未来核设施的退役提供技术参考，也能防止技术的重复研发。

（4）加强国际合作与交流。国外已经很多的核设施成功退役或正在退役，加强合作和交流，借鉴其退役的成果和经验教训，为我国核设施退役从业人员提供指导和培训，从而提高退役人员的技术水平和专业素养。

参考文献

［1］王邵，刘坤贤，张天祥. 核设施退役工程［M］. 北京：原子能出版社，2013.

［2］罗上庚，等. 核设施与辐射设施的退役［M］. 北京：中国环境出版社，2010：82-83.

［3］王世盛，薛维明，等. 核设施退役手册（1994）［R］. 核科学技术情报研究所，1996.

［4］IAEA. Decommissioning of Nuclear, Facilities［R］. International Atomic Energy, 2010.

［5］IAEA. Perspectives on Decommissioning and Environmental Restoration Activitiesin the United-states of America［R］. IAEA, 2010.

［6］IAEA. Innovativeand Adaptive Technologiesin Decommissioning of Nuclear Facilities. final-repor to facoordinatedresearchproject 2004—2008［R］. IAEA-TECDOC-1602.

［7］IAEA. Decommissioning of Research Reactors and Other Smallfacilities by Making Optimal Use of Available Resources. IAEAVIENNA 2008.

［8］Innonativeand Adaptive. Technologies for Decommissioning Somehighlightsfrom IAEATEC-DOC1602, IAEAR2D2P Workshopon Decommissioning Technologies FZK Karlsruhe［R］. IAEA, Vienna, 2009.

［9］郝文江，陈树明. 上海微堆退役工程的物项、程序和目标［J］. 放射性废物管理与核设施退役，2011（6）.

［10］陈树明，姜星斗. 法国核设施退役经验及实用新技术的应用［J］. 放射性废物管理与核设施退役，2007（6）.

［11］夏宝生，王孝强. 法国核设施退役与放射性废物管理［R］. 中核四川环保工程有限责任公司，2009.

［12］IAEA. State of the Art Technology for Decontamination and Dismantling of Nuclear Facilities［R］. IAEA, Vienna, 1999.

［13］THOMASR. Decommissioning：React or Pressure VesselInternals Segmentation［］. Final-Report, October, 2001.

［14］核科学技术情报研究所. IAEA 技术报告丛书［R］. 核设施去污和拆除的最新技术，第 395 号（1995 年），2000.

［15］谭昭怡，等. 水下等离子弧模拟切割 300#反应堆堆芯部件研究［C］. 全国核与辐射设施退役技术交流会论文集，四川绵阳，2007.

［16］IAEA. Selection of decommissioningstrategies：issuesandfactor［R］. IAEA-TECDOC-1478, 2005.

［17］NISHIOB. Decommissioning of Tokai Plantto Begin［R］. NUKEINFO, Tokyo, Jan/Feb, 2002.

［18］VELENCIAL. Experience of decommissioning projects with on-siteand off-sitewastetreatment［C］. Proceeding of an International Conference, Athens, 11-15Dec, 2006.

［19］BAREAJ, REISENWEAVERDW. Lessons from the Decommissioning of the BN-350 Reactorin Kazakhstan［C］. Proceeding of an International Conference，Athens，11-15Dec，2006.

［20］EIENMANNB，WEISA. Successful Completion of the Remote Thermal Underwater Dismantling if the Highly Activated RPV Components of the Karlsruhe Multi-Purpose Research Reactor（MZFR）［C］. KONTIC2007，Dresden，Germany，Mar21-23，2007.

［21］GEDICKEMEIERM.Dry Diamond Cutting of Reinforced Concrete Structuresin Nuclear Powerplants［C］. KONTIC2007，Dresden，Germany，Mar21-23，2007.

［22］HORENBAUMW. Dismantling Techniques for Concrete Structuresin Nuclear Power Plants［C］. KONTIC2007，Dresden，Germany，Mar21-23，2007.

［23］PRECHTLERWIN，et al. Dismantling of Biological Shieald（FZK/MZFR）［R］. KONTIC2009，Dresden，Germany，Apr15-17，2009.

［24］BOCHMSNNJENS. Decommissioning of the Thermal and Biological Shield of the Rossendorf Research Reactor（RFC）［C］. KONTIC2009，Dresden，Germany，Apr15-17，2009.

［25］DUWEPETER，STROBELREINHARDT. Segmentation of the RPVInternalsatNPPW or gassen（KWW）［C］. KONTIC2009，Dresden，Germany，Apr15-17，2009.

［26］HEROLDGUNTHER. Dismantling of Massive Concrete Building Structuresin Nuclear Installations［C］. KONTIC2009，Dresden，Germany，Apr15-17，2009.

［27］谭昭怡，等. 金刚石绳锯模拟切割反应堆重混凝土试验研究［J］. 混凝土，2012（3）.

［28］李烨，谭昭怡，等. 反应堆重混凝土拆除解体技术概述［J］. 四川环境，Vol 27，No4，August 2008.

［29］Shigeki Muto，Kazuyoku Teietal. Laserbasedhybridtechnique for civilengineering. Proc. of SPIE Vol. 713171311Y-5.

［30］罗春信. 混凝土的切割方法［J］. 电焊机，1998，28（5）：40.

习　题

1. 试述拆除、解体、拆卸、切割、拆毁的定义。

2. 试从核设施退役切割技术的角度论述核设施退役的"经济性"和"安全性"的辩证关系。

3. 试述水下冷切割技术的内涵和外延。

4. 砂轮切割该技术的潜在适用范围、应用局限性和工程应用的注意事项。

5. 试设计反应堆压力容器退役拆除的工艺路线，并论述该工艺路线的优缺点。

6. 试论述热切割技术的缺点。

7. 试论述剥离 1Cr18Ni9Ti 不锈钢覆面局部污染层的技术可行性。

8. 试设计强放环境下超大体积污染混凝土切割拆除的工艺路线。

9. 试从物理仿真建模角度考虑严重污染厂房内 Pu 污染大体积工艺设备的拆除解体工艺流程。

10. 论述国内早期核设施的退役难点。

第3章　放射性去污技术

3.1　放射性去污的基本概念

放射性去污（Radioactive Decontamination）：指针对放射性污染物项，采用相适应的方法从物项上除去或者减少不希望其存在的放射性核素的活动。去污可以降低作业场所和作业对象的放射性水平、减少操作人员的受照剂量；降低屏蔽和远距离操作的要求，方便拆除活动；使有些物料达到可解控的水平，实现再循环利用；减少废物体积，降低废物贮存、运输和处置的费用。

在核设施退役、核设施运行在役检修、放射性废物分类解控、核事故或事件处理过程都涉及放射性去污。放射性去污方法的选择与放射性污染的类型、核活动要求等息息相关。

放射性污染根据其物理化学过程和去污的难易可分为两类，即非固定性污染和固定性污染，固定性污染又分为弱固定性污染和强固定性污染。

非固定性污染：也称附着性污染、松散污染，放射性核素与被污染物体表面之间以分子间作用力相结合，不发生化学反应。这种污染易于去除，一般采用简单物理方法（如清扫、吸尘、水冲洗等）或化学方法（如用普通去污剂去污）可去除。非固定性污染的主要特点是易于造成放射性污染物的扩散和转移，因此是去污过程中应重点关注的污染形式。

弱固定性污染：污染核素与物体表面之间以化学吸附或者离子交换形式结合，二者结合紧密、较难去污。通常可以采用化学去污方法，如强氧化剂溶剂去污、络合剂去污等。

强固定性污染：污染核素通过扩散渗入到基体材料内部或者基体材料内微量核素受辐照产生放射性核素，这种污染很难去除。可以采用激光或者等离子体剥离去污、电化学去污、金属熔炼去污等。

需要指出的是，去污并不能从根本上消除放射性核素，只是将放射性核素存在的形式或位置发生改变，因此去污过程不可避免地会产生二次废物。

3.2 放射性去污评价指标

放射性去污评价指标是对某一种放射性污染去除能力的描述。放射性去污技术的评价指标很多，下面重点描述几种指标。

（1）去污因子、去污指数、去污率、余污率

衡量去污效果的指标常用的有去污因子、去污率、余污率、去污指数等。

1）去污因子（DF 值，Decontamination Factor）

去污因子，又称去污系数、净化系数，净化因子，它是指去污前污染物放射性活度与去污后放射性活度之比，其表达式为：

$$DF = \frac{A_0}{A_i} \tag{3-1}$$

式中：A_0——去污前污染物放射性活度，Bq；

A_i——去污后污染物放射性活度，Bq。

多种去污方法联合使用时，总去污因子为各种方法去污因子的乘积，即：

$$DF_总 = DF_1 \times DF_2 \times \cdots\cdots \times DF_n$$

去污因子用于评价被去污对象的去污效果，既可以针对某个特定的放射性核素，也可针对总的放射性污染的去除。

2）去污指数

去污指数是去污因子的对数形式，用 D 表示：

$$D = \lg(\frac{A_0}{A_i}) \tag{3-2}$$

3）去污率

去污率指去污除去的放射性活度占去污前放射性活度的份数，用式（3-3）表示：

$$\beta = \frac{(A_0 - A_i)}{A_0} \times 100\% \tag{3-3}$$

式中：β——去污率，它与去污因子的关系为：$\beta = (1 - \frac{1}{DF}) \times 100\%$。

4）余污率

余污率是指去污后物体上剩余的放射性活度占去污前放射性活度的份额，用 α 表示。

$$\alpha = \frac{A_i}{A_0} \tag{3-4}$$

（2）去污容量

去污容量特指在化学去污方法中去污剂包容放射性核素的能力，即在一定的反应条件下，去污剂与某种污染核素发生去污反应并达到反应平衡时，从去污对象单位表面去除的放射性核素活度值。

当对去污二次废液的放射性比活度有限值要求时，去污容量的上限即为二次废液放射

性比活度限值、单位去污对象表面积和一定的体面比三者的乘积。

（3）去污速度（DR 值，Decontamination Reaction Rate）

去污速度指完成单位面积的去污操作所用的时间，单位为 m^2/h，该值不能单独使用，需要与 DR 值联合使用才能对去污技术的性能进行完整的描述。

对于化学去污来说，去污速度还可以用对标准沾污样片进行去污实验时达到一定去污因子所需的时间来表示。其中对标准沾污样片的尺寸规格、材质、表面粗糙度、沾污核素种类及放射性比活度均有详细要求。目前国内尚没有关于标准沾污样片的制备和去污速度的测定相关的国家标准或行业标准，通常使用去离子水对同一批次实验室沾污样片的去污速度作为参照值。

（4）去污深度

去污深度是去污方法或者去污技术对某固定污染热点进行去污能力的描述。通常指对固定性污染热点采用高电流密度电化学去污、强氧化性化学去污、局部高能烧蚀去污等极端去污手段进行深度去污的能力表述。

（5）一次废物（PW，Primary Waste）

一次废物是指核设施在运行过程、检修过程、技术改造过程以及退役过程中直接产生的废物，包括放射性废物、非放废物。

（6）二次废物（SW，Secondary Waste）

二次废物是指在核设施退役过程，通过化学去污或者部分物理去污产生的放射性废物为二次废物。如去污吸附剂、渗透膜、可剥离膜、防护服、化学去污产生的放射性废液等。

二次废物产生量是评价去污技术的关键技术指标，也是推算去污费用的关键指标。

3.3　去污技术的分类

去污技术分类多种多样，可以按照去污原理、去污对象、去污目标等来进行分类。

（1）按去污原理分类

根据去污原理，退役去污技术可分为化学去污、物理（机械）去污、电化学去污、金属熔炼去污、生物去污等。

化学去污按照去污剂的不同又可分为硝酸体系去污、磷酸体系去污、盐酸体系去污剂、酸碱去污、氧化还原去污等。

物理（机械）去污可分为高压喷淋去污、机械剥离去污、激光去污、等离子体剥离去污、干冰去污等。

电化学去污可分为脉冲供电电化学去污、直流恒电流供电电化学去污等。

（2）按去污对象分类

按去污对象可分为工艺系统去污、设备去污、箱室去污、槽罐去污、建筑物构件去污、污染土壤去污、防护用品去污等。

针对不同对象，采用的去污技术不同，可以是单一去污技术，也可以采用几种去污技术进行组合，以达到去污的目的。如箱室去污可以采用吸尘去污、可剥离膜去污相组合的方法，达到退役拆除前的去污目标。

（3）按去污目的分类

按去污目的进行分类，可以分为退役去污、检维修去污、应急去污、分类解控去污等。

退役去污是针对核设施退役过程所采取的去污，退役去污过程涉及工艺系统、设备、建筑物构件等方面去污。去污主要目的是降低气溶胶生成量，降低辐照剂量，便于后续拆除过程。原则上要将非固定性污染、弱固定性污染的大部分放射性物质去除。

检维修去污是针对核设施运行过程需要检维修的设备、系统进行的去污，去污目的是降低检维修过程中人员的辐照剂量。原则上以非固定性污染去除为主。

应急去污是针对核事故或者核事件发生所采取的去污，去污目的是防止放射性污染进一步扩大，因此需要快速去污。主要针对核事故造成的设施、环境（大气、土壤、水源等）等的去污。如日本福岛核事故采取的对土壤的收集、水源的净化等。

分类解控去污是针对核设施退役、核设施检维修等过程产生的放射性污染物进一步去污，部分废物达到解控的目的或者降低固体废物的比活度来实现固体废物处理处置最小化。

（4）按去污方式分类

按去污的方式可以分为在线去污、离线去污。

在线去污也叫就地去污、现场去污。在核设施退役拆除前、核设施检维修等过程，经常需要在线去污，以满足后续工程的需要。

离线去污是专门设置去污车间，将核设施退役、检维修、运行期间产生的固体废物进一步去污，满足后续废物分类处理处置的需要。

3.4 核设施退役去污

3.4.1 核设施退役去污的目的

退役去污是核设施退役的一个重要组成部分，它贯穿于核设施退役的整个过程。如核设施退役准备阶段源项调查之前的去污、核设施拆除之前的去污以及拆除后的设备和部件去污等。

核设施退役去污的目的要从退役过程的安全性和经济性两方面综合考虑。从安全性考虑，主要目的是：

（1）降低现场工作人员的受照剂量；

（2）降低或消除对现场监测的干扰影响；

（3）控制退役过程中和废物处理中可能造成的环境污染扩散；

（4）回收核材料。

从经济性方面考虑，其目的是：

（1）降低操作难度，降低切割解体和拆卸过程中的屏蔽和远程操作的要求；

（2）降低一次废物产生量，有利于设备、工具、材料、构筑物的循环复用；

（3）减少需处置废物的体积或使废物可降级处置，减少废物贮存、运输、处置的费用；

（4）有利于实现场址的开放使用。

3.4.2　选择去污方法时需考虑的因素和遵循的原则

由于去污方法很多，且各种方法对不同的去污对象有不同的去污效果，因此在选择去污方法时，必须综合考虑各种影响因素，如材料的类型（金属、混凝土等）、污染表面类型（粗糙、疏松、涂层等）、污染成分（裂变产物、活化产物、锕系元素等）、设备种类（贮槽、管道等）、需要达到的去污系数、工厂类型和运行史等。

在选择去污方法时，应遵循以下基本原则。

（1）安全性高。去污过程要考虑去污技术操作过程的安全性，如选择去污剂是否对人员健康有影响，去污过程是否会产生火灾，去污过程辐射剂量是否在受控范围等。

（2）去污效率高。针对不同对象，选择去污技术时要考虑去污技术的单次去污效果，避免造成多次去污。

（3）产生的二次废物最小化。去污成本的一项主要组成就是产生二次废物的处理费用，在选择去污技术时，要考虑二次废物量。

（4）去污成本尽可能低。核设施退役成本受各种因素的影响，去污直接成本和间接成本是退役成本的主要构成，既要考虑去污技术和装置的直接成本，也要考虑去污产生的二次废物的处理等间接成本。因此，尽可能选择去污成本较低的技术。

（5）去污过程对公众和环境无影响，或影响可接受。去污过程除了对操作人员有影响外，更主要的是不能对公众和环境有影响。如废液排放、噪声等方面的影响。

（6）便于操作。在实际操作时，尽可能要考虑操作简单，便于实现自动化操作的去污技术。

3.5　退役去污的基本方法

按照去污原理的不同对各类去污技术分别进行介绍，主要包括去污原理、去污技术或装置，去污时的注意事项等。

3.5.1　化学去污方法

化学去污技术是利用化学试剂的溶解、氧化还原、络合、螯合、钝化、缓蚀、表面润湿等化学作用，除去带有放射性核素的污垢物、油漆涂层、氧化膜层等。

化学去污技术的机理可用下式来表示：

$$S \cdot C^* + D \rightarrow S + D \cdot C^* \tag{3-5}$$

式中：S——沾污物项基材；

$\quad\quad C^*$——污染放射性核素；

$\quad\quad D$——去污剂；

$\quad\quad S \cdot C^*$——被污染物项；

$\quad\quad D \cdot C^*$——二次废物。

化学去污技术是去污技术中开发最早的技术，在其研发历史中已总结了不同的污染类型和不同的对象、基材类型所适用的去污剂配方组成，已建立起一套严谨完整的去污剂配方及去污工艺的研究方法。由于在役去污的工程需求，该类去污技术在世界上还未进行大量核设施退役时就已经发展起来，其产生要早于其他类型的去污技术工程应用，并一直持续进行深入广泛的研究，形成了多种类别的化学去污技术；之后人们重视了去污液的自动输送辅助技术和去污二次废物处理辅助技术的研发，使该类技术在工程应用能力和应用范围上得到了拓展，在核设施退役去污技术领域的研发和应用中始终充满活力。

由于涉及化学反应和物理化学行为，该类去污技术是围绕着去污介质的化学反应活性和物理化学性质建立起来的，其技术优势和劣势、安全风险和操作规范等大多与化学反应性质、化学品物化性质和危险品特性有关，也包括对易裂变核素过度浓集潜在的临界问题等核设施退役去污特有的安全风险。该技术在工程中的实施需要有丰富化工经验和去污经验的技术人员参与。

使用化学技术进行去污时均会有对去污后的对象表面残留去污剂和反应产物的清洗步骤，即使可剥离膜去污技术也不能完全避免膜剥离后在对象表面的残留，该步骤产生的去污二次废液（若为擦拭则会产生二次固体废物）因组分与初始去污剂差异很大是不能循环复用的，而且化学溶液去污由于存在去污容量也必然会产生二次废液，因此化学去污必然有工艺二次废物产生及相关的暂存处理问题。如对二次废液处理还会产生废树脂、废渗透膜、沉淀泥浆等二次废物，对它们的处理都会显著增加去污技术的总成本，因此二次废液产生量是评价该技术工程应用的重要约束指标。

且当去污剂中含有强络合剂、有机物添加剂时，对其二次废液若使用常规方法处理后进行水泥固化，难以得到符合标准的水泥固化体，因此需要在进入场址的废水处理工艺线之前进行预处理以分解破坏或去除这些组分。由此可见，对去污二次废液的预处理辅助技术及其专用设备材料是需要与化学去污技术配套提供的，提高处理效率降低运行成本是该技术的研究方向。

化学去污所使用的去污剂配方组分一般包括络合剂和有机酸、强无机酸和盐类、氧化还原试剂、碱及其盐类，还有洗涤剂和表面活性剂、缓蚀剂等辅助性添加剂，以及现在已不常使用的有机去污剂。

3.5.1.1 络合剂和有机酸法

络合剂和有机酸类去污剂适用于地板、墙壁、天花板、管道、风管表面、几何形状复杂的表面、只有液体化学试剂能够接触的表面。去污工艺包括喷雾、浸泡、冲洗等。

1990—1998 年，全球 124 个反应堆采用了低氧化态金属离子法 LOMI、柠檬酸—草酸法 CITROX、乙二胺四乙酸—柠檬酸法 CANDEREM 法等含有络合剂和有机酸的去污工艺进行了去污。

常用的有机酸有草酸、柠檬酸、氨基磺酸、甲酸、酒石酸、氨基羧酸。有机酸与强无机酸相比，优点是：作用较缓和，腐蚀性较弱，络合能力较强，清洗时二次废液中悬浮物及残渣少，几乎不存在与材料的相容性问题；缺点是：有机酸的反应速度慢，高温下易分解。因此有机酸在退役去污中应用较少，主要用于核设施的在役去污。有机酸内不含氯化物或氟化物，可用于对不锈钢、高合金钢的去污，还可用于塑料和其他聚合物的去污。

常用的络合剂有草酸、柠檬酸、葡萄糖酸、EDTA、HEDTA、EDDS、OEDPA、DTPA、钠和铵的有机酸盐、NTA、HEDP、聚磷酸盐等。络合剂在化学去污技术中主要起到的是阻止溶解的放射性核素生成沉淀物再次附着在去污对象表面，去除相对固定的沾污，高选择性的络合剂可保护金属基材。部分具有络合能力的有机酸可同时完成溶解沾污核素和络合沾污核素两种作用，可独立使用。

对该类去污废液的处理方法是通过离子交换使络合剂再生，或通过过氧化氢、高锰酸钾、紫外光氧化破坏等方法破坏络合剂结构，因该过程会产生 CO_2，需采取措施预防压力增加。在氧化过程中，原溶液中的残留物被螯合金属离子沉淀后可采用过滤或可控蒸发进行处理，所得淤泥在处置前还需进一步处理。

由于络合剂在高温下也会分解出 CO_2，使封闭去污系统发生超压现象，因此使用该类去污剂时，需要控制温度不能过高。

3.5.1.1.1 单独使用络合剂法

对放射性设施的少量溢出物造成的污染，可使用 EDTA 或草酸进行去污。

单独使用柠檬酸铵（AC）的去污工艺为，质量分数 1.3%~10% 的 AC 在 85~90 ℃下对不锈钢、碳钢、铬钼钢去污 1~4 h，得到 DF 为 2~12。AC 常用于在使用碱性高锰酸钾（AP）或酸性高锰酸钾（NP）氧化处理之后溶解氧化膜，添加 EDTA 后，可增加溶解性，防止沉淀生成，该方法对碳钢腐蚀性较强。

草酸可用于除去不锈钢表面上的氧化膜，也用于除去 AP 或 NP 处理后残留的二氧化锰，易生成草酸盐沉淀。常用的草酸去污工艺为 100 g/L 在 85~150 ℃对不锈钢去污 2~10 h，得到 DF 为 12~16。RBMK 反应堆退役中的循环去污使用了以草酸为主的去污剂。去污过程中，草酸是良好的除锈剂，并且对铌和裂变产物产生了理想络合的效果，但在去污对象表面会形成包含放射性核素的草酸铁再沉积。草酸和过氧化氢组合用于对金属表面二氧化铀的溶解、脱膜和去污。

俄罗斯科拉核电厂使用了柠檬酸和变色酸二钠作为去污剂。

德国 KWU 反应堆使用 $250×10^{-6}$ ~ $500×10^{-6}$ 的螯合性有机酸进行一步法去污，pH 为 2.5~3.5，在 90~100 ℃去污 80~100 h，得到 DF 为 2~5，产生的去污废液采用特殊离子交换树脂进行去污剂再生与净化。

3.5.1.1.2 低氧化态金属离子（LOMI）法

LOMI 法通过低氧化态过渡金属离子［通常为 V（Ⅱ）］还原沾污层金属腐蚀产物中的 Fe（Ⅲ），使其成为可溶解的 Fe（Ⅱ），从而达到去污的目的，其主要反应式如下：

$V^{2+}+Fe^{3+}→V^{3+}+Fe^{2+}$，其中生成的 Fe^{2+} 被螯合。

LOMI 法的配方是作为络合剂的甲基吡啶酸（或双吡啶皮考啉盐）与作为还原剂的 V（Ⅱ）的混合溶液，对不锈钢、合金钢的 DF 为 10~20。

该技术由英国中央电力管理局和美国电力科学研究院联合开发，用于对含有大量金属离子的腐蚀产物进行去污，主要去除反应堆蒸发器燃料棒束上的腐蚀产物，以及重水堆去污。特点是去污时间短，一般为 1~3 h。缺点是需要先去除去污剂中的氧；钒有毒，须控制其排出量；试剂成本较高；不能溶解 Cr 含量高的铁锈。

常用的工艺包括：AP/NP+LOMI、LOMI→LOMI→AP→LOMI（美国布朗斯弗里核电厂）。

在使用 LOMI 法时，须将反应堆冷却剂调至中性和低溶解氧的水平，温度为 80~90 ℃，加入去污剂后循环，经过滤器和阳离子交换树脂对去污剂进行再生。

LOMI 法对去除沸水堆（BWR）氧化物有效。对压水堆（PWR）去污，要增加氧化预处理，形成的 AP/NP-LOMI 法得到了较多的应用，该方法使用 AP/NP 循环除去堆部件上的 Cr 薄膜，用草酸破坏残留的高锰酸钾和二氧化锰，产生的去污废液通过中和和离子交换处理；然后使用 LOMI 法进行处理。

英国中央电力局与 BNL 开发的 NP-LOMI 法工艺：

（1）1 g/L 高锰酸钾溶液+0.25 g/L 硝酸，去污剂 pH 为 2.5，在 90 ℃下去污 24 h。

（2）0.1%（质量分数）~0.3%（质量分数）LOMI 试剂，去污剂 pH 为 4.8，在 80 ℃下去污 2~6 h。

该方法可溶解 20% 以上的铬，不采用清洗，实质上为一步法，硝酸浓度高时效果更好。

NP-LOMI 法对温弗里斯核电厂 SGHWR 一回路的去污中得到 DF 为 4.3。其中对南回路用 LOMI 法循环 4 次，耗时 6.9 h，去除了 Fe 55 kg，Co 0.17 kg，^{60}Co 1142 Ci，对回路基材的腐蚀量为 5 μm；对北回路采用 LOMI 法循环 3 次，耗时 11.3 h，去除 Fe 46 kg，Co 0.14 kg，^{60}Co 904 Ci，对回路基材的腐蚀量为 13 μm。该技术对 Ågesta 反应堆去污 DF 为 25~29。蒙蒂基络沸水堆去污部分采用了该技术。

3.5.1.1.3 柠檬酸—草酸（CITROX）法

CITROX 法由英国 PN 服务公司开发，配方为草酸和柠檬酸，可达到的 DF 为 2~50。

CITROX 的配方为 2.5% $H_2C_2O_4$+5% $(NH_4)_2HC_6H_5O_7$+0.2% $Fe(NO_3)_3$+0.1% 硫脲。单独使用 CITROX 在 85 ℃下对不锈钢、碳钢去污 1~4 h，得到 DF 为 2~5。与 AP 组合成 AP-CITROX 法，对除去放射性腐蚀产物十分有效，广泛用于反应堆一回路系统去污。

3.5.1.1.4 NS-1 法

NS-1 法是美国开发的去污工艺，使用 NS-1 去污剂浓度为 10%（质量分数），在 120 ℃下对不锈钢、碳钢、铬钼钢去污 100~200 h，得到的 DF 为 100~1000，适用于 BWR 系统总体去污；加氧化预处理步骤后，可用于 PWR 回路去污。

3.5.1.1.5 CAN-DECON 法

CAN-DECON 法由加拿大 AECL 于 20 世纪 70 年代末开发，最初应用于 CANDU 堆上去除压力管燃料组件上的沉积沾污，之后扩展到 BWR、PWR 的系统去污。

其配方为：柠檬酸+草酸+约 0.1%（质量分数）EDTA

其原理是：CANDU 沉积物主要是 Fe_3O_4 锈层，并成为钴铁氧体 $CoOFe_2O_3$（或 $NiOFeO_2O_3$）结合在 Fe_3O_4 锈层中，当 Fe_3O_4 溶解时，它被释放出来，Co 的实际量是非常少的。

此过程的化学反应为：

（1）简单氧化铁溶解——慢：$Fe_3O_4+8H^+\rightarrow 2Fe^{3+}+Fe^{2+}+4H_2O$

（2）基体金属溶解——随时间增加逐渐加速：$Fe\rightarrow Fe^{2+}+2e^-$

（3）电子催化氧化铁溶解——快：$Fe_3O_4+8H^++2e^-\rightarrow 3Fe^{2+}+4H_2O$

（4）质子还原——随时间增加逐渐加速：$2H^++2e^-\rightarrow H_2$

所用去污剂是一种弱酸型有机酸，其解离为：

$$HmY \rightarrow mH^++Y^{m-}$$

解离后起下面两种作用：

溶解 Fe_3O_4，$Fe_3O_4+8H^++2e^-\rightarrow 3Fe^{2+}+4H_2O$

络合 Fe^{2+}，$Y^{m-}+Fe^{2+}\rightarrow FeY^{2-m}$

去污剂通过阳离子交换树脂再生：

Fe：$Y^{2-m}+2H$：$R\rightarrow Fe$：R_2+2H^+（再起溶解作用）$+Y^{m-}$（再起络合作用）

CAN-DECON 法在 CANDU 堆去污中的使用工艺为：

在 CANDU 停堆后，冷却剂保持循环（90 ℃），冷却剂用混床树脂纯化除去添加物（如 Li），同时将去污试剂注入系统连接到主循环，即加入少量有机酸去污剂（质量分数为 0.05%~0.1%）到一循环系统，使冷却剂本身成为去污剂。在体系中循环的去污剂与沉积物相作用，从设备壁上去除污染物。

扩展后的 CAN-DECON 的应用条件是使用浓度约为 0.1%（质量分数）的 L106 或 LND-101 溶液（CAN-DECON 去污剂型号），去污温度为 80~130 ℃，对不锈钢、碳钢、镍铬合金去污 10~72 h，得到 DF 约为 4~15。该工艺条件适用于 BWR 系统去污。

当对 PWR 去污时须加氧化预处理，以去除氧化膜中的 Cr。首先使用 1 g/L 的 AP 或 NP 在 95 ℃进行预氧化处理，溶解 Cr，再加入去污剂，在 80~125 ℃循环 24~48 h。去污终止后，去污液排进混床树脂系统，使用草酸还原 MnO_4^-，通过阳离子交换去除溶液中的 Fe、Co 等金属离子和某些基团，通过阴离子交换再生络合剂，颗粒物用过滤法去除。

扩展的 CAN-DECON 法的 DF 一般为 10~15，表 3-1 为 CAN-DECON 对不同材料的去污系数。

表 3-1 扩展的 CAN-DECON 法对不同材料的 DF

去污对象	还原剂 DF	氧化剂 DF
PWR 不锈钢	1.1~1.2	10~15
PWR 因科镍	1.0~1.1	5~10
BWR 不锈钢	10~20	—

美国马勒堡核电厂使用 CAN-DECON 法和 Vacu-Blast 工艺对反应堆再循环系统进行去污，DF 达 300。加拿大的 DouglasPoint 反应堆使用 CAN-DECON 法去污 72 h，去除传热系统上 ^{60}Co［（8.3~9.5）×10^{12} Bq］。

AECL 的 CRNL 使用臭氧作为 CAN-DECON 法的预处理方法，工艺为：第 1 步，使用浓度为 250 mmol/L 的臭氧和 0.1 g/L 的铬酸（以 Cr 计），去污剂 pH 为 2.7~2.8，在小于 40 ℃下对不锈钢处理 5 h，DF 大于 100；第 2 步使用 0.1%（质量分数）LND-101 在 85 ℃下进行 CAN-DECON 去污，总体效果与 AP-CITROX 相似，废液量少，腐蚀速度也低。

3.5.1.1.6 CAN-DEREM 法

CAN-DEREM 法也是由加拿大原子能公司（AECL）开发，是在 CAN-DECON 法基础上进行的改进。美国印第安角核电厂 2 号机组曾采用该技术进行反应堆一回路的冷却系统、余热散热系统、化学和容积控制系统的去污，配方为作为络合剂和还原剂的 EDTA 和作为络合剂的柠檬酸。工艺顺序为：

$$CANDEREM \rightarrow AP \rightarrow CANDEREM \rightarrow AP \rightarrow CANDEREM$$

3.5.1.1.7 NOXOL 法

NOXOL 法是典型的使用高选择性络合剂的方法。该类方法可有效的保护去污物项基材，例如特别设计的络合剂可与正二价金属离子优先结合，仅与 FeO 和 Fe_3O_4 中的 Fe^{2+} 反应以破坏钢铁表面的氧化层，而放射性沾污多包含在该氧化层中；或者还可与 Mg^{2+}、Ca^{2+} 等水垢成分中的正二价金属离子优先结合，达到除垢目的，有利于去污反应的进行。

NOXOL 法又名 CORPEX 法，为欧洲 Corpex 公司开发的系列去污剂产品，该方法操作方便，为水基试剂，接近中性，含有强有机络合剂；使用温度和 pH 范围宽，去污效果好。

（1）NOXOL-100 法

适用于铁氧化物附着物去污，如难处理的 Fe_3O_4 和 Fe_2O_3，还可用于 $CaCO_3$ 和 Mg（OH）$_2$ 等水垢上。

（2）NOXOL-550 法

适用于 $CaCO_3$ 和 Mg（OH）$_2$ 附着物的去污。

（3）NOXOL-678 法

适用于铁、铝、铜的氧化物，磷酸锌、碳酸钙、氢氧化镁、硫酸钙等附着去污。

（4）NOXOL-771 法

适用于 Sr、Ba、Ra 的硫酸盐的附着去污。

（5）CORPEX-921 法

该试剂与氧化物作用，减弱氧化层结构的完整性，引起破裂和脱落，CORPEX 继续溶解这些脱落物，反应式为：

$$MO_x + MF_x + CORPEX-921 \rightarrow CPX-M + CPX \ (90 \ ℃, \ pH=7.0)$$

CORPEX-921 的毒性小，安全性好，二次废液量少。

美国汉福特使用 CORPEX-921 对 5 个热室通过远程操作和低压喷射进行了去污，去污过程中的人员受照剂量是高压水喷射去污的一半。

（6）CORPEX-960 法

该试剂与 CORPEX-921 联合使用。CORPEX-921 与氧化物发生作用，破坏氧化层结构的完整性，引起其破裂和脱落，并溶解于 CORPEX-921 中。CORPEX-960 为氧化剂，完全破坏 CORPEX-921 生成的螯合物，使 99.8% 的放射性金属离子以氧化物或氢氧化物形式沉淀下来，并降低去污废液处理难度，去污产生的二次废液适于排放或复用。其原理式为：

$$MO_x + CORPEX-921 \rightarrow CPX-M + CPX \ (90 \ ℃, \ pH=7.0)$$

$$CPX-M + CPX + CORPEX-960 \rightarrow M \ (OH)_x \downarrow + MnO_2 \downarrow + NO_x \uparrow + CO_2 \uparrow$$

$$(约 40 \ ℃, \ pH=11.5)$$

3.5.1.1.8　POD 法

POD 法为英国 BNFL 开发的稀溶液去污工艺，适用于 PWR 回路系统和设备去污，其工艺为：

(1) 1 g/L KMnO₄溶液+0.25 g/L HNO₃，去污剂 pH 为 2.5，温度 90 ℃，去污时间 24 h。

(2) 1.5 g/L HNO₃+1.4 g/L H₂C₂O₄，去污时间 0.5~1 h。

(3a) 0.45 g/L H₂C₂O₄+0.96 g/L C₆H₈O₇+0.42 g/L NaOH 溶液，去污剂 pH 为 2.5，温度 80 ℃，去污时间 5~7 h。

(3b) 0.225 g/L 草酸+0.48 g/L 柠檬酸，去污剂 pH 为 2.5，温度 80 ℃，去污时间 5~7 h。

该方法对不锈钢 DF 为 20，对爱杰斯塔（Ågesta SG）管 DF 约为 50。

由于在酸性条件下氧化处理，所以不需要 AP 法那样的刷洗，实质上属一步法。在 (3a) 阶段，仅用离子交换净化去污废液；在 (3b) 阶段，用离子交换树脂进行去污剂再生与净化。

3.5.1.2　强无机酸去污法

该类试剂包括 HCl、HNO₃、H₂SO₄、H₃PO₄等，其特点是去污能力强，腐蚀性强。用的较多的为硝酸，硫酸和磷酸使用的较少。

强无机酸和相关材料的去污工艺包括喷雾、浸泡、冲洗、喷淋等，通过使用高温、高浓度和较长的去污时间，可溶解污染层下的金属基材。去污废液中含有金属盐，后续处理时先中和再进行离子交换处理，产生的废树脂作为固体废物。

其优点是可处理大部分金属表面，廉价，去污速度快，易于使用；缺点是存在安全和操作问题，去污废液需要中和处理，存在过度反应的风险，可能产生爆炸性气体（H₂）或有毒气体（NOₓ）。

3.5.1.2.1　HCl 法

HCl 被广泛应用于化学工业和动力锅炉的清洗中，在核设施去污中主要用于金属表面以下 90 μm 范围内的放射性沾污和金属氧化膜的去除，对无机沉积物（如金属氧化物）的去除效果好，而对有机沾污去除效果差；适用于不锈钢、铬钢、钼钢、铜合金等材料，也可以用于对混凝土的化学去污。HCl 主要用于拆除后材料去污，对钢腐蚀极强。

常用的盐酸去污工艺为：100 g/L 的盐酸在约 70 ℃下对不锈钢、碳钢、铬钼钢、铜合金去污 1~2 h，DF 约为 10。

波多黎各原子能委员会 BONUS 示范堆在退役掩埋准备阶段对反应堆组件进行了去污，70 ℃下使用了 10%（体积分数）的 HCl，DF 约为 10。

3.5.1.2.2　HNO₃法

HNO₃可用于溶解不锈钢、铝合金、因科镍合金表面的 U、Pu 及金属氧化层，以及后处理系统管道和设备中的二氧化钚、裂变产物、淤泥沉积物，并分解残留沾污，也可用于钼钢和 EP-630 合金表面去污。HNO₃不能用于碳钢。HNO₃可用于拆除后材料去污，对钢腐蚀极强。在使用 HNO₃对远程的特定区域进行浸泡去污时，需抑制 H₂的产生，而且其在与不相容材料一起使用时可能会起火或爆炸。

常用的硝酸去污工艺为 100 g/L 的硝酸在 75 ℃下对不锈钢、因科镍去污 1 h, DF 约为 10。

在实际应用时，硝酸除了单独作为去污剂使用，也可以和其他的酸或盐混合使用，或与碱交替使用以增加去污效果。

（1）HNO_3+HF/NaF 法

该配方为美国爱达荷国家实验室研发，其作用原理是渗透氧化层，侵蚀金属基体，去除金属氧化物使其进入溶液中，之后通过过滤去除。该配方对基材的腐蚀性极强。温度升高和提高去污剂浓度都有利于增加 DF；当溶解物的浓度增加时，DF 下降。去污剂不可再生，需补充加入 HF，试剂消耗多。应用该工艺时需对工作人员进行防护。

使用 3%NaF 溶液+30%HNO_3常温下对不锈钢去污 5 h, DF 为 $10^3 \sim 10^4$，适用于反应堆拆除后材料的去污。

使用 3% HF+20% HNO_3对不锈钢去污的 DF 为 $10^2 \sim 10^3$，也适用于反应堆拆除后材料的去污。

意大利使用该配方对拆除后的材料进行去污，DF 为 100~2000。

（2）HNO_3+HCl 法

意大利曾使用该配方对拆除后的材料进行去污，使用超声波辅助加强去污效果，DF 可达 500，材料在去污后无限制释放。

比利时也曾使用该配方对拆除后的材料进行去污。

（3）HNO_3-NaOH 交替法

NaOH 可去除油脂和油膜，中和酸溶液，作为去污过程中表面活性剂，并可以去除漆膜、涂层、去除碳钢铁锈。该工艺可对多台设备同时进行去污，可通过加热、搅拌提高 DF。

硝酸和氢氧化钠交替去污的一个循环通常为，先使用 NaOH，通过加入高锰酸钾可提高 DF，再使用水漂洗；后使用 HNO_3，通过加入草酸或 EDTA 可提高 DF，再用水漂洗。循环去污过程中辅以压空搅拌和加热。

在后处理设施工艺设备及系统去污中，所使用的 HNO_3浓度可达到 10%~30%，NaOH 溶液浓度可达到 5%~20%。

该工艺的优点是 DF 高，二次废液可用现有的废物处理技术处理，试剂便宜易得，操作简单，处理时间短。缺点是对某些材料不相容，只限于某些污染类型，对人员有辐射危险和化学危害；酸碱去污后，需要对去污对象内的残留物使用大量的水冲洗。

法国使用酸碱交替工艺对反应堆蒸汽发生器进行了去污，得到 DF 为 50。

国内在对后处理厂工艺设备去污过程中对酸碱交替去污工艺进行了改进，改进方向主要是防止发生二次沾污，节省试剂和降低二次废物产生量。改进的方法有：

（1）在去污流程中，酸、碱去污剂从低污染对象流向高污染对象；

（2）先单体后联动，先重点后一般；

（3）先对 α 污染严重的设备去污，防止 α 污染扩散，最后对气体净化系统去污。

3.5.1.2.3 H_2SO_4法

硫酸为强腐蚀酸，适用于对碳钢和不锈钢进行去污，但 DF 较低。稀硫酸可用于去除不包括 Ca^{2+}的沉积物或氧化物，因 $CaSO_4$为难溶物质，但不适于系统去污。浓硫酸可用于去除有机物。

常用工艺为 100 g/L 的 H_2SO_4 在 50~70 ℃下对不锈钢或碳钢去污 1~15 h，DF 为 2~8。

3.5.1.2.4　H_3PO_4 法

磷酸主要用于碳钢、铜合金去污，能迅速除去碳钢表面氧化膜，接触时间过长易生成沉淀。磷对玻璃固化有害，如果选择玻璃固化作为最终废物处理方式，则不能选择磷酸作为去污剂。

典型磷酸去污工艺是在 60~70 ℃，使用 10%（质量分数）磷酸去污 20 min，DF 可达100（另有文献记载为 DF 为 20），还可去除所有可见膜层。另外常用的工艺为 90~130 g/L的磷酸在 85 ℃下对碳钢、低合金钢、铜合金等去污 0.3~4 h，DF 为 5~10。

3.5.1.2.5　HBF_4 法

氟硼酸在常温下为无色透明的液体，在水中可部分水解为氢氧氟离子，为强腐蚀性酸，能腐蚀大多数金属及氧化物和有机物。在核设施去污中用于金属表面强固定性沾污的去除，适用对象包括碳钢、不锈钢、铅、镍合金和混凝土表面。其特点为：

（1）氟硼酸具有直接快速的腐蚀金属表面的能力；

（2）HBF_4 对金属离子有较高的饱和容量。在同一条件下，HBF_4 可溶解 Fe 220 g/L，而HNO_3 仅可溶解 Fe 20 g/L；其反应式为：

$$Fe+2HBF_4 \rightarrow Fe（BF_4）_2+H_2 \uparrow$$

（3）溶解金属离子的反应产物和 BF_4^- 结合稳定，产生气溶胶（酸性毒烟）最小；

（4）金属离子在 HBF_4 溶液中具有较高的活性，可使用较低浓度的 HBF_4，若对工艺过程严格控制，可做到二次废物最小化。

INL 以模拟污染金属挂片实验对 AP、NP、有机酸、HNO_3-HF、HBF_4、TUCS、硝酸铝等去污剂的去污性能进行了测试和评估，评估包括 DF、废物产生量、腐蚀速率等，结果表明，氟硼酸的去污效果最好，但废物产生量最大，氢氟酸-硝酸的去污效果次之，但其废物产生量最小。

氟硼酸的去污废液处理使用 Ca（OH）$_2$ 破坏 HBF_4，为保证完全转化，需要加入过量的 Ca（OH）$_2$：$2HBF_4+5Ca（OH）_2 \rightarrow 4CaF_2 \downarrow +Ca（BO_2）_2+6H_2O$，之后进行过滤分离，$CaF_2$ 作为固体放射性废物，含有 Ca（BO_2）$_2$ 的废液作为低、中放废液进行相应的处理和整备。另有文献记载使用电解沉积法去除废液中的金属离子，可使 HBF_4 再生。

瑞典使用 HBF_4 对拆除后的材料进行去污。切尔诺贝利核电厂建立了 HBF_4 去污厂，处理量为 5 t/d，处理后的金属材料可达到无限制使用水平。汉福特的氧化铀回收工厂和REDOX 工艺设施的退役去污中，在排空工艺液体后，使用各种冲洗方法回收铀和钚，并用硝酸和硼酸的水溶液进行化学去污，之后对设备系统倒空、干燥。

美国密歇根沸水堆在运行 35 年后于 1997 年关闭，其对回路清洗的工艺为：80 ℃下，稀氟硼酸和高锰酸钾溶液循环流过回路系统，可对回路中的 Fe/Ni 氧化物进行有效的去污。之后加草酸去除 MnO_2 沉淀，去污废液使用离子交换处理。该法也用于美国佛扬基压水堆退役去污，经过了 6~15 个循环，DF 可达几十至几百，达到了释放标准。

中国原子能科学研究院（简称原子能院）使用 $HBF_4+H_2C_2O_4+EDTA+$缓蚀剂通过室温浸泡对不锈钢和碳钢进行了去污，得到 DF 大于 20。

3.5.1.2.6 强酸或弱酸盐法

使用相应盐类替代相应的强、弱酸。常用盐包括磷酸钠、聚磷酸钠、硫酸氢钠、硫酸钠、硫酸铁、草酸铵、柠檬酸铵、氟化氢铵、氟化钠等。其特点是去污原理与母酸相似，同时还能提供用于交换沾污的补偿离子，能够丰富酸去污的功能，产生较少腐蚀性的溶液，获得更好的去污效果和安全系数。试剂的低活性使去污过程中的材料相容性问题减少。

酸式盐可用于大部分金属表面，如对碳钢和铝材的适度去污。

3.5.1.3 氧化还原法

氧化还原去污的原理是金属在某一特定的氧化态时具有较高的可溶性。通常，金属氧化态越高，其可溶性越高；而低氧化态金属离子与络合剂有较强的络合作用。更改金属价态，破坏氧化物结构，使沾污更容易从表面去除，该机理是络合剂和酸去污的补充和辅助。氧化剂需与还原剂联合使用，以保持一定的氧化态水平。

常用的氧化剂包括高锰酸钾、重铬酸钾、过氧化氢、Ce（Ⅵ）、过硫酸钾、O_3 等。常用的还原剂包括连二磷酸钠、联氨、EDTA、草酸、连二硫酸钠、羟胺、肼等。

氧化还原法的应用对象是金属表面腐蚀性产物，通常为铁和铬的氧化物，通过浸泡或冲洗去污应用于金属表面，只要去污对象与去污工艺选择相匹配，就可获得很高的 DF。

当氧化还原剂使用酸作为溶剂时，其去污废液处理的第一步为中和，之后对溶液中的腐蚀产物微粒进行固液分离、残渣固化并处置。

与氧化还原有关的去污工艺包括前面提到的 LOMI、NITROX、DfD、CANDEREM 等，以及以下将要介绍的若干种去污方法。

3.5.1.3.1 AP 系列法

（1）AP 法

Cr 是不锈钢重要组分之一，是氧化膜的主要成分。在还原条件下，Cr 以 Cr^{3+} 形态存在，容易转变为 $FeOCr_2O_3$，为难溶化合物，需要将 Cr^{3+} 氧化成易于溶解的 Cr^{6+}。

AP 可将沾污表面的 Cr 氧化为 Cr_2O_3 后溶于碱液，通常作为其他去污方法的预处理方法。AP 单独用于对反应堆一回路管道进行去污时，可去除大部分放射性核素，其配方为 3%（质量分数）~20%（质量分数）$NaOH$+1%（质量分数）~5%（质量分数）$KMnO_4$，工艺为 90~110 ℃下浸泡或循环 1~10 h。

（2）FL-AP 法

原子能院和中国核电工程有限公司合作研发了 FL-AP 去污剂，具有对固定污染去污效果好，腐蚀量低，二次腐蚀少等优点。其所用的 AP 配方为：0.1 mol/L $KMnO_4$ 溶液+1 mol/L $NaOH$ 溶液；

对于后处理厂的固定污染设备，使用 FL 为：0.2%NaF 溶液+6%HNO_3+1%L；

对于污染热点，使用 FL 为：3.5%NaF+16%HNO_3+1%L；

对严重 Pu 污染热点，使用 FL 为：1%NaF+16%HNO_3+1%L。

交替使用 FL、AP，以 FL 开始，以 AP 结束，得到的 DF 均可大于 100。

（3）AP-CITROX 法

AP-CITROX 法的原理是使用 AP 氧化溶解 Cr，CITROX 溶解残余的 Fe_3O_4 和镍铁氧体

（NiOFe$_2$O$_3$）。该方法通过柠檬酸络合铁离子，并抑制产生沉淀，需保持柠檬酸在溶液中的浓度。主要用于对 300 系列不锈钢和因科镍的去污。在 pH = 4 时，90 ℃，使用 0.01 mol/L 草酸+0.005 mol/L 柠檬酸，可去除压水堆中 80% 的 ^{60}Co。

AP-CITROX 法的缺点是易产生草酸铁沉淀，对碳钢和 400 系列不锈钢有较强的腐蚀作用。

瑞士 SFIRR 使用 AP-CITROX 浓溶液去污工艺对碳钢进行去污，第 1 步使用 32 g/L 的高锰酸钾溶液和 105 g/L 的氢氧化钠溶液在 105 ℃下去污 1~2 h，第 2 步使用 25 g/L 草酸+50 g/L 柠檬酸二铵溶液+2 g/L 硝基亚铁溶液+1 g/L 二乙基硫脲溶液，在 85 ℃下去污 1~4 h，得到 DF 为 3~200。去污结果表明碳钢腐蚀少，CITROX 试剂在 85 ℃下与碳钢接触数小时也不生成沉淀，是对铁氧化物有效的溶解去污剂。

（4）AP-AC 法

AP-AC 法为法国电站联盟开发的去污工艺，其原理是用 AP 将不锈钢或因科镍表面的尖晶石氧化膜中的 Cr^{3+} 氧化为可溶的 Cr^{6+}；再用草酸、AC 的混合溶液溶解 Fe，将 Fe^{3+} 还原为可溶的 Fe^{2+}；同时溶解如 MnO$_2$ 等金属氧化物，以促进 Fe 的还原。随着 Fe 的溶解，主要放射性核素 ^{60}Co 被去除。

AP-AC 法主要用于对不锈钢和碳钢的去污，以及对金属表面腐蚀产物的预处理，对缝隙进行去污几乎无效。该方法的缺点是废液产生量大。

AP-AC 法的处理工艺为：

1）使用 AP 预处理后清洗；

2）使用 AC 进行去污，此步骤加入 EDTA 可抑制溶液中氧化铁的再沉积。

有研究使用 75~95 ℃下的 AP 处理 304 不锈钢，之后使用柠檬酸或 AC 进行处理，得到的 DF 为 50。在 20 世纪 60 年代主要用于对压水堆的去污，如英国核潜艇原型堆的去污。在美国希平港核电厂反应堆整体去污中（不包括稳压器），此时堆芯已取出，使用了 AP-AC 去污工艺，得到数据如表 3-2 所示。

表 3-2　美国希平港核电厂 AP-AC 法去污结果

去污对象	去污前辐照剂量率/（mR/h）	去污前辐照剂量率/（mR/h）	DF
管壁	232	4.7	49
蒸汽发生器	301	6.2	49
一般区域	100	25	4

瑞士 SFIRR 使用 AP-AC 法对不锈钢和碳钢进行去污，第 1 步使用 32 g/L 的高锰酸钾溶液和 105 g/L 的氢氧化钠溶液在 105 ℃下去污 1~2 h，以溶解去除不锈钢表面上的 Cr 氧化物；第 2 步使用 100 g/L 的 AC，pH 为 3.5，在 80~95 ℃下去污 1~4 h，得到 DF 为 3~50，该步骤当无抑制剂时，对碳钢有腐蚀。该工艺还在希平港、莱因斯堡、贡德雷明根等核电厂有所应用。

AP-AC 工艺也被改进用于对不锈钢表面进行去污，如在 AP 预处理后，单独使用柠檬酸，或使用草酸、柠檬酸和缓蚀剂的混合溶液。德国 KWU 反应堆的退役去污中，使用改良的 AP-AC 浓溶液去污工艺，第 1 步使用约 50 g/L 的 AP 溶液，在 90~100 ℃下去污

2~4 h，第 2 步使用 40~60 g/L 的还原性有机酸、络合剂和缓蚀剂的混合溶液，pH 为 3.5，在 90~100 ℃下去污 6~8 h，DF 大于 10。从第 1 步操作向第 2 步转移时，用除盐水清洗。

（5）APOX 法

APOX 法用于去除不锈钢水管内的陈旧膜层。首先用 AP 进行预处理，之后使用草酸进行去污。研究表明该方法在 85 ℃时，去污 2 h，DF 可达 150，当去污时间超过 4 h 时，DF 会降低。该工艺的缺点是易在金属基体上形成坚硬的草酸盐再沉积层，因此对碳钢效果不佳，会生成草酸铁沉淀，解决的办法是使用 NP 去除该再沉积层。

（6）APACE 法

该工艺是在 AP-AC 工艺基础上向 AC 中加入约 0.1%（质量分数）的 EDTA 溶液，以便在去污过程中将 Fe 离子保留在溶液中，防止其再沉淀，从而提高溶解去除放射性腐蚀产物的能力。与 AP-AC 工艺相比，对管壁去污时，DF 升高，并便于进行离子交换。在 20 世纪 60 年代该方法被广泛用于对压水堆的去污和对反应堆一回路系统去污。

APACE 工艺为：使用 13%AP 溶液在 90~100 ℃对不锈钢、碳钢去污 1~4 h 后，再使用 10%ACE 溶液在 85~95 ℃去污 1~4 h，得到 DF 为 10~20。

瑞典 Studsvik 使用改进的 APACE 法，第 1 步使用 1 g/L 高锰酸钾+1 g/L 氢氧化钠在 90~95 ℃去污 10~20 h，第 2 步使用 0.5 g/L 的 EDTA 或 DTPA+0.2 g/L 草酸+0.4 g/L 柠檬酸，溶液 pH 为 3.2，在 90 ℃下去污 10~20 h，该方法对 304 不锈钢 SG 管道的 DF 为 10~25，对因科镍的 DF 为 3~5。第 1 步所用 AP 为稀溶液法，可用离子交换进行再生净化。

3.5.1.3.2　NP 法

NP 比 AP 氧化性更强，以稀释形式与 LOMI 和 CAN-DECON 结合使用。NP 对碳钢腐蚀性强。

在俄罗斯的回路系统去污中使用了 NP 和草酸的去污工艺，配方中使用硝酸调节 pH，使用高锰酸钾作为氧化剂。其氧化去除铬的方程式为：

$$Cr_2O_3+2MnO_4^-+2H^+\rightarrow 2HCrO_4^-+2MnO_2\downarrow$$

在 90~95 ℃时，产生的 MnO_2 用稀草酸去除：

$$MnO_2+H_2C_2O_4+2H^+\rightarrow Mn^{2+}+2CO_2\uparrow+2H_2O$$

该去污过程是不可逆的，而且溶解速度快。

3.5.1.3.3　CORD 法

CORD 法由西门子公司研发，用于对封闭系统进行去污，例如对整个堆系统的子系统进行去污（反应堆拆除前的系统去污），适用的材质包括不锈钢和碳钢。

工艺流程为：

（1）氧化，NP 氧化 Cr^{3+} 生成 Cr^{6+}

需连续监测高锰酸盐浓度，使其保持在 50~300 g/L。在去污结束时，即使高锰酸盐的浓度很高也不会增加 Cr 的溶解性，但会增加废物的产生量。

需维持温度为 90~95 ℃。

需监测 Cr 浓度，当 Cr 浓度增加速度快速下降时，表示该步骤的终止。

（2）还原，草酸（或二羧基酸）还原，溶解并络合 Fe_2O_3、Ni^{2+}、Mn^{2+}、Co^{2+} 等金属离子，通过阳离子交换树脂再生去污剂。

在开始之前，需要添加适当化学计量的草酸先除去过量的高锰酸盐和二氧化锰，还原为 Mn^{2+}。之后加入过量的草酸溶解 Fe_2O_3，以达到去污目的。去污结束时，草酸浓度约为 1.5 g/L。

（3）清洗，使用紫外光、NP 或过氧化氢及其催化剂去除过量的草酸，采用阴离子树脂去除草酸铬和草酸铁。

CORD 的改进流程为多次循环的两步法工艺，使用 H_2O_2 分解草酸，草酸作为有机络合剂其分解率≥90%，金属回收率不小于 90%。

法国 AREVA 公司开发了 CORD 流程的专用设备叫"去污小男孩"，又名 AMDA，使用该设备的去污方法名为 AMDA/CORD/UV 法，是一个小型的可移动去污装置。该装置配有对拆卸下来的设备进行去污的超声波清洗装置；对系统进行去污时，由化学计量单元、循环泵和加热器、离子交换单元（可使用去污对象的离子交换系统，如一回路净化系统）、分解有机物平台、辅助单元等连接成为去污系统或设备的外部回路。设备有仪表控制台，对去污设备进行远程控制。可用集装箱运至施工现场。该设备节省了 CORD 工艺的实施时间，降低了工作人员的受照剂量。

AREVA 使用 AMDA 对压水堆蒸汽发生器下封头和沸水堆循环回路中的余热排出系统、堆水净化系统部件进行了去污，其中 AMDA 作为去污的外部回路。通过第 1 次 CORD 循环，去除了 52% 的放射性核素，在第 3 次循环时 DF 为 17，第 4 次循环时 DF 为 26，4 次循环共用时 4 天。表 3-3 为部分去污结果。

表 3-3　AMDA 反应堆系统去污部分验证数据

对象容积/m^3	去污用时/h	循环次数	去除活度/10^{12} Bq	DF	人员受照剂量/mSv
0.7~5	33~96	8	0.04~1.4	4.3~53	3.4~50
5~10	22~120	4	0.18~7.2	11~100	3.7~20
10~20	72~96	4	0.35~1.6	11~194	10~38.5

德国卡尔斯鲁厄的 MZFR 试验性反应堆使用 AMDA 对反应堆一回路进行了去污。该一回路的表面为 4000 m^2，重 400 t。卡尔斯鲁厄使用了多次循环软去污的工艺，去污剂浓度小于 2 g/kg，去污温度 ≤95 ℃。去污流程如下：

（1）初步氧化

使用稀高锰酸钾，使 Cr（Ⅲ）转变为 Cr（Ⅵ）。

（2）还原

使用草酸去除过量的 $KMnO_4$。

（3）去污

溶解的金属离子以络合形式进入去污剂，并连续通过离子交换柱。

（4）分解

使用紫外线催化氧化，去污剂分解为 CO_2 和水，产生的水通过离子交换净化处理。

去污用时 5 个月，一回路腐蚀产物被溶解，去除金属 72 kg，去除放射性 1.7×10^{12} Bq，平均 DF 为 15，人员受照剂量为 130 mSv，产生二次废物为 3 m³ 废树脂和 100 m³ 废水。去污废液使用 H_2O_2 处理，对有机络合剂分解率 ≥90%，对有机阻化剂分解率 ≥50%，对金属组分的回收率 ≥90%。

3.5.1.3.4 Ce（Ⅳ）法

Ce（Ⅳ）有强氧化能力，可溶解氧化膜，特别是溶解氧化铬，能把 Fe、Co、Ni 氧化到高价。Ce^{4+} 易水解为碱式盐沉淀，因此必须在酸性条件下使用，有强氧化性。以下为去污过程的部分反应式：

$$2Ce^{4+}+Fe \rightarrow 2Ce^{3+}+Fe^{2+}$$
$$Fe^{2+}+Ce^{4+} \rightarrow Ce^{3+}+Fe^{3+}$$
$$2Ce^{4+}+Ni \rightarrow 2Ce^{3+}+Ni^{2+}$$
$$6Ce^{4+}+Cr \rightarrow 6Ce^{3+}+Cr^{6+}$$

其中，Ce^{4+}/Ce^{3+} 电位：在 1 mol/L HCl 中为 1.28 V；在 0.5 mol/L H_2SO_4 为 1.44 V；在 0.5 mol/L HNO_3 为 1.61 V。

Ce（Ⅳ）去污的工艺参数一般为 80 ℃ 下使用 0.05 mol/L Ce（Ⅳ）溶液。去污废液在去除 Ce（Ⅳ）后可按中、低放废液进行处理处置。

美国在 Ce（Ⅳ）氧化去污工艺的基础上开发了 CPD 浓溶液去污工艺，使用 0.1~0.2 mol/L Ce^{4+}+2~13 mol/L HNO_3 在 60~90 ℃ 对不锈钢、碳钢去污 2~6 h，DF>10，该工艺适用于反应堆回路去污，对不锈钢和碳钢腐蚀性强。

根据 Ce（Ⅳ）废液的再生利用机理，已衍生出使用臭氧氧化再生 Ce（Ⅳ）的 SODP、MEDOC 法和使用电化学再生 Ce（Ⅳ）的 REDOX 法。

（1）SODP 法

SODP 法为瑞典的斯图兹威克公司于 20 世纪 80 年代末研发，在室温下使用硝酸和 Ce（Ⅳ）溶液的一步去污法，去污后通过臭氧或双氧水再生 Ce（Ⅳ）：

$$2Ce^{3+}+O_3+2H^+ \rightarrow 2Ce^{4+}+O_2+H_2O$$

（2）REDOX 法

REDOX 法由日本开发，原理与 SODP 类似，使用电化学再生 Ce^{4+}（见图 3-1）。Ce^{3+} 在电解槽阳极区氧化，使用铂电极，分离隔膜材料为 Naflon350，初始 Ce 浓度为 42.8~86.5 mol/L，电解温度为 50~80 ℃，电流密度为 107~200 A/m²。

REDOX 法处理的对象为阀门、泵体、小直径管道等形状复杂的部件，其工艺为在常温下循环，Ce（Ⅳ）浓度不大于 0.15 mol/L，硝酸浓度为 0.1~0.2 mol/L，去污剂流速一般控制在较低的范围内；在浸泡工艺下，可适当提高温度和 Ce（Ⅳ）浓度，以提高去污速率。REDOX 法的去污速度较 SODP 快，对不锈钢覆面速度约为 2 μm/h，DF 大于 10。

在 $Ce(SO_4)_2$ 和 HNO_3 体系中，REDOX 法的影响因素：

1）Ce^{4+} 浓度

在 1 mol/L HNO_3 下，45~60 ℃，对碳钢去污 2 h，当 $Ce(SO_4)_2$ 为 70 g/L 时去污效率达到了峰值，约为 89%；

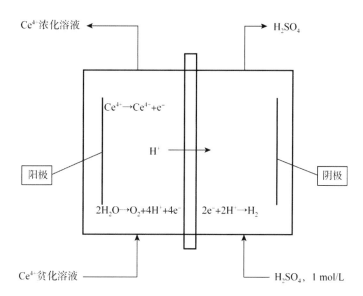

图 3-1　Ce（Ⅳ）电化学再生原理图

2）硝酸浓度

Ce（NO$_3$）$_4$ 溶液浓度为 70 g/L 下，45~60 ℃，对碳钢/铸铁去污 2 h，当 HNO$_3$ 浓度为 1 mol/L 时去污效率达到平台，为 95%~89%。硝酸浓度升高会严重腐蚀去污对象。

3）去污时间

在 Ce（NO$_3$）$_4$ 溶液浓度为 70 g/L 下，1 mol/LHNO$_3$ 下，45~60 ℃，对碳钢去污 340 min 时去污效率达到平台，为 94%。

中国工程物理研究院对 REDOX 法进行了实验研究，所用设备为去污槽、配液槽、电化学氧化槽、配液泵和过滤器。实验清洗了 24 个碳钢模具，污染水平在 0.92~833.32 Bq/cm^2；20 个铸铁块，污染水平在 0.96~9.7 Bq/cm^2。实验中使用 Ce^{4+} 浓度为 70 g/L，硝酸浓度为 1 mol/L，去污温度为 45~60 ℃。去污后碳钢模具污染水平在 0.01~149.29 Bq/cm^2，解控 14 件，平均去污效率为 87.3%；铸铁块污染水平在 0.02~0.93 Bq/cm^3，解控 14 件，平均去污效率为 93.6%。

（3）MEDOC 法

比利时与法马通公司合作研发了 MEDOC 工艺，用于 BR3 的退役。其原理与 SODP 类似，去污溶剂为硫酸，工艺为在 80~95 ℃下对去污对象浸泡 1~8 h，之后漂洗、干燥、检测去污效果。

MEDOC 的去污速度比 SODP 快，DF 非常高，二次废物量小。

比利时建成了单次处理量 20 m^3 污染材料（500~1000 kg 金属部件）的 MEDOC 去污工艺装置。

通过分批次处理，完成了如蒸汽发生器等对大量材料的去污，一般情况下腐蚀 10 μm 即可完全去除污染层，达到欧洲解控水平。处理的物项中，去污前高达 20 000 Bq/cm^2，如热室中^{137}Cs 强污染样品和表面覆盖压水堆腐蚀产物的金属样品，去污后对污染材料的表面腐蚀速率约为 2.5 μm/h，平均 1.5 μm/h，约有 77% 的材料残留污染水平降至 0.1 Bq/g 以下，得到了解控；剩余 23% 通过熔炼后可达解控水平。所有处理后的材料的表面残留放射性水平均小于 0.4 Bq/cm^2, DF 大于 10 000。

3.5.1.4　碱及其盐类法

常用的碱及其盐类包括氢氧化钾、氢氧化钠、碳酸钠、磷酸钠、碳酸铵等。用于去除油脂和油膜、中和酸溶液、作为表面钝化剂、去除油漆或其他涂层、去除碳钢的铁锈、作为溶剂在高 pH 溶液中溶解某些物质、作为一种手段为其他化学试剂（主要是氧化剂）提供良好的化学环境等。

氢氧化钠、氢氧化钾等强碱常与高锰酸钾、高碘酸钾等氧化剂或 NaH_2PO_4 等还原剂溶液混合使用。AP 是广泛使用的金属表面去污剂，可有效去除一些重要的核素（如I）。

碱及其盐类试剂的优点是价格便宜，使用中存在的问题比较少；缺点是反应时间较长，有较强的腐蚀性，易造成人员伤害。

日本东海村对铝包壳溶解废液贮槽进行化学去污中，添加了 NaOH 以溶解槽内的残渣。

3.5.1.5　辅助性添加剂

常用的辅助性添加剂包括洗涤剂和表面活性剂，缓蚀剂。

商用洗涤剂在去污中也是有效的。另外工业用的去垢剂可用于去除油脂、污垢和某些有机物，以便使去污剂更好的发挥作用，该类去垢剂包括：十二烷基硫酸钠、油酸钠、烷芳基磺酸盐等清洁剂，可作为润湿剂或表面活性剂；碳酸钠、磷酸钠等磷酸盐或碳酸盐；羧甲基纤维素等增稠剂；以及其他填充物。

表面活性剂在去污中可与洗涤剂混合或单独使用，湿润、活化表面，降低溶液的表面张力，增加金属表面的浸润能力，增加去污剂与对象表面的接触面积。

去污中使用的表面活性剂多为磺酸盐或季铵盐，其亲水基为羧基、硝基，疏水基为烃链，其分类为：

（1）阳离子型：铵盐、烷基吡啶；

（2）阴离子型：羧酸基盐、烷基苯磺酸基盐；

（3）两性离子型：氨基酸、氧化铵；

（4）非离子型：脂肪醇聚氧乙烯醚、烷基酚聚氧乙烯醚。

洗涤剂和表面活性剂的优点是价格便宜、容易获得，缺点是作用有限，可能会释放出气泡或氨气，操作不便。

缓蚀剂在金属表面形成钝化膜、吸附膜或沉淀膜，阻止或减轻去污剂对金属基体的侵蚀作用。常用的缓蚀剂包括乌洛托品、硫脲及其衍生物、吡啶及其衍生物、硫氰酸盐等，通常采用复合缓蚀剂。

3.5.1.6　化学去污的改进工艺

近些年，在化学去污的基础上进行了进一步的改进，用于一些特殊的放射性去污场合，以提高去污效果。

3.5.1.6.1　泡沫去污技术

泡沫去污技术是利用表面活性剂产生的泡沫作为去污载体，使去污剂与沾污表面有较长时间接触，去污试剂与待去污对象表面的污染物发生络合、氧化、溶解等化学反应，助泡剂和稳泡剂等表面活性剂会对污染物产生吸附、润湿、增溶、乳化等作用，泡沫张力促使放射性核素发生扩散和载带，使其转移到去污剂中，之后通过水漂洗或喷淋达到去污目的。泡沫具有介于固、液之间的形态，其携带的液体不断排出，使泡沫在收集过滤循环复用过程中可携带出大量的沾污核素。

20 世纪 60 年代 Ayres 首次将泡沫去污法应用于放射性去污领域。该法适用于各种金属表面、复杂设备、部件的表面上非固定性沾污的清洗去污，尤其适用于不锈钢表面的去污，对复杂形状或体积庞大组件的去污有一定的优势。

泡沫去污技术的优点是：设备廉价、简单、可靠，可使用广泛使用的普通泡沫发生器，便于手工操作和远距离操作；可避免喷雾法产生的气载污染，可在非封闭系统的去污技术中应用，泡沫中空气占 90% 以上的体积，且不需要大量的表面活性剂，二次废物少；可减少人员受照剂量和化学物品的腐蚀。

泡沫去污需与机械、刷洗等方法配合去除颗粒物，否则去污效果差。去污效果与泡沫在表面的停留时间成正比，起泡和稳泡的表面活性剂可产生维持数十分钟或数小时的泡沫，作用时间长。泡沫去污所需的去污剂量小，要达到较好的去污效果需要重复去污。泡沫具有一定的流动性，泡沫通过流动可充满设备空腔，所以该技术适用于复杂形状部件的去污，但不适用于有裂缝表面的去污。当待去污对象容积很大，形状复杂并有裂缝、裂纹，为加快填充容器，需使用正压促进试剂的渗透。

泡沫去污技术的配方主要包括发泡剂、助泡剂、稳泡剂和去污剂（氧化剂、还原剂、络合剂等）。其工艺为，将泡沫去污剂放入去污剂配制槽，通过泡沫发生装置产生泡沫，泡沫与去污对象接触发生去污反应，之后加入消泡剂进行消泡，排空泡沫后冲洗，去污废液进入废液设备经过处理、整备后进行贮存处置。

SRS 使用泡沫去污技术对阀门进行清洗，减少了 70% 的废物量。在该次去污中 SRS 总结了事故教训：由于使用了大量的有机发泡剂载带硝酸到封闭系统的过程中，使硝酸和有机试剂发生了快速的连续反应，产生了大量气体，所产生的正压超过系统承压能力，使得系统破裂，造成硝酸泄漏。因此在使用泡沫去污工艺时，需在工作计划中注意建立压力连续监控手段，配制减压阀，设置与之相关的排放保留区域等。

泡沫去污技术使用喷涂布液工艺可充分发挥其泡沫薄层布液的优势，显著降低二次废物产生量，典型的泡沫喷涂工艺为 SANIDIN 工艺。SANIDIN 工艺主要用于对设备室内表面去污，也可用于对 $\phi 0.5 \sim 1.6$ m、长 $2 \sim 3.5$ m 的管道进行去污，可作用于带有漆膜、涂层、锈垢的复杂形状的部件。SANIDIN 工艺为一次发泡剂去污，平均的去污效率为 95.6%，总的二次废液量小于 20 L/m^3。该装置对 1 根管子的去污用时约 2 h，人员受照剂量低。喷涂可通过手工操作、远程控制和自动化操作完成。

3.5.1.6.2　可剥离膜去污技术

（1）概述

可剥离膜去污技术于 20 世纪 80 年代初研发，该技术适用于裸露的和带漆膜的混凝土、木材、碳、不锈钢、塑料和其他绝缘材料，可用于非常复杂的几何外形的物件，外形越复杂，剥离过程越复杂。对表面光滑的对象有较好的去污效果，对多孔性粗糙对象、复杂结构对象、放射性深度污染情况时，去污效果较差。

可剥离膜的优点是易于剥离，剥离后可用压缩、焚烧等方法进行处理；去污无液体废物产生，二次废物量少，较一般的化学去污减少 2/3；操作简单，节约工时，较一般的化学去污节约工时约 1/2，节约费用约 1/3；还可用于封闭包容，隔离沾污。

当可剥离膜应用于混凝土、砖等多孔基材上时，其可剥离性能与膜乳液的渗透性、干燥所需时间、成膜过程中受到的压力等有关。较稀的尤其是带有表面活性剂的膜乳液在该类基材上可能因发生渗透而使其在剥离时发生较多残留，此性质将使去污效果降低或失效，而在剥离过程中需要辅助擦拭或高压水冲洗等方法。但当多孔基材的表层松散时，如带有易脱落漆层、较厚的铁锈层和松散干燥的扬灰或石膏层时，渗入的乳液将通过润湿作用增强松散层的整体性，当其与膜的结合力大于其与紧密基体的结合力时，在膜剥离的过程中可将大部分甚至全部松散层黏带下来，甚至在膜干燥时自行发生剥离，从而达到很高的表层剥离去污效率，这需要很高的膜强度，但此操作的同时会产生更多的去污一次废物，而且剥离下来的膜为松散废物，需要考虑在废物整备过程中的沾污扩散问题。

（2）去污机理

可剥离膜的去污机理为，涂层材料渗入表面的微缝中，黏上沾污，或机械的封住沾污，停留一段时间后将含沾污的涂层去掉；成膜过程中，高分子链上的官能团及其络合剂与沾污发生反应，沾污进入膜中，剥掉涂膜后，达到去污目的。对不同形式的表面沾污，其去污机理和效果有所区别。

1）离子状态的沾污

沾污离子与膜中络合剂（如 EDTA）发生反应，形成化学结合键后剥离去除。

2）颗粒形态的沾污

沾污颗粒被涂膜浸润并包裹，干燥过程中被固定于膜中，剥离后从表面去除。

3）表面吸附的沾污

沾污分子与膜中各官能团（如羟基、羧基、磺基）发生离子交换，使核素转移至膜中，剥离后去除。

4）内部渗透的沾污

使用可剥离膜处理该种沾污的效果不佳。

（3）可剥离膜的作用

1）去污作用

可剥离膜一般用于对天花板、墙面、地面的去污，DF 可达到 10~100，甚至 1000。

影响该种涂层去污效果的因素主要包括去污对象、成膜温度、成膜剂浓度和成膜时间。

可剥离膜对不同材质的去污效果差异明显，其去污效果的顺序为不锈钢>碳钢漆膜>水泥漆膜。当为不锈钢时，单次 DF 可达到 8.7，3 次剥离的 DF 可达 90。

成膜温度会直接影响成膜时间，温度高，成膜时间短，污染核素在膜中的溶解扩散不充分，会影响去污效果。

一般来讲，成膜剂浓度较低时，成膜薄，不易剥离；浓度高时，粘附性差，去污效果差。在实际使用过程中，应根据被去污对象的特性、成膜剂的特点以及环境温度。通过实验来确定成膜剂的浓度。

2）保护作用

将可剥离膜事先涂覆在容易污染的区域表面，如地板、水泥地面、工作台等，可防止污染；也可将其涂敷在箱室、墙面、通风管道、切割工具等表面，防止在拆除切割时发生污染扩散。

3）封闭作用

可剥离膜可用于封闭污染物，防止放射性物质扩散。实践证明，可剥离膜对防止 α 污染的照射和扩散具有重要意义。

（4）可剥离膜去污配方

可剥离膜的配方主要是水基有机聚合物，可使有机蒸汽的释放最小化；纤维增强材料，可增强膜的可剥离性；化学去污剂和成膜剂，带有多种官能团的高分子有机化合物，以及乳化剂、浸润剂等添加剂。美国莫贝利亚尔公司、日本藤仓化成公司、原子能院、清华大学都有研发。总参工程兵科研三所王天运等人研发了大面积膜剥离去污技术，用于对野外场址大面积核污染的去污。

按不同配方，可剥离膜可分为 3 种类型：

1）PE、PVC 系列，其结构上往往有较多的活性基团（—OH），又分为溶液型和分散乳液型；

2）PVAC 及其改性物系列；

3）PEA 系列。

（5）应用

可剥离膜技术已用于 SRS 的退役、RFP 的手套箱退役、Sellafield 共沉淀厂的退役、中国工程物理研究院的退役工程中，在 TMI 事故的去污、切尔诺贝利核电厂事故的处理中也使用到该技术。

德国东方大学的 O. A. Bernaole 使用可剥离膜对 ^{22}Na、^{90}Sr、^{55}Fe、^{60}Co、^{137}Cs 进行了去污试验研究，使用的是氯乙烯和醋酸乙烯的共聚体，成膜厚度为 10 μm～1 mm，去污效率达到 50%～100%。

俄罗斯圣彼得堡镭学研究所放射化学实验室的退役中经过 3 遍可剥离膜去污，污染水平从 240 Bq/cm^2 降至 0.1～0.5 Bq/cm^2。

WilliamsPower 公司研发的 Carboline1146ALARA™ 于 1995 年 5 月在 SRS 的 321-M 燃料制造厂进行了工程示范，总处理面积为 264.3 m^2，处理对象包括带漆膜的碳钢墙壁、不带漆膜的碳钢墙和天花板、带环氧涂层的混凝土。该次示范工程的去污结果为，对非固定 α 沾污，DF=6.68，有 85% 的 α 沾污被去除，去污前对象表面 α 沾污平均 0.341 Bq/cm^2，热点处 10 Bq/cm^2，去污后对象表面 α 沾污平均 0.07 Bq/cm^2，残留最大处为 1.667 Bq/cm^2，去污后超过 1/3 的区域的污染水平低于 MDA；对非固定 β/γ 沾污，DF=5.55，有 82% 的 β/γ 沾污被去除，去污前对象表面 β/γ 沾污平均 0.86 Bq/cm^2，热点处 6.667 Bq/cm^2，去污后对象表面 β/γ 沾污平均 0.231 Bq/cm^2，残留最大处为 2 Bq/cm^2，去污后超过 1/3 的区域的污染水平低于 MDA。

目前较新型的可剥离膜产品是自剥离膜，在干燥后自裂成鳞片，易于用刷子或真空吸尘去除。

3.5.1.6.3　凝胶去污技术

20 世纪 90 年代初法国开发了氧化凝胶去污技术，并在 COGEMA、EDF、STMI 进行了工程应用，美国将其引进用于 SRS 钚污染热室和手套箱的去污。

凝胶去污的原理是：凝胶作为化学去污剂的载体，是含有各种化学去污试剂（络合剂和酸，包括硝酸—氢氟酸—草酸的混合物、硫酸—磷酸的混合物、Ce（Ⅳ）、硫酸/磷酸和 Ce（Ⅳ）的混合物等）、脱漆剂或其他组分的黏性溶液。在使用过程中，将其喷洒或涂敷在部件表面，形成一层持久的液膜，在成膜过程中，高分子链上的官能团以及其中的络合剂与引起污染的放射性核素发生物理化学反应，使放射性核素从污染表面进入膜中。作用一段时间后，用擦洗、水漂洗或通过喷淋除去胶凝物，从而达到去污目的。

凝胶去污技术可用于金属或非金属的表面，去除颗粒物或腐蚀沉积物，可设计用于特定的放射性核素的去污处理。

当去污化学试剂对泡沫稳定性有影响时，使用凝胶代替泡沫；凝胶剂，如羧甲基纤维素，使用时需考虑化学相容性；去污效果与凝胶在表面停留时间成正比，时间过长会导致对设备的腐蚀；重复去污可提高去污效果；凝胶具有流动性，适用于复杂形状的部件去污，但不适用于对有裂缝表面的去污；凝胶有触变性，易于喷涂，又可粘附于墙面、顶面，有较好的施工性能。凝胶去污原理图如图 3-2 所示。

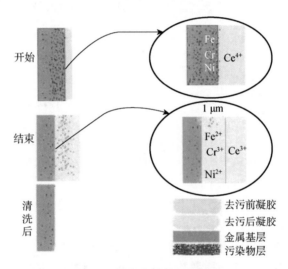

图 3-2　凝胶去污原理示意图

凝胶去污技术的主要优点是可避免雾化法产生的气载污染，二次废物量少，易于远程操作，DF 较高；其缺点是施工技术复杂，通常需要至少两次喷涂和两次水冲洗。该技术的废物产生量一般在 $0.41 \sim 40.75 \ \text{L/m}^2$。

凝胶分为酸性凝胶、碱性凝胶、氧化凝胶等。凝胶去污技术对二氧化碳冷却管、普通钢管的去污工艺是喷涂苏打凝胶体，保持一段时间后用水冲洗，再喷涂酸性凝胶体，之后进行大范围的冲洗。对漂洗废液的处理以氧化凝胶为例，可用双氧水和抗败血酸去除废液中的少量 Ce^{4+} 后，按中、低放废液处理。

凝胶去污技术的去污效果受到多种因素影响，以氧化凝胶为例，其去污效果的影响因素包括作用时间、表面活性剂种类、凝胶用量以及干燥条件等。作用时间长，对去污对象的腐蚀增加，并达到平台，同时凝胶的粘附性增加，增加剥离难度；凝胶用量增加，腐蚀程度增加，需根据实际污染程度选择用量；加速干燥将缩短反应时间，并影响 Ce^{4+} 的反应活性。

温弗里斯技术中心使用凝胶去污技术对重水堆蒸汽发生器屏蔽体、存在大量松散沾污的高危屏蔽室进行了去污。法国曾对一容积 50 m³、内表面积 7 m² 的不锈钢废液贮罐进行去污时，首先使用高压水冲洗，然后喷涂氧化凝胶，最终冲洗掉凝胶，得到总的 DF 为 125，产生废液量为 2 m³。法国马库尔 G2/G3 反应堆，Piver 玻璃固化设施的退役中均使用到了凝胶去污技术。

3.5.1.6.4 超临界萃取去污技术

超临界流体是指处于临界温度、临界压力以上的流体。在超临界状态下，液体既有与气体相近的高扩散系数、低黏度、高渗透性和可压缩性，又有与液体相近的密度和溶解能力。如超临界流体的扩散系数是液体的 10~100 倍，有利于传质和热交换；超临界流体具有可压缩性，温度/压力的微小变化可引起超临界流体密度发生较大的变化，可导致流体的溶解能力发生几个数量级的变化；超临界流体的表面张力小、扩散能力强，可进入对象的微孔。

超临界萃取去污的优点是：对复杂几何形状的设备、部件可有效去污，去污速度快，去污效率高，流体可循环复用，二次废物少，对去污对象的腐蚀少。其缺点是：去污为高压反应，设备一次性投资较大，去污为批式的非连续操作，工作效率较低。

超临界萃取工艺分为萃取和分离两部分。在萃取室中，超临界流体与去污对象表面接触。通过减压，使沾污与流体分离，简化了传统的分离工艺。分离后的流体经过净化、加压，循环复用。如将 CO_2 加压至 30.4 MPa，在 80 ℃下与去污物项表面接触 20 min，之后抽出 CO_2，减压升温，使沾污与流体分离。

可用作超临界流体的物质有十几种，一般根据去污对象选择超临界流体，有时两种或若干种混合使用。最常用的超临界流体是 CO_2（SC—CO_2）+络合剂，为超临界流体络合萃取工艺。其中 SC—SO_2 试剂为电荷中性，其溶质—溶剂作用较弱，不溶解金属离子，加入络合剂，其与金属离子形成络合，络合态的极性较低且电荷中性，易溶于超临界流体。萃取剂包括 TBP、β-双酮、硫化磷酸或其他络合剂。使用冠醚+D2EHPA+苦味酸作为络合剂，进行超临界二氧化碳萃取，用于去除不锈钢表面污染的 U、TRU、Sr、Cs 等，可得到对 α 核素的去污效率大于 90%，对 β/γ 的去污效率大于 70%~75%。超临界二氧化碳萃取可用于在线络合萃取，络合剂溶解于 CO_2 后再与去污对象反应；也可用于原位络合，络合剂与去污对象反应后再进行 CO_2 萃取。

对超临界流体萃取技术，需进一步研究放射性沾污在超临界流体中的溶解规律、溶解机理，超临界流体、配位体、改性剂和基体之间的相互作用关系，优选超临界流体、配位体和改性剂以及温度、压力、流量、时间等运行工艺参数。

3.5.2 物理（机械）去污技术

物理去污技术是利用机械方法去除或降低被污染物体表面放射性的过程，又称机械去污技术。

该类去污技术的优点如下。

（1）可用于所有表面。表面去除难度越大，物理去污的优势越小。如用物理方法去除石膏、混凝土表面很容易，但用它去除钢材表面比化学去污更困难和昂贵。

（2）表面粗糙的界面去污是唯一的选择。最普遍的例子是混凝土等多孔表面的去污，在这些表面无阻挡层，沾污已经到达介质的深层，使用化学去污相当困难，且有可能使沾污进入表面下的更深层而导致污染状况变得更坏。

（3）去污因子更高。由于物理去污能够完整的剥离被污染层，因此物理去污通常能获得比化学去污更高的 DF。

（4）不涉及污染面的预处理。因为污染表面已经被完整的消除了，故物理去污中通常不涉及表面预处理过程。

（5）二次废物收集简单。由于物理去污去除的污染表层材料，可以简单地收集和按规定进行二次废物处理，使得废物管理问题相当简单。而在化学去污中，去污废物需要进行二次处理，如离子交换等。

缺点主要如下。

（1）物理去污技术对表面是破坏性的。不适用于需要复用的装置或设施的去污，或者需要对去污后的表面进行修复。

（2）释放大量的粉尘或者气溶胶。由于物理去污技术是通过对表面层的磨蚀进行的，在操作过程中释放的气溶胶粒子或者产生的粉尘是一个问题，必须采用相关技术或辅助手段对其进行处理。

（3）异型构件难以去污。在应用物理去污方法时，考虑表面的可达性和复杂的几何形状是非常重要的。即使使用物理去污处理表面污染可行，但当待处理表面是不可达的（如长且细的管道）或具有复杂的几何形状（如有缝隙或接头的设备局部），选用物理去污方法是非常不利的。

（4）操作人员辐射剂量高。物理去污方法更多地趋向于手动方法，该方法本身要求工作人员在靠近被污染表面附近操作工具，操作过程中工作人员可能受到较高的辐射剂量，因此通常要求考虑工作人员的安全和健康。

（5）二次废物量大，难以进行分类。当进行深度去污或需要大量的添加物（如磨料）进行去污时，物理去污产生的废物体积多于化学去污产生的废物。

（6）需要进行场地的清理。相对物理去污本身而言，去污前表面预处理过程相对容易，但需要准备适当的去污操作场所。如果物理去污要求一个平坦无障碍的表面的话，就需要将去污场所中的诸如水管、线管等障碍物或阻碍物除去。

物理去污方法很多，如高压水冲洗法、超声波去污法、清扫、擦洗、冲洗切削、剥离等，通常可以分为两类。

1）表面净化法，如高压射流、超声波去污法、清扫、擦洗、冲洗等。该方法只去除表面上的污染物，而不去除表面本身，适用于设备和建筑物的表面去污。

2）表面去除法，如钻取、切削、剥离等。该方法是通过去除被污染物的表面来达到去污目的。表面去除会对被去污对象的表面造成一定的伤害，但去污效果好，通常用于大型金属设备的去污和准备再利用的建筑物的去污。

一般来说，物理（机械）去污可单独使用，也可与其他去污技术结合使用，其去污效果更佳。对于多孔表面污染的去除，机械去污是唯一的方法。

与化学去污方法一样，机械去污技术的选择取决于许多影响因素，如污染物的性质、表面材料性质和去污费用。因此，在实施前，必须就现场具体条件对各种方法的实际效果和可实施性进行可行性研究和探索。

物理（机械）去污技术也较多，下面介绍几种常用去污技术。

3.5.2.1 热物理（机械）去污技术

热物理（机械）去污技术主要是以热烧蚀去污为主，该技术的去污机理，因其具有"使用热源"的显著特点，使其在操作工艺、工具设备、影响因素上具有明显的独特性。

热物理去污技术普遍具有去污速度快、去污深度大、不产生或较少产生液体废物等优点，但也有工具设备一次性投资成本较高、直接耗能较大、易发生气溶胶污染扩散及尾气处理问题、对工作人员的操作能力和防护水平有较高要求、对远程控制精度要求较高、存在高温操作所带来的安全风险等普遍缺点。该种工程应用技术多用于需要工作人员尽量在短时间内完成去污操作且不宜产生液体废物的去污技术场景中。

3.5.2.1.1 火焰烧蚀技术

不同对象材质在被火焰烧蚀后，其表面会发生较大晶型矿物质的飞溅和高度晶化或无定形矿物质熔融的现象，火焰烧蚀去污技术即利用该种机理达到去污目的。该技术的应用对象主要是混凝土，使用设备是氧炔燃烧器，最高温度为 3200 ℃。

法国的火焰烧蚀机带有液氮快冷系统，可迅速冷却熔融物，形成很大的局部热应力使熔融物碎裂脱落，以便于清除。该烧蚀机对粗骨料（<33 mm）混凝土的剥离深度为 2.5~3 mm，对细骨料（<8 mm）混凝土的剥离深度为 1.4~1.5 mm。

3.5.2.1.2 等离子体烧蚀技术

等离子体中存在高速运动的电子、中性原子、分子、原子团自由基、离子化的原子、分子、紫外线、未反应的分子以及原子等，通过等离子体烧蚀后可使去污对象表面在高温下膨胀剥离脱落，达到去污目的，适用于对金属、高聚物、玻璃和陶瓷等材料去污。

等离子体烧蚀技术多使用低温等离子体，温度为几千度，产生的去污尾气，如 CO_2、NO_x 等通过多级过滤去除。

韩国的 Yong-HwanKim 研究了常压喷射等离子体对 Co 污染的金属表面的去污，载体为氢气和 1%（体积分数）的 CF_4 和 CO_2。实验结果发现 Co 部分发生了羰基化，生成挥发性的 CO_2Co，用化学试剂或冷阱回收该挥发物，可达到去污目的。该方法可很好的去除金属表面固结的钴氧化层，去污效率达到了 95%。

3.5.2.1.3 微波散裂技术

微波散裂技术由 ORNL 开发，用于对混凝土表面进行去污，不适用于金属和含水量过低的混凝土。其原理是使用微波能量加热混凝土中的结合水、游离水或附加的水，使之快速蒸发膨胀，产生的机械应力和热应力导致混凝土表层爆裂，形成碎屑和粉末，清除后达到去污目的。

微波散裂技术的主要设备包括微波发生器、动力马达、导管和带有粉尘抽吸收集装置的辐照口，设备整体体积较大；其辅助设备主要是粉尘抽吸收集装置，用于收集碎片。

该技术单次去除表层混凝土厚度为 10~20 mm，对有环氧树脂或氨基甲酯涂层的混凝土表面去污效果较差，漆膜的含水量不应小于 1%。

3.5.2.1.4 激光烧蚀技术

激光烧蚀去污技术的原理是激光有高亮度、高单色性、高方向性、高相干性，通过透镜组合聚焦光束于很小范围内，在对象表面产生冲刷和喷射表面物质的等离子体，同时光能被沾污表面吸收转换成热，将其表面涂层快速加热汽化而迅速去除，有机物发生化学裂解，金属和矿物质沾污消融后包含于灰渣中。去污过程中，对象表面沾污的温度升至几千几万度，而基体材料的温度几乎无变化，沾污气化蒸发或瞬间膨胀破裂，并被表面形成蒸汽流带动脱离对象表面。

激光烧蚀去污技术的特点是二次废物量少，主要是废过滤器，较一般的去污方法减少了 70%，通过光纤可做到远程控制，去污速度快。该技术可应用于有油漆和涂层的表面，以及金属表面。

激光烧蚀的设备包括光纤、可调谐激光器等。闪光灯烧蚀使用毫秒级脉冲宽度，激光烧蚀使用纳秒级脉冲宽度（至少是微秒级）。因此，单位时间输入到去污对象表面的能量极高。激光烧蚀产生的挥发物通常使用真空系统进行多级过滤捕集，产生的有机物可用活性炭床捕集。

日本使用高功率脉冲 CO_2 激光对金属表面的铀沾污进行去除，平均功率为 2 kW，波长 10.6 μm，温度为 10 000 ℃，得到的去污效率大于 99%；并对混凝土表面进行了烧蚀去污实验。

俄罗斯的激光除锈技术使用 12 mm 宽激光束在金属表面扫描，锈斑和氧化物迅速蒸发，并改变了金属表面微米级结构，可防止发生再次生锈。

法国使用紫外激光器对塑料、金属罐、房间的激光烧蚀进行了去污实验研究。

3.5.2.2 冷物理（机械）去污技术

冷物理（机械）去污技术主要为高动能破坏结合力去污技术，多为从破拆、表面处理等民用技术或工业用技术转化而来。与化学溶解去污技术相比较，其所形成的工程应用技术以在核与非核领域中去污的通用技术居多，仅针对核设施、设备的专用技术较少，而根据放射性污染的特殊性质所形成的专用去污工具设备的种类和型号则很多，灵活性较大，对场地的适应性强。因该类工程应用技术的针对性较弱，在实际去污技术进行技术和设备选择时，往往不是通过单纯的对特定去污对象进行现场验证试验来评价技术和设备的去污效果，而是通过与具有同样去污能力的其他（已有）技术或设备进行性能、去污效果、人员辐射安全、工业安全、劳动强度、实施经费等去污指标值的比较验证实验来评价当前技术和设备的工程适用性。

冷物理（机械）去污技术也有很多，如高压水冲洗法、超声波去污法、刷除、钻取、切削等。

3.5.2.2.1 吸尘/除尘技术

吸尘/除尘技术归属于用普通的净化技术，用来去除建筑物和设备表面上的尘埃和微粒的物理去除技术。如果尘埃和微粒已污染，为了工作人员的健康和安全需要佩戴个人防护装备。

抽真空是用装有高效粒子过滤器（HEPA）的商用或工业用抽真空装置实现的，如果用湿式真空装置吸收液体，由于 HEPA 不适于液体（即过滤器会堵塞），需要一个替代过滤器的系统。

该技术简单易行，可以手提或遥控操作，收集的废物易处置。缺点是对固定性污染去除效果差。在使用这些技术之前必须考虑下列几个方面：（1）由于进行除尘或者抽真空可能会造成漂浮的尘埃，而使污染物扩散；（2）只有外面的污染源得到控制，里面的抽真空或者除尘才能有效；（3）收集可裂变材料时需要考虑热效应问题。

3.5.2.2.2　机械擦拭法

机械擦拭法已有各种形式的擦拭器具，利用刷、擦、磨、刮、削、刨、共振等作用除去表面的锈斑、污垢或表面涂层、氧化膜层以除去表面的放射性污染。

（1）简单的刷洗和擦拭技术

水冲洗：水是一种广泛使用的去污剂，它可溶解化学物质或侵蚀和冲洗表面上的松散碎渣。水冲洗，该方法通常向表面浇注水，水溶解污染物后，变成废水而送到集中收集区，该方法可与洗涤剂或其他能提高去污效果的化学试剂一起使用。

该工艺对去除疏松沉淀微粒（如树脂）和易溶污染物很有效，也可作为第一步给力度更强的去污作表面准备工作。对固定的、难溶污染物不推荐采用，另外，当存在特种核材料时，用水必须考虑核临界问题。

刷洗/擦拭：用湿布或者擦洗物（用水或溶剂浸泡过的）擦去污尘，布或擦洗物可作为污染物处置。刷洗除了用压力帮助除去松散的沾附污染物以外，与擦洗类似。

刷洗/擦拭对非固定性污染物（即松散沉积的、松散沾附的污染物）的去除普遍适用。由于刷洗会把松散的沉积物冲击到表面更深的地方，因此刷洗不适用于多孔或具有吸收性的物体；如果污染物不溶于水，刷洗也不适用。

（2）粗琢技术

粗琢技术可去除≤25 mm 的混凝土层，通常用于修整混凝土地面、路面，并可拆毁石质材料；用于去除物项表面的沾污、漆膜和涂层。

欧化公司退役中使用商用气动控制的商用粗琢机对浅污染混凝土表面进行处理；LANL 的钚工厂使用该技术对 300 m² 混凝土进行去污；SRE 退役中使用 7 琢头的人工设备进行去污。气动粗琢机如图 3-3 所示。

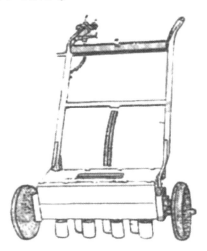

图 3-3　气动粗琢机图

Pentek 公司开发的 Moose 遥控琢磨去污装置，其设备外形尺寸为 1.7 m×0.7 m×1.9 m，重 748 kg。粗琢工具头的宽度为 0.36 m，剥离 1.6 mm 厚度混凝土表面的速度为 23.2～41.8 m²/h。该设备共使用 7 个琢头，材料为碳化钨，每个琢头直径为 51 mm，有 9 个琢点，琢磨跳动频率为 1200 次/min。该系统装置自带 HEPA 和 87L 废物桶，正常琢磨速度下 45 min 被填满，填满后废物桶重 90.7 kg，需戴有防护措施的工作人员更换该废物桶，

1 人更换废物桶平均所需时间为 15 min。该装置自带的真空吸尘系统风量为 7.9 m³/min，过滤使用 3 级初效过滤和 3 级高效过滤，所使用的空气压缩机的风量为 10.6 m³/min。该装置为移动设备，使用 6 轮底盘，每个轮带有独立刹车。

Moose 遥控系统装置使用真空吸尘收集可显著降低操作过程中的粉尘和气溶胶的产生量，可以遥控操作，遥控距离为 15~91 m，操作性能好，可自由旋转，工作人员对其操作较舒适安全。

(3) 铣磨技术

铣磨机与铣刨机的区别在于铣磨机使用的是端铣机理，铣刨机使用的是铣削机理。通常使用的是手提式设备，重量轻。C. S. Unitec 公司的铣磨机，重约 2.7 kg，使用的 110 V，11 A 的交流电，转速为 10 000 r/min，操作温度 3~40 ℃，采用 ϕ125 mm 的金刚石磨片，该磨片的寿命约为连续铣磨 10 h，可迅速磨掉混凝土表层 1.2~3 mm，去污速度快，易于操作。铣磨机与其他物理去污设备配合使用更有效果，如进行大面积去污用的气动琢磨机，以及针对地面墙面缝隙去污的专用设备气动针枪。

铣磨机适用于对平坦或轻度曲面的混凝土表面及热点进行去污，尤其是对墙面、地面，并用于对混凝土表面进行涂漆前的修整。

铣磨机的常用辅助设备为粉尘抽吸收集装置。铣磨机的现场应用需要 2 个人完成，一人进行铣磨机的操作，另一人也进行操作或监督粉尘抽吸收集装置的运行情况。

汉福特对电动铣磨机、气动片式铣刨机和气动琢磨机进行了比较验证，结果如下：

1) 铣磨机去除厚度为 1.5 mm 时，平均剥离速度为 4.5 m²/h，设备轻，去污深度易于控制，产生废物量较少，人员在沾污和振动的暴露较少，在平均剥离速度为 4.5 m²/h 时的平均施工费用为 31.43 美元/m²。

2) 气动片式铣刨机去除厚度为 1.5~3 mm 时，平均剥离速度为 1.13 m²/h，在剥离速度为 1.11 m²/h 时的平均施工费用为 112.70 美元/m²。

3) 气动琢磨机去除厚度为 1.5 mm 时，平均剥离速度为 1.1 m²/h，在剥离速度为 1.13 m²/h 时的平均施工费用为 111.62 美元/m²。

3.5.2.2.3 钻孔去污技术

钻孔去污技术使用钻孔后的液压扩张，使表层崩裂脱落，相当于浅层的劈裂或"静态爆破"技术。该技术适用于平坦或轻微曲面的混凝土，包括嵌有管线、钢筋的混凝土结构，尤其是地板和墙面，由于其可去除渗透至表层下数厘米的沾污，适合对混凝土热点和裂缝的深度去污，在源项调查中用于对混凝土进行取样。

钻孔去污技术的特点是对大面积去污有效，在对混凝土去污的同时可保持其结构的完整性，单次剥离厚度一般为 2.5 cm，可远程控制，剥离后的混凝土表面干净且粗糙。其优点是操作简单，在剥离≥3 mm 的混凝土层时的剥离速度较其他去污技术更快，剥离过程中振动和噪音都很小；缺点是易产生粉尘和气溶胶，而且一次废物产生量大。

钻孔去污的实施工艺为：钻 1 组 ϕ25~40 mm 深约 75 mm（另有文献记载深约 50 mm）的控制，呈三角形阵列，孔距 20 cm，插入液压扩张杆（类似于胀栓的锥杆推挤膨胀管），扩张后剥落混凝土，收集剥落物整备。该工艺的适合温度为 3~40 ℃，若表面为 α/β 污染，钻孔前可喷水抑尘。钻孔去污使用液压泵驱动液压缸推动推杆和带膨胀楔的钻头完成在孔内的扩张（见图 3-4）。

图 3-4　钻孔去污法图

汉福特在 C 反应堆退役中对钻孔去污技术进行验证，并使用该技术处理钚污染设施的混凝土地面，地面的污染水平为 5 Bq/cm²，完成 1 次钻孔去污后降至环境本底。PNNL将钻孔去污、铣磨和粉尘抽吸收集装置进行了配合应用。

3.5.2.2.4　PIG 技术

PIG 技术由美国的 GIRARD 公司和 KNAPP 公司于 1962 年联合开发，全称为 POLLY-PIGS。该技术使用 PIG 活塞通过对管道内壁挤压刮削，推送介质通过 PIG 柱面和管道间隙时形成高速环隙射流，使 PIG 前方形成负压区域，同时冷却 PIG，使碎屑悬浮于 PIG 前面，防止阻塞。该技术在石油化工领域用于对输油、输浆、煤气管道的去污和维护，可用于 $\phi15\sim2000$ mm 管道，可去除各类油垢、铁锈、水垢、硅酸盐垢和泥沙。PIG 的收缩性强，通过性好，强度高，尺寸全，种类多，适用范围广。该技术的特点是不受管道弯头、三通的影响、操作简单、价格低廉，约为化学去污的 1/10~1/5，作业周期短，操作人员少，污染扩散少，无二次废物。

PIG 工艺系统组成如下。

（1）PIG 去污头

去污头的材料一般为特殊聚氨酯，外形像子弹，长度一般为直径的 1.5~2.5 倍。去污头有良好的弹性和韧性，有利于 PIG 通过弯头、异径接头时发生弯曲和拉伸形变，并良好的耐磨性，收缩比一般为 5%~35%，可保证连续通过 90°弯头和变径管。

（2）发射器

PIG 的发射器为 PIG 提供运动导向和动力，为锥型筒体，动力输入端的直径为 PIG 直径的 120%~150%，与对象连接段的直径与 PIG 直径相等，筒体长度约为 PIG 长度的1.5~3 倍。发射器有动力源入口和测压口，有水平式、仰斜式、垂直式和简易式几种。

（3）接收器

接收器安装在对象管线的末端，接收器前装有阀门，通过控制推动介质流量控制 PIG的运动速度，达到安全回收 PIG 的目的。接受器的外形除长度外，与发射器相同，包括排放器、排气孔、测压孔和 PIG 通过指示器。当管内压力<0.5 MPa 时，接收器可简化为笼状或网状。

（4）其他组件

其他组件包括：监控 PIG 运行状态的压力监测装置、PIG 定位装置；闭塞解析仪；提供推动力的动力源和水、空气、油等推动介质；污水处理装置。其中污水处理装置一般为封闭式的，包括出水弯头、PIG 连接器、调节阀和设有隔板以保证沉降效果的沉降槽（见图 3-5）。

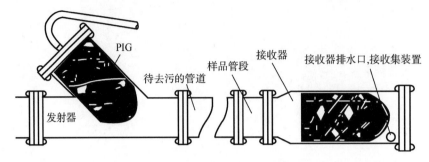

图 3-5　PIG 去污系统示意图

PIG 技术的工作压力需略大于管道运行压力，PIG 去污头的直径略大于管道内径，过盈量在 5%~15%。

影响 PIG 去污效果的因素很多，主要包括 PIG 的种类，管道的材质，污染形式等。表 3-4 中给出了不同类型的管道的去污效果。

表 3-4　不同去污对象的去污率

管道类型	PIG 类型	β 核素的去污率	α 核素的去污率/%
有高温锈垢的不锈钢管道	ACC-WB 型	10%~20%，两种型号组合使用去污率大于 20%	60.72~71.04
有少量锈垢的不锈钢管道，使用	ACC-WB 型	20.4%	16.17
	ACC-AC 型	40.58%	47.6
有大量沉积物和松散锈垢的碳钢管道	ACC-WB 型	大于 50%	85.8~87.4
	ACC-AC 型		
有松软结垢的不锈钢管道	ACC-WB 型	85.71%	61.2

PIG 去污技术在美国核设施退役中已被广泛应用。国内对 PIG 去污技术进行了应用研究，王东海对不同污染管道进行 PIG 去污得到 DF 在 2~225，景顺平对反应堆管道进行 PIG 现场去污研究，得到对 α 核素的去污效率最高 88%，对 β 核素的去污效率最高 86%。

3.5.2.2.5　超声波去污

超声波去污技术使用了 >20 kHz 声波的交变声压。当交变声压超过液体固有静压（0.1 MPa）时，在减压过程中出现负压，液体被撕裂，发生空穴现象，在升压过程中形成正压，使液体内空穴消失，高频震荡使液体内激烈冲撞产生巨大的冲击压力，该压力有数十 MPa。悬浮颗粒在交变压力作用下被加速，对去污对象表面形成冲击，使对象表面沾污颗粒发生振动，并产生局部高温，使沾污层表面松散化、破裂、剥离、粉碎（第 1 阶段）；空穴深入沾污层与基体的间隙并随声压反复收缩膨胀，使沾污层被剥离（第 2 阶段），并促进沾污的溶解过程。该现象在细小微孔和狭窄空间也会发生。对不溶性固体或液体凝聚体，空化作用还有较强的分散和乳化作用。

超声波去污技术的优点是去污速度快，去污因子高，超声波衍射可处理复杂几何形状的对象（如盲孔、缝隙等难接触到的部位），在超声波对反应堆部件进行去污时，空化作用可达到其他机械去污方法无法接近的燃料组件内部；对工件表面损伤小，去污剂在装置内过滤循环，降低废物处理难度，可远程控制和自动化，二次废物量小。其缺点是受清洗槽尺寸限制不能处理大物件，不能去除厚的粘附性沉积物，并且处理效果受到换能器的功率限制。

影响超声波去污效果的因素如下。

（1）超声波频率和功率密度

（2）静压、液体的温度与蒸气压

温度的升高可提升去污效果。5%（质量分数）草酸对不锈钢的去污率见表 3-5。

表 3-5　5%（质量分数）草酸对不锈钢的去污率

温度/℃	去污率/%
≤30	50
30~40	75
40~50	80
50~60	83

当温度过高时，去污剂蒸发，易发生污染扩散，并加速超声换能器的老化。所以温度一般选择 50~60 ℃。

（3）液体的表面张力和黏性

（4）液体中的溶解气体的量

液体中溶解气体量越少，空穴现象的阈值越高，空穴作用的强度越大。使用减压、加热、超声波照射等方法对去污剂脱气后，DF 可提高 10 倍。减压处理 3 min 可保持去污剂脱气状态约 5 h。

（5）去污时间

研究表明，再开始阶段，当去污时间增加时，DF 会提高，但随时间进一步增加，去污效果并没有显著提高。因此需合理选择去污时间，以达到去污要求的同时，节约资源。

（6）液体的流变特性

向液体内加入去污剂可明显提高超声波的去污效果，此时化学作用和超声的物理作用协同作用，同时超声乳化提高了去污剂的分散性，合适的去污剂配方可在高效去污同时保护对象基材。

超声波去污所用到的主要设备是超声波发生器/换能器（振动器），高频交流电在换能器中产生振动，形成 18~25 kHz 的超声波（或更高频率）。

超声波清洗槽分为单槽和多槽，把要去污的物体放在网篮中吊在清洗液中，或吊在支架上悬挂于清洗液中，清洗液不断流动更新。

适用于超声波去污的去污剂配方通常其浓度需小于 5%（质量分数），以免造成对设备和去污对象的过度腐蚀。不同去污剂配方下 1000 W、14~18 kHz 的超声波对不锈钢样片的去污率见表 3-6。

表 3-6 不同去污剂配方下 1000 W 14~18 kHz 的超声波对不锈钢样片的去污率

去污剂配方	去污率/%
5%（质量分数）柠檬酸	93
5%（质量分数）草酸	87
3%（质量分数）硝酸+0.2%（质量分数）草酸+0.2%（质量分数）NaF	90
0.5%（质量分数）NaOH+0.05%（质量分数）$KMnO_4$	87
水	84
6%（质量分数）硝酸	99

利用超声波换能器可完成槽内超声波去污工艺和移动式超声波去污工艺。槽内超声波去污工艺可人工操作，也可通过机械手进行操作，其 DF 可达到 10~1000。超声波工艺参数的选择与所用清洗介质有关，如以磷酸作为去污剂时，常用的声强为 1~2 W/cm^2，频率为 20~50 kHz，温度为 60 ℃。移动式超声波去污工艺中以换能器为可移动组件。

超声波去污技术在印刷、电子、光学和其他加工制造业中被广泛应用。美国多数核电厂使用超声波对各种工具、小零件、燃料操作工具、泵的密封件、活塞、控制棒驱动机构和各种过滤器进行去污。核设施退役中，该技术可用于对阀芯、阀杆、泵、切割工具、仪表杆等小工件进行去污，去除附着于表面的异物和附着力不强的放射性物质，以及对细小间隙的去污。该技术对长期接触高温高压的反应堆冷却剂一回路设备内表面上附着的深层腐蚀产物几乎没有去污效果，需配合使用去污剂。使用弱溶剂或低浓度溶剂进行超声波去污即可达到与化学去污相近的去污效果。

JAERI 的 JMTR 的反应堆冷却剂回路的两种金属过滤器（多级丝网过滤器、烧结金属过滤器），其过滤器滤孔被细小固体金属氧化物、水中漂浮的尘埃和离子交换树脂堵塞，使用超声波清洗对其去污。使用了 28 kHz 400 W 的底垫式振子，20 kHz、300 W 的喇叭型振子，15 kHz，1200 W 的喇叭型振子，清洗液配方为 DBS+EDTA+草酸，结果得到喇叭型振子的去污指数约为底垫式振子的 1.5~2 倍，300 W 振子的去污指数小于 1200 W 的振子，添加去污剂使去污效果显著提高。JAERI 在压水堆核电厂通过远程控制的移动式超声波去污工艺对乏燃料水池池壁进行去污；对沸水堆核电厂一回路管道通过超声波清洗获取附着的腐蚀产物样品来进行源项分析，使用了 28 kHz、500 W 的浸没式振子，60~90 s 达到去污饱和，对 ^{60}Co 的 DF 为 1.5，对 ^{54}Mn 的 DF 为 15，去除了 30%腐蚀产物。

意大利加里利亚诺沸水堆核电站的退役去污中使用了 4 个槽式超声波去污装置，换能器为 20 kHz，10~20 W/dm^3，清洗 1000 根从给水预热器管束切割下来的 1 m 长的细管。去污前细管的表面污染水平为 30~50 Bq/cm^2，在 60 ℃超声波下去污 30 min 后，表面污染水平降至 0.3 Bq/cm^2。

我国也设计了移动式超声波去污装置，并进行了应用研究。原子能院使用 18~45 kHz 超声波对核动力装置主泵石墨部件和弹簧进行了槽式超声波清洗，结果表明该技术对石墨部件无明显效果；对弹簧去污效果显著，使其 γ 辐射水平降至<1 μSv/h，DF>14。

超声波去污的发展趋势是发展大容量、高功率密度的超声波去污装置，采用大尺寸的去污槽和大功率的换能器，可对大体积对象进行去污；将超声波去污与化学去污结合起来获得更好的去污效果。

3.5.2.2.6　喷射去污技术

（1）高压水喷射去污技术

高压水喷射去污技术使用高压水正向或切向冲击对象表面，利用射流的打击、冲蚀、剥离、切除等作用进行清洗，去除污垢、锈斑和沾污核素。高压射流若将机械力、化学力、热力结合起来，则可更有效的除去污染表面的垢物和氧化膜，甚至可对混凝土进行去污。

当水压升高时，其去除表面材料的能力增强。高压水的去污能力由低到高的别称为：水浸泡（低压）、喷淋、水力爆破、水解（103 MPa）、高压水喷射、超高压水喷射、水刀（345 MPa）。在不损坏金属基材的前提下，高压水喷射技术可去除金属上的涂层、沉积物、镀锌层。当水压达到 345 MPa 时，可去除混凝土基材和金属基材（当有磨料时）的表面。

高压水喷射去污技术的优点是去污对象的二次沾污可能性很小；二次废液可用现有废液处理整备设施进行处理；操作工艺简单易行，处理时间短，可远程操作；有较多的工业应用经验。其缺点是不能去除结合紧密的沾污薄膜，对复杂和密闭系统去污有困难；高压水操作的工业安全问题；在开放性操作条件下，工作人员会受到辐射；易产生大量液体废物，并因此易发生二次沾污和污染扩散。

高压水喷射适合于难以实现擦拭的对象或擦洗工作量太大的对象表面的去污，在民用行业中用于对桥梁、构筑物（厂房）、船舶、机车、各种类型机器和处理设施的冲洗，在核工业中用于去除松散和中等附着力的沾污。其适用对象包括热室和手套箱的内表面（底板、壁面）、取样廊、泵箱室、泵内部、阀门、乏燃料水池中的支架、反应容器壁和端口（顶盖）、燃料后处理设施中设备室覆面和设备外表面、燃料装卸设备等的内表面、给水喷头、地面排水管、油箱、管道内壁、贮槽（槽罐）等不可达表面、钢构件、复杂几何结构部件、大表面的定期清洗。对材料的多孔性没有限制，可以是混凝土、砖、瓦片、金属和类似材料，但不适用于木材、纤维等类似材料。

高压水喷射系统的组成包括高压泵、调压装置、高压软管、硬管、喷头和控制装置。

高压水喷射的 DF 一般在 2～100，影响去污效果的技术参数如下。

喷射压力：喷射压力升高，DF 增加并趋于一个固定值。人工操作喷枪时，为保证安全，通常选择压力范围为 25～30 MPa。对于松散或弱结合的污染，一般使用 5～70 MPa（有文献记载为 5～10 MPa）；对于紧密结合的污染，有效范围为 70～250 MPa（有文献记载为 15～70 MPa），常用范围为 100～200 MPa。选用高压泵功率一般为 3～100 kW。

喷射流量：喷射流量增加，DF 增加，但同时废液量也增加，一般为 1～100 L/min（有文献记载为 2～100 L/min，18～1380 L/min）。

去污时间：去污时间增加，DF 增加并趋于一个固定值，并会使废液量增加。

喷射水温度：水温越高越有利于去除油脂类的沾污，DF 增加，同时气体产生量也增加，一般为 20～60 ℃。

喷射方法：包括喷射距离、喷射角度、喷嘴数量、喷嘴移动速度等，这些对去污速度有影响。喷嘴移动速度一般不大于 1 m/min。

喷射距离一般为 15～20 cm，是喷嘴出口直径的 150～300 倍。高压水喷射的喷嘴直径有从 0.5 mm 到几 mm 不同的规格可选。喷射角度一般为 45°～70°。

化学试剂：向高压水射流中添加化学试剂可湿润和疏松污垢，有利于提高去污效果。

磨料：向高压水射流中添加磨料，即湿法喷砂，可增加冲击物的质量，加强冲击强度。同理，使用甘油替代水作为喷射介质，也可有效提高冲击强度，该方法在英国Berkely 核电厂有成功应用。

去污对象的材质：对于油性沾污，适用碱性去污剂的低压喷射清洗；对于大面积的沉积物，适用酸性去污剂的高压喷射清洗。

研究表明，高压水喷射对涂漆碳钢的去污效果较好，在喷射流量为 1 m³/h 时，DF 可达到 24.8；对 5740 工程塑料的去污效果差，尤其是对老化变色的塑料没有去污效果（见表 3-7 和表 3-8）。

表 3-7　高压水去污对不同材料 α 污染的去污数据

对象材料	去污时间/min	去污前表面污染水平/（Bq/cm²）	去污后表面污染水平/（Bq/cm²）	平均 DF
不锈钢踏板	10	53~67	7~10	8
涂漆碳钢	10	40~86.7	1.8~13.3	24.4
5740 塑料	10	53~60	18.7~23.7	2.76
老化变色的 5740 塑料	10	130	130	1

表 3-8　高压水射流清洗工艺厂房去污效果示例

去污对象	工作压力/MPa	去污面积/m²	去污时间/min	去污率/%
塑料地面	40	5	3	86.40
油漆地面	40	2	3	69.28
瓷砖地面	25	5.25	6.63	94.32
水磨石地板	40	4.06	6.4	65.39
碳钢面	40	4.2	18.0	95.99
不锈钢面	25	6	14.7	95.98
不锈钢面	30	6	3.32	96.19
工艺水池	30	183	6.30	97.6

其他影响因素还有高压水喷射的适用支架、添加的腐蚀剂、喷头结构等。

对高压水喷射工艺及设备进行改进可扩展该技术的适用范围，如使用叉具、增长喷嘴、对去污对象容器封堵、配合机器人和远程控制技术等，常用于难以到达的表面。

高压水喷射去污中产生冲洗废水进行过滤后可循环复用，在处置前需进一步处理水中的可溶性物质；或在去污系统装置中配有离子交换、蒸发等废水回收再利用的系统。美国 Mound 实验室通过配有一个离心分离固体颗粒的系统实现了高压水循环复用。

为降低二次废物产生量，避免发生二次沾污，有以下几条经验：

1）先对 α 严重污染的设备室进行去污，与设备、管道内的去污配合进行；

2）喷枪移动方向：自上至下，沿水流方向；

3）同一设备室去污顺序，从污染轻的部位到污染严重的部位。

芬纳德场址对 HostyModel550B 高压水清洗系统和 Kelly 高压蒸汽清洗系统进行了比较

验证，结果得到高压水清洗系统的去污速度为 33.7 m²/h，高压蒸汽清洗系统的去污速度为 13.5 m²/h，高压水清洗的二次废物量较大，高压蒸汽清洗系统的用水量为 15 L/m²。

国内的石墨水冷堆退役过程中，在完成拆除保温材料后，对工艺回路、工艺水池、工艺房间（包括设备、系统的外表面）进行拆除前的去污时，采用的主要去污工艺是高压水喷射去污。其主要去污对象是反应堆工艺运输水池、强放密闭水池、箱井水斗、工艺厂房墙壁、地面和设备的外表面。根据现场实际情况，将高压水喷射去污其与其他装置和去污方法结合起来，以达到更好的去污效果。如在对反应堆工艺运输水池去污中，使用四喷嘴的 URACA 地板清洗机和带有轨道的滑动小车，通过三维旋转喷头进行远程控制的高压水喷射去污，实现了对大面积墙面地面的有效去污；在对工艺厂房的去污中，对于小面积污染使用了化学浸泡、擦拭、冲洗工艺，对于大面积污染使用高压水喷射去污，得到去污效率>80%。

（2）超高压水去污技术

超高压水的压力范围 140~300 MPa，流速 500~1000 m/s，可去除大面积物件的表面氧化层，当压力≥200 MPa 时，可剥离对象表面的漆膜。该技术的优点是对于表面结合紧密的固定沾污有更强的去污作用，DF 高，处理时间短，可远程控制和自动化；缺点是设备投资大，对管道、槽罐内表面去污需提供相应的设备入口，工作区域需严格密封。该技术用于对易于接近的金属进行去污，或去除表层混凝土，其去除 4.8~9.5 mm 厚混凝土的去污速度可达 33.5 m²/h。

超高压水喷射设备主要包括贮水槽、液压操纵的高压泵机组、连接管和喷嘴（见图 3-6）。超高压水的去污工艺与高压水冲洗相同，可使用的最高压力为 340 MPa，喷头距离对象表面 4 cm，喷嘴旋转速度 600 r/min，喷头移动速度为 300 cm/min。

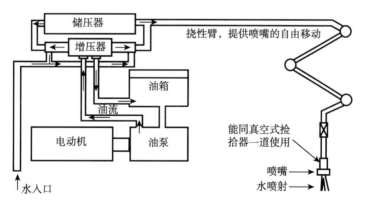

图 3-6　超高压水喷射系统图

（3）高压蒸汽清洗技术

高压蒸汽清洗技术使用高压蒸汽的流体动能驱逐沾污，同时喷射的过热水撞击污染表面后突变为水蒸气，对沾污表面起到了闪蒸的作用。该技术应用于去除金属、水泥等类似表面上的表面沾污和颗粒，加入去污剂后可处理油脂，仅适用于大而平的表面，如水池壁、大型构件、地面、墙面等，不能对不规则表面进行去污。

印度特朗贝钚工厂使用该技术对已渗入放射性核素的混凝土进行了清洗。

美国集装箱产品公司开发了 Kelly 高压蒸汽清洗系统，使用了加压过热水，压力为

2.4 MPa，温度为121~149 ℃。过热水同时对沾污起到了收集和包容的作用，减少了沾污扩散和人员安全风险。当该技术应用于光滑表面时，无气溶胶产生。

Kelly 系统的构成如下。

1）控制台，尺寸为1.1 m×1.2 m×0.8 m，重431 kg，使用480 V、60 A 三相交流电。

2）冷水入口的控制阀。

3）加压过热供水器，用于加入去污剂，可监控水流速度、压力、温度，通过91 m 长高压软管与去污喷头连接。

4）喷雾棒，带有真空系统的蒸汽去污喷头，喷头被罩在真空回收子系统中。去污喷头有254 mm 可旋转的地面去污用工具、229 mm 手持式墙面用工具、152 mm 手持式天花板用工具，以及0.46~0.91 m 长的喷雾棒。

5）真空回收子系统，包括：罩子，用于捕获被赶出的沾污、水蒸气和水滴；真空吸尘器，尺寸为1 m×0.5 m×1.4 m，重272 kg，使用480 V、15 A 的三相交流电；便携式气旋液体分离器，用于除去废水流和沾污，尺寸为1.1 m×0.7 m×0.6 m，重77 kg，使用110 V、6 A 的单相直流电，分离器带有不锈钢筛，用于捕获沾污碎片、滤出水滴，另有蠕动泵，定期间歇运行，用于转移分离器中的液体废物；除雾器，用于定期排放废水，尺寸为1.1 m×0.7 m×0.9 m，重170 kg；HEPA，处于手套箱内，便于密封更换过滤芯，过滤后的空气通过真空泵排放。

Kelly 系统在运行压力为0.28 MPa 时的供水量为11.4 L/min，在运行压力为1.7 MPa，温度为149 ℃时，供水量为1.5~1.7 L/min。

Kelly 系统的优点是：系统简单，易学易用，易于设置和维修；使用过热水，对象表面易于快速干燥，因此易于及时确认去污效果。该技术的缺点是蒸汽/真空去污喷头不能用于裂缝、角落、不规则的表面、焊封的去污；真空回收管道会持续升温，有烫伤风险，需添加绝热套管；处理油污的能力较差；设备的软管会绊倒和妨碍工作人员，需有支架安装真空软管和高压水管，或使用工作台抬高对象；喷雾棒较短，需要弯腰操作；操作者和控制台间距离过大，不利于协同作业，需使用对讲系统；需要使用两个独立的电源。

（4）喷砂去污技术

喷砂所用的磨料形状不规则，带有棱角，在与去污对象发生冲击的过程中还可提供较好的刮擦磨蚀作用，但颗粒均匀性不易控制，使介质回收和废物处理过程较喷丸难度大。喷丸有造丸造粒过程，材质组成和颗粒尺寸形状可控，有利于对去污过程和效果进行定量控制，其材料成本高于喷砂。

喷砂去污技术可去除0.1~1 mm 厚度的表面涂层或表面氧化膜层，但表面会变得比较粗糙，并且气溶胶污染大。该技术适用于地面、墙面等开阔表面，或机械部件等难处理的表面上。

喷砂使用压缩空气的高速喷射器，其喷射速度约为350 m/s，喷射压力为0.1~0.6 MPa，喷嘴旋转速度为20~30 r/min，喷头到对象表面的距离为30~60 cm，喷头移动速度为30~40 cm/min。喷砂的设备包括干湿喷砂去污设备、给料和出料设备、粉尘和气溶胶过滤设备、砂料处理设备和控制设备（见图3-7）。

影响喷砂的主要工艺参数包括：

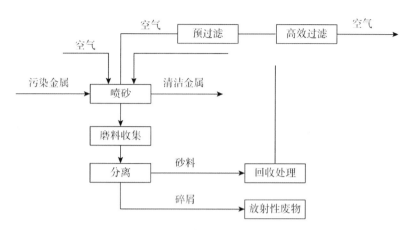

图 3-7　干式喷砂工艺流程示意图

1）喷砂材料；

2）喷砂系统尺寸与设计处理材料的尺寸相关；

例如对于小部件的喷砂处理系统尺寸一般为 0.1 m×0.1 m×0.25 m；NYRochester 的 Romemetal 公司的喷砂系统产品可处理 0.46 m×1.22 m 重 25 t 的金属产品；PlasTek 系统为可移动和可固定装置，可用于处理地板和墙壁。

3）喷射力、待去污材料基材和表面特性。

美国京纳核电厂退役中对蒸汽发生器的管板进行喷砂去污，得到 DF 为 5；英国对核电厂部件进行就地去污，得到 DF 为 200～300；中国也进行了喷砂去污的实验研究。

（5）离心喷砂技术

离心喷砂技术通过滚筒离心力为喷砂提供动能，将坚硬的钢砂快速喷射到污染的表面使表面破裂，产生小的粉尘粒子，经真空和磁辊收集后再进行适当的处理。使用的喷砂可在系统中循环使用，较重的喷砂在反复使用后尺寸变小，最终通过真空抽吸从系统中除去。离心喷砂的动能较压缩空气喷砂的动能更大，对去污对象可实现较大的剥离厚度，一般消除表面层的深度为 1.6～3.2 mm，对轻质涂层和混凝土表面的消除深度可达 12.7～25.4 mm，去污后产生的表面相对光滑，可再次涂层或复用。离心喷砂系统的速度、喷砂颗粒大小、释放进入系统的喷砂数量可根据去污需要加以控制。

离心喷砂技术适用于混凝土表面沾污和基质的去除，对混凝土表面漆膜和轻质涂层尤其有效，可用于含金属线网、钢筋、地面排水管的非均匀混凝土表层上，对含鹅卵石的混凝土去污效果较差；也用于对混凝土表面直接进行刮擦。

由于离心喷砂设备体积较大，仅能达到与地面和墙面相距 50.8～152.4 mm 的范围，在墙拐角处相距 127 mm 的位置，因此在施工中需要配合使用如混凝土铣磨机等设备对较小面积进行去污。

FEMP 进行了大型离心喷砂机与铣刨机对混凝土表面剥离的比较验证，验证结果表明离心喷砂机的最大剥离深度为 25.4 mm，当混凝土表面下有大量石子时，会阻碍离心喷砂机的工作；离心喷砂机可跨过混凝土中的障碍物进行工作，可在较小区域上移动，产生的一次废物量明显少，要求较少的听力保护，二次废物产生量少，气溶胶产生量较少；铣刨机对混凝土表层的去除深度可大于 25.4 mm。

ANL进行了小型离心喷砂机与粗琢机对混凝土表面剥离的比较验证，验证结果表明离心喷砂机产生的一次废物量明显少，要求较少的听力保护，二次废物量少，气溶胶产生量较少。

离心喷砂技术的缺点是散落的钢砂在被磁辊收集前会回弹打伤工作人员，并会使工作人员滑倒。

（6）干冰喷射去污

干冰喷射去污技术是用压缩空气喷射固态 CO_2 粒子，其原理是：

1）当干冰丸高速撞击污染表面时，使松散非固定性污染离开所附着的表面并发生凝结；

2）在 CO_2 低温情况下，增加弱固定性污染物与基材表面的温差，降低其表面的结合键能，改变沾污附着方式；

3）干冰丸升华膨胀，携带沾污物离开基材表面，同时压缩空气吹扫清除。

干冰喷射去污技术主要针对表面非固定性污染和弱固定性污染物进行去污，可去除过量的油脂、污泥、密封剂、焊渣、烟、煤烟、合成树脂、烧焦的物质，可从木材上100%的去除霉胞，该技术已在反应堆和后处理设施退役去污中得到了应用。干冰喷射去污装置示意图见图3-8。

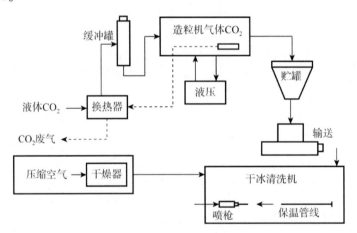

图 3-8　干冰喷射示意图

干冰喷射去污技术的优点是：去污速度快，效率高，操作简单；干冰的硬度低，不会损伤基材表面；无二次污染和新的废物产生等。

该方法的缺点是：干冰为窒息性物质，如操作不慎，将会导致人员受伤或死亡，使用时现场应有良好的通风条件；过滤器更换频率比较大；使用过程温度快速下降，要间歇作业，要为操作人员提供抗寒的气衣和手套，要防止通风系统冻结。

比利时在进行干冰去污时有以下的经验教训：建立小型的聚乙烯气帐，容积约为15 m^3，所使用的干冰颗粒温度小于-80 ℃，在去污实施过程中，气帐内的温度快速下降，10 min后降至0 ℃以下，工作人员气衣被冻裂，失去防护功能。另外，前置过滤器和高效过滤器被冻结，通风系统自动关闭，气帐的负压动态密封消失。事故后，比利时对干冰去污实施方案及配套设备进行了改进，使用体积较大、坚固结实的气帐；规定人员每次去污时间30 min，间断10 min，以使气帐内温度回升；工作人员穿戴耐低温的气衣和手套；为前置过滤器和高效过滤器配制预加热系统。

3.5.3　电化学去污技术

电化学去污技术是化学溶液去污的一种特殊形式，通过物理化学手段促进化学反应中的电子转移，从而达到强化去污反应能力的目的。现已有 3 种基于电化学去污原理的工程应用技术，分别为电解抛光去污技术、电解研磨去污技术和电动力学去污技术。

3.5.3.1　电解抛光去污技术

3.5.3.1.1　去污原理

电解抛光去污技术（EP）由巴特尔西北太平洋国家实验室 BPNL 研发。EP 技术是对铝、不锈钢、碳钢等制品的表面加工处理方法，可用于深度去污以实现去污对象的解控和复用。该技术的处理对象包括碳钢、不锈钢、铝等，需在电解抛光去污前对其进行表面除锈（过厚的腐蚀层）、除油（润滑脂），并对镀层、涂层进行处理，以使表面具有导电性。该技术适用于对大型板件的去污处理，对螺纹、小直径孔内侧等狭缝的去污效果较差，原因是受到对象结构复杂性的限制。

EP 技术去污原理是电化学溶解极薄金属表面，直流电作用下发生阳极溶解除去金属表面的薄膜层，该过程与电镀过程相反，使金属表面平滑，达到去污的目的。其中重要的理论是雅魁特电流分布理论：在对象表面上外加电压，在表面金属析出的同时，表面上形成黏性层，在表面凸起部分黏性层薄，凹处黏性层厚，电流集中于电阻小的凸起部分，使其优先溶解，从而使表面变平滑。雅魁特电解特性曲线可分为侵蚀、钝化、金属析出、点蚀 4 个部分。

EP 技术可去除弱、硬固定污染物沾污，去污效果好，导电材料在未切割/拆除的情况下也可进行去污；去污后表面平滑，并被氧化膜覆盖，不易发生二次沾污；去污速度快，操作简易；去污费用低，可远程控制。该技术的缺点是不能用于非导体对象，二次废液较多，要控制电解过程释放的气体，需设置排气罩，电解液需加热和搅拌。

影响电解抛光去污效果的因素如下。

（1）电流密度

当电流密度增加时，去污速度增加，电解液温度升高，电解液损耗增加，去污效果提高，但会损坏设备，因此需要使用温控设备。常用的电流密度范围为 $0.1 \sim 0.5 \ \text{A/cm}^2$。

电解过程中，电解液的放射性比活度增加，随着水的电解，金属离子的比活度相对增加，从而使电流密度增加。需使电解液的比重保持一定。使用大电流密度的时候需要考虑冷却问题。

（2）电解液温度

电解液温度升高，去污速度下降，但有平台。

（3）电解液浓度

电解液浓度增加，溶液的导电性增加，在相同的电解时间和电流密度下，与低浓度电解液相比较，金属失重加剧，对电解设备的腐蚀增加。

（4）电极间距

电极间距增加，在相同的电解时间下，与低浓度电解液相比较，金属失重降低。

（5）电解时间

电解时间增加，去污速度下降，并有平台。当持续电解时，系统 pH 增加，阳极氢氧化物沉淀积累，影响电解的持续进行，二次废物量增加。

其他的影响因素还有电极材料、电压、电解液等。

3.5.3.1.2 电解液

在电化学去污中，电解液的选择至关重要，它对去污效果及后续废物处理有着重要的影响。在实际去污过程中，应根据待去污对象的特性、废物处理和整备条件来选择。

常用的电解液有以下几种。

（1）磷酸体系

磷酸是常用的电解液，该体系的化学稳定性好，方便安全，对金属腐蚀量小，电解设备材料易于得到。由于磷酸有"不干"的特性，该体系产生的气体中酸雾夹带少，对空气污染少，对去污对象的二次污染少。另外，磷酸与金属离子具有良好的络合特性，可减少电解液和对象表面的交叉污染。

采用磷酸作电解液的典型工艺参数为：磷酸浓度 40~80 v%，温度 40~80 ℃，电压 8~12 V，电流密度 60~270 mA/cm^2，去污时间 5~30 min。

研究数据表明，当电流密度为 160 mA/cm^2 时，可去除金属表面 7.62~50.8 μm。当电流密度小时，在阳极金属表面上会产生电阻很高的黏性膜，抛光后金属表面更平滑，该性质可用于在役去污。在电流密度较大时，得到的去污结果表面粗糙，并会产生大量的氧气，去污效果好，适用于退役设备解体后的去污。

单独使用磷酸电解的废液较易处理，而对于含磷的混合去污剂的废液则较难处理。

（2）硫酸体系

该体系使用硫酸的浓度为 2~5%（质量分数），腐蚀性最强，其电解废液较难处理。

硫酸多用作磷酸体系的添加剂。60 ℃ 下使用 5%（质量分数）硫酸，电流密度 0.3 A/cm^2 进行电解，DF 可大于 10 000。

（3）硝酸体系

硝酸电解液一般在高电流密度下使用，也可在低电流密度下使用，适于对碳钢、不锈钢和部分合金的去污。其优点是产生的废电解液可用现有的处理方法进行处理，因而简化了废物处理流程，该方法的主要缺点是硝酸具有强氧化性，电解槽需要使用特殊材料。去污过程中产生氮氧化物，需有较好的尾气处理系统。

在高电流密度下的代表性运行参数为：硝酸浓度 6~12 mol/L，工作温度 10~35 ℃，电解电压为 5~8 V，电流密度 400~2000 mA/cm^2，电解时间 1~2 min。

研究表明，当电流密度为 400 mA/cm^2 时，该体系可去除金属表面 7.62 μm。在实际研究和应用中，硝酸通常与钠盐或钾盐配成电解液。

中国辐射防护研究院曾使用硝酸体系对铀污染不锈钢表面进行电解抛光去污，其配方为 HNO_3+NaNO_3 和 $NaNO_3+Na_2B_4O_7$。

（4）有机物体系

可作为电解液的有机物包括酮、醇、有机酸（甲酸、草酸等）等。

例如使用乙酰丙酮、溴化钾和正丙醇的混合液，在 20~40 ℃，电流密度为 200 mA/cm^2 时，可去除金属表面 25.4~50.8 μm。

使用乙酰丙酮体系的优点是：

1）具有良好的 pH 稳定性，可阻止形成氢氧化物；

2）电解过程中有机酸组分被破坏，产生非酸性废物；

3）可利用乙酰丙酮的溶解度控制电解液的放射性浓度，形成大量盐晶体可从电解槽底部排出，进行安全隔离，可避免发生临界或辐照事故。

美国洛基弗拉茨工厂（RFP）开发了碱性电解液，配方为：200 g/L 硝酸钠溶液+20 g/L+水合四硼酸钠溶液+2 g/L 草酸钠溶液+2.5 g/L 氟化钠溶液。十水合四硼酸钠溶液用于提高电解液 pH，提供中子毒物，在对易裂变材料去污时，可提高临界安全性；使用草酸防止产生电解沉淀的大块凝结；氟离子在对钚污染部件去污时用作络合剂。

3.5.3.1.3　去污方式

EP 去污技术可以分为浸没式去污、就地去污、电解隔离法、电解液抽吸法和悬浮电解法等几种方式。

（1）浸没式去污

在电解槽内进行电解抛光去污反应，去污对象进入电解槽的方式有悬挂式和笼式。去污对象为去污阳极，电解槽作为阴极。该方式的电化学去污受到电解槽尺寸的限制，适用于对小件物品的去污。

（2）就地去污

就地电化学去污的特点是可节省去污剂，受到对象表面的几何形状和要处理部位的可接近性的限制，使用辅助阴极，此时需防止电接触短路事故。该方式可用于管道（需加辅助阴极）、壁面、形状复杂的部位和角隅部位的去污。

典型的就地电化学去污设备是管道就地电化学去污系统，由内部移动阴极、密封件、电解液加热贮槽、电解液泵、吹氮设备和循环管道阀门组成。在进行电化学反应过程中，控制辅助阴极向前推进，电解液在管道内输送、排出和循环利用，电解后使用水清洗。

（3）电解隔离法

该方式适用于局部区域（如部分工具或部件）和很大的表面（如乏燃料水池覆面）去污。将待去污部件与阳极相连，以可移动式手柄（石墨）作阴极，阴极外加一层玻璃纤维绝缘套防止两极短路，石墨与外套间还有一层滞留电解液的纤维层，以构成电解回路。

（4）电解液抽吸法

该方式用于对反应堆主回路部件（如蒸汽发生器、管道等），或其他与安全有关的部件进行去污。在"电解隔离法"的基础上，在可移动阴极周围外加一层抽吸罩，使注入的电解液不断的被抽走，循环利用。

（5）悬浮电解法

该方式使用石墨等导电颗粒作为正电荷载体混合于电解液中以增加电解液电流密度和去污对象与电解阳极之间的距离，从而达到可远程实现电解抛光就地去污的目的。在悬浮颗粒中还通过添加 SiC 等研磨颗粒提高电解液流动对沾污层所产生的研磨冲洗作用，从而增强电解抛光去污效果。通过在搅拌和泵送的方法提高悬浮电解去污载体介质在去污对象内部的流动性。该方式用于管道内壁、形状复杂的设备内壁的就地去污。

中国原子能科学研究院在 $H_2SO_4-Na_2SO_4$ 体系中进行了悬浮电解对真实污染样片的去

污技术研究，并对模拟管道和真实污染管道进行了去污验证实验，得到悬浮电解去污技术对碳钢、不锈钢真实污染管道去污 DF 均大于 125，并研制了小型移动式悬浮电解管道就地去污装置。

电解隔离法和电解液抽吸法均避免了在去污表面要用大量电解液浸泡的困难。

电解抛光去污后清洗，需控制清洗液的放射性比活度，防止二次污染。EP 的尾气处理，需防止氢气、氧气及其夹带的雾沫污染空气，控制从电解液释放出来的蒸汽，需设置排气罩，设置加热、搅拌电解液的措施。除局部排风外，根据电解液的种类、浓度、电解条件等影响雾沫发生量的因素，需有雾沫分离器和 HEPA，还需对工作场所进行总体换气。

美国使用 EP 对半球壳内表面进行去污。中国辐射防护研究院使用 EP 技术对生产堆退役污染金属进行现场验证实验，α 核素的去污系数为几十至几百，β 核素的去污系数从几到几十。

3.5.3.2　电解研磨去污技术

电解研磨去污（ECB）技术原理是在电解作用下，在对象表面形成钝化膜，使用磨料机械磨削去除该钝化膜，暴露金属基材，可实现有选择性的可控的增加流向凸起处的电流，使该处的电流密度达到极大（约为 EP 的 5~10 倍），以达到快速高效抛光的目的。

其优点是：

（1）可得到表面粗糙度 R_{max}≤0.1 μm 的超镜面，该粗糙度是 EP 的 1/10；

（2）使用中性盐水为电解液，廉价，作业安全性高，易于实现装置的自动化；金属离子几乎都变为氢氧化物沉淀，废物处理容易，电解液可循环使用，废液量小；

（3）抛光机（工具端）可移动，不受抛光面积限制，可进行高效的大面积抛光和现场就地抛光，从而可实现对大型容器、构件的 ECB 去污及局部抛光和二次抛光；

（4）不需脱脂等前处理；

（5）适用范围广，可用于几乎所有的金属材料的去污，包括不锈钢、碳钢、铸铁、铝、钛、铜、哈斯特罗合金、蒙耐尔合金、因科镍等高镍合金。

ECB 的缺点是：

（1）难于处理形状复杂的工件；

（2）必须有专用的抛光装置，抛光工具端必须以必要的压力压在对象表面上；

（3）在使用一段时间后必须更换磨料。

ECB 使用的磨料粒径在 37~44 μm，相当于 GB 2477 中 W40、W50 的范围。

3.5.3.3　电动力学去污

该技术主要用于对混凝土表面去污，配方为电解质溶液和特定的溶解试剂，如对 U 污染可使用络合剂和碳酸盐试剂。其工艺是使用去污剂浸透混凝土，之后插入电极，通电后混凝土和沾污吸收垫间形成电位差，使沾污向吸收垫迁移。该方法的优点是二次废物量小。

3.5.4　微生物去污技术

微生物去污技术的原理一般认为是几种作用的综合结果，通过微生物细胞膜的吸收作用、沉积作用、离子交换作用、诱捕作用、微生物甲基化作用、脱羟作用、氧化还原作用、催化作用、降解作用等，与沾污层发生生物化学反应，从而达到去污的目的，其本质是以微生物为载体的化学溶解去污技术。

该技术适用于大体积、低浓度的放射性核素、重金属、有机污染物的去污，还被用来修复铀矿冶轻微污染的场地。

微生物处理技术用于处理铀污染地下水。微生物将有机磷化合物转化为磷酸盐，磷酸盐和铀生成铀沉淀物。美国新墨西哥大学研发了微生物将 U（Ⅵ）还原为 U（Ⅳ）后沉淀的技术。INEEL 验证了使用微生物降解处理有机闪烁液的技术。

为了达到大规模、有效的利用微生物去污和净化，已有研究将微生物制成各种性质的微生物反应器，如固定床式生物反应器、回转式接触器、生物流化床、空气提升生物反应器、涓流生物过滤器等，可做到连续操作。微生物反应器的使用条件的是，适宜繁殖微生物的温度为 25~45 ℃，当温度上升时，生物降解速率升高，但达到一定温度后，会因为微生物的死亡，使降解速率迅速下降。

BNFL 和 INEEL 联合开发了对混凝土表面、墙面地面、开放装置、贮罐、集油罐、管道等进行去污的微生物技术，并通过验证实验，主要配方是氧硫杆菌。用刷子、喷枪、滚筒等工具将微生物涂覆于待去污对象表面，杆菌生成结合剂附着于混凝土表面，通过补给适量的硫和营养液，并保持表面有适当的湿度，生成可溶解混凝土的硫酸，达到生物降解的目的。该技术的去污深度为 2~4 mm。通过验证实验，得到微生物去污的优点是去污深度可控，不需近距离操作，人员受照剂量小，劳动强度低，对健康影响小，安全风险低，试剂较廉价，其成本是其他去污技术的 1/10，无空气污染，二次废物量小；其缺点是去污时间长，几个月或更长，去污过程中需连续监测，杆菌生长受到特定表面组成的抑制。

3.5.5　金属熔炼去污技术

3.5.5.1　原理概述

核设施退役将产生大量的放射性废金属，包括不锈钢、碳钢、铸铁以及一些有色金属等，这些金属废物中所含主要放射性核素为：^{90}Sr、^{60}Co、^{55}Fe、^{63}Ni、^{137}Cs、^{106}Ru、^{154}Eu 以及微量 α 核素等。放射性金属废物熔炼主要是通过选择合适的炉型，将污染金属与特定组分的助熔剂一起熔炼，使废物中大部分放射性核素富集到炉渣和滤尘（尾气）中。另外，也可通过合理的炉衬配方来吸附部分放射性核素，从而达到放射性金属废物去污和再利用的目的。

放射性废金属熔炼技术具有如下优点。

（1）可有效去除金属废物中放射性核素，达到净化金属废物的目的。在金属废物熔炼过程中，利用助熔剂、造渣剂等与金属废物中放射性核素进行反应，使放射性核素络合到炉渣中，从而达到净化去污的目的。研究表明，金属废物中的放射性核素及其子体的去污效率可达到 99%。

（2）可实现资源回收利用。金属废物通过熔炼，放射性核素大部分已转移到炉渣中，经过熔炼后的部分金属可以达到清洁解控水平，从而实现金属回收利用。

（3）便于放射性废物处理，实现放射性核素的包容。废金属经熔炼后，绝大部分放射性核素进入炉渣中，废渣量约为废金属质量的 4%，从而使处理的废物量减小。同时，产生的炉渣可用水泥进行固定处理，实现对放射性核素的包容。

废金属熔炼要先做适当的去污并切割成一定的大小。熔炼废金属常用电弧炉和中频感应炉。感应熔炼技术是由电磁感应产生的二次电流在金属材料中产生涡流产生热而致金属熔融。当金属被熔融后，二次电流还可起到搅拌液态金属的作用。感应炉允许使用助熔剂（造渣剂）。感应炉内衬有耐火材料，它与熔融的金属间因热化学或物理作用，导致液态金属内存在耐火材料粒子，从而使得金属熔炼效率下降。熔炼过程产生的渣以手工方式去除。在熔炼过程中，挥发性或半挥发性核素将随烟尘向工作环境空气扩散，因此工艺中必须配置尾气处理装置。在熔炼过程中产生的二次废物有废炉衬、钢水包衬、钢锭模以及炉渣等。熔炼可分为预处理、熔炼、浇注、尾气处理及熔渣处理 5 个部分。图 3-9 为废金属熔炼处理工艺流程示意图。

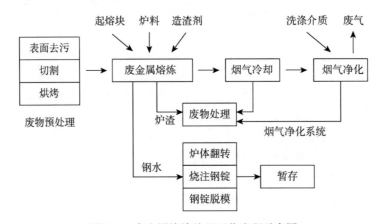

图 3-9　废金属熔炼处理丁艺流程示意图

废金属熔炼后，放射性核素的去向如下。

（1）铀、超铀元素、^{90}Sr 绝大部分进入炉渣中；

（2）^{60}Co、^{63}Ni、^{55}Fe、^{54}Mn 绝大部分进入钢锭中；

（3）^{137}Cs、^{65}Zn 部分进入尾气，部分进入炉渣中。

废金属设备、部件经过熔炼去污后，主要用于核工业系统内部有关部门，如：

1）铀矿山机械设备部件，如圆锥式破碎机及其耐磨易损件，颚式破碎机固定和活动额板等。

2）核燃料后处理废物包装容器，如钢桶、钢箱、废物运输容器和中间贮存容器等。

3）要求较低的部件，如屏蔽棒材、屏蔽门或部件、钢覆面等。

4）制作核工业设备，如废液接收贮槽、管道、阀门等。

5）去污解控金属返回生产耐磨锰钢、螺纹等配件。

3.5.5.2　研发应用现状

世界上已建立了不少废金属熔炼厂，建立较早和规模较大的 4 个废金属熔炼厂情况如表 3-9 所示。

表 3-9　几个废金属熔炼厂情况

熔炉名	炉型	熔炼金属	每批处理能力/t	产物用途
NFANTE（法国）	电弧熔炉	碳钢 不锈钢	12	铸锭，屏蔽体废物容器
Studsvik（瑞典）， 1987 年投产	感应炉 电弧炉	碳钢 不锈钢，铝	3.5	铸锭
CARLA（德国）， 1989 年投产	感应炉	碳钢，不锈钢，铝， 铜，铅（研究）	3.2	运输容器，废物容器， 屏蔽体，球墨铸铁
SEG（美国）， 1992 年投产	感应炉	碳钢，不锈钢， 铝（计划）	20	铸锭，屏蔽体，废物容器

德国 CARLA 废金熔炼厂于 1989 年开始运营，核心设备为 3.2 t 中频感应加热熔炉，坩埚直径大于 200 L 桶直径，每批熔炼废金约 15 桶。炉渣捞出后用水泥固化处理。尾气经旋风分离器、袋式过滤器、HEPA 过滤器处理后，达到排放标准排放。当进行熔炼操作时，尾气罩加到坩埚熔炉上。熔炼温度为 1400 ℃。熔炼金属在场址内的 Siempelkamp 工厂制造核工业用的运输容器、废物容器和屏蔽体，如 MOSAIK 和 CASTOR 容器，用于装废树脂、废过滤器芯等。另外，将熔融的废金属注入喷水池中，淬成小钢珠（1~9 mm），用来制造屏蔽用的重混凝土。Siempelkamp 工厂已熔炼处理几万吨废金属，主要是废钢铁，此外，还有少量铝和铜。

评估表明，切尔诺贝利事故 30 km 限制区内，48 个场点至少存有 10 万 t 废金属，最大比活度为 400 Bq/g，主要污染放射性核素是 ^{137}Cs、^{90}Sr 和很少量锕系核素。乌克兰建造了一个熔炼厂，设一个电弧熔炉和一个中频感应炉，熔炼废金属的能力 1 万 t/a，减少切尔诺贝利事故产生的放射性污染废金属，使其有可能再利用。

我国废金属熔炼早已研发，中国辐射防护研究院对累计运行 15 000 h 的铀浓缩级联试验中间装置进行退役处理。用氧气—乙炔气割工艺和砂轮锯切割，用化学和机械法去污，高温熔化，回收金属 1360 t，产生 50 t 放射性废物。研究结果表明：熔炼处理能使铀污染物有效地进入炉渣，且炉渣中铀分布均匀。炉渣呈陶瓷状，坚硬且不溶于水；熔炼温度以高于金属熔点 200~300 ℃为宜。熔炼时间越短，去污效果越佳，只要金属完全熔化就应进行浇注；铸锭中残留的铀量，主要取决于助熔剂碱度，当碱度为 1：1.3 时，去污效果最佳，铸锭中残留的铀量不大于 $1×10^{-6}$ g/g，金属回收率不小于 96%。

中核铀矿冶放射性污染金属熔炼处理中心采用熔炼法对被铀污染的金属进行去污，并把经去污后达到清洁解控水平的金属用于制造矿山机械产品的生产，截至 2012 年，共接收处理核工业 272 厂、276 厂、712 矿、719 矿、711 矿等系统内单位退役污染金属 7800 余 t，表面污染水平在 4~25 Bq/cm^2 的碳钢，经熔炼去污后，其表面污染水平降至 0.004~0.016 Bq/cm^2 以下，其放射性比活度也降至<1 Bq/g，完全可供冶金、矿山及系统内部使用。

3.6 去污技术应用实例

核设施退役始于 20 世纪 60 年代，在近 60 年的历程中，世界上各有核国家先后完成了大量核设施的退役，积累了丰富的经验和教训。IAEA 和其他国际组织及国家自 20 世纪 70 年代以来，先后出版了一系列有关核设施退役的文献资料，为我们提供了大量的信息和经验。近年来，随着若干大型核设施完成退役，退役技术又取得了重大的发展。

对所有类型核设施而言，退役流程相似，一个退役工程所得的经验和相关技术可以从一个工程传递到另一个工程。本章以迄今为止已完成退役的反应堆设施和后处理设施为实例，回顾这些设施在退役过程中所取得的经验和教训，为今后的退役工作提供有益的参考和借鉴。其他核设施的退役也可以参照反应堆和后处理设施相关技术和经验。

针对不同具体核设施情况所设计的退役去污技术方案是不同的，使用的去污技术也各有所侧重，体现了该种工程应用技术的多样性。以下按设施的类型对核设施的去污技术实例进行介绍。

3.6.1 反应堆——特里诺核电厂退役去污

特里诺核电厂是西屋公司设计的压水堆，其额定功率为 270 MW，主要厂房及构筑物包括：反应堆厂房，附属厂房，包括乏燃料水池和除盐器池、放射性废物厂房、两个临时贮存厂房、缓冲贮存厂房、汽轮机厂房。

其运行历史：1961 年 1 月主体建筑完工，1964 年 6 月 21 日反应堆首次临界，1965 年 1 月 1 日开始商用发电，1987 年 3 月 21 日最终关闭。1995 年，安全封闭总体计划发布，2012 年退役许可及退役计划获批。

关闭期的策略及活动，考虑到现场存有乏燃料和未来退役的需求，安全关闭期开展的活动策略目标是：

(1) 拆除不需要的电厂设施和降低成本（如提升未受污染的物料），提升安全；

(2) 一回路去污，降低操作人员剂量率；

(3) 运行放射性废物管理，减少现存废物；

(4) 环境监测，降低环境影响；

(5) 乏燃料外运后处理，提升安全和安保；

(6) 核电厂源项调查及退役方案编制。

核电厂一回路去污：去污包括 4 台蒸汽发生器，U 形管等，总的去污面积 5220 m^2，化学去污循环 16 次，放射性去污 7×10^{11} Bq，去污系数约 100，共产生 15 m^3 离子交换树脂废物。

3.6.2 后处理厂——法国 UP1 后处理厂去污

UP1 厂是法国第一个后处理厂，1958 年投入运行。先后处理过生产堆、快堆、重水堆、气冷堆等堆型的乏燃料。由于经济原因，1995 年法国作出了关闭 UP1 的决定，1997年正式关闭。

在选择 UP1 厂退役策略时，主要考虑了以下问题：

（1）该国的法律法规的要求；

（2）该地区的经济、环境问题；

（3）废物管理和采用的最终处置方案；

（4）费用问题等。

通过对多方面影响因素进行评估，最终选择了立即拆除策略。

UP1 厂退役的最终目标是将所有的设备全部拆除移走，放射性废物的处理处置达到国际安全标准。整个退役分为以下 3 个阶段：

（1）关闭，清洗和去污；

（2）拆除设备；

（3）退役废物处理、整备与处置。

在选择去污方法时，主要考虑了以下因素：

（1）方便工艺设备的拆除；

（2）环境安全和健康保护；

（3）遥控操作的可能性；

（4）成本低；

（5）二次废物少。

同时还考虑了 UP1 厂的结构特点、操作环境和污染物的特性等。通过去污，达到以下目标：

（1）辐射剂量率低于 0.2 mGy/h；

（2）直接接触剂量，没有高于 10 mGy/h 的热点；

（3）所有房间残留污染物低于 1ADC（导出空气浓度）。

在去污过程中，对于工艺管线的去污，采用化学清洗方法；对于设备、部件、设施表面的去污，采用机械磨削和真空吸尘相结合的方法。

（1）管线去污

所有工艺管线的化学清洗去污都包括两个阶段：首先利用传统的化学试剂（如硝酸、氢氧化钠等）进行初步去污，然后用腐蚀性较强的试剂（如高锰酸钾、氢氟酸、四价铈等）进行深度去污。

（2）钢或不锈钢设备表面去污

用于钢和不锈钢表面去污的主要技术有：

极高压（U. H. P）水喷射去污（压力在 $3 \times 10^7 \sim 25 \times 10^7$ Pa 之间）；

高压化学溶液喷射去污（压力低于 2×10^7 Pa）；

介质（砂子或其他介质）喷射去污。

（3）混凝土表层去污

混凝土表层去污所采用的设备或工具包括：空气锤或针锤、混凝土破碎机、混凝土钻孔机等。

（4）手套箱去污

手套箱去污所采用的设备、装置包括：真空清洁器、用于刮和擦手套箱内侧的小型加工装置、用于表面清洁的擦拭装置。

3.6.3　热室去污

3.6.3.1　美国 ORNL 热室的去污

该热室由一定厚度的高密度混凝土墙及充油铅玻璃视窗组成，热室存储单元内表面为不锈钢材料，以达到防尘和方便去污的目的。热室仪器仪表接管、照明、电源等检修口使用特殊渗透剂密封，热室每 1 个视窗位置安装了 1 副机械手，用潜望镜扩展对热室内的观察范围。使用动力机械手、起重机转移热室存储单元内重量大的物体。热室外其他设施有装料区、设备维修气阀区、操作区、卡车卸载区、更衣区、机械设备间、去污区、放射性污染设备贮存区和办公区。热室内排出的气体和微粒通过一定的密封和屏蔽措施进行隔离、收集、处理。整个操作工艺都在密封环境下进行，防止发生放射性泄漏。热室产生的放射性废液分批进入废物处理系统处理。

ORNL 对该热室的退役源项调查的目的是确定核素类型及其最大的平均剂量率、整个热室设施结构或设施部件内外表面污染水平，包括钢覆面内部污染或管道、泵等自屏蔽部件的内部，从而确定去污和拆除策略。包括 4 个步骤：

（1）安全特性调查；

（2）最初场址特性调查；

（3）过程特性调查；

（4）废物处置特性调查。

ORNL 对每个热室的去污包括"初始去污"和"最终去污"两部分。其中，初始去污是为了消除放射性热点区域，降低去污人员的辐射剂量。初始去污的步骤为：

（1）对 HEPA 和工具端进行改造，以使其适应机械手；

（2）用机械手进行擦拭、吸尘等干法去污，收集热室内的残留物和清除热点；

（3）利用原有的工艺检测系统检测热室内剂量率，根据去污效果标识去污无效的表面为残留热点；

（4）对残留热点做进一步去污；

（5）对机械手不能触及的热室内表面进行标识；

（6）在机械手上安装高压水喷射工具端；

（7）对标识区域进行高压水喷射去污；

（8）用高压水喷射去污清洗热室内所有表面；

（9）使用"可接近技术"和吊车安装机械人、机械手对热室内残留热点进一步远程去污。该步骤使热室又产生了放射性废物，使用手套箱内的塑料覆膜对这些放射性废物清理后包装；

（10）通过远程控制在热室内喷洒气雾剂以降低热室内气溶胶水平，并对内表面喷涂可剥离膜。

去污过程中产生的废液使用水过滤系统、真空蒸发器收集蒸发处理。去污后，热室内剂量率降至<100 mR/h，空气污染水平<1000 DAC。

当热室内放射性物质被可剥离膜固定后，工作人员进入热室拆除热室内设备，包括热室内的起重机、提升机、吊装设备、屏蔽塞、窗户、门、机械手、水气副主管线。

最终去污是对拆除后的固体废物进行的离线去污。

3.6.3.2　美国 ORNL 热室去污

美国 ORNL 典型的热室由一定厚度的高密度混凝土墙及充油铅玻璃视窗组成，热室存储单元内表面为不锈钢材料，实现防尘和方便去污，仪器仪表接管、照明、电源等检修口使用特殊渗透剂予以密封。

热室每一个视窗位置安装了一副机械手，用来进行远程操作，用潜望镜来扩大室内观察范围，热室存储单元内很重的物体由机电机械手或者起重机进行转移。热室外面的其他设施配有装料区、设备维修气阀区、操作区、卡车卸载区、更衣区、机械设备间、去污区、放射性污染设备贮存区及办公区。热室内排出的气体和微粒通过一定的密封和屏蔽措施进行隔离，以便收集进一步处理。整个操作工艺都是在密封的环境下进行，防止放射性的泄漏。产生的废液，分批送入废液处理系统进行处理。

由于场址环境复杂，放射性水平较高，因此在进行热室特性调查、去污、退役拆除以及材料的分拣、减容、废物包装和核燃料管理等过程中采用了很多先进技术。

在热室拆除前，应进行较为彻底的去污，以保障操作人员在拆除过程中受照剂量符合 ALARA 原则，并避免放射性污染扩散。每个热室的去污包括初始去污和最终去污两部分。

初始去污阶段，主要利用热室内的机械手进行干法去污（包括擦拭、吸尘等），其目标是收集热室内的残留物和清除"热点"。在去污开始前，对高效过滤系统和工具头进行了改造，以适应热室内的机械手，使其更具有可操作性。利用原有工艺检测系统检测剂量率，根据去污效果标识热点，并对热点进一步去污。对机械手不能触及的热室内表面进行标识。

对于机械手不可触及或通过干法不能有效去除污染的表面，可在机械手上安装压力水清洗工具头，实施湿法去污，对热室内所有表面进行清洗。热室内表面清理完成后，使用"可接近"技术和吊车安装机器人机械手进行进一步的远程去污。

清洗去污过程中产生的二次废物（去污废水），利用水过滤系统收集和真空蒸汽发生器蒸发处理。

3.7　国内核设施去污技术发展现状及差距

3.7.1　国内核设施去污技术发展现状

近年来，国内对去污技术已积累了较多的研发经验，在核设施退役及放射性废物治理专项支持下中国原子能科学研究院、中国核动力研究设计院、中国辐射防护研究院、中国工程物理研究院等研究单位对去污技术均进行了研发，部分技术也已经在核设施的运行过程中去污以及退役工程实施过程中去污得到了应用，已具备了一定的研究基础。主要采用化学去污，包括在线去污和离线去污，离线去污主要为超声去污和化学去污相结合的方式；也引进了国外先进的去污技术，包括激光去污、干冰去污等。

我国成功利用高压水射流清洗去污技术对我国801堆进行了去污，并建立了"三箱三槽三泵"化学去污工艺，实现了不锈钢管件的工程化去污。

在后处理设施的运行过程及退役过程中对化学去污技术进行了较多的开发和应用。中国原子能科学研究院开发了适用于后处理厂主工艺设备化学去污的配方及工艺，并在八二一厂完成了现场验证试验，得到了良好的去污效果。八二一厂在82201工程退役去污中采用2 mol/L HNO$_3$对全系统去污，采用2 mol/L NaOH溶液清洗中低放设备及有机相系统设备，采用0.5~1.0 mol/L NH$_4$HCO$_3$清洗Pu线系统设备，经过两个去污循环后，对高放系统去污效果最好，DF>10，对中低放系统去污效果较差。四○四厂后处理工艺厂房退役过程中，在完成厂房辅助工程改造和源项调查后，对沾污的各工段工艺设备、管道及工艺系统进行清洗去污，包括设备室覆面及设备外表面、钚污染工作箱、取样柜、在线分析系统、仪表壁龛、风管及风道，以及Ⅱ区墙面地面等，清洗去污以化学去污为主，物理去污为辅，以常规酸碱试剂为主，使用质量分数10%~30% HNO$_3$、质量分数5%~20% NaOH溶液进行交替去污。对于污染严重的设备和管道，使用1 mol/L NaOH溶液+0.1 mol/L KMnO$_4$溶液和1 mol/L HNO$_3$+0.1 mol/L H$_2$C$_2$O$_4$进行交替去污，去污率>99%。对铀污染的不锈钢部件，使用配方10% HNO$_3$或3% NaF溶液+20% HNO$_3$，达到了100%的入库合格率。同时还对高压水喷射去污、可剥离膜去污、喷雾去污、泡沫去污、狭小空间去污等技术进行了应用研究。

中国辐射防护研究院对铀浓缩装置退役金属部件去污，另外还对Ce（Ⅳ）和Ag（Ⅱ）等氧化还原去污配方和工艺做了研究和应用试验。

近年来，国内的中国工程物理研究院、中国核动力设计研究院和四○四厂均已进行了热室的去污和拆除解体研发工作，中国工程物理研究院还开发了用于热室内表面去污的干冰去污技术，中辐院和原子能院针对封闭系统的去污分别开发了泡沫去污和雾化去污技术。

3.7.2　存在的差距

尽管国内对去污技术已积累了较多的研发经验，并确实为国内的核设施退役去污技术作出了应有的技术支撑，但是在技术研发的系统性和延续性方面，与国外相比还有很大的差距，在对去污后产品的可靠性评价方面比较欠缺。

（1）去污对象样品及环境实物模拟仿真技术

国内对模拟样品的制备和模拟环境的建立已有较多的实践经验，建立了1∶1或其他比例的去污对象实物模拟仿真台架，但总体来看存在三个主要问题：

1）模拟样品制备和模拟环境建立缺少统一的标准，各家单位各有自己的制备方法，使得在模拟样品层面的实验结果可重复性和可靠性降低；

2）缺少模拟沾污性质的表征、模拟对象与真实对象相似度检验等专用技术，造成模拟样品实验结果说服力较低，使得大量去污技术难以进入现场验证实验环节；

3）国内工程应用技术研发中较少重视对工程环境的模拟，不能在研究阶段即对所研发技术的环境适应性做出及时的研究改进，使工程应用技术与工程脱节且设备灵活性较差，甚至不具备工程现场应用能力，在工程具体应用前的二次开发投入成本较高。

（2）去污技术设计及优化技术

国内对去污技术的性能参数要求较简单，除二次废物产生量外，较少考虑其他去污约束值，而对技术的去污目标值大多仅使用该技术对某种类型的放射性核素的去污因子作为评价指标，因此国内的去污技术设计和优化中的研究思路和实验设计都较简单，其所得到的工程应用技术多只能解决"有没有"的问题，而不能解决"好不好"的问题。对工程应用技术有更多更复杂的要求时，现有的设计及优化技术就显得捉襟见肘，过多的实验量不仅增加了研发成本，而且增加了对研究成果可靠性的检验难度。因此国内在工程应用技术设计和优化技术上基础薄弱。

（3）去污技术验证通用程序

国内目前对技术的性能验证分为两个阶段：第一阶段是模拟验证，基于所验证技术的预期适用范围，由技术研发方确定模拟物项的构造、材料等性质以及模拟的污染情况，模拟物项具有真实物项的部分特征，通过验证实验确认技术参数和设备对模拟物项的去污可达到预期技术指标；第二阶段是现场验证，选择与真实物项在构造、材料或污染情况等某些性质上相似的便于实验实施的替代污染物项，通过验证实验确认技术参数和设备的有效性和可行性。该种验证程序在国内较为成熟，说明国内在建立通用验证程序上是有一定的基础的。但由于技术验证的指标仅是去污能力描述方面的关键指标，比较简单，未充分反映工程应用所需的目标值和约束值，这使得技术研发方在选择验证条件时存在较大的随意性，并可通过刻意避免不利于技术实施条件的方法来保证工程应用技术验证的顺利完成，这使得所研发的工程应用技术即使通过了两个阶段的验证仍难以进入实际的退役去污技术中。该问题与国内技术研发和工程实施两方面完全分离是有关系的。

验证的目的不仅是为了证明所验证的工程应用技术可以达到什么，更重要的是确定工程应用技术不能达到什么，有哪些缺点、隐患和技术上的不足，在未进入实际工程应用之前充分的积累经验教训，并明确该工程应用技术的改进和发展方向。

（4）去污技术研发的标准化

国外的去污工作已经商业化，对于核电站能够提供准确的去污技术，已经建立数据库，根据提供的材质情况以及腐蚀情况根据数据库可以获得基础的去污技术，再通过标准的验证方法给出此技术针对此种情况能够达到的去污效果，以及去污后是否能够继续使用的评定，但是具体过程为商业机密。

国内对去污技术的研发缺乏标准化程序，这导致了国内对去污技术的研发过程和成果缺少统一可靠性的评价标准；缺少对多约束因素下复杂去污技术创新研发的能力。

3.7.3 去污技术的主要发展趋势

3.7.3.1 去污技术主要基础研究方向

目前，我国在各种核设施运行以及关闭期期间进行了各种类型的去污，据实施结果反馈在某些方面尚未达到理想效果，包括操作人员受照剂量、去污效果以及产生的二次废物量。今后去污技术从机理研究到工程实施需要从以下几个方面进行提升。

（1）放射性沾污层形成机理研究

该部分的研究成果除与去污技术研究相关外，还与去污对象的实物模拟仿真技术直接相关。该部分包括的技术手段和研究内容非常灵活，如对工艺过程和事故过程的实验室复原技术、沾污条件下的材料加速老化技术、金属表面沾污层微创分析技术、多孔物质表面沾污层描述技术等。针对去污主技术和工程应用技术的研发，重点需要测定不同材质的不同类型沾污层的物理化学性质及其随时间的变化规律。对于固定性沾污还需要探讨沾污层的晶体结构化学形态和表面化学反应动力学机理，以确定影响沾污固定性的关键因素所在，这对于沾污固定技术固定机理的研究有直接关系。

（2）化学溶解去污技术去污机理研究

该部分包括典型化学溶解去污试剂对沾污层的反应热力学和动力学、化学去污反应催化剂的表征和研制、α 放射性核素在化学去污过程中的行为、常用去污剂组分对不同类型的沾污层的溶解度及协同作用行为、强放射性条件下的化学去污剂活性寿命变化规律、超临界等液相物理状态及超声波、光化学等特殊物理条件对化学溶解去污反应机理的影响等。该部分也需对络合剂、缓蚀剂等辅助性添加剂的作用机理和稳定性进行分析研究。

（3）热烧蚀去污技术去污机理研究

该部分需要确定热烧蚀过程中可能发生的伴生反应、激光、等离子体、微波等不同烧蚀介质与沾污层和对象基材表面的反应过程及影响因素、产生的尾气化合物成分及生成途径、熔渣的结构及其对放射性核素的包容形态分析、烧蚀产生的基材热应力范围及其对基材晶格的影响情况、烧蚀去污中热能的转化与消耗情况等。

（4）高动能破坏结合力去污技术去污机理研究

该部分包括高动能介质对沾污层和基材表面作用的微观建模、高动能破坏结合力去污过程中的能量转化效率、去污对象表面机械振动对该主技术去污能力的贡献及影响、退役核设施中不同老化材质的抗压抗拉抗剪切截面的测定及断裂力学的模拟仿真、高动能冲击介质的材质、形态、作用位和冲击能等对特定结构沾污层和基材的作用规律等。

（5）沾污固定技术固定机理研究

该部分分为覆盖固定和生成难溶沉淀固定两部分。覆盖固定部分包括覆盖密封性能的量化描述技术、不同覆盖材料与不同基材表面、沾污表面和松散沾污的吸附机理及其密封性能的影响、覆盖面及边缘密封稳定性短期及长期的变化规律、环境条件对覆盖固定机理的影响等，其中有一部分是建立在覆盖介质制备辅助技术（固相布液技术）的研发基础上的。生成难溶沉淀固定部分除包括放射性沾污层机理研究中对沾污固定性的影响因素研究外，还需对放射性核素的沉淀的无机化学和物理化学性质进行基础研究，并需针对土壤、混凝土等离散相或多孔相中特定放射性核素沉淀在沾污固定处理条件下的迁移行为进行基础和应用级的研究。

（6）去污介质传输技术

国内在化学去污技术的研发和应用已明确布液辅助技术对降低二次废物产生量、拓展化学去污应用范围的重要性，并积极的探索多种布液方式及相应的工艺及设备，但将其与工程应用技术牢固的捆绑在一起，机械的将布液形式作为工程应用技术的本质，并对国外相关的工程应用技术成果进行机械的模仿，这不仅不利于对去污主技术的灵活运用，也不利于对布液形式的创新研发，和对国内已有成熟的民用或工业用布液技术的借鉴转化。

国内对热烧蚀去污技术和高动能破坏结合力去污技术的介质传输多来自于已有专业研究成果和专业的技术供应商，而对放射性去污工艺及设备的具有针对性的辅助技术研究则缺乏技术支持。

（7）气溶胶、粉尘压制技术

国内将气溶胶、粉尘压制技术定位为独立的辅助技术，在去污技术中作为辅助配套措施较好的利用了局部排风过滤、雾化压制粉尘等设备，这很好的促进了该项技术的独立发展，并有专业的技术供应商提供支持，但认为其与去污技术关系不大，而未受到足够的重视，在与热烧蚀去污和利用高动能破坏结合力的主技术在结合形式上缺乏工程应用技术设计意识，没有与去污设备配合的专用装置的设计和制造，未充分发挥出其可拓展易产生粉尘的技术应用范围的潜在能力。

（8）远程控制技术

国内已对远程控制技术在拆除和去污中的应用的必要性和重要性有所认识，但尚未有专业的远程控制技术供应商进入去污技术研发行列中，目前大部分是引进国外已有远程控制装备，小部分是与国内机器人和自动化设备研发实力较高的研究院校合作攻坚。实际上国内近年来已具备了远程控制装备的较高的自主研发能力，但缺少针对核设施工程设备的定向研发组织，缺少基础性研究成果向工业产品转化的设计和制造能力。

（9）标准化、模块化的离线去污技术

国内在较大型的核设施中已使用了临时的具有去污能力的固体废物整备车间，如在石墨水冷堆中建了清洗去污系统，在原子能院中放管道中建立了固体废物整备区，在重水研究堆中准备在现有乏燃料水池区域上方建立临时废物去污区等，在离线去污设备上多为流程化的非标设计。国内对可移动的去污设备进行了初步的研发尝试，形成了如去污车和去污废液处理车等成果，也已有针对放射性污染物项的电化学去污和超声波去污专用设备的供应商，但尚未进行过可灵活组合的模块化和标准化的成套离线去污设备的设计制造，在现场进行离线去污流程的搭建和运行的成本仍是很高的。

3.7.3.2　去污技术未来的发展趋势

目前，针对我国的国情以及各个去污对象的不同，需要进行具有普遍意义的一些测算方法和去污技术的研发，使得去污技术更加标准化并且有更好的适用性及经济性，我国去污领域需要研发的内容包括：

（1）机械去污工具研发及其材料技术

目前国内的机械剥离去污所用的手动和机动工具设备和材料部分从国外进口，部分使用国产产品。因国内的专业技术供应商并未独立地参与到核设施专用工具的研发和应用之中，针对去污的机械剥离工具的专项研发很少，中国原子能科学研究院研发了混凝土表面污染层的铣刨剥离机动工具，中辐院引进法国技术研发了地面混凝土粗琢剥离设备。国内已有为核电厂离线去污提供超声波清洗线的设备厂家，管道 PIG 清洗技术在国内已完成了现场验证。对于擦拭去污，尽管该种技术在国内外的去污技术中使用最为普遍，但国内在擦拭去污工具和材料上从未进行过任何研发和应用，与国外有非常大的差距。因此，机械去污工具及其材料研发是今后我国去污技术发展的重点方向之一。

（2）去污指标值的确认和系统性研究

去污指标都有明确的定义，但是在实际工程实施过程，难以按照原有的定义和公式进行计算，特别是由于原始测量困难，且没有标准，实际过程去污指标很难准确给出，因此，需要对去污算法和现场测量进行系统性研究，包括以下几个部分。

1）去污对象沾污分布测算方法：该部分包括根据设施运行历史对潜在污染区域位置及范围的测算、去污过程污染分布变化测算、去污对象总沾污量测算等。

2）工作人员受照剂量测算方法：该部分包括施工环境下工作人员操作时间、使用屏蔽、操作距离对人员受照剂量影响的测算、去污过程中工作人员内照射风险测算等。

3）环境污染扩散测算方法：该部分包括松散沾污扩散途径研究、去污过程中液相、粉尘和气溶胶扩散影响范围研究等。

4）不同去污技术对场地条件要求及其对环境的潜在影响研究：该部分分为人工操作和远程控制操作两个部分，对场地条件分析包括人工操作设备运行和远程控制设备的安装检修拆卸对场地污染情况、γ 剂量率场分布、场地空间条件、所需场地辅助能力条件等的要求，对环境的潜在影响分析包括拆除产生的三废的空间分布、不同污染程度下物项去污和拆除过程中潜在的二次污染范围、操作过程中的热辐射、噪声等对拆除物项和施工环境的潜在影响等。该部分的分析报告对确定去污约束值的设计尤其重要。

5）不同去污技术的工业安全分析评价：该部分包括对已有工程应用技术的现场实施进行高空作业、高速旋转、热辐射、噪声等潜在工业安全风险的分析，确定该部分所需的去污约束值。

6）去污指标值类型化研究：该部分在以上研究的基础上针对不同的工程条件和方案将去污指标值分成若干类型，并建立相应的计算模型，为去污指标值的计算和相应去污技术的匹配选择和配套设备要求等提供便利，最终形成完整的去污技术目标值计算软件程序。

（3）去污技术总费用估算技术

1）去污废物产生途径和走向分析研究：该部分包括去污废物（一次废物和二次废物）产生途径及产生量的分析和估算技术、从废物产生到处置的走向路径分析等，其中包括废物循环复用出路的市场分析。

2）废物管理资费调查整理：该部分包括对废物管理中的人工费、设备费、材料费、运输费等所有资费的调查、搜集和整理。由于国内该部分尚无标准资费可循，而且不同场址的资费不同，不同时期的货币价值和税率不同，该调查整理工作需在各特定场址分别进行，并且需确定资费浮动系数。对该部分的调查整理越详细周到，越有利于对去污技术方案进行精细设计。其中需进行安全风险和应急措施转化为安全成本的测算技术研究。

3）去污技术实施实际产生费用测算技术：该部分包括根据工程现场条件的去污技术分解优化技术、去污技术组织及施工工作量、材料消耗量测算技术等。

4）去污技术后期费用测算技术：该部分包括去污废物（一次废物和二次废物）的全寿期管理费用测算，其中包括废物循环复用的利益代价分析。

5）去污技术总费用估算程序建立及灵敏性验证：达到工程应用技术细则的变化可直接影响去污技术总费用浮动的效果，并检验其作为方案设计评价指标的灵敏性和合理性。

（4）去污技术模拟仿真技术

1）去污工艺过程模拟仿真技术

该部分分为对去污技术的局部仿真和全局仿真两部分。局部仿真包括对去污主技术与沾污层的微观作用过程模拟、去污对象性质与特定去污技术的相互影响模拟计算、去污工艺及设备参数优化等。全局仿真包括去污介质走向、沾污迁移模拟计算、按去污指标值和总费用对去污技术方案的细化设计方法等。

2）去污技术空间安排模拟优化技术

该部分包括人流物流路径模拟、场地辐射防护及功能分区模拟、通风气流路径模拟、人员和设备操作位优化、操作位间配合路径模拟、γ 辐射场分布变化模拟计算、气溶胶和粉尘扩散范围模拟，以及场地跟踪数据采集技术。

3）去污事件序列模拟仿真技术

该部分在以上研究基础上进行去污施工步骤的排布优化，以及各步骤中的人员配置、设备材料资源配置等设计仿真，对施工过程和事故过程进行模拟演习，最终形成有效可行的去污技术方案。

附件：缩略语说明

AC	柠檬酸铵
AECL	加拿大原子能有限公司
ANL	美国阿贡国家实验室及相关设施
AP	碱性高锰酸盐
AREVA	法国阿海珐公司
BNFL	英国核燃料公司
BWR	沸水堆
CANDU	坎杜堆
CASCAD	加拿大化学生物水溶液去污系统
COGEMA	法国高杰马公司
CRNL	加拿大乔克河核实验室
CRUD	腐蚀产物
D2EHPA	二 2-乙基己基磷酸
DOE	美国能源部
DTPA	二乙烯三胺五乙酸
EDDS	乙二胺二琥珀酸
EDF	法国电力集团
EDTA	乙二胺四乙酸
EPRI	电力研究协会
EUREX	富集铀萃取
FEMP	芬纳德环境管理项目
FS	芬纳德场址
Hanford	美国汉福特场址
HEDP	羟基乙叉二膦酸
HEDTA	羟乙基乙二胺三乙酸
HEPA	高效微尘和气溶胶过滤器
INEEL	美国爱达荷国家工程与环境实验室
INL	美国爱达荷国家实验室
JMTR	日本材料实验堆
JPDR	日本核动力示范堆
KWU	联邦德国电站联盟公司
LANL	美国洛斯阿拉莫斯国家实验室

LIBS	激光诱导击穿光谱
LOMI	低氧化态过渡金属离子去污过程
MDA	最低可探测活度
MZFR	德国卡尔斯鲁厄多用途研究堆
NP	酸性高锰酸盐
NPH	乏燃料贮存设施
NTA	次氮基三乙酸
OC	草酸、柠檬酸
OEDPA	羟基亚乙基二膦酸
ORNL	美国橡树岭国家实验室及相关设施
PE	聚乙烯
PEA	聚丙烯酸酯
PNNL	美国太平洋西北国家实验室
PUREX	普雷克斯流程
PVAC	聚醋酸乙烯
PVC	聚氯乙烯
PWR	压水堆
RBMK	美国高通量堆
Redox	氧化还原去污过程
RFP	美国洛基弗拉茨工厂
Sellafield	英国塞拉菲尔德后处理厂
SFIRR	瑞士火箭推进燃料研究所
SGHWR	德国蒸汽发生重水堆
SRE	美国钠冷堆实验装置
SRS	美国萨凡纳河场址
STMI	法国离子介质技术公司
TBP	磷酸三丁酯
TMI	三里岛
TRU	超铀核素
XRF	X 线荧光光谱

参考文献

[1] IAEA. 非反应堆核设施的退役 [R]. 孙东辉, 邓国清, 李思凡, 等译. IAEA 技术报告丛书第 386 号. 北京: 核科学技术情报研究所, 2001.

[2] 美国环保局辐射和室内空气办公室辐射防护部. 放射性污染表面去污技术指南 [M]. 但贵平, 谭昭怡, 康厚军, 等译. 北京: 原子能出版社, 2010.

[3] 中国原子能科学研究院. 化学去污及固液废物处理技术调研报告 [R]. 2003.

[4] 石村显吉, 等. 核设施去污技术 [M]. 左民, 李学群, 马吉增, 译. 北京: 原子能出版社, 1997.

[5] 王邵, 刘坤贤, 张天祥. 核设施退役工程 [M]. 北京: 原子能出版社, 2013.

[6] 罗上庚, 张振涛, 张华. 核设施与辐射设施的退役 [M]. 北京: 中国环境科学出版社, 2010.

[7] 罗上庚. 放射性废物处理与处置 [M]. 北京: 中国环境科学出版社, 2007.

[8] 赵世信, 林森, 等. 核设施退役 [M]. 北京: 原子能出版社, 1994.

[9] 美国能源部. 美国能源部退役指南 [R]. 王超, 孙晓飞, 译. 中国核科技信息与经济研究院, 2005.

[10] 张锡东. 后处理厂退役源项调查 [J]. 核环保工程, 2010 (2): 16-20.

[11] 熊忠华, 潘自强, 范显华. 清洁解控研究进展及在放射性废物最小化中的应用 [J]. 核科技进展, 2008, 6 (3): 12-32.

[12] IAEA. Options for the Treatment and Solidification of Organic Radioactive Wastes [R]. Vienna: IAEA, 1989.

[13] 郝文江, 陈树明. 上海微堆退役工程的物项、程序和目标 [J]. 放射性废物管理与核设施退役, 2011 (6).

[14] 陈树明, 姜星斗. 法国核设施退役经验及实用新技术的应用 [J]. 放射性废物管理与核设施退役, 2007.

习　题

(1) 请列举去污技术的分类方法。

(2) 试辨析不同的污染行为。

(3) 描述去污技术或去污技术对某一种沾污情况的去污能力的系列参数包括哪些?

(4) 以放射性污染土壤挖掘后化学清除处理为例, 试述去污过程中的二次废物产生量的计算方法。

(5) 去污目标值、去污约束值、去污指标值、去污技术费用、去污技术总费用的定义、相互关系, 及在筛选去污技术路线中的作用。

(6) 去污效果的定义, 试述从工程角度对核设施去污技术的评价准则。

(7) 简述去污技术体系的组成及内容。

(8) 试述去污技术工程应用方案评价的指标。

(9) 试述去污技术工程应用的限值要求。

(10) 试述去污技术。

第4章 放射性固体废物分类检测技术

4.1 放射性固体废物分类检测必要性

我国核能政策采取闭式核燃料循环发展路线，核燃料循环各阶段均会产生大量放射性废物。在乏燃料后处理过程中产生放射性固体废物，包括高、中、低放射性废物，其包含的放射性核素种类多，涵盖所有的裂变产物、次锕系元素以及中子活化产物；部分核素的放射性比活度高，超过 1.19×10^7 Bq/kg。在《核燃料后处理厂放射性废物管理技术规定》（EJ/T 940—1995）中界定了"固体废物"的范围，指核燃料后处理厂在运行和检修过程中产生核燃料组件废物、废树脂、废过滤器、可燃废物、可压缩废物、超铀废物、其他固体废物以及放射性废物固化体。核燃料组件废物包括燃料组件端头和格架、浸取过的燃料包壳；废树脂由废水处理系统产生；废过滤器是检修更换下来的料液过滤器和废气处理系统的过滤器；可燃废物包括被放射性污染后废弃的工作服、手脚套、口罩、擦拭材料等；可压缩废物包括更换下来的排风过滤器芯等；其他固体废物包括在检修过程中废弃的放射性设备、仪表、工具和材料。除核燃料循环生产外，核科研过程、放射性同位素生产、加速器及其他核技术应用过程也会产生放射性固体废物，其物理和化学特性、放射性含量或活度浓度、半衰期和生物毒性差别很大。

放射性固体废物的危害作用不能通过化学、物理或者生物的方法消除，其放射性水平只能通过其固有的衰变规律降低，最后达到无害化。因此，放射性固体废物管理有特殊的要求，需要专门放射性废物分类检测技术对其进行特性鉴定。国家相关法律法规规定，放射性废物分类检测是废物处理处置的基本要求，是贯彻执行清洁解控环保理念的必备条件，而放射性废物管理者的责任依据国家相关法律、法规和标准，安全、经济、科学、合理地治理废物，把豁免废物和可排除审管控制的废物或物料分出来。

《低中水平放射性固体废物的浅地表处置规定》（GB 9132—1988）中要求，固体废物包装体表面的剂量当量率应小于 2 mSv/h（200 mrem/h），在距离表面 1 m 远处的剂量当量率应小于 0.1 mSv/h（10 mrem/h），若超过此标准，操作和运输过程中应外加屏蔽容器。

《放射性废物管理规定》（GB 14500—2002）中明确规定，废物应进行特性鉴定，其目标是采用直接或者间接的方法对废物特性进行足够详细的鉴定，为废物的安全管理、核设施退役方案的制定与实施，以及确保符合废物接受的有关准则提供可靠的依据；同时指出，对放射性固体废物的处理，应根据放射性固体废物的特性（如物理、化学和生物特性、放射性核素和活度浓度等）和后续整备、贮存、运输或处置的要求、选择合适的处理工艺，采用安全、高效、二次废物量少、包容性好和经济的方法和设备。

4.2　放射性固体废物分类

放射性固体废物分类为国家放射性废物管理战略提供基础，为放射性固体废物的产生、处理、贮存、处置等全过程安全管理提供依据，确保废物管理安全、经有效剂。处置设施的放射性固体废物接收限值应通过安全评价论证。而放射性固体废物分类体系的基本原则，是以实现放射性固体废物的最终安全处置为目标，根据各类固体废物的潜在危害以及处置时所需的包容和隔离程度进行分类，并使固体废物的类别与处置方式相关联，确保固体废物处置的长期安全。

我国对核能和核技术的开发利用始于 20 世纪 50 年代，经过多年的不懈努力，核能与核技术已在我国国防、医疗、能源、工业、农业、科研和教育等领域得到了广泛利用，在核能和核技术的应用过程中，安全问题和放射性污染防治问题越来越突出，核设施在几十年的运行过程中已经产生了不少放射性废物，有的设施面临退役，虽然国家有放射性废物处置政策，但由于长时间以来缺乏强制性的法律制度和措施，致使对放射性废物的处置监管不力，在一定程度上对环境和公众健康构成潜在威胁，近年来，国家在总结我国放射性污染防治的实践经验、借鉴一些有核国家及国际组织的成功经验，形成了放射性废物监管的基本制度和要求，对固体放射性废物的管理也更为深入更为具体。

IAEA 于 1995 年发布了放射性废物管理原则，共 9 条，分别是：①保护人体健康，即必须确保人类健康达到可接受水平，放射性废物具有电离辐射危害，必须控制工作人员和公众受到的照射在规定限值之内。②保护环境，放射性废物必须确保环境达到可接受的水平，至少要达到类似工业活动的水平。③跨越国界的因素，在正常释放、潜在释放或放射性核素越境转移时，对其他国家人体健康和环境的有害影响不大于在本国内判定的可接受水平。④保护后代，放射性废物管理必须保证对后代健康的预计影响不大于当今可接受的水平。⑤不给后代增加不适当的负担，享受核能开发利用好处的人，应承担管理好其所产生的废物的责任。⑥建立国家法律框架，放射性废物必须在适当的国家法律框架内进行，包括明确职责和规定独立的审管职能，国家应发布放射性废物管理的法律和法规，建立相应的机构，明确职责分工，实行审管与运营分离，使放射性废物管理接收独立的审查与监督。⑦控制废物的产生，放射性废物的产生必须可合理达到的最小化，通过优化管理、适当设计和运行、再循环和再利用，以及减容等措施，使放射性废物的活度与体积尽可能地减少。⑧废物产生和管理间的相依性，必须考虑产生和管理各步骤间的相互依赖关系，尤其对处置的影响，实施全过程的管理。⑨确保设施寿期内的安全，设施的选址、设计、建造、试运行、运行及退役，或处置场的关闭，均应优先考虑安全问题，包括预防事故及减弱事故的影响等，放射性废物管理设施的运行应有质量保证、人员培训和资格认证，以及对设施的安全分析和环境影响评估等措施。

我国将放射性固体废物按其所含核素的半衰期长短和放射性类型分为 5 种，分别为，极短寿命放射性废物、极低水平放射性废物、低水平放射性废物、中水平放射性废物和高水平放射性废物，其中极短寿命放射性废物和极低水平放射性废物属于低水平放射性废物范畴。5种放射性固体废物的划分方案如图4-1所示。

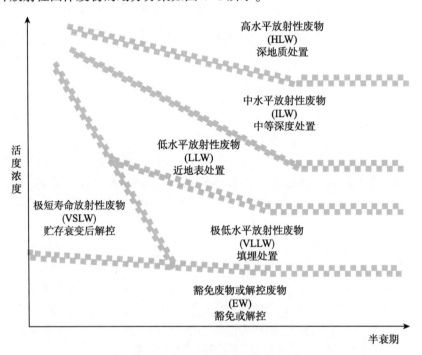

图 4-1 放射性废物分类框架图

图4-1中，横坐标代表固体废物中所含放射性核素的半衰期，纵坐标为其对应的活度浓度，放射性固体废物活度浓度越高，对固体废物包容和与生物圈隔离的要求就越高。原则上，极短寿命放射性废物、极低水平放射性废物、低水平放射性废物、中水平放射性废物和高水平放射性废物对应的处置方式分别为贮存衰变后解控、填埋处置、近地表处置、中等深度处置和深地质处置。

对于放射性固体废物，经过处理达到清洁解控水平的物料，可以实行有限制或者无限制的再循环或再利用，对于要进行处置的放射性固体废物，要做近地表处置或者地质处理，相应的处置流程如图4-2所示。

4.2.1 放射性固体废物的来源

人类的一切生产和消费活动都会产生目前不能再利用，或者不值得回收利用的废弃物，核能的开发利用也不例外，一切生产、使用和操作放射性物质的部门和场所都可能产生放射性固体废物，放射性固体废物基本来源有7个方面：

（1）核燃料循环前段设施运行，包括铀（钍）矿、水冶厂、精炼厂、铀浓缩厂、钚冶金厂、燃料元件加工厂等；

（2）各种类型反应堆运行，包括研究堆、核电站、核动力船舰、核动力卫星等；

（3）核燃料循环后处理厂，包括后处理厂、超铀元素生产和提取厂以及裂变产物提

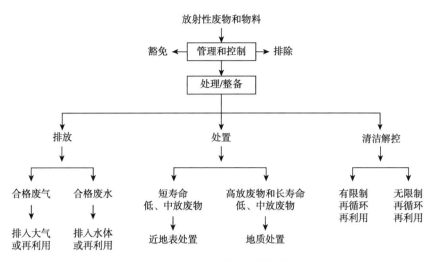

图 4-2　放射性废物管理流程图

取厂等；

（4）放射性废物处理设施运行，包括放射性废物处理、处置以及运行过程等；

（5）核技术应用和科研设施，包括放射性同位素的生产和应用过程、中高能加速器的运行，医院、研究所及大专院校的相关研究活动；

（6）核武器的生产、试验过程；

（7）核设施（设备）的退役过程。

4.2.2　放射性固体废物的特征

放射性废物根据物理状态不同，可以分为放射性气载废物、放射性液体废物和放射性固体废物。放射性废物共同特征如下。

（1）含有放射性核素。它们的放射性不能用一般的物理、化学和生物等方法消除，只能依靠放射性核素自身的衰变而减少。

（2）具有射线危害。放射性核素释放出的射线通过物质时发生电离和激发作用，对生物体会引起辐射损伤。

（3）热释放。放射性核素通过衰变放出能量，当废物中放射性核素含量较高时，这种能量的释放会导致废物的温度不断升高，在放射性液体废物中甚至可能导致废液沸腾。而高比活度的固体放射性废物存在熔化的可能。

（4）不再利用。放射性核素污染浓度或者比活度大于国家审管部门规定的清洁解控水平，且去污或者处理成本远远大于处置成本。

除了上述的特征外，固体放射性废物，还具有放射性核素污染的不均匀性，不像气载、液体放射性废物中放射性核素分布相对均匀，可能只是局部或者表面污染；同时还具有容易控制和包装的特点，在固体放射性废物处理时，可根据放射性核素活度和毒性不同采用不同的废物包。

放射性固体废物在收集、暂存、整备或者运输、处置时，可能采取不同废物包装体，如在废物收集过程采用200 L、400 L钢桶或者废物钢箱；在水泥固化体采用200 L、400 L废物包装体；废物整备时，采用200 L或者165 L的废物桶，然后装入到钢箱。放射性固体废物的包装应满足运输、贮存和处置的要求，选择合适的包装容器，不仅为了降低辐照，方便操作和运输，而且作为后续处置中多重屏障体系中一道屏障，起到良好的隔离作用。低、中放固体废物包装容器要求满足：①结实坚固，机械强度好，能承受堆贮的重压和运输中的跌落事故，而不泄漏放射性物质；②具有耐腐蚀、耐辐照的特点，在设计的贮存年限内可以回收；③体积效率高，本身体积和重量小，而装载的废物量大；④搬运操作方便；⑤外表容易去污；⑥成本低，容易加工制造；⑦有较好的屏蔽作用。

固体放射性废物货包的剂量率水平，国际上一般采用限值是：表面剂量率≤2.0 mSv/h，1 m远处剂量率≤0.1 mSv/h。超过此限值，外面要加适当的屏蔽容器。表面污染限值：β/γ发射体和低毒性α发射体<4 Bq/cm^2；α发射体<0.4 Bq/cm^2。固体废物的包装容器种类很多，我国也已制订了低、中水平放射性固体废物包装安全标准，详见中华人民共和国国家标准《低、中水平放射性固体废物包安全标准》（GB 12711—2018）。我国固体废物包装容器主要有以下几种。

（1）钢桶。多数为碳钢，少数用不锈钢，壁厚0.6~2.0 mm，常用的是200 L标准桶，详见中华人民共和国核行业标准《低、中水平放射性固体废物容器 钢桶》（EJ 1042—2014）。

（2）钢箱。有正方体、长方体多种不同规格的钢箱，尺寸略有差异，规格详见中华人民共和国核行业标准《低、中水平放射性固体废物容器 钢箱》（EJ 1076—2014）。

（3）混凝土容器。我国大亚湾和岭澳核电厂采用不同壁厚的混凝土容器装载水泥固化体、废树脂固化体和废过滤器芯，规格详见中华人民共和国核行业标准《低、中水平放射性固体废物混凝土容器》（EJ 194—2000）。

此外，国外还有铸铁容器、高整体容器。高整体容器的特点是强度高、密封性好、化学稳定性和热稳定性好，设计寿命大于300年，可以用来直接装载未经固化的废物（如脱水的废树脂、蒸干的泥浆或者蒸发残渣、焚烧炉灰等）。

4.2.3　放射性固体废物分类及要求

放射性固体废物，按照放射性水平（辐射强度、放射性活度和浓度）可分为免管废物、极低放废物、低放废物、中放废物和高放废物；按放射性废物来源可分为核燃料循环废物、反应堆运行废物、核技术应用废物、退役废物和伴生放射性矿废物等；按半衰期分类，可分为长寿命废物和短寿命废物；按照核辐射类型可分为β/γ放射性废物和α废物；按照毒性可分为低毒性废物（天然铀、氚等）、中毒性废物（^{137}Cs、^{14}C等）、高毒性废物（^{90}Sr、^{60}Co、^{106}Ru等）、极毒性废物（^{210}Po、^{226}Ra、^{239}Pu等）。此外，还有按照处置方式、按照释热性质、按照潜在危害程度等许多分类方法。

我国对固体放射性废物进行分级管理，首先按照核素半衰期和辐射类型分为五种，然后按照放射性比活度水平分为不同的等级。按照核素半衰期和辐射类型分类如下。

（1）α废物，含半衰期大于30 a的α辐射核素，单个货包中α比活度>4×10^6 Bq/kg，对多个货包平均每个货包α比活度>4×10^5 Bq/kg。

（2）含有半衰期≤60 d（包括核素^{125}I）的放射性核素的废物，第Ⅰ级（低放废物），比活度≤4×10^6 Bq/kg，第Ⅱ级（中放废物），比活度>4×10^6 Bq/kg。

（3）含有半衰期>60 d，≤5 a（包括^{60}Co）的放射性核素的废物，第Ⅰ级（低放废物），比活度≤4×10^6 Bq/kg，第Ⅱ级（中放废物），比活度>4×10^6 Bq/kg。

（4）含有半衰期>5 a，≤30 a（包括^{137}Cs）的放射性核素的废物，第Ⅰ级（低放废物），比活度≤4×10^6 Bq/kg，第Ⅱ级（中放废物），比活度>4×10^6 Bq/kg，≤4×10^{11} Bq/kg，且释热率≤2 kW/m^3，第Ⅲ级（高放废物），比活度>4×10^{11} Bq/kg，或者释热率>2 kW/m^3。

（5）含有半衰期>30 a 的放射性核素的废物（不包括 α 废物），第Ⅰ级（低放废物），比活度≤4×10^6 Bq/kg，第Ⅱ级（中放废物），比活度>4×10^6 Bq/kg，≤4×10^{11} Bq/kg，且释热率≤2 kW/m^3，第Ⅲ级（高放废物），比活度>4×10^{11} Bq/kg，或者释热率>2 kW/m^3。

由此，固体放射性废物经核素半衰期和辐射类型及放射性比活度交叉进行分类，分级分类表见表 4-1。

表 4-1　放射性固体废物的分级表

分类	分类依据—放射性核素半衰期（$T_{1/2}$）			
	$T_{1/2}$≤60 d，（含^{125}I）	60 d<$T_{1/2}$≤5 a，（含^{60}Co）	5 a<$T_{1/2}$≤30 a（含^{137}Cs）	$T_{1/2}$>30 a
第Ⅰ级（低放废物）	比活度≤4×10^6 Bq/kg	比活度≤4×10^6 Bq/kg	比活度≤4×10^6 Bq/kg	比活度≤4×10^6 Bq/kg
第Ⅱ级（中放废物）	比活度>4×10^6 Bq/kg	比活度>4×10^6 Bq/kg	4×10^6 Bq/kg<比活度≤4×10^{11} Bq/kg，且释热率≤2 kW/m^3	比活度>4×10^6 Bq/kg 且释热率≤2 kW/m^3
第Ⅲ级（高放废物）			比活度>4×10^{11} Bq/kg，或释热率>2 kW/m^3	比活度>4×10^{11} Bq/kg，或释热率>2 kW/m^3
α 废物				$T_{1/2}$>30 a 的 α 发射体核素的放射性比活度在单个包装中>4×10^6 Bq/kg（对近地表处置设施，多个包装的平均 α 比活度>4×10^5 Bq/kg）的为 α 废物

固体放射性废物中，还有一类称之为免管废物，指的是对公众成员照射所造成的剂量值<0.01 mSv/a，对公众的集体剂量≤1 人·Sv/a 的含极少量放射性核素的废物。

《中华人民共和国放射性污染防治法》第六章"放射性废物管理"中，对放射性废气、废液和固体废物的处理与处置，以及监管机制都作了明确规定，废物产生者和放射性废物管理设施营运者对放射性废物管理活动的安全负责，若管理活动由几个营运者相继完成，必须确保责任承担的连续性。对低、中水平放射性固体废物，应集中暂存、建立档案、监测管理、限期转运处置。贮存库的选址、设计和建造必须符合国家有关规定，具备必要的抗御意外灾害的能力（例如：防火、防水、防盗、抗震等），保证废物的贮存处于有效监控之下和贮存的废物可以回取送去处置。

贮存库接收废物必须满足经过审管部门批准的废物接收标准，发送处置废物必须提前递交废物处置申请单，其内容包括：①废物的来源（废物产生者）；②废物货包体积和重量；③放射性活度和主要核素；④表面剂量率；⑤货包编号；⑥废物处理和整备说明；⑦发送日期。贮存库接收时则按照"废物送贮申报表"的内容进行核实（废物类型、核实、活动、表面剂量率等），编号，登记入库，建立档案。

4.3 放射性固体废物分类检测技术

放射性固体废物的分类检测是设施和营运单位合规运行的技术保障，是实现放射性固体废物有效管理的重要手段，可在放射性固体废物产生、暂存、整备处理、运输机处置等各环节进行测量分析和诊断评估，获取固体废物中的放射性核素活度浓度，并依此判定废物的属性特点等相关信息，为放射性固体废物的安全监管、设施的有效运行提供数据信息和技术保障。

放射性固体废物中含有不同放射性核素，它们的衰变方式各异，可能会发射 α 粒子，也可能发射 β 射线、X 射线、γ 射线和中子，并伴随释放出衰变热。核素的衰变方式可以反映放射性固体废物中的固有性质。基于这一物理事实，通过粒子探测分析放射性固体废物中放射性核素的组成、分布、同位素丰度等信息，进而对放射性固体废物进行分类，并进一步处理处置。

放射性固体废物装载在包装容器中，介质和放射性核素在容器中的分布情况均未知，无法从放射性固体废物中取出具有代表性的样品，因此，无法采用传统的取样及化学分析方法（破坏性分析）对放射性固体废物进行准确测量分析。非破坏性分析技术（简称 NDA 技术），可以在不改变待分析物项的物理或化学性质的前提下，通过探测放射性衰变释放 γ 射线、中子信号和热量而间接推算得出其中放射性元素含量、元素或者同位素组成，经图像重建得出放射性核素的空间分布，适用于放射性废物在线或者离线分类检测。

根据检测时是否使用外加质询源，NDA 技术可分为两大类，①无源分析技术：以观测天然存在或者自发辐射为基础的 NDA 技术；②有源分析技术：借助质询源，测量分析诱发辐射为基础的 NDA 技术。根据测量分析的信号特征，NDA 技术分为 γ 能谱法、中子计数法、γ 能谱/中子计数联合测量分析方法及量热法，通常 NDA 技术对放射性核素含量和同位素组成的测量分析精度可达到 1%~10%。

γ 能谱法主要用于低密度物项的测量分析，系统通常由 γ 射线探测器、电子学谱仪和数据收集处理软件组成，在集成机械控制及数学算法后开发的放射性废物测量分析技术有 γ 射线分段扫描技术（SGS）、层析 γ 扫描测量技术（TGS）等。

中子计数法主要用于自发裂变或诱发裂变产生中子的核素（如 U 或 Pu），以及基体密度高的物项测量分析，中子计数设备通常由中子探测器、电子学谱仪和数据收集处理软件组成，常见的仪器设备有：高水平中子符合计数器（HLNCC），有源中子符合计数器（AWCC），中子多重性计数器（NMC）等。放射性固体废物检测装置，主要有基于有源符合和中子多重计数的 α 废物检测装置。

γ 能谱/中子计数联合测量分析方法通常用于特定条件下的放射性活度和核材料测量分析，如放射性固体废物分类检测装置，长寿命核素比活度测定以及含 Pu 废物检测分析等。

量热法是通过测量材料的热功率而确定核材料质量的 NDA 技术，该方法主要用于测量分析含 ^{3}H、Pu、^{241}Am 等核素的样品。不同核素具有不同的热功率，比如乏燃料后处理设施产生的废物中，钚同位素和 ^{241}Am 的热功率较高。量热设备通常由保温腔、热敏元器件及数据信息读出系统组成，量热计按照物理结构可分为多腔量热计和单腔量热计。

4.3.1 γ 射线测量分析技术

γ 射线测量分析技术，通常称为 γ 能谱法，其基本原理是放射性核素在衰变过程中释放的 γ 射线强度与放射性核素的质量成正比。放射性固体废物中含有放射性核素，绝大多数放射性核素在衰变过程中会释放出特征 γ 射线，通过测量这些 γ 射线，再经过相应的分析校正，则可得出放射性固体废物中放射性核素的活度浓度。分析过程大致为：特征 γ 射线经介质和容器吸收后打入探测器，产生的信号经配套电子学收集、分析后得出测量对象的放射性活度，再经衰减校正和相关刻度计算后，得出待测物项中放射性核素的含量。

4.3.1.1 分段 γ 射线扫描检测技术

分段 γ 扫描（SGS）检测技术是一种集成了机械控制和数学算法开发而成的 γ 能谱分析技术，适用于放射性活度和介质密度分布不均匀的中低密度样品中放射性核素识别和其活度测量分析。测量时，待测对象采用轴向分层、径向旋转的扫描测量方式，通过透射测量和自发射测量的模式，测定其中感兴趣核素特征 γ 射线的强度，通过能谱解析计算而测到样品中的放射性总活度。SGS 技术原理如图 4-3 所示。

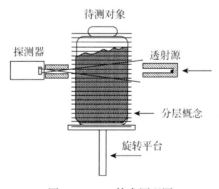

图 4-3 SGS 技术原理图

工作流程是：测量过程中待测对象采用径向旋转、轴向分段的测量方式，探测器逐段扫描测量待测样品发射的 γ 射线能谱，以及透射源经待测对象衰减后的 γ 射线能谱，经分析计算后得出待测对象中的放射性核素活度浓度及层分布。SGS 工作的优势在于，在测量过程中采取旋转的方式，将待测对象中的介质分布和待测核素人为进行"近似均匀化"处理，有效减小非均匀性分布引入的不确定度。

放射性核素的活度分析过程大致为，通过测量对象自发射 γ 能谱经分析和重建得到放射性核素种类和初始活度信息，再根据测量对象的重量和透射重建所得的介质密度进行自吸收校正，结合无源效率刻度得到探测效率，推导计算其中放射性核素的 γ 射线活度。计算方程如式（4-1）所示。

$$\begin{bmatrix} \eta_{11} & \eta_{11} & \cdots & \eta_{1j} \\ \eta_{21} & \eta_{22} & \cdots & \eta_{2j} \\ \vdots & \vdots & \vdots & \vdots \\ \eta_{i1} & \eta_{i2} & \cdots & \eta_{ij} \end{bmatrix} \begin{bmatrix} x_1 \\ x_2 \\ \vdots \\ x_i \end{bmatrix} = \begin{bmatrix} n_1 \\ n_2 \\ \vdots \\ n_i \end{bmatrix} \tag{4-1}$$

其中，η_{ij} 代表探测系统对某条特征 γ 射线的探测效率，x_i 代表待测对象中核素的代表性能量的活度，n_i 代表测量对象特征 γ 射线的计数率。

经式（4-1）计算得出特征 γ 射线的计数率后，采用放射性衰变规律计算相应的核素活度，以及待测对象中放射性核素的总活度。计算过程分别见式（4-2）和式（4-3）。

$$A_i = x_i / B_\gamma \tag{4-2}$$

$$A = \sum_{i=1}^{j} A_i \tag{4-3}$$

式中：A_i 代表待测对象第 i 层内某一核素的活度；B_γ 代表放射性核素特征 γ 射线能量的分支比。

SGS 实验装置主体由待测样品支撑旋转平台、透射源、探测器及数据获取与分析软件组成，其结构如图 4-4 所示。

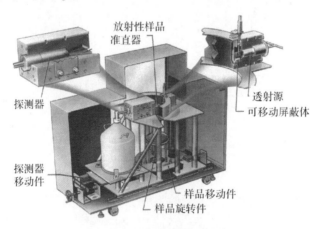

图 4-4　SGS 实验装置硬件构造图

SGS 实验装置经改进提升，工程放大后发展成 SGS-γ 无损检测设备，可用于放射性固体废物桶的测量分析，中国原子能科学研究院曾经设计开发了多套 γ 无损检测装置，分别应用于中国原子能科学研究院、四〇四厂、火箭军工程大学等放射性废物暂存、固体废物整备等工程。SGS-γ 无损检测设备技术性能列入表 4-2。

表 4-2　SGS-γ 无损检测设备技术指标

序号	技术描述		技术指标
1		400 L 废物桶探测范围	$5 \times 10^5 \sim 5 \times 10^9$ Bq/kg
2		200 L 废物桶探测范围	$6 \times 10^5 \sim 4 \times 10^{11}$ Bq/kg（^{60}Co）
3	整体特性	测量时间	30 分钟/桶
4		置信度	2σ
5		放射性比活度（Bq/kg）测量误差	均匀废物桶<10%
6			杂项废物桶<30%
7	探测器升降	探测器升降范围	完全覆盖被测对象的底部和顶部
8		最大称重量	分别不低于 1000 kg（200 L 废物桶），1500 kg（400 L 废物桶）
9	待测对象旋转平台	称重精度	优于 1%
10		自动化	测量转台与工艺辊道连接，连锁控制可实现测量完全自动化
11		转台	由带驱动的辊道组成，能够实现废物桶自动上下
12		数据获取和分析	包括谱分析软件、无源效率刻度软件、控制软件
13	软件	数据管理	实现非破坏性检测数据、设备故障、报警信息的存储、显示和自动上传至中央服务器 备注： 主要存储的检测数据有：废物桶编号；废物桶检测的时间；废物桶内容物描述，包括材料、特性等；废物产生地；废物桶表面污染水平；废物桶表面 γ 剂量率、1 m 处 γ 剂量率和 1 m 处中子剂量率；α/γ 无损检测的结果（α/γ 放射性水平、内容物核素组成、废物桶的重量等）；废物在暂存库中的贮存位置
14	工作环境	仪器正常运行时温度范围	5~35 ℃
15		仪器正常运行时相对湿度	不高于 90%

4.3.1.2　层析 γ 射线扫描检测技术

层析 γ 扫描（TGS）检测技术是在 SGS 技术基础上发展而来的，用于非均匀介质中非均匀分布放射性核素识别和活度测量分析。TGS 与 SGS 不同之处在于，TGS 在待分析对象径向上将其划分为不同的体素，采用外加放射源透射和自发射测量介质密度和放射性活度重建，从而得出待分析对象中的放射性核素活度。一般选用能量分辨性能最好的高纯锗（HPGe）探测器，前端配置适宜的准直器，选用 ^{75}Se、^{152}Eu 等作为透射源，TGS 技术原理如图 4-5

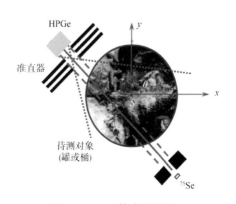

图 4-5　TGS 技术原理图

所示。

测量时，待测对象（如图 4-5 所示的罐或桶）在轴向根据体素尺寸以固定角度（θ）步进旋转，在水平和轴向根据体素尺寸步进移动，HPGe 探测器逐一测量获取透射源的 γ 射线能谱和与之对应的待测样品发射的 γ 射线能谱，经能谱分析、透射率校正介质密度重建及自发射 γ 射线强度重建可分析得到待测对象中的核素种类及其活度。实验室 TGS 装置及其中放射性重建效果如图 4-6 所示。

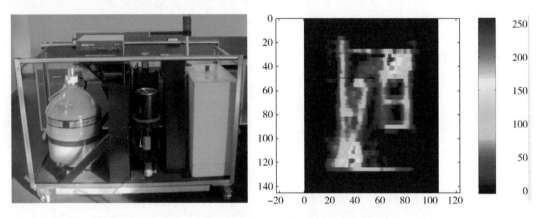

图 4-6　TGS 实验室装置及放射性重建结果图

TGS 核素分析和放射性活度重建通常采用代数重建算法（ART）实现，ART 算法中的关键参数有：多角度的发射数据 P^0；体素放射性活度（O^i）初始化；某一角度各体素放射性活度迭代计算；套用式（4-4）进行迭代运算；每个体素逐一完成迭代计算之后再合成待测对象中总的放射性活度。

$$O^{i+1} = O^i + (P^0 - P^i)/n \tag{4-4}$$

TGS 实验装置经工程放大后可用于放射性固体废物桶或罐的检测分析，TGS 技术在美国 DOE 下属的如橡树岭、爱德华、潘特克斯工厂、萨瓦纳河、朴茨茅斯等国家实验室和核设施中取得了应用，例如，对于典型的 200 L 废物桶，其中填充不同介质的条件下，采用 TGS-γ 无损检测设备开展 ^{235}U、^{239}Pu 含量测量分析，所得技术性能参数列入表 4-3。

表 4-3　TGS-γ 无损检测设备技术能力

序号	介质	介质密度/ (g·cm^{-3})	分析对象	含量/g	分析结果/g	偏差/%
1	铝切屑	0.24	^{239}Pu	28.87	30.1	4.3
					27.0	-6.3
2	聚乙烯颗粒	0.24	^{239}Pu	28.87	27.8	-3.6
3	纸	0.06	^{235}U	14.0	14.7	5.1
			^{235}U	14.0	14.8	5.6
			^{239}Pu	28.2	28.2	-2.1
4	铁屑	0.67	^{239}Pu	67.4	61.6	-8.6
5	聚乙烯块	0.32	^{239}Pu	9.63	9.99	3.7

续　表

序号	介质	介质密度/（g·cm⁻³）	分析对象	含量/g	分析结果/g	偏差/%
			^{239}Pu	96.27	110	15
6	混凝土	1.17	^{239}Pu	96.27	122	27
			^{239}Pu	96.27	82	−15

4.3.2　中子信号测量分析技术

大多数放射性同位素的中子发射率特别低，但钚及超钚元素的同位素可发射中子信号，这也是它们最为独有的特征。如果待测对象几何尺寸较大、填充介质致密的话，其中放射性核素释放的特征 γ 射线则会因介质的屏蔽吸收和衰减效应很难全部释放出来而被探测到，很难采用 γ 能谱分析技术进行测量对象中放射性核素的活度浓度定量分析。因此，对大体积、高密度含钚放射性固体废物而言，中子探测分析技术成为其最佳分析手段。

最常用的中子探测器是 ^{3}He 气体正比计数器（简称 ^{3}He 管）, ^{3}He 气体被装入管状容器中，结构材料中同时置入电极，器件制作及密封需要较为先进的工艺。^{3}He 管的工作原理是，中子与 ^{3}He 发生核反应释放出带电粒子，这些带电粒子使周围的 ^{3}He 电离［反应方程见式（4-5）］，电离释放的电子在电场作用下电极收集后形成电压脉冲，电压脉冲型号经电子学系统收集记录后，经数学换算得出含钚及超钚核素的放射性活度及其含量，工作原理见图 4-7 所示。

$$n + {}^3\text{He} \rightarrow {}^1\text{H} + {}^3\text{H} + 765 \text{ keV} \tag{4-5}$$

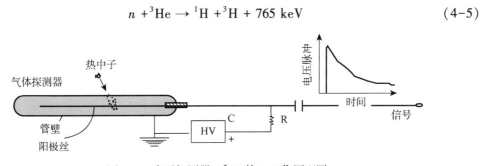

图 4-7　中子探测器（^{3}He 管）工作原理图

中子探测器的品质取决于中子信号灵敏度和其他辐射的不敏感性，几乎所有的中子探测器材料（包含 ^{3}He 探测器）对低能中子的灵敏度更高，因此在许多中子探测系统中，将探测器用慢化材料（如聚乙烯）包裹起来，将高能中子慢化，以便获得最佳的中子探测效率。

Pu 的同位素有 ^{238}Pu、^{239}Pu、^{240}Pu、^{241}Pu 和 ^{242}Pu，含 Pu 样品中 ^{239}Pu 的丰度通常为 60% ~80%，Pu 同位素的中子发射率各不相同，含 Pu 样品的中子信号主要源于 ^{238}Pu、^{240}Pu 和 ^{242}Pu，其中以 ^{240}Pu 为主。因此在中子计数法中，通常采用归一处理方法进行数据分析，即以 ^{240}Pu 自发裂变的中子数为基准，分析 ^{240}Pu 的等效质量 ^{240}Pu$_{\text{eff}}$，数学关系见式（4-6）。因此，采用中子计数法测量分析 Pu 含量时需测定 Pu 的丰度信息，实现中子计数率与 Pu

含量的换算。

$$M(^{240}\mathrm{Pu_{eff}}) = 2.52M(^{238}\mathrm{Pu}) + M(^{240}\mathrm{Pu}) + 1.68M(^{242}\mathrm{Pu}) \tag{4-6}$$

通过等效质量 M （$^{240}\mathrm{Pu_{eff}}$）可以进一步求出总钚质量：

$$M_{\mathrm{tot}}(\mathrm{Pu}) = \frac{M(^{240}\mathrm{Pu_{eff}})}{2.52f(^{238}\mathrm{Pu})} + f(^{240}\mathrm{Pu}) + 1.68f(^{242}\mathrm{Pu}) \tag{4-7}$$

其中，f 代表 $^{238}\mathrm{Pu}$、$^{240}\mathrm{Pu}$ 和 $^{242}\mathrm{Pu}$ 的丰度。

未经辐照的易裂变核材料如 Pu，以三种方式发射中子，①自发裂变，如 Pu 同位素的自发裂变；②诱发裂变（一般由低能中子源引发）；③α 粒子诱发的（α，n）反应，包括与氧（O）和氟（F）等元素之间诱发反应。总的来说，核材料发射的中子数量与其质量相关，因此可通过待测对象自发裂变、诱发裂变和（α，n）反应的中子信号数量来分析待测物项中核材料的量。对中子计数设备装置而言，根据其工作时是否使用外加诱发源，可分为无源探测系统和有源探测系统，实际应用时有的装置设备既可在无源模式，也可以在有源模式下工作。

无源探测模式，通过测量 Pu 的自发裂变中子进行定量分析，常见的无源探测系统有两种几何结构，一种是井型结构，另一种是环型结构。井型结构（见图 4-8）将待测样品完全包住，样品释放的所有中子几乎都能被探测到，优点是效率高，适用于测量分析样品中核材料总量；环型结构局部环绕在待测样品外，适用于样品体积大而很难采用井型结构进行全包裹的情况，如核燃料组件，适用于测定待测对象中单位长度中的核材料量。

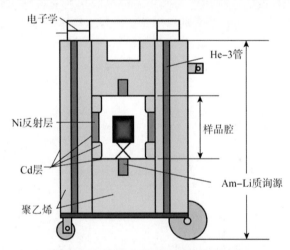

图 4-8　井型中子探测设备设计结构图

有源探测系统，主要针对自发裂变率低的易裂变同位素 $^{235}\mathrm{U}$ 和 $^{239}\mathrm{Pu}$，采用外部中子源来"质询"样品，诱发使其裂变，再测量分析诱发中子来确定其中的核材料量，外部中子源多为 Am-Li 中子源或者 $^{252}\mathrm{Cf}$ 中子源。与无源探测技术的外观结构相似，井型有源探测系统通常在测量腔的顶部和底部各配置一个质询源，环型有源探测系统则在探测器径向对称轴的位置配置一个质询源。

核材料一次裂变发射的中子数为 0~8 个不等，具有一定的统计性特征，每次裂变所发射中子数目的概率分布，被称为中子多重性分布，而这些中子具有时间相关性，但（α，n）中子和本底中子为随机分布，均无时间相关性，因而中子测量分析法根据中子信号的处理算法又分为总中子分析方法、符合中子分析方法、中子多重性分析方法。

总中子计数法测量的中子信号，包括裂变中子，(α, n) 中子和本底中子，是对样品发射的所有中子的响应，它对本底中子更灵敏，且样品材质（金属、氧化物、混合氧化物）对计数影响较为明显。

对自发裂变和诱发裂变而言，每次裂变可发射两个或更多的裂变中子，这些中子相互之间具有时间相关性，即可用符合中子计数法进行探测和分析。几乎所有的 U、Pu 和其他超 U 元素的同位素都发射 α 粒子，这些 α 粒子与化合物中的轻元素（例如 O 和 F）或杂质（例如 B、Be 和 Li）相互作用释放中子，形成了中子本底信号，统统记录之后给测量结果带来误差，而符合中子计数法可以通过中子事件的时间关系对脉冲进行处理，达到甄别本底、消除 (α, n) 反应影响的作用。即采用符合中子分析方法可以消除 (α, n) 反应中子和本底随机中子的影响，仅仅是对与时间相关的中子的响应，即只反映了裂变材料的本质。符合中子测量方法能得到两个参数：总中子计数率 S 和二重符合中子计数率 D。

放射性固态废物桶检测装置（WDAS）以及其他结构放射性固体废物检测装置，均属中子计数法经工程放大集成开发而成的工程应用装置，用于测量分析超铀元素（Am、Pu 等元素）的质量和放射性核素总活度及活度浓度以达到废物分类检测的目的，WDAS 结构简图如图 4-9 所示。

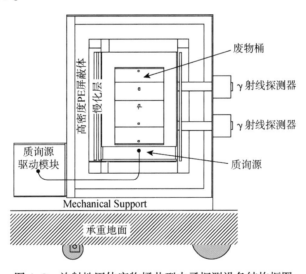

图 4-9 放射性固体废物桶井型中子探测设备结构框图

WDAS 由中子探测系统、废物桶传输与自动控制系统、数据获取与分析软件系统等部件组成，原子能院设计开发并取得现场应用的中子信号分析检测装置主体及接口设计结构见图 4-10 所示，测量腔为中空六面体结构，由中子慢化及屏蔽材料高密度聚乙烯、中子反射层材料石墨、中子吸收材料 Cd 片等组成，通过电气控制可实现放射性固态废物桶的传送、装载及卸出，也可采用远程控制方式实现放射性固态废物桶的测量和分析等任务，运行技术指标见表 4-4。

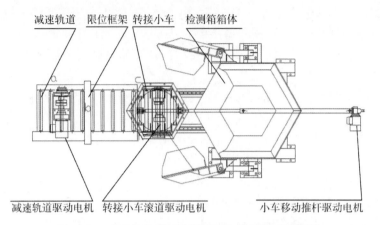

减速轨道　限位框架　转接小车　检测箱箱体

减速轨道驱动电机　转接小车滚道驱动电机　小车移动推杆驱动电机

图 4-10　中子信号分析检测装置主体及接口结构图

表 4-4　中子信号分析检测装置技术指标

序号	技术描述	技术指标
1	工作模式	无源中子模式
2	测量对象	200 L 标准废物桶（EJ1042） （密度：0.1~2.5 g/cm³）
3	系统最大载重量	800 kg
4	中子探测效率	≥30%（空桶中心位置）
5	单桶测量时间	1800 s
6	检测下限 （测量时间 1800 s）	实验室指标：1 mg $^{240}Pu_{eff}$（出厂条件） 现场指标：2 mg $^{240}Pu_{eff}$（环境本底：10 μGy/h）
7	平均无故障时间	≥12 000 h
8	工作环境	温度：0~40 ℃ 相对湿度：≤85% 环境本底：≤10 μGy/h

4.3.3　量热检测技术

大多数放射性同位素衰变时，在发射 α 粒子、β 粒子、γ 射线和中子的同时会伴随着释放衰变热，量热技术即是一种基于测定衰变热而发展起来的 NDA 技术，可用来测定 ^{3}H、Pu、Am 及含有这些核素的样品。相对而言钚的同位素和 ^{241}Am 的热功率最为显著，例如：^{239}Pu 衰变为 ^{235}U 时，释放一个 α 粒子的同时释放出的能量为 5.15 MeV，部分其他同位素的热功率见表 4-5。

表 4-5　常见的几种同位素的衰变参数

序号	同位素	衰变方式	热功能/（mW·g⁻¹）	不确定度/%	半衰期/a
1	^{238}Pu	α	567.57	0.05	87.74
2	^{239}Pu	α	1.93	0.02	24 119
3	^{240}Pu	α	7.08	0.03	6564
4	^{241}Pu	β	3.41	0.06	14.38
5	^{242}Pu	α	0.12	0.22	176 300
6	^{241}Am	α	114.4	0.37	433.6
7	^{3}H	β	324	0.14	12.32

　　量热技术的特点：①可以对待测对象整体测量；②测量精度与待测对象的尺寸、几何结构、介质及核材料的分布均无关；③电流和电位的测量数据可以溯源至国际/国内标准；④用于分析核材料时，也需要提前测定核材料的同位素信息或者丰度。该技术广泛应用于含钚物料的定量测量和分析，测量精度可达到 0.5%～1%，其关键硬件结构设计如图 4-11 所示。

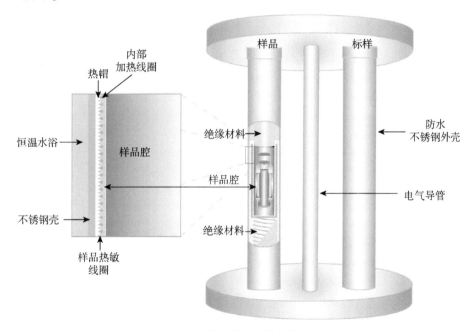

图 4-11　量热计关键部件结构设计图

　　量热技术的基本工作步骤为：①通过 γ 能谱等方法确定核材料同位素信息或者丰度；②进行量热测量以确定核材料的热功率；③依据物料同位素组成确定有效比功率；④用热功率除以有效比功率确定物料所含放射性同位素的质量。物料质量 m 可通过式（4-8）间接求得：

$$P_{\text{eff}} = \sum_{i=1}^{n} R_i P_i \tag{4-8}$$

式中：n 代表待测样品中的同位素数量；R_i 代表质量百分比；P_i 代表第 i 个同位素的热功

率。热功率之后，Pu 的质量采用 $Pu_{mass} = \dfrac{功率}{P_{eff}(同位素)}$ 计算得出。

以美国洛斯阿拉莫斯实验室为代表，劳伦斯利弗莫尔、桑迪亚、汉福特、萨凡纳河等设施中广泛应用量热计测量 Pu 和 ^3H 样品，将其列为 Pu 定量测量分析的关键 NDA 设备，量热计测量也用于千克级高浓铀（HEU）、^{233}U、^{237}Np、$^{242,244,245}Cm$、$^{250,252}Cf$、$^{241,242m,243}Am$ 和裂变产物的定量测量分析，量热法应用的技术能力列入表 4-6。

表 4-6　量热计技术能力

序号	热标准功率/W	量热计直径/m	操作模式	测量次数	精度/%	偏差/%
1	98.0	0.06	柱状，伺服	29	0.07	0.02
2	3.5	0.15	柱状，伺服	55	0.09	0.00
3	4.0	0.25	双桥，无源	22	0.05	0.03
4	4.9	0.30	双桥，无源	34	0.06	0.05
5	0.0786	0.04	固定结构，无源	10	0.23	0.001

法国凯璞科技集团开展了 200 L 放射性固体废物桶量热计开发及应用研究，设计采用了单腔体结构，废物桶测量腔分为两半，两部分之间间距最大可达 1.2 m，固体废物桶可采用叉车、航吊或者轨道运输并载入量热计测量腔，标准热标样储藏室预埋在待测废物桶的底部，与废物桶之间采用绝缘体分割。测量腔结构及设备外观如图 4-12 所示。

经实际测试，LVC CHANCE 量热计可以测量分析含 Pu 样品的模拟 200 L 固体废物桶，在 CEA 卡德拉希和 SCK. CEN 两个设施的未经表征的 200 L 桶装废物中进行了应用，测试用模拟废物桶重量为 522 kg，高度为 92 cm，直径为 58 cm。LVC CHANCE 量热计现场结构如图 4-13 所示。

现有量热计可测量体积为 3.3~380 L 的桶装样品，

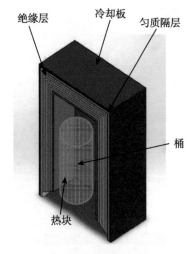

图 4-12　200 L 放射性固体废物
桶量热测量装置设计结构图

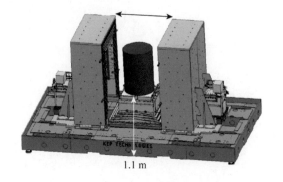

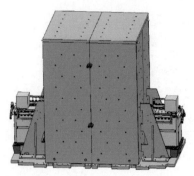

图 4-13　法国凯璞科技集团建立的 200 L 废物桶量热计 LVC CHANCE 外形图

操作接口和工作界面友好，功率范围 100 μW ~ 100 W（即几毫克^{3}H 到千克级 Pu）。量热计技术需要解决的主要问题为混合元素、高密度废物桶及非均匀介质材料的测量对象分析技术，目前采用大量模拟方法不断优化系统的探测下限和测量分析不确定度。

4.3.4 α 废物检测技术

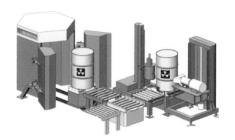

α 废物通常意义指含钚废物，其显著特点是：因 Pu 的自发裂变而释放中子信号和因 Pu 的 α 衰变废物释热率较高。鉴于 α 废物检测的目的和特点，宜使用 γ 能谱与中子信号测量分析技术或量热技术相结合的方式进行测量分析。

α 废物检测技术用于鉴别放射性固体废物是否为 α 废物，如果待测对象为 α 废物则进一步测量其中所含 α 放射性核素的总活度和活度浓度，为废物的处理和处置环节提供支撑数据，适用于 MOX 元件制造厂、后处理运行设施、核设施退役等产生的固体废物的分类检测，也适用于放射性固体废物转型站、放射性固体废物处置场等设施的分类检测。

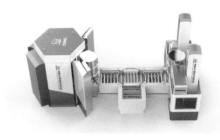

图 4-14 是低中放射性固体废物 200 L 典型桶装 α 废物分类检测装置的设计效果图，采用 SGS 分段扫描技术测定其中的 γ 放射性核素及其活度

图 4-14　低中放射性固体废物 200 L 桶典型分类检测装置设计效果图

浓度，采用中子检测技术进行 α 放射性属性甄别，结合 SGS 和中子检测数据进行 α 放射性核素的活度浓度分析。

中国原子能科学研究院在桶装 α 废物检测技术研发和工程应用方面开展了广泛的基础性研发工作，在核废物的中子检测技术方面积累了大量应用经验，目前是国内 α 废物非破坏性先进检测技术的主要研究和应用单位，图 4-15 是其为国内某设施中设计研制并已投入运行的 α 废物检测装置。

图 4-15　某设施中投入运行的 α 废物分类检测装置图

4.4 放射性废物分类检测技术应用

目前通用做法是，①对核电站产生的固体废物，采用 γ 分类检测装置，测量分析其中的核素种类及活度浓度；②对乏燃料后处理设施产生的固体废物，以及历史遗留及未知来源的可疑固体废物，采用 α 分类检测装置进行测量分析，利用 γ 分类检测装置分析其中核素的种类及活度浓度，对疑似 α 废物进一步采用中子信号测量分析技术测量其 α 放射性活度浓度。

中国核工业集团有限公司下属单位，配备放射性固体废物检测装置设施的主要单位有中核四〇四有限公司，中核四川环保工程有限责任公司，中核清原环境技术工程公司、中国原子能科学研究院等。

4.4.1 放射性废物桶检测技术

国外（以美国为代表）在放射性废物桶检测方法方面，从技术研究、设备开发、投产应用及质量保证等方面做了大量的工作。2002 年，DOE 基于洛斯阿拉莫斯实验室技术专家关于放射性废物桶检测技术的调研分析报告，组织了 NDA 技术专家开展了比对试验，以验证废物桶检测技术的准确度和精确度。

中国原子能科学研究院研制的 WNC 装置，安装在中核四〇四有限公司中低中放固体废物转型站（见图 4-16），经系统刻度和模拟样品测量结果比对表明，针对典型介质条件下的 200 L 桶装中低放射性固体废物，测量结果与内容物标称值的相对偏差小于 30%。系统调试过程中，在现场对 10 个 α 废物桶进行了分析效果验证，结果与化学取样分析结果保持一致，该装置目前处于常规运行状态，累计完成超过 200 桶疑似 α 废物的检测任务。

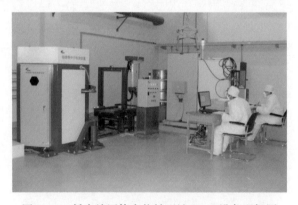

图 4-16 低中放固体废物转型站 WNC 设备现场图

在 WNC 的基础上，优化设计加工的桶装 α 废物中子检测装置，在操作控制、系统运行、数据分析及设备可靠性等方面均有所升级，目前安装运行在中国原子能科学研究院"三废"治理示范车间，累计测量分析低中放射性 200 L 固体桶装废物 400 余桶，系统运行稳定。

4.4.2　放射性废物钢箱检测技术

放射性废物钢箱分类检测，与放射性废物桶的检测技术类似，不同之处在于装备的结构设计及数据分析处理方面。乏燃料后处理设施运行过程中产生的低、中水平放射性废物采用 FA Ⅲ/Ⅳ 和 FB Ⅲ/Ⅳ 型钢箱收集、处理、贮存、运输和处置。燃料后处理设施中产生的废物钢箱与其他包装容器的废物特性类似，具有放射性分布不均匀、基体分布不均匀的典型特点，并兼有放射性核素种类多（含裂变产物、核材料及活化产物）、介质密度大（FA Ⅲ/Ⅳ 和 FB Ⅲ/Ⅳ 型钢箱装箱密度分别约为 1.6 g·cm^{-3} 和 2.5 g·cm^{-3}）的特点。

20 世纪 90 年代，帕哈利托科技公司为汉福特厂研制了中低放射线固体废物 NDA 测量装置（BWAS），采用了中子和 γ 结合测量的方式，该系统对超铀核素的灵敏度为 10 nCi/g，对主要的裂变产物和活化产物核素^{137}Cs、^{60}Co 的探测灵敏度好于 1 nCi/g。BWAS 系统测量的钢箱外形尺寸为 2.5 m×1.5 m×1.5 m，γ 射线测量分析部分采用了 16 个 NaI 探测器，分为 4 组，每组 4 个环绕在钢箱四周。每个 NaI 探测器外包铅屏蔽准直器，每个探测器的视野基本无交叠，其结构及数据收集框图如图 4-17 所示。

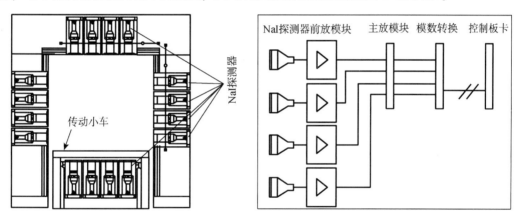

图 4-17　BWAS 系统 NaI 测量模块正视图及数据收集框图

在 BWAS 这类系统中，主要利用 NaI 探测器收集的 γ 能谱数据，经拟合分析计算得出待测对象中的放射性活度 A，A 与核素质量之间的关系见式（4-9）：

$$A = \lambda N = \lambda \cdot \frac{M}{M_0} \cdot \text{Na} \tag{4-9}$$

式中：λ——放射性核素的衰变常数；

　　　M——放射性材料的质量；

　　　M_0——放射性核素的摩尔质量；

　　　Na——阿伏加德罗常数。

NaI 探测器测到的是放射性核素的特征 γ 射线全能峰净计数率 n_0，根据 γ 能谱测量的技术原理，n_0 与放射源的活度、探测器效率、几何条件、γ 射线分支比以及屏蔽材料的吸收等因素有关，存在如下关系：

$$n_0 = \varepsilon_1 \cdot \varepsilon_2 \cdot \varepsilon_3 \cdot B_\gamma \cdot A \tag{4-10}$$

式（4-10）中 ε_1 为探测器的本征探测效率，ε_2 为几何因子，ε_3 为屏蔽材料吸收因子，B_γ 为放射性材料发射 γ 射线的分支比。废物钢箱和废物桶一样，对 γ 射线具有较严重的吸收作用，基于这种事实，NaI 探测器测量得到 n_0 之后，需要进行探测器本征效率校正、测量几何条件校正和屏蔽材料吸收性质校正，根据数据大小，对比放射性废物分类标准，确定 γ 辐射热点、推算 γ 辐射剂量、确定放射性活度及是否为 α 废物。

国内中低放射性固体废物钢箱检测技术刚刚起步，处于方法研究和工程应用的初级阶段，在放射性废物桶检测经验的基础上，提升系统的自动化和可靠性，结构设计及分析原理效果如图 4-18 所示。

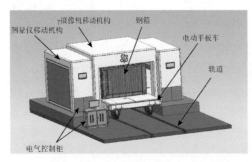

图 4-18 低中水平放射性固体废物钢箱检测装置结构及分析原理效果图

经系统评估，低中水平放射性固体废物钢箱检测装置，在单个钢箱测量时间 2 h 的前提条件下，阵列型 NaI 探测系统对 ^{137}Cs、^{60}Co 的探测灵敏度可好于 1 nCi/g；钢箱表面的 γ 辐射热点空间分辨率好于 30 cm。

4.5 放射性固体废物分类检测技术发展趋势

为加强环境保护，放射性废物的管理更加严格精细，我国现行管理策略与 IAEA 推荐的方式整体协调一致。根据《中核人民共和国放射性污染防治法》和其他法律法规的有关规定，放射性废物要"坚持最小化"的原则，即放射性废物分类检测技术需要与工艺的生产、运行及退役紧密结合，具备灵活的离线或在线操作、运行模式，并与其他运行和监督跟踪系统能够相互兼容，实现废物从产生、处理、包装、贮存、运输到处置的全周期监督管理与控制。

目前，针对 γ 射线类污染的固体放射性废物，对于单一污染核素，主要通过建立放射性活度与剂量率水平的关系，使用大面积塑料闪烁体探测器实现其大批量快速检测分类；对于存在多种污染核素，核素的活度比例不确定的情况，通常采用高分辨率 γ 谱仪系统以及自适应技术相结合的检测手段进行分类。而针对 α 放射性固体废物检测，除了常规 γ 能谱技术结合中子或者量热技术进行分类检测之外，利用 α 粒子电离产生的离子在空气中复合需要数秒这一特性，可以实现远距离条件下（比如数米远）对 α 放射性废物进行有效测量并分类的目的。

根据废物分类应从源头抓起，防止交叉污染，特别防范 α 废物扩大化的基本要求，放射性固体废物分类检测技术的操作运行和应用场景持续变化，分类检测技术逐渐从离线应用、单体测量向原位集成、在线检测方式过渡，因此放射性固体废物的检测方案和策略、技术集成及系统运行控制方面均发生了很大变化。

4.5.1　检测方案和策略

在核设施退役过程中固体废物检测技术需求较为广泛，涉及源项调查、去污、切割结体、拆除和场地清污等多个环节。源项调查为确定退役策略、制定退役计划、优选退役技术、预估退役费用和受照剂量以及确定废物处理、处置方案提供依据。

在源项调查阶段，将掌握污染放射性核素的种类和数量，如对 U 和 Pu 需要弄清 ^{233}U、^{235}U、^{239}Pu 等易裂变物质的数量和存在位置，初始源项调查不可能十分完善，随着退役的深入，会得到修正、充实和完善。源项调查阶段，需要有适合各种对象的监测仪表，应具有较宽的量程、满足要求的灵敏度、适当的准确度和精密度、符合检测大纲的要求，以及仪表的可得性和熟悉监测的人员。可选用的仪器有：能谱仪、NaI 探测器、高纯锗探测器、正比计数器、现场 γ 能谱仪等。源项调查为去污和切割拆除奠定基础，废物分类应从源头抓起，防止交叉污染，特别防范 α 废物扩大化，经初步属性判定后，对于废物的包装应尽可能一次到位，满足贮存、运输和处置的要求。

4.5.2　技术集成化程度

放射性废物管理要求不断提高，分类检测方案持续提升完善，结合放射性固体废物最显著的特点和应用场景的广泛性，放射性废物检测装置设计开发面临挑战和难度，应特别重视结构的标准化、灵活性和工作参数的广泛性和适应性。

放射性固体废物分类检测技术，最少应集成放射性测量、机械控制、数据分析等多种技术，覆盖核物理、自动控制、核电子学、数学及计算机等学科，伴随检测技术由单点应用、定制开发向广泛部署及在线应用发展，操作控制方式从手动、单步操作向集成化自动化过渡，运行模式则可能结合设施工艺的需求分解为单体、联合及系统节点等方式。

在单体设备设计开发时，因放射性固体废物介质和核素分布不均匀性，需重点考虑测量方法的适宜性以及分析算法的适用性；因测量对象的多样性和体积差异，需同时考虑其结构灵活性和稳定性；为保证测量结果准确性和可靠性，需要进行系统刻度和工作参数匹配。而在线应用方式，除了需全面考虑单体设备开发的因素外，还需全方位考虑检测装置的机械结构、承重强度、整体安全性、安装运行及维护的便利性等可靠性因素。

4.5.3　控制运行方式

与常规监视测量分析仪器类似，进入 21 世纪，传统的 1～5 V 和 4～20 mA 模拟信号仪表逐步取代了传统的气压信号仪表。随着放射性废物处理处置理工艺对自动化程度需求的提高和工程规模的增大，设备仪器的集成化程度越来越高，各种设备需要协调工作，基于总线技术的智能仪表应运而生，并可远程实现对工作状态、故障状态诊断与维护。

放射性废物处理处置设施工艺逐步选用总线型智能仪表代替传统的模拟仪表，并构造以总线型智能仪表为基础的全数字化控制系统，因此，放射性废物检查装置的控制运行方式逐步向智能化转变。

4.5.4 技术难点

对放射性固体废物检测技术而言，面向的源项较为复杂，应用的场景较为多样，因此测量分析要做到准确可靠，需要花很大的精力，也确实存在较大挑战。总的来说，测量分析装置应该运行稳定，并能够提供足够的测量准确度和分析精确度，以保障放射性废物管理和处置的规范要求。

放射性固体废物最主要的特点是介质与放射性分布不均匀，而对 γ 能谱检测技术来讲，高密度介质对特征 γ 射线的严重吸收则几乎完全限制了它的应用；而对中子信号检测分析技术而言，含氢和其他吸收材料的情况下，核材料释放的中子信号则很可能被完全吸收，也造成极为不利的影响，即使采用质询源诱发测量的方式，也很难保证高密度介质条件下的测量结果可靠性。

放射性固体废物中，事先无法预见介质和核素的分布，介质的元素组成、密度、空间分布等诸多因素都会对测量结果造成影响，因此在技术开发过程中需要综合考虑各种因素带来的误差，对于 α 放射性废物，分类检测装置开发过程中应综合考虑介质和核素会有多种组合的可能性，如果放射性核素在介质中高度集中或者为结块状态，则会给技术开发带来很大困难。

总的来说，受限于放射性废物测量分析应用场景和应用对象的固有特点，放射性废物分类检测技术的商品化程度较低，用户范围较为有限，这也限制了技术方法的高度集成和量化生产。

经过 30 多年的发展，随着核电的快速发展，我国已经成为拥有自主第三代核电技术并形成全产业链比较优势的国家，与此同时，乏燃料产生量、放射性废物产生量持续增加，对核燃料后段、放射性废物处置能力提升提出了新的更高的要求，放射性废物分类检测作为放射性废物处置的数据来源和基本依据，其规管要求、技术配备及系统稳定性、可靠性等应统筹考虑，以更好的服务于废物治理、设施运行、国家监管以及环境保护等方面的要求。

放射性废物的来源和特点决定了放射性废物分类检测装置定制开发程度高，其成熟度及可维修性相对而言较差；同时，环境治理的要求逐步提高，放射性废物的处理处置要求和设施运行模式则决定了放射性废物分类检测技术逐渐走向原位的、在线运行，因此在设备开发应用过程中应侧重考虑其性能，兼顾考虑稳定性和可靠性。随着技术成熟度逐步提高，应用经验逐渐丰富，后续发展需重点考虑技术方法的标准化及测量分析结果量值溯源问题。

参考文献

［1］核安全专业实务［M］. 北京：中国原子能出版社，2018.

［2］环境保护部，工业和信息化部. 国家国防科技工业局公告 2017 年第 65 号. 放射性废物分类［Z］.

［3］Doug Reilly，Norbert Ensslin，Hastings Smith，et al. Passive Nondestructive Assay of Nuclear Materials［R］. US Nuclear Regulatory Commission NUREG／CR-5550. LA-UR-90-732［S］. March 1991.

［4］Doug Reilly，Norbert Ensslin，Hastings Smith，et al. Passive Nondestructive Assay of Nuclear Materials［R］. NUREG／CR-5550. LA-UR-90-732，1991.

［5］J Steven Hansen. Application guide tomographic gamma scanning of Uranium and Plutonium［R］. LA-UR-04-7014.

［6］The U-235 Program Uranium Isotopic Abundance by Gamma-Ray Spectroscopy Software［R］. ORTEC Part No. 779950.

［7］W. H. Geist，J. E. Stewart，H. O. Menlove，et al. Development of an Active Epithermal Neutron Multiplicity Counter（ENMC），Los Alamos National Laboratory report LA-UR-00-2721，Proc. 41st Annual INMM Meeting［R］. New Orleans，LA，July 16-20，2000.

［8］D. S. Bracken R. S，Biddle L. A，Carrillo，et al. Application Guide to Safeguards Calorimetry［R］. LA-13867-M ManualIssued，January 2002.

［9］China Center of Excellence Nondestructive Assay Training Manual［R］. LA-UR-14-21691.

［10］低中水平放射性固体废物的浅地表处置规定：GB 9132—1988［S］.

习　题

1. 依我国放射性废物分类和 IAEA 废物分类标准，什么是 α 废物，高放废物和免管废物？

2. 分段 γ 扫描测量技术与层析 γ 扫描测量技术用于放射性固体废物分析时，有哪些优缺点？

3. α 废物测量分析，难度是什么？

4. 根据目前核电发展趋势，放射性废物及设施退役治理相关法律法规和技术标准方面，需要做哪些提升？

5. 核电放射性固体废物和乏燃料后处理固体废物的根本区别是什么？测量分析有什么不同？

第5章 放射性废石墨处理技术

自从 1942 年费米建立的人类历史上第一座石墨试验堆实现临界后，石墨在反应堆发展史上发挥了重要作用，如军用生产堆作为慢化层慢化中子能量，提高生产钚的产量；研究堆水平孔道将石墨慢化用于热中子研究；高温气冷堆有石墨作为元件小球的包覆层，密封燃料芯块等。同时由于石墨潜能问题发生过失火问题，如 1957 年英国石墨潜能引发的反应堆火灾，石墨辐照潜能、性能测试的研究引起高度重视。随着反应堆退役需求，放射性废石墨的处理技术研究提上日程。低放射性废石墨的处理技术主要有废石墨水泥固化技术、沥青涂覆固定和焚烧技术，已达到工程应用程度。对于强放射性废石墨处理技术包括废石墨去污技术、废石墨热处理技术和石墨自蔓延处理技术正处在研发阶段，其中废石墨自蔓延处理技术已经完成了中试试验。

本章将详细介绍放射性废石墨的来源、特性，废石墨处理基本概念、方法，石墨处理的基本过程，水泥固化、沥青固定、焚烧和自蔓延固化技术原理及实例，重点介绍了自蔓延固化处理。

5.1 石墨的特性和分类

核级石墨是主要用于核工业方面的石墨材料，有反应堆的中子慢化剂、反射剂、高温气冷堆用的球状石墨和块状石墨等。

5.1.1 核级石墨的特性

核领域使用的石墨是由石油或天然沥青焦炭制备的，这些焦炭经过烘焙之后与黏合剂混合、挤压、模压、热等静压，最终形成各种所需要的形状的坯块，这些坯块再经过 800 ℃烘焙后形成碳块，这些碳块可以直接应用于反应堆的中子屏蔽或隔热。碳块加热到 2800 ℃再经过石墨化处理成了石墨块，可用于反应堆中的慢化剂或反射层。为了增加石墨的密度，需要将石墨块在沥青中浸渍、再烘焙、再石墨化操作。未经辐照的石墨密度为 $1.6 \sim 1.8 \text{ g/cm}^3$，天然石墨的理论密度为 2.265 g/cm^3，两者差值是制备石墨产生的孔隙造成的。

石墨的特性取决于制备所用的焦炭的类型、焦炭的规格以及制备石墨的工艺，表 5-1 给出了英国 UK Pile Grade A（PGA）和 Gilsocarbon 两种石墨的性能参数。PGA 是早期镁诺克斯堆中的石墨，Gilsocarbon 则是后来发展的强度更好的改进气冷堆堆用石墨。

表 5-1 英国 PGA 和 Gilsocarbon 石墨系能参数

参数	PGA 石墨	Gilsocarbon 石墨
密度/（g·cm^{-3}）	1.74	1.810
热延展系数（20~120 ℃）/K^{-1}	0.9×10^{-6} * 2.8×10^{-6} *	4.3×10^{-6}
传热系数（20 ℃）/（W·m^{-1}·K^{-1}）	200 * 109 **	131
杨氏模量（20 ℃）/（GN·m^{-2}）	11.7 * 5.4 **	10.85
拉伸强度/（MN·m^{-2}）	17 * 11 **	17.5
弯曲强度/（MN·m^{-2}）	19 *	23.0
抗压强度/（MN·m^{-2}）	12 **	70.0
电阻率/（μΩ·cm^{-1}）	620 * 1100 *	900

注：* 平行压制；** 垂直压制。

核级石墨作为反应堆材料具有独特优势，其主要特性如下。

（1）核级石墨具有较高的散射截面和极低的热中子吸收截面。较高的散射截面用于中子慢化，低的吸收截面防止中子被吸收，使得核反应堆能够利用少量燃料达到临界或者正常运行。

（2）核级石墨是耐高温材料。它的三相点在 15 MPa 时为 4024 ℃。它不像金属那样强度随温度而下降，而是略有增加，在 2000 ℃ 以下应用，不会出现问题。

（3）石墨具有良好的导热性能。在反应堆内有效地降低温度梯度，不致于产生太大的热应力。

（4）石墨化学性质非常稳定。除了高温下的氧化、蒸汽外，可以耐酸、碱、盐的腐蚀，因而可以用作熔盐反应堆和铋核反应堆的堆芯构件。

（5）石墨抗辐照性能极佳。能够在堆内服役 30~40 年。

基于上述特性，核级石墨在不同反应堆都有广泛应用。

5.1.2 核级石墨的分类

核级石墨主要在用于反应堆的碳素材料时进行了分类，其他方面应用时，很少进行分类。

按照原材料分为石墨类、碳质类、热解石墨和各向同性石墨、含硼石墨等。按照用途可分为减速材料（慢化剂）、反射材料、包壳、熔炼铀盐坩埚等。

反应堆内易裂变物质在分裂时放出的中子速度约为 30 000 km/s（平均能量约为 2 MeV），很难命中原子核，所以为了提高核裂变的几率，继续维持核连锁反应，则必须减缓中子速度，使之变为 2000 m/s 的低速中子即所谓热中子（能量约为 0.025 eV）。减速材料的用途就是把高速中子减缓为慢中子。

5.2 放射性废石墨主要来源

根据石墨材料在核工业发展过程的应用来看，放射性废石墨来源主要包括 3 个部分，一是核电厂或者反应堆产生的放射性废石墨，如反应堆内中子慢化剂、反射层和热柱，主要作用是为慢化中子能量，将裂变谱中子慢化到热中子，并防止中子逃逸；二是燃料芯块产生的放射性废石墨，如高温气冷堆球型燃料芯块包覆层，主要作用控制焙烧和石墨化中的膨胀、收缩，防止大规格坯料开裂，防止裂变产物的释放；三是钍冶金过程产生的放射性废石墨，在钍冶金过程采用石墨坩埚作为钍的冶金转化过程的反应器，从而产生钍污染的废坩埚。三种主要废石墨来源不同，放射性污染程度也是不同，废石墨的量也是不同的。

5.2.1 核电厂或者反应堆产生的放射性废石墨

20 世纪 40 年代以来，石墨曾用于铀—石墨堆，气冷堆、改进型气冷堆、生产堆、熔盐堆、液态金属堆、高温气冷堆等堆型。在这些堆的退役过程，必将产生大量的放射性废石墨。英国、俄罗斯、美国、法国拥有世界上最大量辐照石墨砌块。据报道，英国有约 81 000 t 辐照放射性废石墨待处理。

5.2.1.1 石墨堆结构产生的放射性废石墨

放射性废石墨的最大来源是石墨堆中的慢化剂和反射层，有时还包括屏蔽层中的石墨。大型石墨堆会产生废石墨 3000 t/堆。

石墨慢化剂和反射层的部件尺寸较大，早期的镁诺克斯堆（如 G2 和 G3）尺寸为 200 mm×200 mm×1500 mm，俄罗斯的 RBMK 的尺寸为 250 mm×250 mm×（200 mm、300 mm、500 mm 和 600 mm），改进气冷堆石墨为圆柱状，直径为 460 mm，长 900 mm。反应堆芯内部也有大量小尺寸的部件，如 Calder Hall 堆型的石墨瓦，尺寸为（200×200×25）mm。

自从 1942 年费米在芝加哥大学用 385.5 t 石墨块堆砌成人类第一座核反应堆 CP-1 后之后，美国橡树岭国家实验室于 1943 年初着手建造了原型堆 X-10，同年又在汉福特厂着手建造生产堆。1954 年苏联建成了世界上第一座核电厂（奥布灵斯克 5 MW 石墨水冷堆核电站），此后石墨慢化堆体系逐渐发展起来。主要形成以下几个堆型。

（1）空气冷却的钍生产石墨堆。以美国橡树岭的 X-10 原型堆、英国的温斯凯尔堆和法国的 G1 堆为代表；

（2）轻水冷却的石墨慢化堆。以美国汉福特生产堆、俄罗斯钍生产堆以及 RBMK 和 AMB 动力堆为代表；

（3）二氧化碳冷却堆。以英国镁诺克斯堆、法国 UNGG 堆和英国后来发展的先进气冷堆改进气冷堆为代表；

（4）高温氦气冷却堆。以英国的 Dragon 堆、德国的 THTR 堆、美国的 Fort St. Vrain

堆、日本的 HTTR 堆、中国 HTR-10 堆、HTR-PM 堆和南非的球床模块堆为代表。

此外，还有大量的石墨实验堆，包括熔盐和钠冷却的石墨慢化堆，如美国橡树岭的 MSRE、哈萨克斯坦的脉冲堆 IGR 与美国的钠冷石墨堆等。图 5-1 至图 5-6 为石墨慢化剂砌块堆内构造。

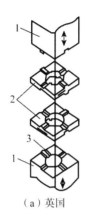
（a）英国

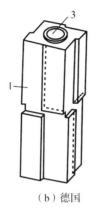
（b）德国

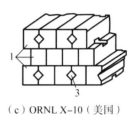
（c）ORNL X-10（美国）

（d）IR-AI（俄罗斯）

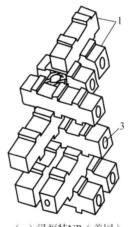
（e）汉福特NR（美国）

1—砌块
2—砌块细节
3—燃料装填孔

图 5-1　石墨块堆砌实例图

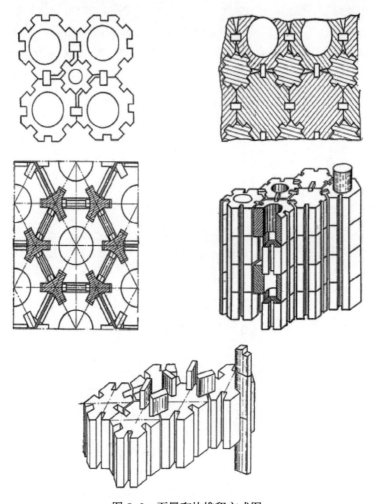

图 5-2　石墨砌块堆积方式图

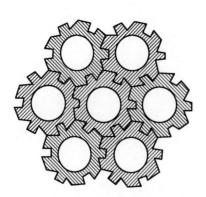

图 5-3　竖肋石墨块层积图

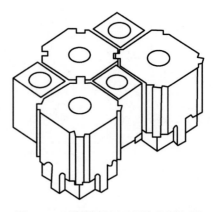

图 5-4　不同横截面石墨块的层积图

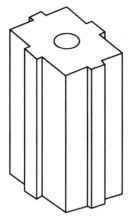

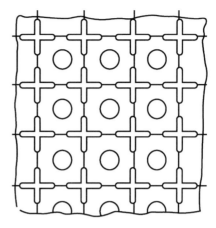

图 5-5　竖肋石墨块图　　　　　图 5-6　带冷却孔的石墨层积图

含有石墨材料的反应堆列入表 5-2，如此多的反应堆型中都涉及石墨材料。因此，在核电厂和研究堆退役时，将产生大量的放射性废石墨。

表 5-2　石墨慢化堆列表（新建的堆未列入）

国家	地址	堆名	堆型	热功率/ MW	堆内 石墨/t	总石墨/t	建成 时间	状态
法国	Marcoule	G1	气冷堆	50	1200	1200	1956	D2
	Marcoule	G2	镁诺克斯堆	255	1207	1207	1959	D2
	Marcoule	G3	镁诺克斯堆	255	1207	1207	1960	D2
	Loyettes	Bugey 1	镁诺克斯堆	2000	2039	3600	1972	1994 S
	Avoine	Chinon A1	镁诺克斯堆	300	1050	1060	1963	D1
	Avoine	Chinon A2	镁诺克斯堆	800	2200	2500	1965	D2
	Avoine	Chinon A3	镁诺克斯堆	1300	2530	4000	1966	1990 S
	Orleans	St. Laurent A1	镁诺克斯堆	1570	2572	4240	1969	1990 S
	Orleans	St. Laurent A2	镁诺克斯堆	1690	2440	4100	1971	1992 S
德国	Juelich	AVR	高温气冷堆	48	225	ND	1967	1988 S
	Uentrop	THTR 300	高温气冷堆	750	300	300	1985	1989 S
比利时	Mol	BR1	气冷堆	3.2	472	472	1956	
意大利	Borgo S	Latina	镁诺克斯堆	650	2065	ND	1963	1987 S
日本	Tokai	Tokai 1	镁诺克斯堆	585	920	1600	1966	1998 S
	Oarai	HTTR	高温钍堆	30	ND	ND	1998	
朝鲜	Nyongbyon	Nyongbyon1	镁诺克斯堆	5	ND	ND		
立陶宛	Visaginas	Ignalina 1	轻水石墨堆	4800	1700	2000	1983	
立陶宛	Visaginas	Ignalina 2	轻水石墨堆	4800	1700	2000	1987	
俄罗斯	Kurchatov	Kursk1	轻水石墨堆	3200	1798	2000	1976	
	Kurchatov	Kursk2	轻水石墨堆	3200	1798	2000	1979	

国家	地址	堆名	堆型	热功率/MW	堆内石墨/t	总石墨/t	建成时间	状态
	Kurchatov	Kursk3	轻水石墨堆	3200	1798	2000	1983	
	Kurchatov	Kursk4	轻水石墨堆	3200	1798	2000	1985	
	Kurchatov	Kursk5	轻水石墨堆	3200	1798	2000	2005	
	Sosnovy	Leningrad 1	轻水石墨堆	3200	1798	2638	1973	
	Sosnovy	Leningrad 2	轻水石墨堆	3200	1798	1798	1975	
	Sosnovy	Leningrad 3	轻水石墨堆	3200	1798	1798	1979	
	Sosnovy	Leningrad 4	轻水石墨堆	3200	1798	1798	1981	
	Desnogorsk	Smolensk 1	轻水石墨堆	3200	1798	2158	1982	
	Desnogorsk	Smolensk 2	轻水石墨堆	3200	1798	1798	1985	
	Desnogorsk	Smolensk 3	轻水石墨堆	3200	1798	1798	1990	
	Beloyarsk	AMB 1	轻水石墨堆	286	813	875	1964	1983 S
	Beloyarsk	AMB 2	轻水石墨堆	530	813	875	1967	1990 S
	Obninsk	AM-1	轻水石墨堆	10	41	41	1954	
	Chucotka	Bilibino 1	石墨沸水堆	62	133	133	1974	
	Chucotka	Bilibino 2	石墨沸水堆	62	133	133	1974	
	Chucotka	Bilibino 3	石墨沸水堆	62	133	133	1975	
	Chucotka	Bilibino 4	石墨沸水堆	62	133	133	1976	
	Chelyabinsk 40	A-Anotchka	轻水石墨堆	500	1010	1010	ND	
	Chelyabinsk 40	IR-A1	轻水石墨堆	500	146	146	ND	
	Chelyabinsk 40	AV-1	轻水石墨堆	2000	1473	2173	ND	
	Chelyabinsk 40	AV-2	轻水石墨堆	2090	1473	2173	ND	
	Chelyabinsk 40	AV-1	轻水石墨堆	1500	1473	2173	ND	
俄罗斯	Krasonyarsk	AD	轻水石墨堆	2500	1960	3024	ND	
	Krasonyarsk	ADE-1	轻水石墨堆	2500	1960	3024	ND	
	Krasonyarsk	ADE-2	轻水石墨堆	2500	1960	3024	ND	
	Tomsk	I-1 Ivan-1	轻水石墨堆	2500	1366	2066	1955	1990 S
	Tomsk	I-1 Ivan-2	轻水石墨堆	2500	1366	2066	1958	1990 S
	Tomsk	ADE-3	轻水石墨堆	2500	1960	3024	1961	1992 S
	Tomsk	ADE-4	轻水石墨堆	2500	1960	3024	1985	
	Tomsk	ADE-5	轻水石墨堆	2500	1960	3024		

国家	地址	堆名	堆型	热功率/MW	堆内石墨/t	总石墨/t	建成时间	状态
西班牙	Hospitalet	Vandellos	镁诺克斯堆	1750	2440	ND	1972	1990 S
英国	Dungeness	B 1	改进气冷堆	1550	850	ND	1983	2013 * /
	Dungeness	B 2	改进气冷堆	1550	850	ND	1985	2013 * /
	Hartlepool	1	改进气冷堆	1500	1360	ND	1983	2014 * /
	Hartlepool	2	改进气冷堆	1500	1360	ND	1983	2014 * /
	Heysham	Unit I-1	改进气冷堆	1500	1520	ND	1983	2014 * /
	Heysham	Unit I-2	改进气冷堆	1500	1520	ND	1984	2014 * /
	Heysham	UnitII-1	改进气冷堆	1600	1520	ND	1988	2018 * /
	Heysham	UnitII-2	改进气冷堆	1600	1520	ND	1988	2018 * /
	Hunterston	B 1	改进气冷堆	1496	970	ND	1976	2007 * /
	Hunterston	B 2	改进气冷堆	1496	970	ND	1977	2007 * /
	Hikley Piont	B 1	改进气冷堆	1500	970	ND	1976	2006 * /
	Hikley Piont	B 2	改进气冷堆	1500	970	ND	1976	2006 * /
	Torness	1	改进气冷堆	1555	1520	ND	1988	2024 * /
	Torness	2	改进气冷堆	1555	1520	ND	1989	2024 * /
	Bradwell	Unit 1	镁诺克斯堆	500	1810	1931	1962	2002 S
	Bradwell	Unit 2	镁诺克斯堆	500	1810	1931	1962	2002 S
	Calder Hall	Unit 1	镁诺克斯堆	270	1164	1630	1956	2004 S
	Calder Hall	Unit 2	镁诺克斯堆	270	1164	1630	1957	2004 S
	Calder Hall	Unit 3	镁诺克斯堆	270	1164	1630	1958	2004 S
	Calder Hall	Unit 4	镁诺克斯堆	270	1164	1630	1959	2004 S
	Chapelcross	Unit 1	镁诺克斯堆	260	116+4	1630	1959	2004 S
英国	Chapelcross	Unit 2	镁诺克斯堆	260	116+4	1630	1959	2004 S
	Chapelcross	Unit 3	镁诺克斯堆	260	116+4	1630	1959	2004 S
	Chapelcross	Unit 4	镁诺克斯堆	260	116+4	1630	1960	2004 S
	Dungeness	A 1	镁诺克斯堆	780	2150	2237	1965	2005 * /
	Dungeness	A 2	镁诺克斯堆	780	2150	2237	1965	2005 * /
	Hinkley Point	A 1	镁诺克斯堆	947	2210	2457	1965	2000 S
	Hinkley Point	A 2	镁诺克斯堆	947	3310	2457	1965	2000 S
	Oldbury	Unit 1	镁诺克斯堆	893	2061	2090	1967	2007 * /
	Oldbury	Unit 2	镁诺克斯堆	893	2061	2090	1968	2008 * /
	Sizewell	A 1	镁诺克斯堆	800	2237	2240	1966	2006 * /
	Sizewell	A 2	镁诺克斯堆	800	2237	2240	1966	2006 * /
	Wylfa	A 1	镁诺克斯堆	1760	3470	3740	1971	2005 * /
	Wylfa	A 2	镁诺克斯堆	1760	3470	3740	1971	2005 * /

续　表

国家	地址	堆名	堆型	热功率/MW	堆内石墨/t	总石墨/t	建成时间	状态
	Berkeley	Unit 1	镁诺克斯堆	585	1938	1650	1962	1989 S
	Berkeley	Unit 2	镁诺克斯堆	585	1938	1650	1962	1988 S
	Hunterston	A 1	镁诺克斯堆	545	1780	2150	1964	1990 S
	Hunterston	A 2	镁诺克斯堆	545	1780	2150	1964	1989 S
	Trawsfynydd	Unit 1	镁诺克斯堆	860	1900	1980	1965	1991 S
	Trawsfynydd	Unit 2	镁诺克斯堆	860	1900	1980	1965	1991 S
	Windscale	W 改进气冷堆	改进气冷堆	110	285	285	1963	1981 D2
	Winfrith	Dragon	高温反应堆	20	40	40	1964	1976 D
	Windscale	Pile 1	气冷堆	180	<2000	<2000	1950	1957 D1
	Windscale	Pile 2	气冷堆	180	2000	2000	1951	1958 D1
	Harwell	BEPO	气冷堆	6.5	766	766	1962	1968 S
	Harwell	Gleep	气冷堆	0.003	505	505	1947	1990 D
乌克兰	Chernobyl	Unit 1	轻水石墨堆	3200	1700	2000	1977	1996 S
	Chernobyl	Unit 2	轻水石墨堆	3200	1700	2000	1978	1991 S
	Chernobyl	Unit 3	轻水石墨堆	3200	1700	2000	1981	2000 S
	Chernobyl	Unit 4	轻水石墨堆	3200	<1700	<2000	1983	1986 S
	Platteville Col	FortSt. Vrain	高温气冷堆	842	ND	ND	1976	1989 S
乌克兰	Peach Bottom	Peach Bottom	高温气冷堆	115	ND	ND	1967	1974 S
美国	Hanford	B Reactor	轻水石墨堆	250	1080	ND	1944	1968
	Hanford	D Reactor	轻水石墨堆	250	1080	ND	1952	1967
	Hanford	F Reactor	轻水石墨堆	250	1080	ND	1945	1965
	Hanford	DR Reactor	轻水石墨堆	250	1080	ND	1950	1964
	Hanford	H Reactor	轻水石墨堆	400	1080	ND	1949	1965
	Hanford	C Reactor	轻水石墨堆	650	1080	ND	1952	1969
	Hanford	KW Reactor	轻水石墨堆	1850	1080	ND	1955	1970
	Hanford	KE Reactor	轻水石墨堆	1850	1080	ND	1955	1971
	Hanford	N Reactor	轻水石墨堆	4000	1080	ND	1964	1987
	Savannah River	SR-305	实验堆	0	ND	ND	1953	D
	Savannah River	SP		0.01	ND	ND	1953	S
	Oak Ridge	8 GR（X-10）	气冷堆	3.5	ND	ND	1943	D
	Brook Haven	BGRR	实验堆	20	700	ND	1950	1969
	Chicago	CP-1	实验堆	0	ND	ND	1942	D
	PNWL	HTL TR	气冷堆	0.002	ND	ND	1967	S

国家	地址	堆名	堆型	热功率/MW	堆内石墨/t	总石墨/t	建成时间	状态
	PNWL	HTR USA		ND	ND	ND	1945	S
	ArgonneNat. Lab	CP-2	石墨堆	0.02	ND	ND	1943	S
中国	清华大学	HTR-10	高温气冷堆	10	111	ND	2000	
	山东石岛湾	HTR-PM	高温气冷堆	250	ND	ND		
	甘肃酒泉	ND	石墨水冷堆	600	ND	ND	1962	
	四川广元	ND	轻水石墨堆	600	ND	ND	1973	

备注：＊／——预期关闭

堆内石墨——慢化剂+屏蔽石墨块；总石墨——堆内石墨+石墨套管+维修维护用石墨

ND=没有数据或者未明确，S=关闭，D=已退役，D1=退役第 1 阶段（卸料），D2=退役第 2 阶段（辅助结构拆除）。

5.2.1.2　核电厂和研究堆运行维护产生的废石墨

核电厂和研究堆运行过程中将会产生放射性废石墨，主要包括燃料套管、燃料支撑构件。

（1）燃料套管。很多堆型使用石墨作为燃料套管，燃料套管卸料时从堆内随燃料元件一起卸出，可以将套管与燃料元件出堆后分离留在反应堆厂房，也可以随燃料元件一起返回到燃料供应者直接处置或输送到乏燃料后处理，放射性废石墨暂存在后处理厂。镁诺克斯堆型的东海 1、维萨基纳斯和亨特斯顿 A 的石墨套管留在反应堆厂房，法国石墨堆燃料元件（希农 A1 除外）的石墨套管的中心部位还有石墨芯（见图 5-7）连同石墨芯一起运到后处理厂，英国的改进气冷堆堆的乏燃料与石墨套管一起运到后处理厂。与乏燃料一起从堆中卸出、暂存的石墨废物有的会在水池中贮存一段时间后再与乏燃料分离，经过水浸泡后，石墨的化学性能、放射性核素的组成、核素浸出性能会发生很大变化；

（2）石墨支撑物。除了石墨套管外，英国镁诺克斯堆中的乏燃料从堆中卸出时，还会带出少量石墨支撑物；

（3）石墨复合组件套管。俄罗斯的 AM 和 AMB 核电站的燃料元件装配于石墨复合套管组件内，燃料元件与冷却水管都安装于石墨复合组件套管内，燃料元件从堆内卸出时，整套石墨复合组件套管一起从堆内移出；

（4）石墨套环。俄罗斯的 RBMK 反应堆的冷却剂流经锆燃料元件孔道中，锆燃料元件孔道配备石墨套环，以便与堆内石墨块接触，运行过程中锆燃料元件孔道会更换，更换时会将石墨套环带出堆。此外，控制棒上有石墨密封垫片，也会产生少量放射性废石墨；

（5）乏燃料石墨块。石墨乏燃料可以直接处置，也可以将石墨乏燃料外包壳再剥离后，减容处理后再处置，美国的桃花谷 1 号机组和圣·符伦堡核电厂属于后者；

（6）堆内石墨运输容器和石墨销钉。英国温斯凯尔堆会产生运输容器、石墨销钉，目前暂存于现场。

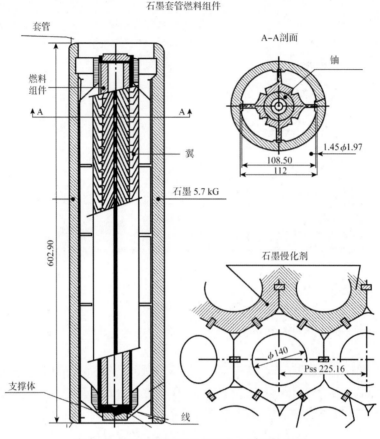

图 5-7　石墨套管燃料组件及中心石墨芯块图

5.2.2　燃料芯块产生的放射性废石墨

高温气冷堆的石墨芯块（球）是放射性石墨的另外一个重要来源。以我国200 MW高温气冷堆（HTR-PM）为例，高温气冷堆内堆芯高 11 m，直径 3 m，周边为耐高温的核级石墨反射层。堆芯内约有 42 万个直径为 60 mm 的燃料球，图 5-8 给出了HTR-PM球形燃料元件结构。以二氧化铀为核心，外面包覆热解碳和碳化硅层，形成 0.92 mm 直径的包覆颗粒燃料。大约 12 000 个包覆颗粒燃料与石墨一起被填充在 1 个直径 60 mm 的燃料球中。2010 年第四代核能系统国际论坛（GIF）把高温气冷堆（HTR）列为符合先进核能系统技术要求的 6 个备选堆型之一。现有高温气冷堆运行产生和未来预计将会产生大量的放射性石墨芯块和一定量的石墨反射层。

石墨乏燃料球处理时，将产生大量芯块的放射性包覆的放射性废石墨。德国的 AVR 和 THTR 乏燃料通过将外层石墨剥离，可以将乏燃料中 50% 的石墨分离，如果再通过进一步刷洗，可以将 95% 的石墨从乏燃料球中去除；AVR 和 THTR 的石墨反射层也用同样分层的剥离方法处理；我国高温气冷堆 HTR-10 产生的石墨目前主要为干式氦气暂存，还未明确给出处理方案。

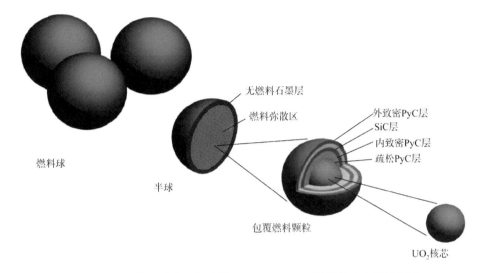

图 5-8 我国模块式高温气冷堆 (HTM-PM) 石墨燃料球内部结构图

5.3 放射性废石墨特点

5.3.1 物理和机械特性

快中子辐照和辐照氧化是导致石墨物理与机械性能改变的最主要原因，在惰性气氛下运行的反应堆如轻水石墨慢化堆 (LWGR) 或高温氦气冷却堆 (HTR)，辐照氧化可以忽略不计；然而空气冷却的反应堆中，辐照氧化会大面积发生。法国的镁诺克斯堆型的比热伊 1 堆全寿期内堆芯石墨失重高达 35%，英国的镁诺克斯与改进气冷堆都遇到了同样的情况。为减轻辐照氧化，人们曾经往比热伊 1 堆、奥德伯里堆和改进气冷堆内注入甲烷，辐照氧化主要发生在氧气可接触的石墨孔隙内，石墨外表面并没有更多的被氧化，石墨块的外形与尺寸并没有因此发生明显变化。

堆内热氧化情况只有在发生事故时才会出现，例如温斯凯尔堆火灾造成燃料元件孔道内径的增加，损坏了堆内石墨构件，造成水平燃料元件孔道与竖直控制棒孔道的穿透。奥布宁斯克核电厂发生"湿事故"（冷却剂管道泄漏）时，气体回路中的二氧化碳由于石墨的氧化而明显增多，堆内石墨构件和石墨表面明显损毁。

5.3.1.1 魏格纳能

魏格纳能（储能）是指经过中子辐照后，石墨晶格上的碳原子发生位移，从正常的位置位移到高能量位置上。贮存的能量大小是辐照中子通量、辐照时间和辐照温度的函数。辐照温度越高，储能越小。经过足够的辐照后，储能可以达到饱和。已发现样品的最大储能达到 2700 J/g，在绝热条件下如果全部立即释放，理论上可以升温到 1500 ℃。

魏格纳能（储能）的释放通过将温度升高到辐照温度以上后实现（温度比辐照温度

高出 50 K 时储能可以有明显的释放），将全部储能彻底释放需要温度超过 2000 ℃。温斯凯尔堆辐照温度较低（室温至 130 ℃），升温能够将其储能有效释放，当升温速率超过石墨比热容时，储能以很高速率释出，最不利情况是实现自持式加热，在绝热条件下，石墨温度可以达到 350 ℃。图 5-9 给出了温斯凯尔堆石墨的储能释放曲线，一些曲线超过了石墨的比热容曲线，这些曲线理论上可以实现自持式储能释放，如果释放的能量不散发，可以导致石墨温度明显升高。

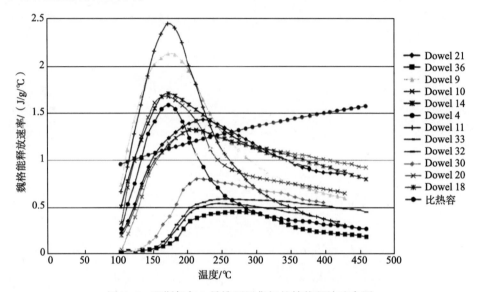

图 5-9　温斯凯尔 2 号堆石墨隼钉的储能释放速率图

　　出于对石墨中的储能通过加热"退火"释放以求得消除储能这个不安全因素的考虑，反而导致了温斯凯尔 1 号堆于 1957 年发生火灾，因此魏格纳能（储能）成为了温斯凯尔 1 号堆拆除解体的最大安全争议。

　　其他可能被魏格纳能（储能）影响的反应堆有汉福特生产堆、苏联生产堆、中国的生产堆和法国的生产堆（G1），苏联的生产堆中与冷却水、控制棒接触的石墨部件温度非常低，魏格纳能（储能）会很高。

　　石墨堆拆除解体、包装、整备和最终处置过程中需要对魏格纳能（储能）的意外触发释放的可能性进行研究评估。此外，早期石墨堆事故较多，堆内不可避免引入外面物质包括一些具有催化作用的材料，导致石墨易于与空气反应，拆除解体时应该避免加热或产热性质的操作。

　　高温气冷堆不会产生魏格纳能（储能）的累积，因为辐照温度很高。

5.3.1.2　外形尺寸变化

　　在反应堆运行过程中，石墨组件的外形尺寸会发生变化，在某些情况下，会发生芯块重排。俄罗斯反应堆中发现石墨芯块的直径变化达到了 200 mm，其中有大部分是由于石墨块破碎造成的。在我国的反应堆中也发现了大量的石墨芯块变形。

　　反应堆石墨组件在自然状态下为多晶，其辐照后物理性质的变化由被辐照的石墨晶体而决定。石墨晶体辐照时会在一个方向上发生膨胀或收缩，而在其他方向上变化较小。这种晶体尺寸的变化对于多晶石墨组件而言，与石墨组件的制造工艺和辐照温度有密切的关系。

许多石墨组件采用挤压成型工艺制造，用这种工艺制造的石墨组件在平行于和垂直于挤压方向上具有许多不同的特性。早期反应堆中多为这种各向异性的石墨组件，后来采用专门的模块化工艺生产的石墨组件，在性质上具有了较好的各向同性。

各向异性石墨在低温辐照时（小于 300 ℃），在平行于挤压方向上会发生尺寸收缩，在垂直于挤压方向上会发生膨胀。高温时（大于 300 ℃），在两个方向均会发生收缩。相对而言，各向同性的石墨最初在各种辐照条件下，各个方向均会发生尺寸收缩。

随着石墨尺寸的不断收缩，逐渐达到一个临界点。此时，所有可压缩的"公寓"式空隙均被消耗殆尽。然后，在石墨内部形成巨大的晶体压力，逐渐产生一个新的"堆积"空隙。我们把这种现象称为"转身"。此时，石墨开始膨胀至原来的体积。如果石墨辐照超过这个临界点，那么就会导致石墨不断变大和内部结构的破坏。部分专家把这种影响称为"临界影响"并且把这个临界点称为辐照绝对限制点。

这种堆积体积的变化会导致相应的密度变化。

5.3.1.3　模量和强度

模量是指材料在受力状态下应力与应变之比，是衡量材料弹性难易程度的指标。反应堆运行时，堆内石墨受到辐照影响不断地改变其模量和强度。这些变化会对石墨芯块的转移、处理和最终的处置均有影响。

没有经过辐照的石墨具有非线性的压力形变特性和明显的迟滞现象。然而，很小的辐照剂量就会导致非常大的线性压力形变和模量的明显增加。随着辐照剂量的进一步提高，模量会进一步增加，直到达到一个非常高的剂量。此时，石墨结构开始破坏，模量快速降低。刚开始时，石墨强度会随模量的增加而增加，之后随辐照强度增加而变化。石墨强度变化与模量的变化情况相似，直到达到一个非常高的剂量，石墨结构发生破坏，然后强度快速降低。热氧化和辐射氧化均会降低模量和强度。

5.3.1.4　导热性

放射性废石墨的导热性是的一个重要因素，因为很小量的快中子破坏就会明显地降低石墨的导热性。随着辐照剂量的提高，到达一定剂量使得石墨结构发生破坏时，石墨的导热性将会维持较低的值，之后导热性会快速地降低至更低的值。石墨在没有辐照时，导热率为 $100 \sim 200$ W·m^{-1}·K^{-1}，低温辐照后，石墨的导热率为 $2 \sim 3$ W·m^{-1}·K^{-1}。

热氧化和辐照氧化均能降低石墨的导热性，且与质量损失呈指数函数关系。

5.3.1.5　其他性质

热膨胀系数和导电性也会因辐照而发生变化。但是，快中子辐照或者中等强度的辐射氧化均对比热容没有太大的影响。

在反应堆运行中，上述的这些物理和机械性能的改变会导致石墨块产生应力最终导致石墨砌块的破坏。

5.3.2　化学特性

放射性废石墨的化学特性主要包括废石墨的氧化反应、爆炸以及电化学腐蚀等 3 个方面。

5.3.2.1 堆积石墨的氧化反应

石墨的化学性质稳定，被认为是极端条件下最为稳定的材料。比如用作投影仪灯、电机刷、超过 3000 ℃ 的高温火炉中退火电极，空间推进器的组件、火箭动力装置的石墨纤维增强材料等。

石墨只有在极其强的试剂及特殊的情况下，才能发生化学反应。在石墨芯块安全贮存和最终退役处置过程中，最有可能发生氧化的情形是石墨贮存时在湿气和辐射场中（比如，石墨处于在一个空气充满的反应壳）与硝酸发生化学反应。但是，通常情况下，硝酸的浓度比能够与石墨发生化学反应致使其发生脱落或结构破坏所需的浓度低好几个量级。在贮存条件下，这种化学反应极其缓慢，并且水蒸气和氧气对该化学反应具有抑制作用。

在 1000 ℃ 以下，水蒸气与石墨氧化反应几乎是不可能的，除非在催化剂存在的情况。即使如此，在 400 ℃ 以下也没有明显的反应发生。然而，水汽的存在可能会对空气中石墨氧化反应的催化有一定的影响。

在石墨反应堆的拆除和贮存中，石墨在空气中的氧化反应是唯一需要认真考虑的反应。在 4000 ℃ 以下，石墨在空气中氧化符合热力学原理。石墨氧化有三种模型。

模型 1：氧化速率遵循阿伦尼乌斯速率定律，其特点是连续空气供应下的低温氧化；

模型 2：随着温度提高氧化速率增大，此时模型变为由氧化剂的扩散控制，主要由石墨空隙和其表面结构决定；

模型 3：在更高的温度下，反应气体的质量传递成为控制步骤。

石墨组件越大，温度越低，氧化模型作用更明显。

在英国，针对反应堆石墨套筒和石墨慢化剂样品开展了大量的空气氧化速率测定工作。在其他气冷堆中也开展了相似的测量工作。这些工作通常都是在模型 1 的条件下开展的，表明了在 450 ℃ 下氧化速率比较缓慢，并给出了相应的活化能，这有效地阻止了 350 ℃ 下石墨氧化的发生。几乎所有的测量均在 1 个大气压室温空气中开展的，实际上需要考虑许多因素，因为多数情况下，氧气的分压是不同的，根据英国工业大量的测量数据，可认为氧气的分压值取 0.6 个大气压。

有研究发现由中子活化表面造成的辐照能够提高氧化速率。

假设在低温下（如果可能）可以应用阿伦尼乌斯公式具有相似的活化能，那么在贮存温度为 30 ℃ 的反应堆安全密封壳内和在 20~50 ℃ 的其他贮存阶段均没有明显氧化反应发生，30 ℃ 时的活化能可能比 450 ℃ 时小 8 个量级才能满足阿伦尼乌斯公式。早期对 PGA 石墨氧化的研究工作对气体传输给出了温度限制最低为 460 ℃（例如模型 3），这进一步缓解了空气中低温氧化的可能性。

通过石墨辐照发现，无机催化剂对氧化速率具有提高作用。在任何特定的温度下，有催化剂的作用均比正常情况下的氧化速率要高。在模型 1 的情况下，催化剂的作用非常明显，在模型 3 的情况下几乎没有什么作用，这是因为此时反应速率由氧气的供应速率所决定。最有潜力的催化剂为过渡金属元素及其化合物（如铅）。在英国的反应堆中的大部分辐照石墨中均含有碱金属和碱土金属类催化剂，但是并没有发现较明显的氧化反应性的提高。

在二氧化碳基冷却剂中辐照过的石墨芯块也会含有一定比例的化学反应沉积的碳基材料。这与组件表面几何形状和位置有关（比如，在燃料的低温段和有气流通过的通道的裂隙处）；它们来自一氧化碳的辐射分解（由辐照石墨与二氧化碳的反应产生）而形成含有一定氧浓度的聚合物材料。在镁诺克斯堆中发现局部浓度达到了 3%（质量分数）以上，在冷却剂中含有氢的系统中这种材料会产生的较少一些。这些沉积的含碳物质的氧化速率约为基底石墨的 1000 倍。

在大多数情况下核反应堆中的石墨在处置时均不会出现问题，但是，当反应堆经过严重事故后如温斯凯尔 1 号堆事故，石墨可能会发生严重的化学玷污。如果在拆除或解体过程中不小心，可能会引入新的反应催化剂；如果在有强热源引入的情况下也可能会发生问题，比如在热切割过程中。在这些情况下，对氧化反应具有抑制作用的方法就有了用武之地：这些方法包括气相处理，比如用卤素向氮气中扩散或者加入磷酸进行水相处理。

为了安全地准备退役和贮存辐照石墨，必须搞清楚什么情况下辐照的石墨会发生明显氧化。有许多关于"石墨燃烧"的文献，有些还陈述了相关管理部门将辐照过的石墨看作一种具有着火危险的安全隐患。

大量的证据显示，核级石墨不会发生"燃烧"（比如，明显或清晰可见的火花）；最近来自 EdF 和 SOGN 的工作对之前在英国和美国的工作进行了完善。比如，Schweitaer 设计了一些系列的试验来支持美国汉福特的一个反应堆延寿。在该试验中两个氧乙炔枪产生的火焰约为 $2.7×10^5$ BTU/h（78.3 kW）作用于一个大约 15 cm×15 cm×40 cm 的矩形石墨块上，该石墨块由两个空心的石墨支撑着（相当于一个汉福特的燃料元件孔道的布置）。5 min 后，表面温度可达 1000 ℃，在火焰下方的区域的光为黄白色的。57 min 后，表面温度估计能达到 1650 ℃，整个石墨块发出红色的光。石墨温度大于 1025 ℃，在火焰的下方出现了一些小坑。

关闭一个乙炔焰，让纯氧和横靠着另一个火焰的石墨块作用，发现纯氧不能持续地在红-热石墨块中发生氧化反应，并且火焰下方的区域快速冷却下来。

这是一个对所谓的"焚烧"石墨难度的形象地说明，并且确认了之前英国为了支持 W 改进气冷堆退役所做过的一个低温简单测试的正确性。

Schweitzer 给出了石墨与空气能发生持续氧化反应所必须同时满足的条件，并在布鲁克海文国家实验室进行了研究：

（1）最低温度为 900 ℃；

（2）可通过燃烧热或外部能源来维持该温度；

（3）充足的氧气供给；

（4）气体氧化剂必须能够将氧化产物送走，但又不能使石墨表面冷却；

（5）合理布置石墨和氧化剂（一个反应堆孔道被认为是一个合理的布置）；

这里请注意，所谓的自持燃烧要求工艺上不断的供给空气，否则氧气会很快消耗干净。条件（2）是极其难以达到的，因为这近乎完美的黑体辐射源，几乎不产生灰，无法支持保持热量。当辐照石墨块再次被加热至接近 900 ℃时，即使辐照过的石墨也会表现出良好的导热性能，这种导热机制抑制了堆组件发生燃烧。

最近，关于核级 H-451 石墨（美国 HTR 项目的备选材料）的可燃性测试在阿斯拉莫斯国家实验室进行了研究。实验中没有发生燃烧，报告指出即使在温斯凯尔事故情形下

（"……主要与金属铀燃料发生氧化反应"）和切尔诺贝利（"……热量转移速度要比石墨与氧气反应和核衰变产生的发热速率高很多"）也不可能发生石墨燃烧。

Richards 的观点最近被 Schweitzer 在 IAEA 的专家会上发言再次证实。两位作者均同意自持燃烧必须满足 Schweitzer 的条件，并且在现实情况中这些条件基本上无法满足的观点。因此，辐照过的石墨在拆除、解体、退役过程中，保证其不发生石墨燃烧是很容易实现的。最近，这些原则已经成功应于在 WADR 的解体中使用了火焰切割设备的实践中。

5.3.2.2 石墨粉的爆炸性

石墨粉与其他易爆不纯的含碳粉末有一定的区别，到目前为止，还没有一例关于石墨制造厂或设备厂由于石墨粉而发生爆炸的记录，但是煤矿中粉尘爆炸却时有发生。核级石墨粉的反应性非常低，这与其颗粒状和其化学纯度有关系。

但是由于反应堆石墨中含有大量的魏格纳能，石墨或许有可能发生爆炸。在英国，温斯凯尔堆计划退役时，含有魏格纳能的不纯石墨粉的爆炸性成为一个问题，它涉及反应堆退役中石墨的处理和石墨的存储以及处置操作。

下面给出了粉尘爆炸所必须的要求：

（1）粉尘必须为可燃物；

（2）粉尘必须是空气传播，并有一个混乱的气流；

（3）颗粒大小必须有利于火焰的迅速蔓延；

（4）粉尘浓度必须落在爆炸范围内（也就是说，既不能太高也不能太低）；

（5）足够的能量来点火，并且点火源必须与悬浮粉尘有接触（热切割设备应避免使用）；

（6）在悬浮的粉尘中必须含有充分的氧气来支持燃烧过程。

如果想形成一种有破坏性的爆炸，还需要另外一种条件，那就是将悬浮的粉尘限制在一个局限的空间中，抑制着火引起的体积膨胀，导致压力急剧上升，从而发生爆炸。

关于非辐照石墨材料也进行了大量的爆炸测试工作，包括在 Winfith AEA 技术实验室所做的一系列测试工作，这些工作是为二氧化碳/悬浮石墨粉作冷却剂的反应堆设计而做得技术支持研究。实验发现，除非氧气浓度过量 90%，并且粉末的密度在 $700 \sim 1600 \ g/m^3$ 之间，否则不会发生爆炸。当粉末的粒径为 $1.7 \sim 2.2 \ \mu m$ 时，氧气的爆炸临界浓度降低至 50%，而粉末的临界密度范围扩大为 $200 \sim 2000 \ g/m^3$ 之间，当粉体颗粒非常小时（比如 $0.3 \ \mu m$），非常容易发生危险，这种粉尘在温度为 90 ℃情况下与空气接触便会自动放热而发生爆炸。

在 Chaplecrosss 石墨监测实验室和火研究中心站的实验测试发现，石墨粉一般不会产生自爆，除非具有极端的化学粉末点火源和非常高的石墨粉尘密度共同作用的情况下才会发生爆炸。

法马通公司为粉碎和焚烧辐照石墨的中试装置设计的爆炸性测试研究发现，在粉碎和焚烧石墨过程中并没有爆炸的危险。

在西班牙，他们粉碎了 1000 t 的辐照石墨，但整个操作过程中并未发生爆炸。

因此，英国火灾研究所所列的标准导则中把石墨粉尘划为"非爆炸性"物质一类，因此，在镁诺克斯或者改进气冷堆条件下辐照石墨粉不会有任何影响。

所有的研究均证明，每一个国家的反应堆中所用的未经辐照的核级石墨粉均"不具

有爆炸性",除非有非常有利爆炸的粉尘颗粒存在。所有的实验,解释了以下非常重要的事实:

(1)只有非常细的颗粒才会产生火花蔓延;较大的颗粒会导致热能的湮灭;

(2)在 440 g/m³ 的浓度峰会产生超压力;

(3)最小的爆炸密度约为 100 g/m³;

(4)粉尘静止或者陈化超过几周其反应性会明显降低(爆炸性也会明显降低);

(5)当大量的杂质存在时会发生惰性化。这也就能够理解了为什么在 Latina 用循环收集器收集反应堆粉尘时没有发生爆炸,这是因为其中含有氧化铅和其他氧化矿物等杂质存在(在温斯凯尔堆是因为存在铅的组件造成的氧化铅等杂质)。

更进一步的工作还在法国和英国开展过研究,现在已经可以确定的是在反应堆退役过程中不会发生粉尘爆炸事故,当有点火源存在的情况下,可根据相关的研究来避免石墨粉尘的爆炸产生。

但是,应该注意到其他具有较强反应性的含碳物质粉尘可能存在于一些反应堆中,比如来自机油燃烧、火灾、或者冷却剂沉积等形成的含碳粉尘。当这些粉尘具有一定体积是要小心对待。

5.3.2.3 电化学腐蚀

石墨可能会与其他材料发生电化学反应。像贵金属一样,石墨能够形成电化学对来加速其他金属的电化学腐蚀。由于电化学势不同,石墨和其他金属能形成原电池,提高其他金属的溶解和氧化。石墨与不锈钢相比电化学势更负,因此,废石墨与不锈钢罐接触会导致不锈钢过早的腐蚀和破坏。研究结果发现,腐蚀速率会提高 10 倍。已经开发了许多阻止电化学腐蚀的方法,如采用水泥将石墨与不锈钢废物容器隔离开。

5.3.3 放射特性

放射性废石墨的放射性污染状况,主要来源 5 种情况。一是经过非常强的中子辐照(达到 5×10^{22} n/cm²),来自石墨中的杂质由中子活化产生;二是燃料元件破损,造成石墨切块的污染,如石墨堆中石墨切块;三是由其他材料的活化产物转移到石墨,比如铁的氧化物等;四是大量裂变产物反冲到废石墨,如高温气冷堆球型元件的包覆石墨;五是放射性物质在高温情况下渗透到石墨材料中,如钚的冶金过程的石墨坩埚。

放射性废石墨在暂存或者处理之前,需要对废石墨中所含的放射性进行估算,以确定最佳的暂存或者处理方案。放射性废石墨的来源不同(慢化剂、反射材料或者燃料原件组件),所含的放射性核素种类、活度不同。如慢化剂和反射层废石墨含有长寿命核素 ^{14}C 和 ^{36}Cl,以及腐蚀活化产物 ^{3}H、^{60}Co、^{41}Ca、^{55}Fe、^{59}Ni、^{63}Ni、^{110m}Ag、^{109}Cd 等,另外慢化剂若受到元件破损等影响,也可能含有裂变产物核素和少量的铀和超铀元素。燃料元件包覆层石墨和元件组件,则主要含有裂变产物主要有:^{90}Sr、^{93}Zr、^{99}Tc、^{107}Pd、^{113m}Cd、^{121m}Sn、^{129}I、^{133}Ba、^{134}Cs、^{137}Cs、^{147}Pm、^{151}Sm、^{152,154,155}Eu 等,以及 ^{14}C 和 ^{36}Cl 等,同时还有部分铀及超铀元素(主要有:^{238}Pu、^{239}Pu、^{240}Pu、^{241}Am、^{243}Am、^{242}Cm、^{243}Cm 和 ^{244}Cm)。

5.3.3.1 石墨中放射性衰变

石墨组件的放射性主要有来源于所含杂质的活化产物、燃料元件破损形成污染、气相活化产物（比如，反应堆冷却剂的^{14}N 活化产生的^{14}C 等）等，这些核素与石墨结合或者进入到碳基材料中沉积到石墨上。反应堆的气氛也可能是影响放射性核素活度的一种方式，譬如没有活化的氢气与^{3}H（来源于石墨中的^{6}Li 和燃料裂变）发生交换和吸附，影响石墨中^{3}H 的含量计算。研究表明在托木斯克-7 堆，有一定量的氚便通过水蒸气和保护气，尤其是"湿事故"（管泄漏）从慢化剂中转移出来了。

各种类型的反应堆石墨中所含的杂质的区别也非常大。比如，燃料套管，经过短暂的辐照后从反应堆中拿出来后，其放射性与慢化材料便会有非常大的区别。经过长时间辐照后，像慢化材料，更多的同位素达到了平衡，一些短寿命核素甚至可能已经完全衰变完了。因此，完全考虑各种不同类型的石墨是非常不切合实际的。下面我们以英国的材料计算和俄罗斯石墨产钚堆的实验研究为基础进行概括性的介绍。

根据公开报道的英国镁诺克斯反应堆 PGA 石墨和改进气冷堆 Gilsocarbon 石墨中典型的杂质浓度，^{14}C、^{3}H 和^{36}Cl 是盘存量最多的，也是最可能进入食物链中的放射性同位素，^{60}Co、^{94}Nb、^{152}Eu 和^{154}Eu 是最多的 γ 发射体，需要考虑屏蔽。

同时，还应该考虑其他杂质。比如，用在石墨套管组件燃料中的不锈钢组份对放射性总活度是有贡献的。

石墨中的铀，尽管低于 $0.1×10^{-6}$，但在中子辐照下，仍然发生裂变，产生裂变产物。因此，在燃料原件的外表面会有部分铀的裂变碎片残留。总的来讲，长半衰期的裂变产物的产额比直接活化产物的产额要小，除了 γ 发射体^{137}Cs 外。

在乏燃料元件破损的情况下，大量的铀会沾污石墨砌块，产生大量的裂变产物和超铀核素。

一般情况下，考虑到 γ 发射体及其半衰期，将相应的石墨存放 10 年左右，其中需要屏蔽放射性主要由^{60}Co 贡献，镁诺克斯和改进气冷反应堆均是如此。

100 年后放射性分布发生了明显变化。^{3}H 和^{60}Co 的半衰期分别只有 12.3 年和 5.3 年，在 100 年后几乎测不到了。^{14}C、^{36}Cl、^{94}Nb 的半衰期约为几千年，在 100 年之内放射性几乎没有什么变化。因此，他们将是主要放射性的贡献者，在石墨处理和处置过程中需要对其重点关注。

评价残余^{14}C 的分布是困难的，但非常有用。最近英国的 NIREX 在他们的网站上公开报道了他们的在这方面的研究成果。在热中子场情况下，^{14}C 有三个来源，见表 5-3。

表 5-3　^{14}C 的主要来源（$T_{1/2}$=5730 a）

反应	母体天然丰度/%	反应截面/b
^{14}N（n, p）^{14}C	99.63	1.8
^{13}C（n, γ）^{14}C	1.07	0.000 9
^{17}O（n, α）^{14}C	0.04	0.235

考虑到母体的天然丰度和反应截面的影响，在镁诺克斯反应堆中氮气为冷却剂，通过计算可发现，61%的^{14}C 是由氮气活化产生的。同样，在改进气冷堆中大约有 70%来自氮的活化，在 RBMK 反应堆中比例更高，因为保护气体中氮的浓度很高。

反应堆在退役之前需先计算或测量获得放射性同位素组成是非常有意义。在计算时，需要考虑以下因素。作为最小的计算单元，下面的信息需要得到具体的细化：

（1）石墨和冷却剂中杂质元素浓度；

（2）重要同位素的生产和衰变方式；

（3）反应截面（包括裂变截面、活化截面）；

（4）反应堆热中子注量率；

（5）来自回路材料，冷却剂燃料等额外的沾污。

根据上述信息和数据，可以计算出堆内石墨的放射性比活度，也可以计算出堆芯和堆结构材料的放射性比活度。俄罗斯科学家们已经提供了许多感兴趣的实验数据。他们在托木斯克-7 测量了大量的钚生产堆的石墨样品。从综合性实验中观察到许多与放射性浓度和分布有关的信息。

（1）从 I-1、ADE-3、EI-2 反应堆中大约取出了 500 个石墨样品并进行了测定。这些样品的沾污核素有：^{3}H、^{14}C、^{36}Cl、^{60}Co、^{63}Ni、^{90}Sr、^{133}Ba、^{134,137}Cs、^{152,154,155}Eu、^{238}Pu、^{239,240}Pu、^{241,243}Am、^{244}Cm 等。

（2）石墨中主要放射性为 ^{14}C，并且其放射性分布在石墨堆所有的石墨中，且能反映热中子注量率。托木斯克反应堆中的石墨放射性活度约为汉福特反应堆中石墨活度的 6 倍。反应堆石墨中的 ^{14}C 所占放射性分数与石墨中的氮气有明显的关系。

（3）测量了反应堆石墨中氚的浓度，其活度比预期的要小很多（大约小了几百倍）。^{3}H 是非均匀分布于石墨堆块中。

（4）反应堆石墨中的 ^{60}Co 主要为石墨中杂质 ^{59}Co 而产生的。

（5）锕系元素和裂变产物在石墨块表面富集（在 2 mm 厚的表层内）。表面放射性核素的渗透层非常薄，体积非常小。裂变产物之间的比活度有一定的相关性。上述一些测量结果为间接测定，部分测量结果准确性还不太确定，因此需要进行国际基准比对从而建立一个标准的测量技术和方法。

有报道对美国汉福特除了"N"反应堆外所有的反应堆中的放射性核素的盘存量进行了概括，对每个石墨堆及其他反应堆组件均给出了更进一步的说明。

5.3.3.2　其他放射性释放

库尔恰托夫研究所的测试结果表明，将石墨置于达到 2 MGy 的 γ 场中辐照不但会有气体释放，而且会提高空气中辐照氧化分解的可能性。然而，当反应堆处于关停阶段，任何石墨堆的堆芯内部的累积辐照剂量也达不到 2 MGy。镁诺克斯堆在关停时，其剂量率大约为 10^{-2} Sv/a，80 年后大约降低至 1 μSv/a。可是，考虑到石墨慢化剂对环境的长期影响，我们必须谨慎对待。

从辐照过的石墨中释放放射性气体主要与 ^{14}C、^{3}H 有关。无论对石墨采取哪种贮存或处置策略，均应考虑到 ^{14}C 的时间效应可达成千上万年（其半衰期约为 5730 a）。然而，由于 ^{3}H 的半衰期仅为 12.3 年，因此，随着时间的变化其放射性贡献会逐渐减小。

若固体石墨与气体环境接触，首先应考虑气体从固体石墨中释放的可能性。在石墨贮存和处置过程中，正常情况下不会产生 ^{14}C 和 ^{3}H 气体。然而，在事故情形下（比如，在"安全关闭"或转移过程中发生不可预见的放热），就应该考虑气体释放的问题了。比如，众所周知，在（Harwell，英国）石墨低能实验堆（GLEEP）中的石墨块在 1150 ℃工业焚烧炉中焚烧近三个小时，其中约 87% 的 ^3H 和 63% 的 ^{14}C 从石墨块中释放出来了。这里仅仅对 GLEEP 做了最低限度的辐照来考验气体释放的可能性，同时便于操作和使得气体释放控制在排放限制以内。

若形成的 ^{14}C 大部分都封闭在了石墨内部和表面空穴中，那么 ^{14}C 要想从石墨中释放出来，必须得通过气体交换或者通过内部固态扩散的方式迁移到表面才行。有研究表明，石墨基体中的碳原子不会发生明显的扩散，除非温度达到 1800 ℃ 以上。根据公开报道可知，氮气分子通过弱相互作用吸附于石墨基体表面。考虑到 ^{14}C 的释放和氮气在石墨表面的分布，^{14}C 在石墨基体中的活度仍然是非常稳定的，仅辐照石墨表面的 ^{14}C 会释放到环境中。

石墨中的氚来源主要有 ^{14}N（n,^3H）$^{12}C+=+$ 和 Li（n,^3H）^4He，但是在镁诺克斯堆中也会由裂变产生。英国的布拉德韦尔和威尔法反应堆的气相动力学实验研究发现，表面的 ^3H 转移至气相中非常容易。这说明吸附石墨表面的氚能够与大气中的氚进行交换，并且在反应堆停止运行后，氚会能够很快地释放出来。更进一步的氚释放依赖于石墨内部的内扩散过程，这一过程比表面交换过程要慢很多，但是仍然非常明显，至少在反应堆运行温度下如此。但是，该扩散过程的活化能非常高（253.7 kJ/mol），这说明随着温度的降低，释放速率会快速降低。

对于石墨长期贮存过程来说，应该考虑通过生物过程释放放射性的可能性。

焚烧过程中，放射性气体的释放问题后面会进行介绍。

5.3.3.3　微粒释放

在石墨存贮过程中可能会产生一些微粒，这些颗粒主要包括石墨颗粒、在石墨表面和空穴中产生的碳基沉积物、沉积或产生的沾污微粒。

沉积在辐照石墨上的碳基物一般都紧密地与石墨粘在一起，除非采用机械磨损或者石墨腐蚀（氧化）的办法才能将表层的碳基沉积物剥离下来。虽然通过温度变化可能实现碳基沉积物的机械磨损，但是石墨贮存于反应堆安全壳或者包装容器中温度变化不超过几摄氏度，难以实现碳基沉积物的剥离。在反应堆运行过程中石墨温度会发生几百度的变化，并伴随热传递，但是并没有监测到石墨出现明显磨损。

我们注意到英国辐照石墨上存在金属氧化残留物。如改进气冷堆燃料石墨套管，在 450 ℃ 的空气中发现了红色的氧化铁，石墨表面的金属氧化物沾污会导致 ^{60}Co 沾污出现。

5.3.3.4　液体浸出

石墨中放射性核素的浸出是处置中的主要问题，它与贮存或者贮存库中的石墨残渣有关。

为了阻止石墨废物中的放射性核素浸出，世界上已经提出了许多方案。包括将石墨包裹或者密封于各种基材中、将石墨密封于包装容器中等。俄罗斯技术人员提出将低放或极低放的石墨用密封剂（已知的只有"F 防腐剂"）或者无机磷酸盐进行固化。

石墨与水的接触界面很可能会发生氚的快速交换，同时也发生其他放射性同位素解吸的可能性。但是一般来说，在石墨固体表层的化学界面不会发生浸出行为，除非碳原子自身发生浸出，如可能通过石墨腐蚀过程或者通过石墨内的其他物相的选择性溶解等方式发生。反应堆石墨中放射性核素浸出主要结论如下：

（1）碳的浸出机理为溶解于水中氧气与其发生了催化氧化作用形成二氧化碳发生了浸出。有证据现实，早期 ^{14}C 的氧化浸出速率比稳定的 ^{12}C 的速率要高。法国辐照后石墨在 20 ℃下和美国汉福特辐照石墨在 20~90 ℃范围内实验数据显示，^{36}Cl 和 ^{14}C 浸出率分别为 6.0×10^{-7}~5.0×10^{-13} g/（m^2·d）和 1.0×10^{-10}~5.0×10^{-13} g/（m^2·d）。

（2）石墨中放射性核素的浸出速率按照如下的顺序递减：^{137}Cs→^{133}Ba、^{60}Co→^{63}Ni、^{36}Cl、^{154}Eu、^{3}H。法国早期针对气冷堆石墨材料开展浸出实验研究，其中涉及了 ^{3}H、^{14}C、^{36}Cl、^{60}Co、^{63}Ni、^{133}Ba、^{137}Cs 和 ^{154}Eu 等核素。尽管给出了归一化浸出率数据，但是由于没有给出样品体积、表面积等数据，因此无法与其他研究数据进行定量比较。近期法国 St. Laurent 的研究发现，石墨套管经过 450 天浸泡并未发现 ^{3}H 浸出。

（3）石墨材料的特性与核素的浸出行为密切相关。White 等采用了 IAEA 推荐的标准流程和方法针对英国镁诺克斯堆石墨（PGA）开展了浸出研究。研究了去离子水、模拟黏土岩地下水和模拟海水中石墨的浸出行为，获得了 ^{3}H、^{14}C、^{60}Co、^{133}Ba 和 ^{137}Cs 的浸出数据。所有核素的浸出率与法国的研究结果基本一致。但是，这两家对 Cs 的浸出研究结果却有较大差异，主要原因是石墨样品来源不同和浸出实验的环境条件不同。

总的来讲，在 50~140 天的实验周期内，早期核素的浸出率波动非常大，后期逐渐趋于稳定。可以预测在几十或者数百年的时间跨度内，浸出速率会明显降低。值得欣慰的是，由于计算机技术的快速发展，可以利用热力学模型计算固相材料（石墨、碳化物和多空氧化物等）中核素在水中浸出行为，可以大大缩短实验周期。

5.4　反应堆废石墨回取和暂存技术

5.4.1　反应堆石墨的排布方式

反应堆石墨的堆砌方式大致可分为垂直和水平排布。美国的 BGRR、英国 BEPO 反应堆、温斯凯尔 1 号和 2 号反应堆、法国的 G-1、G-2、G-3 对及美国汉福特反应堆等均采用水平排布。苏联大部分石墨反应堆、英国大部分石墨反应堆、法国的 EDF-1、2、3 反应堆等为垂直排布。

BGRR 石墨试验堆位于美国布鲁克海文国家实验室，是一座空气冷却，石墨慢化反应堆，1969 年关闭，2012 年完成退役。石墨砌体由 75 层共 68 000 块石墨块堆积成 25 英尺长的正方体，总重约 700 t，如图 5-10 所示。石墨块的宽和高均为 4 英寸，长度不一，最大为 45 英寸。

WAGR 堆是英国在镁诺克斯反应堆基础上开发的改进型气冷堆，额定功率 33 MW，1963—1981 年运行，2011 年完成退役。由 8 层共 3344 块石墨块堆积成直径 6 m、高 6 m 的石墨砌体，总重约 210 t，见图 5-11。

日本东海第二核电厂 1 号机组是镁诺克斯型气冷反应堆 GCR，额定功率 166 MW，于 1966 年开始商业运行，并于 1998 年关闭。主体由大约 1600 t 石墨块堆砌而成，如图 5-12 所示，堆芯和反射层共由十层 30 000 块石墨组成，其石墨为带有凹凸键槽的正六边形石墨块，与美国 FSV 石墨堆类似。

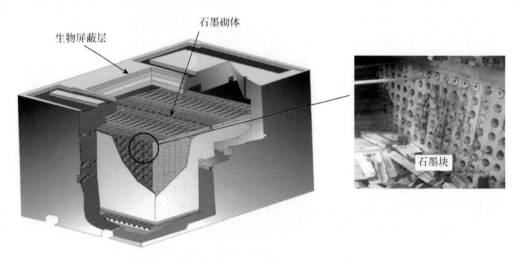

图 5-10 美国 BGRR 石墨研究堆石墨排布方式图

图 5-11 英国 WAGR 反应堆对内石墨块排布方式图

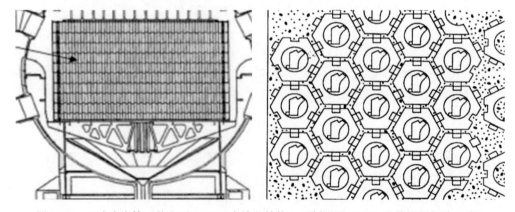

图 5-12 日本东海第一核电厂 GCR 反应堆芯结构上下剖视图（左）和俯视图部分（右）

原子能研究院 101 重水反应堆，建于 1958 年，20107 年关停。现准备开展退役工作。

5.4.2　废石墨回取和切割技术

放射性废石墨的回取应从实际操作方便性、辐射防护、安全性等角度考虑，重点关注如下因素：（1）反应堆原有系统设计的可用性；（2）石墨切块的排放结构；（3）辐照石墨的结构变形和机械强度；（4）石墨活性等。

5.4.2.1　废石墨的回取和切割技术

石墨块的回取方法与堆芯设计、现存状态和所具备的回取设备有直接的关系，考虑原系统设计的可用性。比如，法国的 CEA 的 G2 和 G3 反应堆石墨均有不漏水的回路。因此，他们采用水流喷射切割，切割块进行回取。采用水流流量可达到 120 m³/h 的循环水，循环水连接一个离子交换树脂进行净化。温斯凯尔 1 号堆曾发生过着火事故，没有合适的不漏水的安全壳，因此，采用远距遥控机械手来拆除，没有采用回路水冲洗回取的办法。温斯凯尔 ARG 原型堆起初考虑采用水力回取的，但由于现场没有合适的水处理设施，因此，也采用远距离遥控拆除，不同之处是在与外部空气隔离的情况下进行的。

石墨通过辐照发生一定的结构形变。如果现场的石墨辐照严重而发生了膨胀或者收缩，那么石墨的回取会比较麻烦。石墨芯块一旦膨胀会对其支撑机构、燃料通道管等部件产生作用，石墨块便难以回取，如果回取时用力过大石墨可能会发生破碎。辐照过及热破坏会明显降低石墨强度，因此，回取过程中特别关注石墨产生碎渣。

如果堆芯石墨要在空气中回取，要主要考虑魏格纳能、石墨表面是否有大量的碳粉尘、使用设备及考虑前面讨论的安全操作流程，防止石墨切割、回取等操作过程中发生粉尘性爆炸或者由于空气氧化失活等。石墨堆拆除解体过程中要对魏格纳能（储能）的意外触发释放的可能性进行评估。高温气冷堆因运行中辐照温度高，不会产生魏格纳能累积。因此，可不考虑该问题。早期石墨堆事故较多，堆内不可避免引入外面物质包括一些具有催化作用的材料，导致石墨易与空气反应，拆除解体时应该避免加热或产热性质的操作。

1999 年，在 IAEA 的放射性石墨废物管理大会上英国介绍了对反应堆石墨回取技术和设备，主要包括内部抓取技术、内部切槽技术、橡胶伸展技术和外部抓取技术等，并且提出在回取和拆除石墨块时如果能够一次性回取多个石墨块将会大大降低回取时间和节省费用，目前他们已经着手研发相关的技术和装备。同时，还向采矿和搬运公司等其他行业借鉴相关的经验和设备，开发了快速回取技术。英国还提出了几种石墨切割技术，包括热切割、水射流切割、机械切割、激光切割和钻孔等技术。

GLEEP 反应堆石墨由于其放射性非常小，杂质活化相对小，所以其回取和拆除时，现场操作人员穿连体防护工作服和手套用钻头即可效地拆除石墨。

英国 WAGR 堆由于辐射剂量较高，在石墨回取和切割过程中，专门设计了许多屏蔽防护、切割、回取等工具。其中一种是在圆轴的四周安装钢珠，将圆轴插入石墨孔道中，钢珠受到石墨的挤压，依靠两者的摩擦从而将石墨抓起，如图 5-13 所示。日本东海第一核电厂 GCR 由于运行时间较长，反应堆辐射剂量较大，很难人工拆除，所以采用远程操纵拆除机械设备进行拆除。抓具通过三根带有防滑块的支架深入石墨管中，从内部抵住石墨块从而达到抓取的目的，如图 5-14 所示。为了提高工作效率，将七个抓具在按照石墨套管的尺寸大小安装在同一个圆盘上，从而可以同时抓取 7 根石墨管，将工时从 70 个月减少到 10 个月。

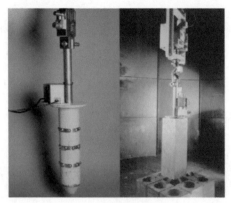

（a）拆除设备与操作

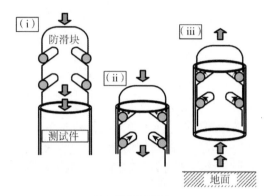

（b）设备原理图

图 5-13　WAGR 石墨拆除图

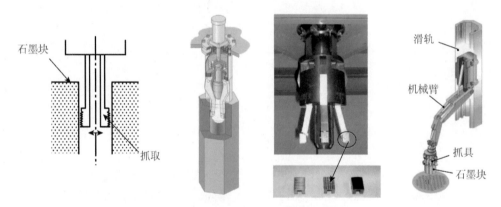

图 5-14　东海核电厂石墨拆除设备图

BGRR 石墨堆因其石墨块为规则平整无键槽，并且采用水平层叠放置，但是放射性较强，因此在石墨回取时采用了遥控液压驱动挖掘机拆除石墨砌体。

5.4.2.2　废石墨回取和处理关注的问题

石墨辐照后，石墨晶格遭到破坏，石墨内积累了大量辐照潜能，石墨因此从稳定物质变为活性物质，1957 年英国反应堆（温斯凯尔 1 号堆）由缺乏对辐照石墨性能的了解而造成了 7 级核事故，引发了的反应堆火灾。反应堆石墨构件一般以石墨套管和石墨砌块的形式存在，石墨套管用来容纳核燃料，石墨砌块在反应堆中被用作中子慢化剂和反射层。经反应堆运行后，石墨会发生放射性元素污染，污染来源主要有三种：燃料元件破损沾污、金属构件活化产物接触和中子活化反应产物。燃料元件沾污放射性核素为 ^{235}U、^{239}Pu、^{241,243}Am、^{242}Cm 超铀元素和 ^{90}Sr、^{134,137}Cs、^{125}Sb 和 ^{152,154}Eu 等裂片元素；金属构件活化产物为 ^{60}Co、^{63}Ni 等；中子活化反应产物主要是 ^{14}C 和少量石墨杂质活化产物。前两种沾污均发生在石墨表面，后一种沾污比较特殊，沾污的核素主要为 ^{14}C，反应堆中 ^{14}C 来源共有三种: ^{14}N（n, p）、^{14}C（反应截面 1.81 b）、^{13}C（n, g）^{14}C（反应截面 0.000 9 b）、^{17}O（n, a）^{14}C（反应截面 0.035 b），其中第一种反应是保护气体氮气与中子发生反应后而形成的，因此绝大部分 ^{14}C 分布在石墨表面。

（1）含有大量长寿命放射性核素不能直接进入地表处置场

放射性废石墨表面含有大量长寿命的锕系元素（Pu、Am）、^{14}C 和金属活化产物（^{243}Am 半衰期 7.45×10^3 年，^{14}C 半衰期 5730 年，^{63}Ni 为半衰期 1×10^2 年）。这些核素主要吸附在石墨表面上，易脱附进入环境。浅地表处置场对长寿命核素和固化体性能均有严格限制，强污染石墨未经处理不能直接进行浅地表处置。

（2）存在辐照潜能和火灾隐患

石墨长期受到辐照作用，会以潜能的形式将吸收的辐照能贮存起来。放射性废石墨从反应堆卸出后，贮存了大量的辐照潜能。在石墨暂存过程中，潜能释放使石墨温度升高。据 IAEA 报告，已发现放射性石墨潜能最高可达 2700 J/g，理论上一次释放会使石墨温度升高至 1500 ℃左右，易引起石墨燃烧。鉴于历史上英国温斯凯尔石墨堆的起火事故，应在石墨处置前进行处理，释放其所储潜能，消除安全隐患。

（3）^{14}C 能进入生物体，造成内照射影响

长寿命放射性核素 ^{14}C 与 ^{12}C 化学性质基本相同，可进入生物体参与新陈代谢等生命活动。生物体对 ^{14}C 具有富集作用，若不严格控制人造 ^{14}C 向环境中的释放，会造成生物体内 ^{14}C 含量水平上升，生物体长期受到体内照射，对生物体（个体、群体）的生存、繁衍会构成威胁。因此必须对放射性石墨进行处理，固定长寿命放射性核素，严格控制 ^{14}C 的释放，延缓其进入生物圈的速率。

（4）石墨的包装腐蚀问题

放射性石墨具有导电性，在水、水气等条件下，与金属包装材料接触构成原电池。由于石墨的电负性大于不锈钢包装材料，包装材料容易受到腐蚀，速率较快，增加了放射性石墨暂存的安全风险。因此，应采取措施消除石墨对包装材料的腐蚀性。

（5）强辐射作用易产生酸气，腐蚀处置设施

放射性石墨具有较强放射性，能够辐解空气中的氮气产生氮氧化物，对周围设施造成腐蚀损伤。因此应尽早对放射性石墨进行处理，降低暂存库安全风险，减少放射性石墨暂存运行成本。

石墨套管受污染程度较强，属于中放废物；石墨砌块污染较弱，属于低放废物。石墨套管受污染部位一般为套管内表面和端头表面，除烧结部分外，污染深度一般1 mm左右，其污染核素为燃料中的长寿命核素为 ^{235}U、^{239}Pu、$^{241,243}Am$、^{242}Cm、^{90}Sr、$^{134,137}Cs$、^{125}Sb、^{14}C 和 $^{152,154}Eu$ 等。石墨砌块主要受污染部分为表面，污染深度一般在1 mm以下，其污染原因主要是反应堆内保护氮气与中子反应和与石墨接触部分金属部件的活化。氮气与中子反应是堆内 ^{14}C 的主要来源，由于氮气吸附在石墨表面，一般认为63%的 ^{14}C 是沉积于石墨表面而没有进入石墨本体的晶格内。金属活化产物一般为 ^{55}Fe、^{60}Co、^{63}Ni 等。石墨套管的放射性强达 2×10^8 Bq/kg，含有长寿命超铀元素。四〇四厂 1998 年曾对废石墨套管简单取样，委托兰州大学对所含核素比放活度进行分析，初步分析结果为 ^3H：$10^4 \sim 10^5$ Bq/kg，^{14}C：$10^4 \sim 10^5$ Bq/kg，^{137}Cs 的比放活度较 ^{14}C 高 1~2 个数量级。

5.4.3　废石墨暂存技术

一般在石墨堆燃料卸料和外围辅助结构设备拆除后，会将石墨慢化剂和反射材料立即拆除或者安全关闭—中间贮存—衰变两种选择。这两种方式各有利弊，需要根据各国的政策法规、安全、技术、经济、地质条件、最终的处置方案等确定。比如，采取中间暂存思路需要考虑是否有适合的处置设施和废物接受标准。如果当前还没有可用的废物包接受标准，那么早期打包好暂存的石墨废物体和处置容器有可能与将来建设好的处置场的不相容，这就需要采取补救措施，会产生额外的代价和放射性剂量。因此，必须根据经济代价和安全风险来确定是否采取中间暂存的策略。

一般说来，采用中间贮存的方式比较好。中间暂存的目的主要是将短寿命强放射性的伽马发射核素如^{60}Co和部分毒性较高的核素衰变掉，减少后续操作的防护措施、降低遥控设备的要求，降低人员操作剂量等，还能提高长期处置的安全性。一般情况下，中间暂存的时间为短寿命强放核素的10个半衰期以上，但是需要根据各个反应堆的特定情况而定。

分拣后的废石墨可以经过整备密封包装后可以置于地表埋藏暂存，也有将石墨燃料组件直接置于反应堆水池水下暂存，还有部分石墨套管置于屏蔽贮存井中。

为了尽量降低环境危害，可以将石墨堆芯进行封存。比如俄罗斯对曾经发生过燃料破损的石墨堆芯用填充密封材料的方法将堆芯进行了封存处理。但是，这种方法最主要的缺点是最终解体非常困难，并且最终会明显增加废物体积。在堆芯封存期间，根据特定的退役计划必须对其进行定期的监测和控制。

5.5　放射性石墨处理技术

5.5.1　放射性废石墨处理技术选择原则

放射性废石墨的处理是基于安全贮存或最终处置为目的的。放射性废物贮存和处置有相应的标准的规定。各国对于反应堆石墨的认识不同、公众接受水平不同影响放射性废石墨贮存和处置条件的选择。因此，放射性废石墨的处理方式是一个多因素考量的结果。

目前，对于石墨的处置方式有：浅地表处置、中等深度处置和深地质处置三种。

目前，英国放射性废物管理部（RWMD）考虑到反应堆石墨中所含的长寿命核素^{14}C和^{36}Cl浓度较高，因此明确反应堆石墨进行深地质处置，并且建议将放射性废石墨包装体放置于一个4 m长的不锈钢处置罐中进行密封后置于处置场中。这种方式的优点是保证了放射性核素尤其是^{36}Cl基本不向环境迁移，但是缺点也非常明显，废物体积庞大，监测时间长、处置费用高。比如，镁诺克斯堆石墨55 000 t大约会产生100 000 m^{3}的包装体，整个处置费用也高昂得惊人。因此，针对长寿命及易迁移的长寿命核素，英国相关专家还提出了一些相应的措施和备选方案：

（1）通过焚烧降低废物体积；

（2）通过汽化的方式降低废物体积。比如蒸汽重整技术，可以将 ^{36}Cl 和 ^{3}H 转移出来，并形成气体产物（如一氧化碳）便于进行同位素分离；

（3）二氧化碳捕集；

（4）$^{12}C/^{14}C$ 分离；

（5）浅地表埋葬；

（6）减容后进行浅地表处置。先采用上面的方法将 ^{36}Cl、^{3}H 和 ^{14}C 转移，然后将剩下的石墨进行浅地表埋葬。

上述备选方案会明显降低废物体和处置费用，但是同时还有很多技术和安全问题需要研究，不确定性很大。图 5-15 给出了进行了减容—浅地表处置方案还需要开展的技术研究内容。比如石墨中关键核素 ^{36}Cl、^{3}H 和 ^{14}C 的源项情况，辐照石墨在环境中的长期行为也知之甚少，并且几乎没有相关的浸出行为的数据。

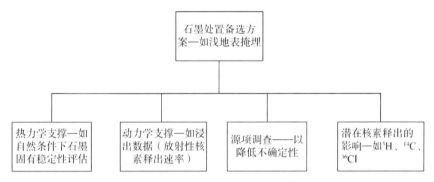

图 5-15　减容—浅地表处置所涉及的技术研究图

综上所述，针对放射性污染石墨的处置要求，可以选择不同的处理方法。

（1）将所有废石墨作中放废物处理，在确保安全的情况下进行地质处置。目前英国政府将该方案视为保底处理处置方案。

（2）将废石墨中的长寿命放射性核素去除，整备后将剩余的废石墨转入到低放废物处置场进行处置。

（3）将中低放石墨中的大部分放射性沾污去除，然后解控处理或者回收利用。

（4）将废石墨单独处置，比如中等深度地质处置。

（5）将中放石墨进行中间暂存，整备后进行低放处置或者解控。

最近几年，英国 NDA 正在对以下 4 种方案进行了比较和优选。

（1）废石墨按照中放或者低放废物固体废物整备处理方案。整备包装后均在一个国家地质处置场中进行处置。英国废石墨大约有 65 000 m^3，整备包装后的处置体积约为 127 000 m^3。体积巨大，处置费用也会非常高。

经过评估，中放废石墨中对地质处置性能有较大影响的核素为 ^{36}Cl 和 ^{14}C。^{36}Cl 的半衰期很长，同时在处置场系统中较易迁移。有模型预测大约 40 000 年时，^{36}Cl 的风险将会达到峰值。^{14}C 的主要问题是其在石墨中的量非常大，同时具有变成气体进入生物圈的可能性。如果 ^{14}C 以 CO_2 的形式从石墨中释放出来，那么在近场可通过碳酸盐反应而固定在近场附近，但是如果甲烷等气体形式释放出来，那么在处置场关闭后将会潜在的气体迁移风险。现在已经有人在开展 ^{14}C 是否能够以气体的形式进入地下水或者迁移出处置场的研究工作。

如果不能将^{60}Co 和^{3}H 合理地衰变，过早地对退役石墨进行整备、包装处置都会大大增加中放废石墨的比例，提高处理处置费用。尤其是^{60}Co，如果没有衰变充分那么在处理、整备、包装、运输等过程中都必须注意其屏蔽和其他安全问题。

（2）废石墨处理—整备处置方案。如果通过合理的技术处理和整备，在低放废物处置场处置的路线是可行，其处置费用将会比废石墨作为中放废物处置要低很多。对于任何石墨处理工艺，都必须详细考虑该工艺过程中所有的废物流向、安全性、环境影响、代价分析等问题。比如，一个高温石墨氧化处理工艺，可能会产生一个废石墨产品、放射性尾气和高比活度的焚烧灰等废物流。处理时要考虑石墨产品本身的处置安全性外，还要考虑尾气固定处理、焚烧灰的处理及其相关的代价、环境影响等，最终才能对该处理工艺及地质处置进行一个详细的评价，从而为最终的处理、处置方案的确定提供现实依据。

（3）专门的包装和处置方案。英国所有堆芯石墨整备包装后约 127 000 m³，石墨剂量主要贡献者为^{14}C 和^{36}Cl 长寿命核素，但也与短寿命^{3}H 和^{60}Co 有关。因此，可以通过包装体和处置场设计，将废石墨在一个专用的独立处置场中进行安全处置。如近地表处置。该包装体必须具有长期的安全性阻止长寿命放射性核素^{14}C 和^{36}Cl 进入生物圈，处置场必须具有较低的水力梯度和可渗透性。目前法国已经开展这方面的研究工作。

如果这一方法得以实现，那么随着处理的废石墨体积增加，处置场的开挖难度和开挖体积会逐渐减小，处置费用将会降低。

（4）衰变—暂存—整备处理方案。采用中间暂存，衰变掉短寿命核素，整备处理后，再进行最终的处置。这样可以最大限度地降低工作人员的接受剂量，可以将现在保守的安全处置方案视为中间暂存，如将石墨反应堆先进行较长时间的安全监管期，再回取后暂存，使短寿命核素衰变，在进行整备处理后进行处置。在暂存期间，废石墨可不进行包装和密封。因此，在暂存过程需要考虑废石墨的电化学耦合及其他产生腐蚀加速的情况。

5.5.2　放射性废石墨处理技术

放射性废石墨的处理过程包括放射性石墨的中间贮存、分析、切割、表面去污等预处理过程，然后根据实际需要选择合适的技术进行处理。放射性废石墨的处理技术主要包括潜能放热处理、焚烧处理、石墨固定/固化处理等。

5.5.2.1　辐照潜能释放热处理技术

热处理技术是消除石墨辐照潜能的专用技术。其目的是消除辐照石墨的潜热，是规避潜能累积造成废石墨着火等风险的主要手段，是废石墨处理的预处理技术。其基本方法是将辐照石墨加热升温至辐照温度以上，石墨晶格结构发生变化，逐步释放其魏格纳能。通常只要加热温度比辐照温度高出 50 K 时储能就可以有明显的释放。该技术仅能消除石墨辐照潜能，对石墨中放射性核素释放风险等因素未加以考虑，需要与其他石墨处理和处置技术结合才能体现出其价值。

英国开展了旨在消除辐照潜能的石墨热处理技术研究，建立了石墨热处理装置。该装置采用感应加热原理，用 17 匝铜管感应线圈制成方箱，箱体内表面衬有 10 mm 厚保温材料，以非放石墨 UC312/496 为研究对象，样品尺寸与堆内石墨相同（石墨板 26 mm×

90 mm×370 mm，石墨瓦 52 mm×180 mm×180 mm）。装置运行时感应线圈通入冷却水，保持电源功率、电压和感应频率恒定，石墨样品中心和表面温度分别用热电偶和红外测温仪测量，每分钟记录一次。研究者分别对石墨放置方式、电源功率（20~30 kW）、电压（360~580 V）、感应频率（3~3.2 kHz）等工艺参数展开研究。研究结果表明，感应加热易行、高效，当电源为 30 kW、感应频率为 3 kHz 时，石墨瓦15 min（石墨板 30 min）达到 350 ℃，潜能快速释放。在此基础上，研究者建立了 6 个工程规模的石墨热处理装置，封闭在设备箱内，充入氩气。装置最大输出功率为 40 kW，电流为 80 A，感应频率为 2.25~3.75 kHz，石墨 30 min 内完成热处理过程，进入冷却系统（见图 5-16）。RWE Nukem 研究石墨热处理过程中 ^{3}H 释放情况，结果表明只有 0.5% 的 ^{3}H 被释放出来。

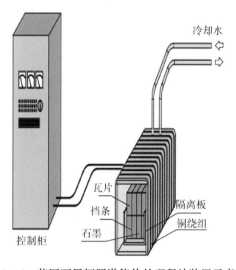

图 5-16　英国石墨辐照潜能热处理释放装置示意图

韩国 KAERI 也开展了 KRR-2 石墨热处理技术研究。在惰性气氛下将石墨加热，温度升至 120~160 ℃ 时，潜能开始释放，达到 200~250 ℃ 时，潜能释放速率达到最大值。

5.5.2.2　焚烧处理技术

焚烧处理技术是低放石墨处理的常用方法，通过焚烧将石墨变成二氧化碳和残余物，可大幅降低放射性废物的体积。目前，焚烧处理技术主要有流化床焚烧、激光焚烧、蒸汽热解焚烧等。流化床焚烧已完成试验装置研究，其装置如图 5-17 所示。

正在建设工业规模装置。法国拟建设处理能力为 150 kg/h 的生产装置，年处理能力可达 800 t。英国和韩国也开展了相应的研究。激光焚烧与流化床焚烧相比，不需要将石墨粉碎和其他处理，直接由强激光将石墨引燃。法国 CEA 开展了激光焚烧石墨技术研究，建立了激光焚烧中试装置。正在开展工业规模的激光焚烧装置建造相关研究。英国也开展了这方面的研究。蒸汽热解焚烧的原理是利用高温水蒸气与石墨反应，生成 H_2 和 CO，再通过燃烧生成 CO_2 和 H_2O，CO_2 可以转化为碳酸盐不溶物。该方法的缺点是二次废物量大，1200 t 石墨将转化为 10 000 t 的碳酸钙或 20 000 t 的碳酸钡。美国、德国、日本和乌克兰等开展了相应的研究。

法国核设施产生了大量放射性石墨（军用钚生产堆 G2/G3 2400 t，EDF 电力公司 2000 t，比热伊 1 有 2000 t），除了用碳化硅陶瓷固化技术外，他们还研发了流化床焚烧技

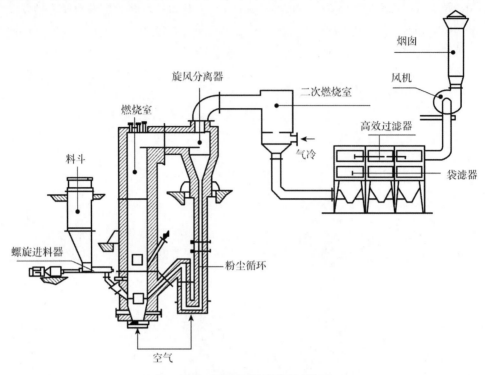

图 5-17　法国石墨焚烧装置示意图

术，在 Le Creusot 进行了石墨流化床焚烧技术中间验证研究，建立了中间试验装置。该装置包括石墨套管回取、粉碎、磁力分离、输送进料、焚烧、装桶压实等设备。焚烧系统分为两级，第一级为流化床焚烧，第二级为旋风焚烧。尾气处理系统由袋滤器和高效过滤器组成，尾气净化后排入大气，装置处理能力为 30 kg/h，焚烧温度1075 ℃，试验焚烧了 20 t 废石墨，研究结果表明，该法焚烧完全，燃烧效率达到 99.8%，废物减容比达到 100，粉尘危险可控。基于中间试验结果，他们对以法国 G3 军用堆中的石墨为对象，计算了现场操作人员和公众受到的剂量率（60 m 和 100 m 烟囱），公众受到的剂量率高于现场操作人员的剂量率，60 m 和 100 m 烟囱对公众造成的最大剂量率分别是 0.5 mSv/a 和 0.04 mSv/a，研究结果表明，100 m 烟囱排放是可行的。为此，他们将建立处理能力为 150 kg/h 的生产装置，达到 800 t 的年处理能力。

英国针对石墨开展了粉碎包装、焚烧等多种处理技术研究比较，对于 GLEEP 反应堆石墨，他们的研究结果表明：焚烧比直接粉碎包装处置费用低。

韩国 KAERI 也建立了流化床焚烧石墨试验装置，装置由粉碎、焚烧和尾气处理等组成。研究推荐参数为：石墨粉碎颗粒度 5~10 mm，流化床温度 900 ℃，气流速率为 50 L/min。研究结果表明，焚烧效率达到 99.8%，二次废物体积为石墨体积的 1%~2%，其中放射性核素为^{60}Co、^{133}Ba、^{152}Eu 和^{154}Eu 等。

法国 CEA 开展了废石墨激光焚烧技术研究，建立了激光焚烧中试装置。装置的核心设备为内表面抛光不锈钢容器，容器外面覆盖矿物保温层，设备体积取决于石墨块体积，激光从容器顶部发出，光束直径约 35 mm，功率为 2~22 kW，光照后石墨温度达到 1100~1200 ℃。通入氧气开始燃烧，燃烧速率可达 14 kg/h。目前工业规模的激光焚烧装置建造已获批准，研究者正在展开相关研究。该技术优点在于不需要将石墨粉碎和其他处理，直接由强激光将废石墨引燃。

5.5.2.3 蒸汽热解焚烧技术

美国、德国、日本和乌克兰等国家对焚烧技术进行了大量研究，开发了多种焚烧工艺和专用设备，如美国开发了蒸汽热解焚烧处理废石墨装置，其流程如图 5-18 所示。但总的来说，焚烧技术存在辅助设备多，尾气处理工艺复杂，焚烧物对焚烧炉腐蚀严重、二次废物量大等缺点。

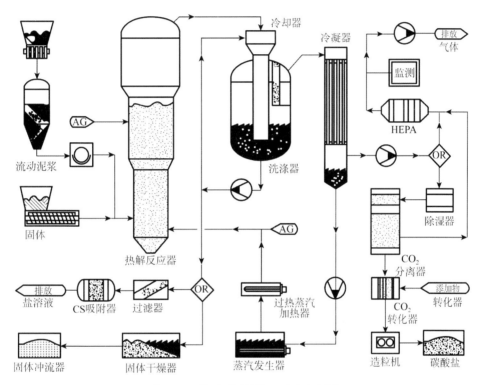

图 5-18 美国石墨焚烧—碱洗流程图

5.5.2.4 固化/固定处理技术

放射性废石墨的固化/固定技术正处在研究阶段。目前国际上相关技术有树脂和沥青表面覆盖固定、水泥固化、玻璃固化和自蔓延固化等技术。法国将沥青/环氧树脂混合物浸渍在石墨中，该技术已在马库尔 G2 反应堆、比热伊反应堆的石墨处理工程中得到应用。有机物浸渍固化主要适用于放射性水平低的石墨，对于放射性较强的石墨，由于有机物的辐解作用，不适合采用该法处理。水泥和玻璃固化低放废石墨主要是将经过破碎后的废石墨用水泥或玻璃基体进行包容。该技术目前仅就低放石墨进行了初步研究。

低放石墨的树脂、沥青涂覆固定技术已经得到应用，低放水泥固化和玻璃固化技术正处于研发阶段。

法国开发了沥青/环氧树脂混合物、环氧树脂、沥青浸渍技术，其中沥青/环氧混合物树脂浸渍技术较为实用。该法将沥青/环氧树脂混合物浸渍在石墨中，在 10 bar 压力和

150 ℃下进行养护。研究结果表明，养护后石墨总重量增加了 12%，内部 0.1 μm 以上的空隙全部被填充，抗压强度可提高 0.7 倍，主要核素浸出率比未经处理的石墨低 2 个数量级。该技术已在马库尔 G2 反应堆、比热伊反应堆的石墨处理工程中得到应用。有机物浸渍固化主要适用于放射性水平低的石墨，对于放射性较强的石墨，由于有机物的辐解作用，不适合采用该法处理。

瑞士保罗谢勒研究所采用水泥固化技术对 DIORIT 研究堆石墨砌块进行处理（见图 5-19）。该反应堆中的石墨砌块约 45 t，放射性水平较低，^{3}H、^{14}C、^{152}Eu 和 ^{154}Eu 的放射性比活度分别为 4.3×10^5 Bq/kg、1.0×10^4 Bq/kg、5.7×10^4 Bq/kg 和 1×10^3 Bq/kg。研究者对石墨切割后用两级汽锤击碎，石墨碎块小于 6 mm，期间喷淋含 5%（质量分数）表面活性剂的水流防止粉尘。由于石墨的憎水性，石墨与水泥相容性差，石墨包容量仅为 50%（质量分数）。美国开展了石墨颗粒玻璃固化研究，将石墨颗粒分散在玻璃固化体中，研究取得了一定进展，尚未投入工程使用。

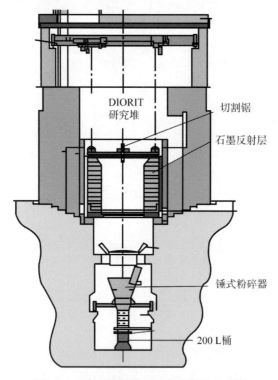

图 5-19 瑞士研究堆石墨水泥固化示意图

5.5.2.5 自蔓延固化处理技术

自蔓延固化是一种新型的固化技术，将粉碎后的石墨粉与化学试剂混合，高温条件下，化学试剂与石墨粉发生化学反应，利用反应热自持高温条件，形成陶瓷固化体，如碳化硅、碳化钛等。由于固化体的高稳定性和低浸出率，该技术主要用于强污染石墨的处理，也可用于低污染石墨的处理。

俄罗斯针对放射性水平高的废石墨，开发了自蔓延处理技术。该技术原理是将石墨、金属铝、二氧化钛等按反应需要的比例混合，用电弧引燃，引燃后生成的大量反应热能够使反应自发持续进行，直到生成稳定的碳化物。石墨转化为碳化钛固化体，其反应如下：

$$3C+4Al+3TiO_2=2Al_2O_3+3TiC \qquad \Delta H_r^{\ominus}(1700\ ℃)=-3736\ kJ/g$$

反应过程中，二氧化钛中的氧与金属铝结合形成氧化铝，碳与钛结合形成碳化钛。主要核素^{14}C 被转化为碳化钛，碳化钛化学稳定性好，不溶于水，非常适合作为^{14}C 的最终处置基材。为了减少 CO 和 CO_2 生成，研究者对反应体系进行了理论计算，确定最佳反应物比例，最后进行实验验证。计算结果表明，自蔓延处理过程中反应最高温度为 2327 K，气体产生量很少。实验结果与计算结果基本一致，测定的熔体温度为（2300±50）K，进入气相的^{14}C 不超过 0.16%（质量分数），绝大部 C 以 TiC 的形式存在。碳化钛固化体性能良好，99.9% 的^{14}C 固定在碳化钛中，^{137}Cs 和^{90}Sr 浸出率低，抗压强度可达 7 MPa。

鉴于自蔓延处理石墨技术实验室研究进展良好，俄罗斯在 NIKIET Sverdlovsk（靠近别洛雅尔斯克核电厂）建立了放射性石墨自蔓延处理中试工厂，建立了处理放射性石墨的整个流程（见图 5-20），对石墨自蔓延处理技术进行了改进和配方优化，配方进一步优化，自蔓延处理过程中引入热压技术。研究结果表明，自蔓延处理石墨周期短，能耗低，固化体性能优良，固化体^{14}C、^{137}Cs 和^{90}Sr 浸出率进一步降低，抗压强度可提高至 13.4 MPa，反应中气体的生成量很少，进入气相的碳组分低于 0.1%（质量分数），碳化钛固化体满足浅地表处置要求。

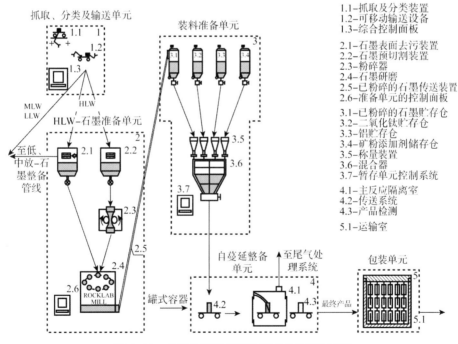

图 5-20　放射性石墨处理设施工艺流程示意图

法国 CEA 也开展了自蔓延处理石墨技术研究，将石墨转化为碳化硅固化体，用以固定^{14}C。由于 SiC 的绝热反应温度为 1600~1700 K，启动自蔓延反应最少需要 1800 K，需要补充能量。研究者主要研究引燃方式、反应物料的颗粒度对反应的影响，确定了最佳引燃方法和最佳反应物颗粒度，保证反应过程平稳，碳化硅固化体性能符合要求。英国塞拉斐尔大学也开展了类似的研究，对石墨处理工艺过程进行了细致研究，取得了一定的研究成果。

5.5.2.6　几种处理技术比较

在实验室研究和中试厂研究基础上,俄罗斯对自蔓延处理高放石墨给予了足够的重视,针对别洛雅尔斯克的 12 座待退役反应堆中石墨,提出了三种处理处置技术路线,就每种路线所需的费用、处置场占用体积、处理和贮存周期等方面进行了评估,具体评估结果见表 5-4。

(1)自蔓延法处理高污染废石墨:将放射性石墨分为高放石墨和中低放石墨两类。高放石墨采用自蔓延法处理,固化体装入水泥罐中进行浅地表处置;中低放石墨装入金属容器进行浅地表处置。

(2)分类处置废石墨:将石墨分为高放石墨和中低放石墨两类。高放石墨装入特制容器中进行深地质处置;中低放石墨装入金属容器进行浅地表处置。

(3)石墨直接深地质处置:不对石墨进行分类,所有石墨进行深地质处置。

表 5-4　放射性石墨处理路线比较

考察内容	路线 1	路线 2	路线 3
放射性石墨废物总量/t	1637	1637	1637
HLW/t	27.3	27.3	
MLW(LLW)/t	1609.7	1609.7	
转运容器数量:			
不锈钢容器/个	—	376	—
金属容器/个	1937	1937	—
水泥容器/个	223	—	1263
占用处置场体积:			
浅地表处置场/m³	2308	1973	—
深地质处置场/m³	—	40	4585
处理和贮存周期:			
处理周期/a	2.2	2.2	2.2
贮存周期/a	2.2	2.2	2.2
贮存设施服役期/a	47.8	47.8	47.8
费用概算*/倍	1.19	1	3.06

注:* 以路线 2 费用为基准。

评估结果表明,尽管石墨自蔓延处理费用(路线 1)比石墨分类装桶(路线 2)的费用多出 19%,但考虑到浅地表处置费用远低于深地质处置费用,石墨自蔓延处理之后浅地表处置的总体费用最低,是一种可行的石墨处理路线。

上述是针对通过自蔓延处理—浅地表处置,放射性废石墨分类直接包装处置,直接包装深地质处置 3 中技术路线进行了比较,认为经自蔓延处理后,进行浅地表处置是一条不错的技术路线。

自蔓延处理只是放射性废石墨的处理技术之一,几种处理技术从工艺、二次废物产生量以及总体成本也不尽相同。表 5-5 对几种技术进行比较。

表 5-5 放射性石墨处理技术比较

处理技术	处理对象放射性水平	处理后废物体性能	工艺复杂程度	二次废物量	处理处置成本
自蔓延	放射性强	好	简单	少	低
热处理	放射性强	一般	简单	少	高
焚烧	放射性弱	好	简单	少	低
表层浸渍	放射性弱	好	简单	少	低
水泥固化	放射性弱	不好	复杂	少	低

综上所述，处理放射性石墨所采用的技术与石墨污染水平、放射性强度紧密相关，各种方法各有利弊。表 5-5 对各种技术根据其处理对象、处理工艺复杂程度、处理后废物体性能、二次废物量、处理处置成本进行了评估。评估结果表明，对于污染严重、放射性水平高的石墨套管，选用自蔓延陶瓷固化技术进行处理，针对放射性水平较低的废石墨采用焚烧处理技术具有很好的应用前景。固化体或者固定体能够直接进行浅地表处置，处理处置整体费用低，适合用于八二一厂、四〇四厂、原子能院等单位反应堆产生的放射性石墨废物的处理。因此，选择自蔓延技术作为我国强污染石墨的处理技术并开展相关研究，十分符合我国当前的需求。

5.6 我国放射性废石墨处理思路和技术发展路线

5.6.1 我国放射性废石墨处理技术路线

世界各个国家的废石墨的来源相同，只不过污染程度和数量不同。根据废石墨的特性以及处理技术优缺点、我国高温气冷堆发展的实际情况，提出我国废石墨的处理的总体技术路线建议。

总体技术路线应以放射性污染层剥离结合流化床焚烧技术和自蔓延处理技术为主，其他处理技术为辅的。主要原因如下。

（1）针对强污染废石墨处理后进行深地质处置

自蔓延是处理强污染废石墨最佳的技术方法，处理后的固化体具有良好的稳定性和包容性，适合中等深度处置和深地质处置的条件。该技术针对高温气冷堆强污染包覆材料、生产堆强污染废石墨剥离后进行处理，可固定大量放射性核素，特别是次锕系元素。

（2）处理工艺相对简单，技术容易掌握

选择流化床焚烧技术相对成熟，工艺简单，已在其他行业得到验证。而自蔓延技术工艺相对简单，在俄罗斯已得到中试验证，具备工程化应用的条件。

（3）二次废物量，总体成本低

无论是流化床焚烧还是自蔓延处理，产生的二次废物量少。考虑处理成本以及处置成本，两种技术结合在经济上相对最佳。

在以废石墨剥离后，对轻污染的废石墨进行流化床焚烧，对强污染的废石墨进行自蔓延处理，可以满足放射性废石墨的处理。同时在经费充足的境况下开展其他相关技术的研发也是必要的。

放射性废石墨处理处置总体技术路线如图 5-21 所示。

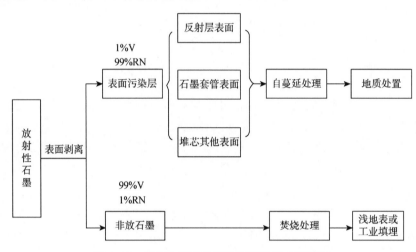

图 5-21　放射性石墨处理处置总体技术路线图

5.6.2　石墨自蔓延固化处理技术重点研究内容

自蔓延固化处理的重点研究内容包括：石墨表面核素富集层剥离技术（规则型石墨采用车床车削，非规则石墨采用喷砂机进行表层磨削），自蔓延技术，热压技术等，其中自蔓延技术的重点是配方研究和自蔓延设备研究。石墨套管处理关键技术如图 5-22 所示。

5.6.3　自蔓延固化技术发展思路

强污染石墨自蔓延固化处理技术的发展路线分为以下 4 步。

第一步，突破放射性石墨自蔓延固化处理工艺关键技术；

第二步，研制关键工艺技术设备，如石墨污染层剥离、自蔓延固化等核心设备，建立石墨自蔓延固化原理样机；

第三步，建立石墨自蔓延固化科研样机，开展工艺系统实验，获取关键工艺技术参数；

第四步，开展工程化研究，建立工程样机，为工程应用提供成套技术和设备。

每个阶段具有其特定的研究目标和研究内容。

（1）关键技术阶段

本阶段的主要目标是：突破放射性石墨自蔓延固化处理涉及的工艺关键技术，验证自蔓延固化技术的可行性，为原理样机的建立提供工艺技术支撑依据。本阶段的主要研究内

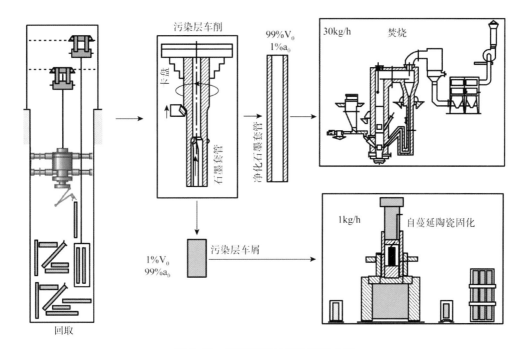

图 5-22　石墨套管处理关键技术图

容包括：自蔓延固化点火技术、自蔓延固化粉末配方研究、自蔓延固化机理研究、自蔓延固化体表征和测试、自蔓延固化核心设备研制等。通过该阶段研究，能够明确自蔓延固化机理、掌握固化工艺配方、建立固化体表征和关键性能分析方法，获得自蔓延固化技术关键控制参数，研制出批式固化设备，验证自蔓延固化技术的可行性，为下阶段任务提供依据和基础。

目前，国内已经开展了一定的基础工作，比如原子能院搭建了简易的自蔓延固化设备，开展自蔓延固化技术和固化配方的探索。

（2）原理样机阶段

本阶段的主要目标是：研制关键工艺技术设备，建立自蔓延固化原理样机，解决核心工艺、设备技术难题，完善固化体表征测试方法，掌握自蔓延固化关键核心技术。

主要研究内容包括：石墨表面污染层剥离技术、配料混料技术、自蔓延冷/热压技术、在线包装测试技术。其中表层剥离技术包括规则石墨的剥离技术（如完整的套管、石墨砌块、反射层等的表层剥离）和非规则石墨表层剥离（如破碎的套管等）。建立完善的固化体性能表征和测试方法。建立原理样机，在原理样机上分别开展各工艺段研究，获得相应的工艺技术参数。通过该阶段研究，能够较为全面地掌握石墨自蔓延固化处理的各工艺段的工艺、技术和设备等，为下阶段打下基础。

（3）科研样机阶段

该阶段的主要目标是打通全工艺流程，建立从接料到自蔓延固化体整备、检测等全流程的科研样机，并开展全流程模拟石墨验证，确定工艺、设备、自控、测量等技术的可行性和全流程的工艺稳定性。通过该阶段研究能够工程样机的设计和研发提供依据。

系统地掌握放射性石墨自蔓延固化处理过程中所涉及的所有工艺、配方、装置等，能够完全实现远距离和自动化的操作。

该阶段的主要研究内容包括：各类模拟石墨的制备、接料系统、连续剥离系统、自蔓延固化系统、固化体自动检测系统、固化体转运接收系统、尾气处理系统、全流程设计、工艺优化、配方验证等。

（4）工程样机阶段

该阶段的目标是实现石墨自蔓延固化处理的工程化，通过本阶段研究可实现该技术的直接工程应用。

该阶段的主要工作包括：总体设计、建设系统化的工程处理设施，开展工程规模冷试验和热验证。重点为远距离操作、远距离维修、设备更换、设备系统长期稳定性、辐射安全性、运行规范的建立等工程技术问题。

参考文献

［1］ R. E. Nightingale. Nuclear graphite ［M］. New York and London: Academic Press, 1962: 4.

［2］ PETIT, A., BRIÉ, M. Graphite Stack Corrosion of Bugey I, Graphite Moderator Lifecycle Behaviour ［C］. Proceedings of IAEA Technical Committee Meeting, Bath, UK, IAEA-TECDOC-901, IAEA, Vienna, 1996.

［3］ MARSDEN, B. J., PRESTON, S. B., WICKHAM, A. J., TYSON, A., "Evaluation of graphite safety issues for the British Production Piles at Windscale: Graphite sampling in preparation for the dismantling of Pile 1 and the further safe storage of Pile 2", Technologies for Gas Cooled Reactor Decommissioning, Fuel Storage and Waste Disposal, IAEA-TECDOC-1043, IAEA, Vienna (1998) 213-223.

［4］ VERGILIEV, Y. S., et al. The Changes in Graphite Characteristics from Reactor Moderator Stack of Obninsk NPP, Atomnaya Energiya (1997) 175-183.

［5］ MARSDEN, B. J., Decommissioning Graphite Cores Containing Significant Amounts of Stored Energy, (Proceedings of Conference on Decommissioning 95, London, UK (1995) London (1995) 265-274.

［6］ ARNOLD, L., Windscale 1957 — Anatomy of a Nuclear Accident, Macmillan (1992).

［7］ Vergiliev, Y. S., et al. the changes in graphite characteristics from reactor moderator stack of Obninsk NPP, Atomnaya Energiya (1997) 175-183.

［8］ Marsden, B. j., Decommissioning graphite cores containing significant amounts of stored energy, (Proceedings of Conference on Decommissioning 95, Lomdon, UK 1995) London (1995) 265-274.

［9］ Arnold, L., Windscale 1957—Anatomy of a nuclear accident, Macmillan (1992).

［10］ Alexeev, V., Platonovo p., Shtrombakh, Y., et al. the problem of decommissioning of Byeleyarsk NPP (first generation), Russian Academy of Science report, Uralsk Department, Ekaterinburg (1994) (in Russian).

［11］ Anderson, S. H., Cung D. D. L., A theory of the kinetics of intercalation of graphite, carbon, (1987) 377-389.

［12］ Stairmand, J. W., Graphite oxidation—A literature survery, AEA technology report, AEA-FUS-83 (1990).

［13］ Wickham, A. J., caring for the graphite cores, (proceedings of seminar: the review of safty at Magnox Nuclear Installations), London (1989) 79-87.

［14］ Hawtin, P., Gibson, J. A., Mubdoch, R., Lewis, J. B., The effect of diffusion and bulk gad flow on the thermal oxidation of nuclear graphite: 1; Temperatures below 500 ℃, Carbon (1964) 299-309.

[15] Mckee, D. W., The catalysed gasification reaction of carbon, Chemistry and physics of carbon series, pubulication by Marcel Dekker (1981) 1-118.

[16] Schweitzer, D. G., Gurinsky, K. E., Sastre, C, A safty assessment of the use of graphite in nuclear reactors licensed by the US nuclear regulatory commission; Brookhaven National Laboratory report BNL-NUREG-52092, NUREG/CR-4981 (1987).

[17] Richards, M. B., Combustibility of high-purity nuclear-grade graphite, (proceedings 22nd biennial conference on carbon, San Diego, July 1995), American Carbon Society (1995) 598-599.

[18] Schweitzer, D. G., "Experimental results of air ingress in heated graphite channels: A summary of Americananylsis of the Windscale and Chernobyl accidents", Response of fuel, fuel elements and gas-cooled reactor cores under accidental air or water ingress conditions, (proceedings technical committee meeting Beijing, China, 1993) IAEA, Vienna (1995) 50-54.

[19] Robinsons, S., Decommissioning W 改进气冷堆: Is nuclear graphite a fire hazard?. Nuclear Decommissioning (2002).

[20] Field, P., Dust explosions, Vol. 4 of Series: "Handbook of power technology", edited by Williams, J. C., Allen, T., published by Elsevier (1982).

[21] Guiroy, J. J., "Graphite waste incineration in fluidized bed", in graphite moderator lifecycle behavior, (Proceedings IAEA meeting, Bath, UK, 1996), IAEA-TECDOC-901, IAEA, Vienna (1996).

[22] International organization for standardization, Explosion protection systems−Determination of explosion indices of combustibles dusts in air, ISO 6184-1 (1985).

[23] International Atomic Energy Agency, State- of-the-Art technology for decontamination and dismantling of nuclear facilities, Technical report series No. 395, IAEA, Vienna (1999).

[24] Miller, R., Steffes, J., Radionuclide inventory and source terms for the surplus production reactors at Hanford, Report UN-3714, Rev. 1, Hanford, USA (1987).

[25] Verilov, Y. M., Bushuev, A. V., Zubarev, V. N., et al. Characterization of bera-emitting radionuclides in graphite from reactor moderator stack and research reactor thermal column, (Proceedings of 7th international conference, Nagoya, Japan) (1999).

[26] Buhuev, A. V., Verzilov, Y. M., Zubarev V. N., et al. Content of actinides in graphite from the decommissioned plutonium production reactors of the Siberian groups of chemical enterprises, (Proceedings of 7th international conference, Nagoya, Japan) (1999).

[27] Buhuev, A. V., Verzilov, Y. M., Zubarev V. N., et al. Content of actinides in graphite from the decommissioned plutonium production reactors of the Siberian groups of chemical enterprises, (Proceedings of IAEA Technical committee meeting, Mancherster, UK, October 1999), CD-ROM, IAEA, Vienna (2001).

[28] White, I. F., Smith, G. M., Saunders, L., J., et al. Assessment of management modes for graphite from reactor decommissioning, CEC Report (Nuclear Science and Technology), EUR 9232 (1984) and EUR 9487 (1984).

［29］Bulanenko, V., Frolov, V., Nicolaev, A., Graphite radiation characteristic of decommissioning uranium graphite reactors, Atomic Energy, (1995) 304-307 (in Russian).

［30］Marsden, B. J., Hopkinson, K. L., Wichham, A. J., The chemical form of carbon-14 within graphite, SERCO Assurance report SA/RJCB/RD03612001/r01 Issue 4 (2002).

［31］Goncharov, V., et al. Irradiation influence on reactor graphite, Atomizdat, Moscow (1978) (in Russian).

［32］Holt, G., The decommissioning of commercial Magnox gas cooled reactor power station in the UK, (Proceedings IAEA technical committee meeting, Manchester, UK, October 1999), CD-ROM, IAEA, Vienna (2001).

［33］Bradbury, D., et al. Pyrolysis/steam reforming and its potential use in nuclear graphite disposal, Proceedings, EPRI/EdF International decommissioning and radioactive waste workshop, Lyon France (2004).

［34］Orr, J. C. Shmoon, N., ^{14}C self-diffusion in pyrolytic carbon, 15th biennial conference on carbon, (proceeding of international conference, Philadephia, USA, 1981), American Carbon Society (1981) 14-15.

［35］Bnfl-JAPC, 改进气冷堆 eement for the exchange of information on Magnox reactors: Vol IV-Graphite monitoring at Tokai power station, (Document from 9th meeting, October 1980), Japan Atomic Power Company (1980).

［36］Godfrey, W., Phennah, P. j., Bradwell reactor coolant chemistry, J. British Nuclear Energy Society (1968) 151-157 and 217-232.

［37］Best, J. V., Wickham, A. J., Wood, A. J., Inhibition of moderator graphite corrosion in CEGB Magnox reactors: Part 2-Hydrogen injections into Wylfa reactor 1 coolant gas, J. British Nuclear Energy Society (1976) 325-331.

［38］Fischer, P., et al. Dertritumkereislauf in hochtemperaturreaktroen, proceedings: Reaktortangung, Berlin, April, Deutsches Atomforum EV, Bonn (1974) 420-423.

［39］Yarmolenko, O. A., et al. Development of technology for high-level radwaste treatment to ceramic matrix by method of self-propagating high-temperature synthesis, (proceedings of 7th international conference "Nuclear technology safety 2004: radioactive waste management," St. Petersburg Russia) (2004), 27/9-1/10.

［40］Gray, W. J., A study of the oxidation of graphite in liquid water in radioactive waste storage applications, radioactive waste management (1982) 137-149.

［41］Gray, W. J., et al. leaching of C-14 and Cl-36 from Hanford reactor graphite, Pacific Northwest Lab report PNL-6769 (1988).

［42］Gray, W. J., et al. leaching of C-14 and Cl-36 from irradiated French graphite, Pacific Northwest Lab report PNL-6769 (1989).

［43］Costes, J. R., et al. Conditioning of graphite bricks from dismantled gas-cooled reactors for disposal, waste management (1990) 297-302.

［44］Costes, J. R., et al. Conditioning of radioactive graphite bricks from reactor decommissioning for final disposal, CEC (nuclear science and technology), EUR 12815 (1990) (in

French).

[45] Hespe, E. D., leaching testing of immobilized radioactive waste solids, Atomic Energy Reviews (1971) 195.

[46] Haworth, A., et al. A computer program for geochemical modeling, UK NIREX Ltd. Report NSS/R380 (1995).

习　题

1. 放射性石墨的主要产生来源有哪些？

2. 放射性石墨中的主要污染核素有哪些，并说明其产生来源。

3. 请简要说明放射性石墨的处理方法有哪些。

4. 我国高温气冷堆用放射层石墨是否有魏格能累积问题，为什么？

第6章　高放废液玻璃固化处理

高放废液处理技术是核燃料循环后处理后端的关键技术，也是我国核能可持续发展过程的瓶颈技术。由于高放废液的高放射性、高毒性、强腐蚀性、高释热性等特性，长期贮存存在潜在的风险。因此，世界有核国家都在根据各自实际开展高放废液处理，如玻璃固化、分离嬗变等方面的研究，以期安全解决高放废液处理问题。

6.1　高放废液固化技术发展的必要性和需求

6.1.1　高放废液固化技术发展的必要性

6.1.1.1　高放废液固化处理是消除高放废液潜在重大安全隐患的有效方法

高放废液的化学成分复杂，既含有未完全回收的铀和钚，以及大部分其他超铀核素、几乎全部的非挥发性裂变产物，同时含有废包壳的溶解产物、中子活化产物、工艺流程添加的氧化还原剂，以及 HNO_3 等。乏燃料元件经过 5~10 年的冷却后进行后处理，产生的高放废液再放置若干年后，其含有的放射性核素大部分半衰期大于 10 年，如 ^{137}Cs（30.174 a）、^{90}Sr（28.7 a）等，甚至有些放射性核素半衰期超过上万年，如 ^{79}Se（2.95×10^5 a）、^{93}Zr（1.53×10^6 a）、^{99}Tc（2.11×10^5 a）、^{126}Sn（2.48×10^5 a）、^{135}Cs（2.3×10^6 a）等。上述长寿命核素具有一定的放射性毒性和化学毒性，个别属于高毒和极毒类。此外，高放废液酸度高、腐蚀性强、发热量大，在贮存过程会对环境造成很大的潜在风险，一旦泄露将对环境造成不可估量的危害。

研究表明若仅将高放废液转化成固体氧化物形式进行长期贮存仍存在安全风险。这是由于高放废液中含有大量的释热核素以及强碱性元素，如 Sr、Cs 等，在贮存过程会对包装容器有腐蚀，此外以氧化物形式贮存还存在氧化物遇水溶解问题。因此，只有将高放废液进行固化处理，将其转变成稳定的固化体后进行贮存才是消除高放废液潜在重大安全隐患的有效方法。

6.1.1.2　高放废液固化技术是制约核能可持续发展的瓶颈技术之一

核能可持续发展依赖于铀资源的充分利用和放射性废物的最小化。目前国际上运行的热堆核电站，其铀资源的利用率不到 1%，乏燃料经后处理提取未燃烧完的铀和新产生的钚，在热堆核电站进行循环使用，铀的利用率可提高 0.2~0.3 倍。若通过快堆进行燃料循环，可使铀资源利用率提高 60 倍左右。因此，为实现核能可持续发展，很多国家（包括我国）都采用了闭式燃料循环政策，即乏燃料后处理—再循环的技术路线。而在乏燃料后处理过程中势必产生一定量的高放废液，这些高放废液如果不能及时进行固化处理和安全处置，必将制约核能的可持续发展。以日本六个所后处理厂为例，尽管该厂已建成 20 多年，但由于高放废液玻璃固化工艺段存在诸多问题，难以安全有效地运行，导致其后处理厂建成后很长时间内都未正式投入运行。

6.1.1.3 高放废液固化体深地质处置是有效隔离放射性核素的优选方法

高放废液处理的方法有分离嬗变、玻璃固化等，分离嬗变由于关键技术尚未突破，离工程化应用还有距离。目前已实现工程化应用的只有玻璃固化。

高放废液经过固化处理后，产生的固化体如玻璃固化体、陶瓷固化体以及岩石固化体等，具有良好的化学稳定性、机械稳定性、热稳定性、抗辐照性等，在深地质处置后能够安全贮存上万年。这样可将核能产生的长寿命核素与生物圈进行有效隔离，降低或者消除核能产生的放射性核素对人类的潜在影响。因此，高放废液固化体的深地质处置是有效隔离放射性核素的优选方法。

6.1.2 高放废液玻璃固化技术发展的需求

高放废液玻璃固化处理技术涵盖核化工、放射化学、高温化学、机械设计和制造、硅酸盐材料学、自动化控制等专业和学科，同时涉及强放射性和高温操作，对材料和设备要求高，需要远距离操作和检维修，技术难度大。因此，高放废液玻璃固化处理技术是高科技结晶的产物，是核科技综合实力的体现。

目前掌握高放废液玻璃固化技术、并实现工业化应用的国家只有法国、英国、俄罗斯、美国、德国等少数几个国家，但是有核国家都在开展高放废液玻璃固化技术的研发。

6.1.2.1 核能的可持续发展需要与后处理厂能力相匹配的玻璃固化处理工艺

我国动力堆后处理中试厂于 2011 年 12 月热试成功。根据我国后处理技术发展规划（见图 6-1），正在建设两个 200 t/a 后处理厂，后续还要建设 800 t/a 后处理厂，届时每年将产生近千立方米的高放废液。对于后处理厂连续运行产生的大量高放废液，必须配备与之相适应的玻璃固化设施及时对其进行固化，降低高放废液暂存的安全风险。

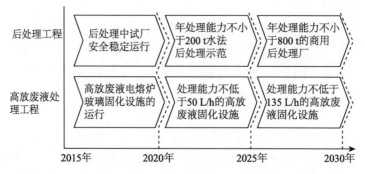

图 6-1　我国后处理技术及相应玻璃固化设施建设的发展规划图

针对遗留的生产堆高放废液和低燃耗乏燃料元件后处理产生的高放废液,采取电熔炉玻璃固化是可行的。我国已经从德国引进了一套电熔炉,该熔炉可解决八二一厂军工遗留的高放废液的处理问题,后续需对该玻璃固化工艺在引进的基础上进行消化吸收、再创新,以满足低燃耗乏燃料元件后处理产生的高放废液的处理需求。

6.1.2.2　反应堆技术发展需先进的固化处理技术与之相适应

随着反应堆核燃料燃耗不断提高,乏燃料中裂变产物和锕系元素的含量会越来越高(见表 6-1)。此外,我国还正在建设示范快堆,其乏燃料元件中锕系元素和裂变产物的含量及元素间的组成比例与压水堆有很大差别。由燃料燃耗加深引起的发热率及裂变产物和锕系核素含量变化势必会影响固化体配方及固化工艺,当前的电熔炉工艺和回转煅烧+热金属熔炉工艺可能存在熔制温度低,不能满足固化配方需求的问题。因此,需要研发熔制温度更高、适用性更广的固化工艺,如冷坩埚玻璃固化工艺。

表 6-1　动力堆乏燃料燃耗与超铀元素及裂变产物元素产生量的关系

元素	含量[*]：kg/t					
燃耗/（GWD/tU）	30	40	50	60	70	80
U	946	918	907	896	884	872
Np	0.59	0.86	0.90	0.91	0.89	0.85
Pu	9.18	10.18	10.46	10.79	10.98	11.25
Am	0.49	0.93	1.28	1.34	1.40	1.58
Cm	0.10	0.88	1.03	1.39	1.83	2.94
Zr	4.27	6.23	7.07	7.85	8.65	9.48
Mo	4.24	6.52	7.45	8.42	9.47	10.48
Tc	0.93	1.28	1.40	1.51	1.61	1.69
Ru	2.98	5.28	6.10	7.09	8.17	9.40
Rh	0.57	0.60	0.63	0.67	0.67	0.62
Pd	2.13	4.33	5.41	6.43	7.50	8.89
Sr	0.99	1.36	1.41	1.54	1.67	1.82
Cs	3.20	4.87	5.09	5.76	6.49	7.30
Ba	1.92	3.11	4.09	4.63	5.19	5.81
R·E[**]	12.20	19.10	22.00	24.80	27.80	31.60

注：[*] 元素含量数据是由 Oringen2 程序计算得出（PWR,3% ^{235}U）;

[**] R·E 为 La、Ce、Pr、Nd、Sm、Eu 和 Gd 等 7 元素的总和。

而今后随着高放废液分离—嬗变技术的工程化应用,待处理的高放废液总量会大大降低,但是分离不能改变放射性的量,嬗变只能降低次锕系元素的量,最终仍有一定量的长寿命裂变产物核素和次锕系核素需固化处理,并进行深地质处置。由于分离前后的高放废液组成相差较大,相较于硼硅酸盐玻璃固化,陶瓷固化或玻璃陶瓷固化更适合长寿命裂变产物核素和次锕系核素的固化处理,而这两种固化技术需要更高的熔制温度。因此,自主研发适用性更广的玻璃固化技术以适用今后各种类型高放废液固化处理的需要是十分必要的。

6.1.2.3 玻璃固化也有助于实现中低放废物最小化，减轻处置压力

近年来，随着公众对环保日益重视，具有良好稳定性及放射性核素高包容性的玻璃固化技术受到人们青睐，人们不仅用它来固化处理高水平放射性废物，而且用来处理中、低水平放射性废物、超铀元素废物和混合废物（放射性废物中同时含有其他危险废物）。

核电厂产生的放射性废物多属于中低放废物。针对放射性废液的处理常采用先蒸发，蒸残液再进行水泥固化的方式，但水泥固化是一种增容的处理方法，由于玻璃固化的废物包容量高，为减容处理方法，且废物体固结放射性核素能力强，固化产品品质好，因此玻璃固化法处理核电厂废物将是一种更经济、更合理的固化技术，更能满足废物最小化的理念，已经受到广泛的关注。目前正在开展冷坩埚工艺、等离子体焚烧工艺等处理核电厂产生的各种固体废物的研究，预期在 10 年左右实现工程应用，以降低废物处置的库容及安全风险。

6.2 高放废液的来源及特点

6.2.1 高放废液的来源

高水平放射性废液（简称高放废液，HLLW）主要来源于乏燃料后处理工艺中铀钚共去污循环产生的萃余液，此外，还包括后续工序（铀纯化循环以及钚纯化循环）产生的一部分处理废液，其体积小但包含了 99% 以上的全部裂变产物。通常每处理 1 t 乏燃料元件，将产生近 5 m^3 的高放废液，经蒸发浓缩后，体积减小到 0.4～1.2 m^3。

另外，在后处理厂和高放废液贮罐退役过程，也可能产生一定量的高放废液，这些高放废液化学组成与后处理厂产生的高放废液不完成一致。

6.2.2 高放废液的特点

高放废液的主要特点如下。

（1）放射性水平高

核燃料在反应堆中"燃烧"，裂变材料^{235}U 等裂变产生的放射性核素包容在燃料元件中。乏燃料元件从反应堆卸出之后，需要冷却 1 年以上再进行后处理，后处理产生的高放废液需要经过 4 年以上暂存才能进行玻璃固化处理。其主要目的是使半衰期低于 1 年以下的裂变产物核素衰变成稳定核素或者长寿命核素。但此时放射性仍然很强，一般情况下：

生产堆高放废液：β-γ 放射性 10^{11}～10^{13} Bq/L，α 放射性 10^{10}～10^{11} Bq/L。

动力堆高放废液：β-γ 放射性 10^{13}～10^{15} Bq/L，α 放射性 10^{12}～10^{13} Bq/L。

（2）化学组成复杂

高放废液成分复杂，其组分包括：①裂变产物；②活化产物；③腐蚀产物；④萃余的

铀、钚；⑤由中子俘获形成的超铀元素（如 Np、Am、Cm）；⑥包壳材料（如 Zr、Fe、Al、Mg、Mo 等）；⑦中子毒物（如 Gd、Cd、B 等）；⑧后处理引入的化学试剂（如 NO_3^-、SO_4^{2-}、Na^+等）和有机物杂质。

（3）高放废液中主要放射性核素半衰期长，毒性大

乏燃料元件含有 30 多种元素，上百个同位素，经放置 5~10 年后进行后处理，此时主要的放射性核素都是半衰期大于 10 多年以上的长寿命核素，甚至有些核素的半衰期达到百万年以上，有的核素虽然本身半衰期不长，但它们的衰变产物寿命很长，例如^{241}Pu和^{241}Am 衰变形成的^{237}Np。许多核素的生物毒性很大，属极毒或高毒类，表 6-2 列出了高放废液中关键长寿命核素的核性质以及毒性。

表 6-2　高放废液中关键长寿命核素核性质及毒性

核素	半衰期/a	毒性	放射体	核素	半衰期/a	毒性	放射体
^{238}U	4.47×10^9	低毒	α	^{79}Se	2.95×10^5	低毒	β^-
^{235}U	7.0×10^8	低毒	α	^{90}Sr	28.79	高毒	β^-
^{234}U	2.46×10^5	极毒	α	^{93}Zr	1.53×10^6	低毒	β^-
^{233}U	1.6×10^5	极毒	α	^{99}Tc	2.11×10^5	低毒	β^-
^{237}Np	2.14×10^6	高毒	α	^{107}Pd	6.5×10^6	低毒	β^-
^{239}Pu	2.4×10^4	极毒	α	^{126}Sn	2.48×10^5	高毒	β^-
^{240}Pu	6.56×10^3	极毒	α	^{135}Cs	2.3×10^6	低毒	β^-
^{241}Pu	14.29	高毒	β^-	^{137}Cs	30.17	中毒	β^-
^{241}Am	4.33×10^2	极毒	α	^{129}I	1.61×10^7	低毒	β^-
^{243}Am	7.37×10^3	极毒	α	^{147}Pm	26.2	中毒	β^-

注：半衰期数值参照《核素数据手册》，第 3 版，原子能出版社，2004 年；

毒性分组参照《电离辐射防护与辐射源安全基本标准》，GB 18871—2002。

（4）发热率高

高放废液中许多核素有高释热率，这使得高放废液早期的发热率可达到 20 W/L。这种发热主要由^{90}Sr 和^{137}Cs 所贡献。据估算，经 10 年释热率降低约 20%，经 100 年降低约 40%，经 300 年降低约 90%。

（5）酸性强　腐蚀性大

通常情况下在后处理工艺中采用硝酸对乏燃料元件进行溶解，这样通过高放废液的蒸发脱硝浓缩，高放废液酸度达到 2~6 mol/L，因此高放废液具有很强的腐蚀性。早期美国曾用碱中和之后，以碱性溶液贮存在碳钢大罐中，后来发现，此法不但增加废液体积和盐份，而且可生成沉淀物，腐蚀也严重，后来都采取脱硝后直接用不锈钢大罐贮存。

此外，高放废液在自身强辐射场的作用下，会导致水和残留有机物的辐解，产生 H_2、CO、CH_4、C_2H_6、C_2H_4等燃爆性气体。

6.3 高放废液的处理方法

由于高放废液具有放射性强、成分复杂、腐蚀性强、发热量大等特点，其处理处置备受业界人士的高度关注。目前国际上对高放废液的处理处置方法研究较多，主要为两类，一是直接将其固化处理后深地质处置，即将高放废液转化为化学稳定性、热稳定性、机械稳定性和辐照稳定性等优良的固化体，然后进行深地质处置。二是对高放废液进行分离—嬗变，再固化处理，最终地质处置，即将高放废液中 U、Pu、Np、Am、Cm 等锕系元素以及长寿命裂变产物（如 Tc）分离出来，制成靶件，在反应堆或加速器内嬗变成短寿命或稳定的同位素，嬗变次锕系元素时产生的裂变产物及分离后的废物可作为中低放废物处理处置。因此分离—嬗变—固化法可以降低高放废物的毒性和长期危害，减少需要深地质处置的废物体积，节省处置费用，可减少公众对高放废物的忧患，还可实现资源的再利用。

分离—嬗变可使产生的高放玻璃固化体所需的深地质处置库容降低，安全监管时间缩短至 1000 年。有研究计算了分离对需进行深地质处置的玻璃固化体体积的影响，结果表明：以处理 1 t 乏燃料元件（重金属）为例，后处理后产生的近 5 m³ 的高放废液经蒸发浓缩后可减少到 0.4 m³ 左右，玻璃固化处理后，会产生约 0.1 m³ 的高放玻璃固化体需进行深层地质处置。若去除 HLLW 中的裂变产物 Sr、Cs 后，可大大降低深地质处置废物的体积。图 6-2 中清楚地显示了高放废物经不同的处理方式后放射性废物相对毒性指数随时间的变化情况，分离—嬗变可显著降低放射性废物安全监管的时间。

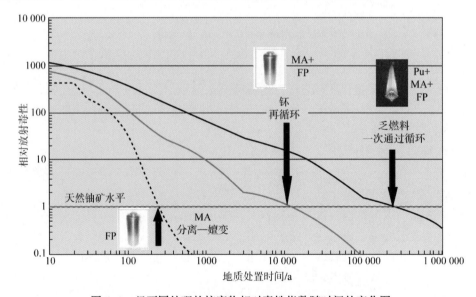

图 6-2 经不同处理的核废物相对毒性指数随时间的变化图

尽管"分离—嬗变"前景诱人，但技术难度大，且需耗费巨资，预计今后数十年内

难以获得实际工程应用。目前认为，将高放废液转化为玻璃固化体，最终深地质层处置是
安全且切实可行的方法之一。

6.3.1　玻璃固化的原理及固化体的性能

6.3.1.1　玻璃固化技术原理

玻璃固化是将高放废液（或其煅烧物）与玻璃基料按一定配比在熔炉中高温熔融并
包容高放废物，并通过出料，将熔融体转移到容器中，使其冷却凝固后成为玻璃固化体。
玻璃固化是目前国际上工艺较成熟、应用最多的高放废液固化技术，玻璃固化体被公认为
第一代高放废物固化体。

从化学和物理角度来看，高放废液的玻璃固化是一个溶解过程。其中，玻璃基材的熔
融体构成溶剂以溶解高放废液转换成的氧化物。氧化物转化为玻璃结构的组成部分，如
图 6-3 所示。

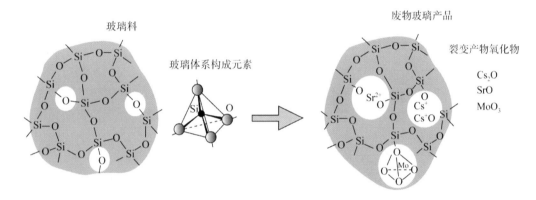

图 6-3　硅酸盐玻璃体系包容放射性核素示意图

适于固化高放废液的玻璃主要有两类，硼硅酸盐玻璃和磷酸盐玻璃，以硼硅酸盐玻璃
应用最为广泛。硼硅酸盐玻璃是以二氧化硅和氧化硼为主要成分的玻璃，它包容硫、钼、
铬的量有限，会分离出第二相（黄相），所以处理铀-钼合金燃料元件产生的高放废液，
宜选用磷酸盐玻璃固化。磷酸盐玻璃是以五氧化二磷为主要成分的玻璃，以正磷酸根四面
体相互连接构成网络结构。磷酸盐玻璃熔制温度比硼硅酸盐玻璃低（约 1000 ℃），可接
纳较多的硫、钼、铬，但高温磷酸盐玻璃有以下缺点：（1）腐蚀性大，金属熔融器要求
为铂制品；（2）热稳定性差，析晶倾向大；（3）核素浸出率高（高 1～2 个量级）。硼硅
酸盐玻璃的熔制温度一般为 1100～1200 ℃，提高熔制温度，玻璃固化体稳定性提高，但
挥发组份损失增大，尾气处理要求提高，同时炉体腐蚀加大，所以硼硅酸盐玻璃的熔制温
度应控制在不超过 1200 ℃ 的范围内。

硼硅酸盐玻璃固化体对放射性废物氧化物包容量为 15%～30%（质量百分数），其余
70%～85% 为基础玻璃（玻璃形成剂）。基础玻璃氧化物可分为三大类：

（1）网络生成体氧化物，如 SiO_2、B_2O_3、P_2O_5 等，能形成各自特有的网络体系，单
独生成玻璃。

（2）网络外体氧化物，如 Li_2O、Na_2O、CaO、ZrO_2 等，不能单独生成玻璃，不参加

网络，一般处于网络之外。

（3）中间体氧化物，如 A_2O_3、MgO、ZnO、TiO_2等，一般不能单独生成玻璃，其作用介于网络生成体和网络外体之间。

玻璃结构的强度取决于两个方面，一是氧多面体的性质和它们的联结方式，二是所存在的网络调整剂的性质。

玻璃组分对玻璃的结构和性能影响很大。每种组分对玻璃的性质有不同的作用，有正向作用也有反向作用，例如：提高 SiO_2 的含量，对降低核素浸出率和析晶有利，但使熔制温度升高，黏度变大。熔制温度升高，熔炉寿命缩短，挥发进尾气系统的核素增加，增加设备维修和能耗。提高碱金属的含量，可降低熔制温度，但使核素浸出率提高。

6.3.1.2 玻璃固化配方

玻璃固化配方是高放废液玻璃固化的关键技术之一，也是实现高放废液玻璃固化的前提，配方与废物的包容量及固化体的性质直接相关。玻璃固化配方应满足以下两方面的要求：

（1）保证固化工艺、固化体的运输和贮存操作的安全；

（2）保证固化体的安全处置，牢固的包容放射性核素，使其成为保证安全处置的第一道有效工程屏障。

通常，针对不同的废物组成和固化工艺要研制其专属的基础配方组成，也就是6.3.1.1 中所提到的网络生成体氧化物、网络外体氧化物、中间体氧化物等，要将这些物质选择出最合适的配比，用其与高放废液混合后在选定的固化工艺下熔制出性能满足标准要求的玻璃固化体。

图 6-4 显示了玻璃固化配方研制过程中基础玻璃组成、固化体、玻璃固化工艺、玻璃固化体性能之间的逻辑关系图。配方研究的对象是具有特定组成的高放废液，前提是确定的玻璃固化工艺和性能标准，最终结果是为了研制出一个基础玻璃组成，将该组成的基础玻璃与高放废液混合后能够熔制成玻璃固化体，该固化体有一套专门的性能标准来衡量其是否满足今后运输、贮存和处置的安全性要求。不同的固化工艺对熔制过程中的一些参数限值会有差异，比如电熔炉，由于熔炉电极材料和陶瓷材料的限制，熔制温度要求不高于 1200 ℃；热金属熔炉要求熔制温度低于 1100 ℃。在该温度下的玻璃熔体黏度、电阻率也要在某一个确定的范围，这样能够满足运行和出料的要求。这些关于熔制温度、黏度、电阻率等限制条件就是配方研制的前提，最终所确定的配方必须能够在此条件下熔制出合格的玻璃固化体。

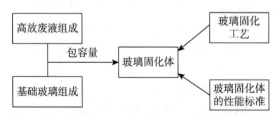

图 6-4 玻璃固化配方研制的关系图

在配方研究过程中，对于一些特别难包容的元素，要专门开展研究提高其包容量，因为这些元素往往会直接影响着废物的整体包容量，进而影响后续的处理处置费用。比如对于高硫高放废液的包容，国内外就曾经开展了很多的研究。

6.3.1.3 玻璃固化体性能

为衡量所生产的玻璃固化体是否满足处置的要求，对玻璃固化体的性能需进行规范。各国虽然因固化工艺、产品容器规格差异等不同使得具体性能指标要求有所差异，但基本都包括以下性能方面的要求。

（1）运行相关性能参数

①玻璃体黏度。黏度是玻璃非常重要的性质，影响玻璃的澄清和均化、玻璃产品的均匀性、玻璃的浇注过程、玻璃结晶的形成和生长、高温熔体对炉体的腐蚀作用等。

玻璃黏度随温度变化很大，由于不同的固化工艺熔制温度有差异，同一固化工艺配方不同熔制温度也会有差别。因此，对于黏度许多国家的标准中都没有明确的具体数值要求。对于高放废液电熔炉玻璃固化工艺，通常希望在 1100 ℃时黏度为 100~400 ℃dPa·s。

②玻璃电导率。玻璃在室温下是电绝缘体，随着温度升高电导率上升，成为导电物质。适当的电导率对焦耳熔炉的设计和运行有着非常重要的意义。

（2）玻璃固化体的化学稳定性

玻璃对水、酸、碱、盐、气体及其他化学试剂侵蚀作用的抵抗能力叫化学稳定性。不同玻璃对不同介质的抗蚀能力是有差异的。抗水的浸出性是玻璃固化体最重要的特性。研究配方、检验固化产品和评价处置安全性，都必须要作浸泡试验，测定玻璃固化体的核素浸出率。至今已开发了许多浸泡技术来测定浸出率和研究浸出机理。浸泡试验主要有三大类。

①静态浸泡。浸泡液（也称浸出剂）呈静止状态，不更换或定期更换浸泡液。如 IAEA 推荐法，ISO 法，MCC-1 法，高压釜浸泡法等。

②动态浸泡。浸泡液呈流动状态，连续流经玻璃固化体，如 Soxhlet 浸泡试验等。

③快速浸泡。将玻璃固化体粉碎成小粒，增加浸泡表面积。如 PCT 法，饱和蒸汽法等。

现在，国际上使用较多的是 MCC-1 法、Soxhlet 法和 PCT 法。浸泡试验时间短者 7 天，长者持续到好几年。我国标准中关于玻璃固化体化学稳定性的性能测试方法即是采用 MCC-1 法。

（3）玻璃固化体的热稳定性

在玻璃配方设计、容器尺寸确定、贮存和处置环境选择等方面，都应该考虑玻璃固化体的热稳定性，包括比热、导热系数、热膨胀系数和特征温度。

①比热：玻璃固化体比热值范围 1000~1500 J/kg·℃。

②导热系数：玻璃组成对导热系数影响较小，温度升高，导热系数降低，在 100~600 ℃范围内，导热系数为 1.0~1.5 W/（m·℃）。

③热膨胀系数：玻璃固化体中心到表面之间存在温度梯度，要保持玻璃固化体的完整性，不因热应力而破碎，玻璃固化体需要有合适的热膨胀系数。

④特征温度：包括转变温度、析晶温度、液化温度。液化温度相当于操作温度的下限，转变温度接近于退火温度上限，在此温度范围内退火，有可能在不太长的时间内使玻璃的热应力消除。

（4）玻璃固化体的机械稳定性

玻璃固化体的机械强度对运输、贮存有重要意义，玻璃是一种脆性物质，硬度高、抗折和抗张强度低、脆性大，受冲击和热应力易破碎成各种大小的碎片，增加表面积，促进核素浸出。

（5）玻璃固化体的辐照稳定性

玻璃固化体包容着很多核素，经受着 α、β、γ 和中子的照射。因此，有必要考察在辐照条件下固化体性能所受到的影响。

（6）其他性能

①析晶率：玻璃是一种热力学亚稳态物质，玻璃态物质较相应结晶物质具有较大的内能，因此它总有降低内能向晶态转变的趋势。析晶使玻璃变成不均匀物质，性质发生较大变化。结晶相中富集裂片元素，比较易溶于水，所以析晶往往会降低玻璃体的抗浸出性，一般要求析晶量小于 5%（体积百分数），同时也可能影响玻璃固化的出料堵塞问题。

影响析晶的主要因素是组分、温度和均匀性，某些高放废物氧化物是玻璃析晶的晶核，TiO_2、ZrO_2 都是析晶的成核剂，高放废物玻璃体的析晶作用比普通玻璃强烈，磷酸盐玻璃的析晶倾向大于硼硅酸盐玻璃。

②密度：玻璃固化体的密度与组成有密切关系。废物包容量高，玻璃固化体的密度大，废物固化体的体积小，所占处置场地小。玻璃密度还与热处理条件、玻璃析晶状况有关，玻璃析晶使密度增加。

③均匀性：玻璃固化产品的不均匀性受玻璃孔隙（裂纹和气孔）、玻璃中不熔物（如铑、钯等）、分相（如黄相、析晶相等）、离析效应和重力沉降等因素影响。

6.3.2　高放废液的玻璃固化工艺

目前国际上普遍采用玻璃固化方法处理高放废液。半个多世纪以来，法、美、德、俄、日、印、中等国家针对高放废液玻璃固化的固化材质、固化工艺和设备等方面开展了大量研究。迄今为止，高放废液玻璃固化工艺有四种：感应加热金属熔炉一步法罐式工艺（罐式法）、回转煅烧炉+感应加热金属熔炉工艺（两步法）、焦耳加热陶瓷熔炉工艺（电熔炉法）、冷坩埚感应熔炉工艺（冷坩埚法），如图 6-5 所示。目前除了工业化时间最早的罐式法由于熔炉寿命短、处理量低等原因已被淘汰外，其余 3 种工艺都在工程应用。

6.3.2.1　感应加热金属熔炉一步法罐式工艺

感应加热金属熔炉一步法罐式工艺是高放废液的蒸发浓缩液和玻璃形成剂，同时加入金属熔炉中，进行批式生产。金属熔炉由中频感应加热器分段加热和控制温度。废液在罐中蒸发、干燥、煅烧，与玻璃形成剂一起熔融、澄清，最后从下端冻融阀排出玻璃熔体（见图 6-6）。

该技术特点是：设备简单，容易控制，熔炉寿命短（熔制 25～30 批玻璃，就得更换熔炉），处理能力低。该方法已被淘汰。

1969 年 5 月 6 日，法国建成并运行了世界上第一个罐式玻璃固化装置——PIVER 固化装置（见图 6-7），用来处理 UP1 后处理厂产生的高放废液；1973 年，PIVER 停运，寿期内累计处理了 25 m³（700 t 军用乏燃料）军工高放废液，共产生了 64 罐（12 t）玻璃，更换使用了 5 个金属熔炉罐。

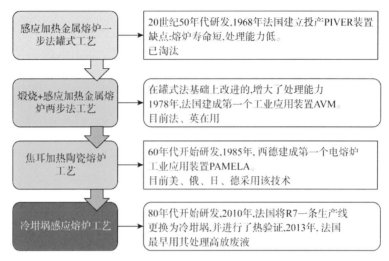

感应加热金属熔炉一步法罐式工艺	→	20世纪50年代研发,1968年法国建立投产PIVER装置。 缺点:熔炉寿命短,处理能力低。 已淘汰
煅烧+感应加热金属熔炉两步法工艺	→	在罐式法基础上改进的,增大了处理能力 1978年,法国建成第一个工业应用装置AVM。 目前法、英在用
焦耳加热陶瓷熔炉工艺	→	60年代开始研发,1985年,西德建成第一个电熔炉工业应用装置PAMELA。 目前美、俄、日、德采用该技术
冷坩埚感应熔炉工艺	→	80年代开始研发,2010年,法国将R7一条生产线更换为冷坩埚,并进行了热验证。2013年,法国最早用其处理高放废液

图 6-5　玻璃固化工艺研发及应用历程图

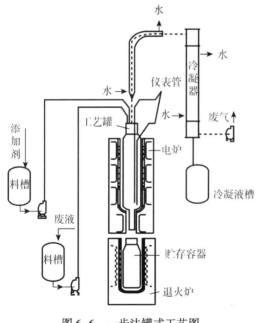

图 6-6　一步法罐式工艺图

图 6-7　法国 PIVER 固化装置图

印度在塔拉普尔建成的罐式法玻璃固化装置 WIP 于 1987 年投入运行，特朗贝后处理厂的玻璃固化工厂 1996 年投入运行，早期采用罐式玻璃固化工艺，高放废液处理能力为 100 m³/a，但到 2010 年后将其改为电熔炉工艺。

6.3.2.2　回转煅烧—感应加热金属熔炉工艺

回转煅烧—感应加热金属熔炉两步法工艺是在罐式工艺基础上发展起来的，第 1 步先将高放废液在回转煅烧炉中煅烧成固态煅烧物，第 2 步把煅烧物与玻璃形成剂分别加入中频感应加热金属熔炉中熔制成玻璃，最后注入不锈钢贮罐中。将高放废液提前在煅烧炉内煅烧处理，有效地提高了玻璃固化体的生产能力。法国 AVM 和 AVH 及英国的 AVW 都属于这种工艺。

这种工艺的主要优点是连续生产，处理量大（如 AVH 处理能力 75 L/h）。缺点是工艺比较复杂，熔炉寿命短（感应熔炉寿命约 5000 h）。流程示意图见图 6-8。

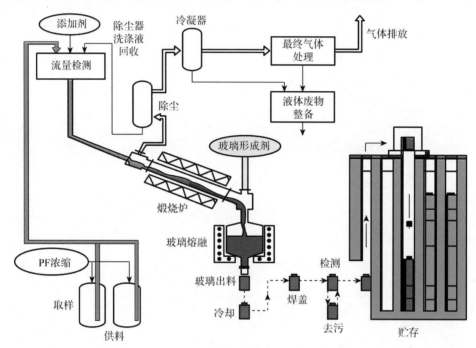

图 6-8　回转煅烧—感应加热熔炉两步法工艺流程示意图

1976 年，法国建成了世界上第一个玻璃固化设施马库尔 AVM（回转煅烧炉+感应加热金属熔炉，见图 6-9）并投入运行，用它处理 UP1 后处理厂产生的高放废液，处理能力为 40 L/h，共处理了 2074.5 m^3 的高放废液（$16×10^6$ TBq），1999 年进入退役阶段。

在 AVM 基础上，法国在阿格后处理厂建立了两座更大规模的玻璃固化工厂（AVH-R7 和 AVH-T7）。AVH-R7 是与 UP2-800 后处理厂相配套的玻璃固化设施，于 1989 年投入运行，三条生产线，一条备用；AVH-T7 是与 UP3 后处理厂相配套的玻璃固化设施，于 1992 年投入运行，也是三条生产线，一条备用。

R7/T7 较之 AVM 进行了很多改进，主要有：

（1）提高了处理能力，由 1 条生产线增加到 3 条生产线，单条生产线煅烧炉的进料速率由 40 L/h 提升至 60 L/h（目前已达到 90 L/h），玻璃产率由 15 kg/h 提升至 25 kg/h；

（2）热熔炉由圆柱形改为卵形（见图 6-10），并在炉底增加了将炉内玻璃全部排尽的放空管；

（3）优化玻璃配方和产品容器，使之满足压水堆后处理产生高放废液中裂变产物的需求；

（4）对热熔炉的机械搅拌装置进行了研究，在新式的熔炉上同时增加了机械搅拌与氩气鼓泡搅拌；

（5）在厂房布置上进行了调整，设计了独立的热室，包括煅烧、熔融固化和废气处理热室、产品玻璃卸料热室、拆除设备的解体热室。

在运行过程中，对热熔炉从设计、选材、制造、操作等方面不断进行改进，使热熔炉使用寿命得到了延长，目前热熔炉的使用寿命超过 5000 h，最长可达到 7000 h。

图 6-9　AVM 玻璃固化设施图　　　　　图 6-10　热金属坩埚（AVH）图

20 世纪 80 年代初，英国从法国引进了回转煅烧—感应加热金属熔炉两步法玻璃固化技术，在塞拉菲尔德建造了温斯凯尔玻璃固化设施（WVP 或称 AVW），采用硼硅酸盐玻璃固化工艺。WVP 于 1991 年正式投入热运行，备有 2 条生产线。其最大日生产能力为 3 个 175 L 的产品罐。后来 WVP 增建了第 3 条生产线，到 2005 年止共产生 3179 罐玻璃固化体废物。

6.3.2.3　焦耳加热陶瓷熔炉工艺

焦耳加热陶瓷熔炉简称电熔炉，采用电极加热，炉中不同位置装若干电极材料，材料有用因科镍 690，也有用钼的。炉体由耐火陶瓷材料组成，外层为不锈钢壳体，即耐火材料包封在一个气密的钢壳里，图 6-11 为电熔炉结构示意图。熔池温度达到 1150~1200 ℃。连续液体加料，高放废液与玻璃形成剂分别加入熔炉中，高放废液在熔炉中进行蒸发并与玻璃形成剂一起熔制成玻璃。熔池表面大部分为煅烧物所覆盖（俗称"冷帽"），以降低排气温度、减少夹带或蒸发损失。熔制好的玻璃由底部或溢流口以批式或连续方式卸料。电熔炉玻璃固化工艺流程图见图 6-12。电熔炉法是目前国际上最广泛使用的玻璃固化工艺，美国、俄罗斯、德国、日本等都采用这种工艺。

该技术优点是处理量大，工艺相对比较简单，熔炉寿命可达 5 年左右，缺点是电熔炉体积大，给更换和退役带来较多麻烦，熔炉底部的贵金属沉积会影响出料。

电熔炉技术最早为美国太平洋西北实验室（PNNL）所开发。西德首先在比利时莫尔建成 PAMELA 装置，处理比利时前欧化公司在 1964—1974 年运行期间积存的高放废液，处理能力 30 L/h。PAMELA 在 1985 年 10 月—1991 年 7 月共处理了 958 m^3 高放废液，生产出 2200 罐 493 t 玻璃固化体。包容 β/γ 放射性 $4.44×10^5$ TBq，α 放射性 $1.5×10^3$ TBq，PAMELA 现正在进行退役。

美国在 1996 年建成了萨凡纳河玻璃固化工厂（DWPF），处理能力为 225 L/h，1996 年 3 月投入运行，截至 2013 年 3 月，共处理了总放射性 $1.85×10^6$ TBq 的高放废液；为处理西谷商业后处理厂（1966—1972 年运行）积存的高放废液，建成了焦耳加热陶瓷熔炉玻

（a）建成的熔炉实物照片

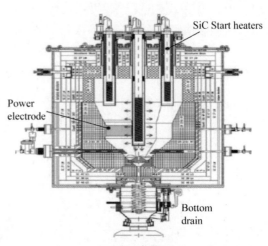

（b）结构剖面图

图6-11　德国VEK焦耳加热陶瓷熔炉图

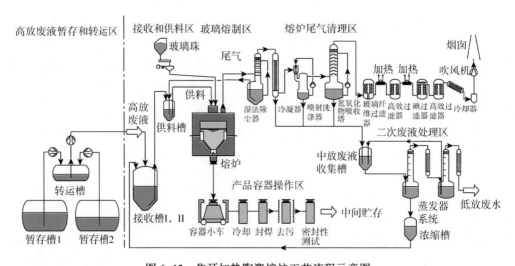

图6-12　焦耳加热陶瓷熔炉工艺流程示意图

璃固化厂，处理能力为150 L/h，1996—1999年期间处理完了西谷积存的2300 m³高放废液，共产生了500 t玻璃固化体；汉福特积存着美国最多的军工高放废液（24×10⁴ m³），计划先对高放废液进行预处理，即用超滤去除固体物，用离子交换去除Cs和Tc，用沉淀法去除Sr和超铀核素，然后再分别对其高放废液和低放废液进行玻璃固化，目前汉福特废物玻璃固化设施已完成建设，有两个熔炉，低放熔炉设计生产能力为15 t/d，最大生产能力30 t/d，重300 t，预计将于2022年开始运行处理低放废物，高放熔炉设计生产能力为3 t/d，最大生产能力7.5 t/d，重100 t，运行时间待定；爱达荷废物玻璃固化工程2017年后开始运行，2035年完成移除和处理。

苏联从20世纪60年代开发电熔炉技术，于1986年在马雅克建成了电熔炉EP-500，设计能力为500 L/h，处理马雅克后处理厂的高放废液。第1座EP-500熔炉由于设计缺陷，只运行了13个月后就非计划关闭。第2座熔炉从1991年6月25日起投入运行，1997年

1 月 14 日关闭，共运行了 6 年，超过计划 2.5 年。第三代熔炉设计运行寿命为 6 年，但是由于在对新熔炉进行调试和试运行阶段发现了有缺陷，因此运行时间较短，2001 年 10 月投入运行，2002 年 2 月装置的运行处理能力降为一半，2002 年 4 月被关闭进行维修，2002 年 7 月再次投入运行。第四代熔炉于 2004 年投入运行，2010 年关闭。这四座 EP-500 熔炉在整个运行期间（1987—2010 年）共处理了 2.81×10^4 m³ 液体高放废物，产生了6216 t 玻璃固化体，对 6.43 亿 Ci 的高放废物进行了玻璃固化。第五代熔炉 EP-500 于2015 年 12 月建成，并于 2016 年 9 月启用。

德国为处理卡尔斯鲁厄 WAK 后处理厂在 1971—1990 年运行期间产生的 69 m³ 高放废液（7.7×10^5 TBq），建立了一座电熔炉（VEK），处理能力为 10 L/h，固化体生产能力为7 kg/h。该固化设施于 2009 年 9 月投入运行，2010 年 11 月完成废液处理，现正在进行退役。

日本为实施玻璃固化，先后建了工程试验装置（ETF），全规模冷试装置（MTF），热室中试验固化装置。1994 年在东海村建立了玻璃固化设施（TVF），处理东海村后处理厂产生的高放废液，处理能力为 40 L/h。在北海道六个所村也建立了一座玻璃固化工厂，2条生产线，每条生产线 HLW 处理能力为 70 L/h。但该玻璃固化工厂试运行中出现了不少问题，建成后很长时间内都未正式投入运行，直到 2019 年 7 月才开始对高放废物进行玻璃固化处理，其目标是在 2028 年 3 月底之前完成所有高放废物的玻璃固化。

印度特朗贝后处理厂的玻璃固化工厂从 2010 年后改为电熔炉工艺，处理能力为25 L/h。正在卡尔帕卡姆建另一座玻璃固化工厂（高放废液处理能力为 200 m³/a）。

我国中核四川环保工程有限责任公司引进德国电熔炉技术，并建立了电熔炉玻璃固化线，目前已经完成热试，进入运行阶段。

影响电熔炉使用寿命的主要因素是熔炉耐火材料和电极腐蚀，通常一座熔炉正常运行时间为 4~5 年。电熔炉体积大，几十到几百吨不等，退役切割工作量和废物量大。为了减少高放废物的体积，应尽可能地把残留在炉子内壁上的玻璃体去掉。

一些国家电熔炉运行期间曾经出现的主要问题如下。

（1）比利时 PAMELA 电熔炉。问题 1：第一个炉子由于贵金属（钌、铑、钯）底部沉积提前关闭，第二个炉子改为锥形出口。问题 2：运行一段时间后出现黄相，废物包容量由 16% 降到 11%。

（2）美国西谷厂电熔炉。问题 1：玻璃料淤积出口，使出料堵塞。问题 2：出料空气提升器没有达到设计要求。问题 3：尾气出口处气膜冷却器发生颗粒物积累，机械清扫器运行效果不好。问题 4 是进料系统搅拌器与电机连接件发生损坏。

（3）美国萨凡纳河电熔炉。问题 1：出料口腐蚀和堵塞。问题 2：熔炉冷却水管泄漏。问题 3：进料系统烧搅和加热/冷却线圈失灵。问题 4：设计处理能力每年 500 罐玻璃，但实际处理能力只是其一半。

（4）俄罗斯电熔炉 EP-500。问题是运行 1 年后由于电极设计缺陷，电极烧坏，熔炉报废，重建新炉。

（5）日本东海村 TVF 电熔炉。1995 年正式投入运行后，曾发生过两次重要故障，一次是由于出料口温度控制不适，造成底部出料口堵塞，经改进后解决。第二次是由于贵金属累积，造成一个主电极损坏。日本 JNC 对熔炉设计作了改进。把第一台熔炉拆除移走之后，在原来的地方重新设计了第二台熔炉，增大了贵金属排出能力。第二台熔炉于2004年10月正式投入运行。

6.3.2.4　冷坩埚感应熔炉工艺

冷坩埚固化技术是利用电源产生高频（$10^5 \sim 10^6$ Hz）电流，通过感应线圈转换成电磁流透入待加热物料内部形成涡流产生热量，实现待处理物料的直接加热熔融（见图6-13）。冷坩埚炉体是由通冷却水的金属弧形块或管组成的容器（容器形状主要有圆形或椭圆形），工作时坩埚内熔融物的温度可高达2000 ℃以上，金属管内连续通冷却水，炉体近套管内低温度区域形成一层1~3 cm厚的固态玻璃壳（冷壁），使坩埚壁仍保持较低温度（一般小于200 ℃），因此称为"冷"坩埚。冷坩埚不需耐火材料，不用电极加热，由于熔融的玻璃包容在冷壁之内，大大减少了对熔炉的腐蚀作用，使冷坩埚的使用寿命可大于20 a。此外，冷坩埚体积小、重量轻、拆卸方便，退役容易，退役废物少。冷坩埚技术的不足之处在于热效率低，耗能比较大。

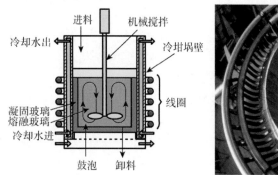

图6-13　冷坩埚的原理示意及实物图

法国、俄罗斯、美国、韩国、印度等均对其进行了多年研究，其中俄罗斯和法国率先实现了该技术在处理放射性废液上的工程应用。目前冷坩埚技术已成为最具有应用前景的高放废液玻璃固化技术。

俄罗斯最先提出用冷坩埚技术来处理核废物。1999年，在莫斯科建成的冷坩埚玻璃固化设施开始运行，用于固化中、低放废物。2007年，SIA Radon积极推动冷坩埚技术的研发，主要用来处理马雅克当前及历史存留的高放废物，该技术选用薄膜蒸发+冷坩埚两步法工艺，冷坩埚直径418 mm。在前期研发的基础上，SIA Radon为马雅克建立了一座高放废物玻璃固化台架装置并进行了可行性验证试验研究。在模拟高放废液预处理时使用了逆流蒸发器，采用磷酸盐玻璃固化模拟高放废液，熔制温度为1200 ℃，玻璃固化体生产能力可达18 kg/h。目前俄罗斯的冷坩埚玻璃固化高放废液技术还处于研究阶段，尚未实现工业化。

法国是世界上冷坩埚玻璃固化技术研究较早的国家之一。20世纪80年代启动相关研发，已实现从实验装置到工程设施的转化。法国在马库尔建立了几个试验台架，早期主要用于轻水堆的高放废液处理研究。后来研究扩展到如中、高放有机废物（如核电厂的离子交换树脂）的固化处理。在研发过程中，建立了直径300 mm、550 mm、650 mm、1000 mm等不同尺寸的冷坩埚系统，并开展了液体进料和固体进料两种方式的研究。研究表明，用冷坩埚固化高放废液时，由于高放废液直接进料，液体蒸发煅烧耗能较高。为增大处理能力，建议采用固态进料方式，即先将高放废液回转煅烧成氧化物，再与冷坩埚固化相衔接，形成回转煅烧+冷坩埚固化两步法的处理方式。

2009—2010 年，阿格厂花费 10 个月时间（6 个月拆旧，4 个月换新），将 R7 的一条旋转煅烧炉+热熔炉生产线（B 线）更换为旋转煅烧炉+冷坩埚生产线（见图 6-14）。R7 冷坩埚的直径为 650 mm，高频发生器功率为 300 kW，采用煅烧粉末进料，运行温度 1250 ℃，玻璃产率 25 kg/h，装置见图 6-14。2010—2011 年，在 R7 冷坩埚固化线上对 UP2-400 后处理厂产生的退役废液进行了处理，共生产了 200 桶玻璃固化体。在退役废液处理结束后，法国从 2013 年 10 月开始利用冷坩埚技术处理气冷堆

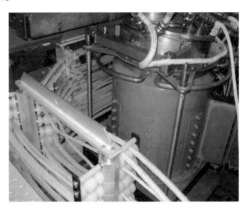

图 6-14　法国阿格厂 Φ650 的冷坩埚装置图

中的 U-Mo-Sn-Al 乏燃料元件后处理产生的 U-Mo 废液，计划 4～5 年将其全部处理完，这是国际上冷坩埚用于高放废液处理的最早工程应用。

印度也开展了冷坩埚玻璃固化技术研究，在巴巴原子研究中心完成了直径 200 mm、配有底部出料的冷坩埚的设计与测试，并自主设计研发了工程规模冷坩埚台架，冷坩埚内径为 500 mm、玻璃熔融量为 65 L/h。

表 6-3 中列出了国外已建立的玻璃固化设施及采用的玻璃固化工艺情况。

表 6-3　国外已建立的玻璃固化设施及采用的玻璃固化工艺情况

国家	工厂	地址	固化工艺	起始运行时间	处理能力
美国	DWPF	萨凡纳河	电熔炉	1996—	225 L/h
	WVDP	西谷	电熔炉	1996—2002	150 L/h
	HWVP	汉福特	电熔炉	2007—	4 个熔炉，两个处理高放，两个处理低放
法国	AVM	马库尔	煅烧/感应熔炉	1978—1999	40 L/h
	AVH-R7	阿格	煅烧/感应熔炉	1989—	2 条煅烧/感应熔炉，每条 75 L/h，1 条冷坩埚，
			煅烧/冷坩埚	2010—	
	AVH-T7	阿格	煅烧/感应熔炉	1992—	2 条运行，1 条备用，每条 75 L/h
英国	WVP	塞拉菲德尔	煅烧/感应熔炉	1991—	原有两条，又增加了一条
俄罗斯	EP-500	马雅克	电熔炉	1987—	500 L/h
比利时	PAMELA	莫尔	电熔炉	1985—1991	30 L/h
德国	VEK	卡尔斯鲁厄	电熔炉	2009—2010	10 L/h
日本	TVF	东海村	电熔炉	1994—	40 L/h
	JVF	六个所	电熔炉	2019—	2 条生产线，每条 40 kg/h
印度	WIP	塔拉普尔	罐式法	1987—	2 罐/周
		特朗贝	罐式法	1996—2010	100 m³/a
			电熔炉	2010—	25 L/h
中国	VPC	广元	电熔炉		50 L/h

6.3.3 其他固化技术

6.3.3.1 陶瓷固化技术

陶瓷固化是将高放废液与陶瓷基料按照一定的比例混合，在高温/高压条件下发生固相反应，制得稳定性优良的陶瓷固化体。

按照陶瓷固化体中基体矿相结构的不同，可将陶瓷固化体分为磷酸盐、硅酸盐、锆酸盐、铝酸盐和钛酸盐陶瓷固化五大类。表6-4列出了各类陶瓷固化体性能比较。

表6-4 各类陶瓷固化体性能比较

固化体		基本化学组成	特点	备注
硅酸盐	过煅烧物	根据高放废液组成添加 SiO_2、CaO、Al_2O_3 等，1100 ℃下煅烧而成，硅酸盐矿物为主相	废物包容量大，热稳定性好；Cs、Ru 易挥发掉，浸出率高	需包覆或包埋在玻璃中才能处置
	锆英石	$ZrSiO_4$，一种天然稳定矿物，其 Zr 位可被锕系元素取代	耐高温，热膨胀低，耐辐照，浸出率低；制备成本高	适于固化含 Pu 废液
铝酸盐	烧结陶瓷	还原条件下热压烧结，基体相为氧化铝和尖晶石，将放射性核素包容其中	化学稳定性好，废物包容量高，核素挥发损失小	只对高铝废液固化有效
磷酸盐	独居石	$RePO_4$，天然矿物，是固化锕系和镧系核素的基体矿相	浸出率低，热稳定性好，长期稳定性好	
	钠锆磷酸盐（NZP）	NZP（$NaZr_2(PO_4)_3$），其晶体结构的四个离子位可容纳元素周期表中近 2/3 的元素	适用范围广，耐辐照，热膨胀低，浸出率低，无多相异性膨胀引起的内应力和浸出差异	操作温度较低
锆酸盐	氧化钇稳定的立方氧化锆 立方烧绿石（$La_2Zr_2O_7$）	以 Y_2O_3 稳定的 ZrO_2 为包容锕系和稀土的基体相	热稳定性好，浸出率低，热稳定性好，浸出率低，废物包容量高	适于高锆含量废液固化，但成本较高
钛酸盐	人造岩石	多相钛酸盐陶瓷组合，可将各种核素固定于晶格结构中	耐辐照，热膨胀低，机械性能好，浸出率低	有望应用于特定高放废液固化

陶瓷固化体具备以下优点：（1）高放废物包容量较高，且固化体密度大，体积小；（2）物理、化学、抗辐照稳定性优异不易变形，不易分解；（3）抗自然风化、抗侵蚀能力强，当固化体处于高温和潮湿环境时，它所受到的外界条件对其影响相对较小。因其具有上述优点有利于对超铀元素、长寿命核素裂变产物的包容固化，并永久性的进行地质处置。

陶瓷固化体有很多的优点，但同时本身也存在一些缺点，如固化体对放射性核素有很强的选择性，陶瓷只能容纳有限的、特殊的放射性核素，只能进入晶格特定的位置。为了使陶瓷固化体包容更多高放射性废物，不少专家学者开始研究利用陶瓷固化体多种矿相结合的方法固化 HLLW。桂成梅等人通过固相反应法在 1230～1260 ℃ 成功制备出钙钛锆石—榍石组合矿物。研究表明：单相的陶瓷固化体要比多相的陶瓷固化体制备更加困难，多相陶瓷可固化较为复杂的废物。

根据类质同象取代原理，陶瓷能够固化的核素必须满足核素的半径、电价以及其他性质与所取代的元素的半径、电价和性质相近，因此选择性地固化高放废物限制了陶瓷固化地应用。

陶瓷固化的研究尚不充分，工艺不够成熟，成本较高。

6.3.3.2　玻璃陶瓷固化技术

玻璃陶瓷（微晶玻璃）固化是将原料经过煅烧、高温熔融制得玻璃后再通过一定的热处理工艺技术从玻璃体内析出稳定晶相的复合材料，它由玻璃相和结晶相共同组成，对高放废液成分波动的适应性较强。高放废物中部分锕系元素会根据类质同象原理进入晶体结构，而其他核废物组分及裂片元素将会被固化到玻璃网络结构体内，在陶瓷固化体和玻璃固化体的双重保护作用下实现结构和功能的优化利用。

玻璃陶瓷固化具有如下优点：（1）可包容质量分数 5%～10% 超铀核素；（2）放射性核素（特别是锕系核素）进入晶格位置，使浸出率比一般玻璃固化体低 1～2 个量级；（3）可利用现有的玻璃固化工艺和设备生产，不需要开展新的固化工艺和装备研究；（4）玻璃陶瓷固化体有较高的密度，减少了最终废物的体积。因此，玻璃陶瓷被认为是新一代具有良好发展前景的高放废物固化基材，也被称为第三代高放废物固化体。

目前关于玻璃陶瓷固化方面的报道大多集中在硅酸盐和磷酸盐系统上，已经开发了玻璃—钙钛锆石、玻璃—榍石、玻璃—烧绿石、玻璃—独居石等，其中以玻璃—钙钛锆石研究最多。

6.3.3.3　人造岩石固化技术

人造岩石固化是受自然界中某些含长寿命放射性核素的天然矿物能够稳定存在上亿年的启发，依据矿物学上的"类质同象"替代原理，通过高温固相反应制得的一种热力学稳定的、多相钛酸盐陶瓷固化体。高放废物中的大部分元素进入矿相晶格位置或镶嵌于晶格孔隙中，形成一种稳定性好的固熔体。人造岩石固化尽管也属于陶瓷固化，但由于该技术在国际上研究得较多，且具有较好的应用前景。

人造岩石重要矿相是钙钛锆石、碱硬锰矿、钙钛矿、金红石和少量合金相。其中钙钛锆石是最稳定的矿相，也是锕系元素的主要宿主。通常，这几种矿相的稳定性次序为：钙钛锆石>碱硬锰矿>钙钛矿>金红石。

根据上述离子半径相近原理，锕系和稀土元素主要进入钙钛锆石的 Ca 位和 Zr 位，其次进入钙钛矿的 Ca 位。离子半径较小的锕系和重稀土离子易进入钙钛锆石中；离子半径较大的锕系和轻稀土离子易进入钙钛矿中。Cs 和 Sr 主要进入碱硬锰矿的 Ba 位和钙钛矿的 Ca 位。少部分金属离子被还原成金属单质包容于合金相中。

高放废液含有 30 多种元素，它们有不同离子半径和电荷数，为了达到更好的包容，人造岩石制备时常设计更多矿相，如烧绿石、贝塔石、黑钛铁矿等。

人造岩石固化是由澳大利亚科学家 Ringwood 教授首先提出，并受到澳大利亚政府的重视和支持。1987 年澳大利亚 ANSTO 就建成了生产能力为 10 kg/h 的冷试中间工厂。由于人造岩石具有许多优于硼硅酸盐玻璃固化体的特性，如优良的地质稳定性、化学稳定性、热稳定性和辐照稳定性，因此受到各国广泛重视，被认为是继玻璃固化体之后的第二代高放废物固化体。日本、英国、俄罗斯、美国、法国、加拿大和中国都先后展开了人造岩石固化研究。

人造岩石耐辐照性好，可适用于固化高燃耗燃料所产生的高放废液；此外，它与钌、铑、钯和来自不锈钢包壳的铬、镍兼容性好，不会出现玻璃固化所产生的分相和黄相问题，因此人造岩石固化受到人们的青睐。现在，人造岩石固化的应用研究已扩展到以下几个方面：

(1) 动力堆乏燃料后处理产生的高放废液的固化；

(2) 生产堆乏燃料后处理产生的高放废液的固化；

(3) 高放废液分离出来的锕系元素、^{99}Tc、^{90}Sr、^{137}Cs 的固化；

(4) 准备直接处置乏燃料 UO_2 的固化；

(5) 含钚物料的固化；

(6) 中子毒物钆（Gd）和铪（Hf）的固化。

中国原子能科学研究院建立了实验室合成 SYNROC 装置，对固化高钠高放废液、固化超铀核素、固化 Tc 和 Sr/Cs 等取得了不少研究成果。罗上庚等人采用氢氧化物法制备基料，采用 Nd 和 U 分别模拟三价和四价锕系核素，得到可包容 32%～50%锕系核素的富钙钛锆石和烧绿石结构的人造岩石固化体。杨建文采用固相反应制备含烧绿石晶相的固化体，当存在电荷补偿离子（如 Al^{3+}）时，Nd^{3+} 主要进入钙钛锆石的 Ca 位，形成钙钛锆石；不存在电荷补偿离子时，Nd^{3+} 可同时进入 Ca 位和 Zr 位；当固熔度大于 0.2 个结构单位时，结构将由钙钛锆石向烧绿石转变。

人造岩石固化需要高温高压操作，生产工艺比较复杂，设备条件要求较高，此外，它需要使用较贵的烷氧基金属化合物作为生产原料，使得生产成本较高。为此，研究人员不断研究改进与开发新工艺，如用冷压烧结、冷坩埚、自蔓延高温合成（SHS）等技术进行人造岩石和其他陶瓷固化。

从目前的研究进展来看，人造岩石固化和玻璃陶瓷固化在制备工艺、组成—结构—性能关系方面的研究已经取得了长足进步，但要实现这两类材料对高放废液的安全有效固化处理，除了还需进行大量的应用基础研究之外，由于熔制温度相对玻璃固化来说都比较高，采用现有的电熔炉固化难以实现，还需对具有更高熔制温度的设备进行研制。

6.4　我国高放废液玻璃固化研发历程

6.4.1　我国高放废液玻璃固化研发进展

我国从 20 世纪 70 年代初开始高放废液玻璃固化处理技术研究，已有 40 多年的历史，虽然相对法、美等国来说，起步较晚，但在高放废液玻璃固化处理工艺和玻璃配方方面也进行了大量的工作，并取得了良好的研究成果。先后开展了罐式熔炉、电熔炉、冷坩埚三种工艺的研究；同时为配合各种固化工艺，开展了玻璃、人造岩石、玻璃陶瓷等固化配方的研究。

6.4.1.1 罐式玻璃固化工艺研究

我国高放废液玻璃固化发展初期，国外在这方面已进行了大量研究，提出了很多固化工艺，其中有代表性的高放废液玻璃固化工艺主要有两种：一种是相对简单的罐式工艺；另一种是相对复杂的回转煅烧—感应熔融两步法。当时国内根据现有状况及技术研发的难易程度，选择了相对简单、投资较少的罐式玻璃固化工艺作为主攻方向。

20 世纪 80 年代初，中国原子能科学研究院自主设计建立了一套罐式玻璃固化试验装置（1/8 规模装置），主要设备包括加料系统、固化系统、气体吸收系统和感应炉电源装置及罐测温、控制系统。中频感应罐式炉容积为 10 L，六段控温。气体吸收系统是由两级碱吸收塔组成。并进行了 20 批次连续运行实验，突破了罐式玻璃固化的中频感应加热电源关键设备技术，掌握了罐式玻璃固化工艺，研究成果接近当时的法国技术水平。在1/8 规模装置的基础上中国原子能科学研究院、核二院（中国核电工程有限公司前身）和中核四川环保工程有限责任公司联合建立了 1∶1 规模的冷台架，但由于后续国家对高放废液玻璃固化政策调整，该套冷台架并未启用。

6.4.1.2 电熔炉玻璃固化工艺研究

鉴于电熔炉工艺在处理能力、熔炉寿命等方面较罐式工艺具有明显的优势，我国在1986 年经过专家论证确定将电熔炉技术作为我国第一个高放废液玻璃固化工厂的首选工艺，并开始工艺技术的研究。

1986 年以后我国与当时的西德开展了玻璃固化电熔炉的联合设计。1990 年研制出适合于我国军用后处理高放废液的电熔炉玻璃固化配方，优化的配方在德国卡尔斯鲁厄核研究中心的电熔炉上进行了验证，取得了良好的效果。1994 年在中核四川环保工程有限责任公司内建立了玻璃固化 1∶1 工程规模冷台架，于 2000 年和 2001 年进行了两轮玻璃固化运行试验，原子能院对四百多个产品玻璃进行了性能测试，为工程评价提供了有用参数。

2009 年我国与德国签订合同，引进德国电熔炉工艺技术和设备，建立我国第一座玻璃固化工厂。该项目于 2014 年 6 月底开工建设，2015 年 12 月底实现主工艺厂房封顶，2017 年 3 月玻璃固化项目的核心部件陶瓷电熔炉进入施工现场，目前该项目正完成冷试、热试，进入运行阶段。

针对电熔炉玻璃固化工艺，原子能院开展了高放废液玻璃固化基础配方研究，并建立了一系列固化体性能评价方法和实验装置，主要有高温黏度、高温电阻率、静态浸出（MCC-1）、动态浸出（Soxhlet）、PCT、密度、均匀性等测试方法和装置。

6.4.1.3 冷坩埚玻璃固化工艺研究

中国原子能科学研究院从 20 世纪末开始跟踪冷坩埚玻璃固化工艺技术，2006 年开始开展冷坩埚玻璃固化技术研究，经过近十年的研究建立了我国第一台冷坩埚原理装置（见图 6-15），主要包括：冷坩埚坩体、高频电源、进料系统、出料系统、尾气系统、冷却系统、控制系统等。研制的冷坩埚埚体直径300 mm、高500 mm，高频电源功率100 kW、频率300~700 kHz。在该阶段研究中所采用的进料方式为化学试剂直接进料。

在该原理装置上开展了大量的基础研究，如启动材料和方式、高频匹配与屏蔽、高温熔体的流体模拟、耐高温材料实验等，并开展了模拟高放废液玻璃固化的连续运行工艺研究，成功进行了冷坩埚启动、扩熔、周期熔融等工艺研究，获得了冷坩埚玻璃固化连续运行工艺参数。对于所处理的模拟高放废物玻璃组成，冷坩埚运行温度为1200 ℃，玻璃固化体生产能力可达10 kg/h。

图 6-15　中国原子能科学研究院所建立的冷坩埚原理实验装置图

在原理装置研究基础上，于2007年又建立了一个直径500 mm的冷坩埚玻璃固化实验装置，并开展了搅拌、高放废液预处理、自动控制等关键技术研究。该套装置在2018年年底顺利完成了72 h连续运行试验，共生产模拟高放废液产品玻璃约1100 kg，生产能力约为15 kg/h。本次运行试验是我国冷坩埚玻璃固化工艺技术研究的重要里程碑节点，为今后两步法冷坩埚玻璃固化冷台架的建立以及固化工艺技术的工程应用奠定了坚实的基础。

图 6-16 为已经建成的 500 mm 冷坩埚玻璃固化台架装置。

图 6-16　500 mm 冷坩埚玻璃固化实验台架装置图

6.4.2　国内外差距分析

通过对比国内外玻璃固化技术的研究现状可以看出，我国的玻璃固化技术与国外差距很大，主要体现在：技术研发的深度、广度不够，未达到工程化要求；无工业化经验，无研究平台。

国际上已有不少国家都建立了玻璃固化设施，并有多年的运行经验。我国尽管国内玻璃固化技术已经有了 40 多年的研究历史，但由于研发投入不足，培养的人才流失严重，无论是罐式熔炉，还是电熔炉，没有哪一种固化技术是比较完整、系统、深入的开展下去，因此到目前为止都还没有建成一个完整处理系统，运行经验更无从说起。

中核四川环保工程有限责任公司玻璃固化项目的建设，使得我国在玻璃固化工厂的设计方面有了长足的进步，但在固化核心设备（如电熔炉）的设计、制造方面仍然没有掌握关键技术，尚不具备自主设计制造的能力。熔炉的寿命、设备稳定性、远距离维修等方面还需要工程规模考验。在工业运行经验方面，本世纪初在中核四川环保工程有限责任公司玻璃固化冷台架上开展了两轮运行试验，近期在新建的 VPC 上进行了冷试、热试，并进行了短时间的热运行，积累了一些经验，同时也发现了不少问题，距离完全自主掌握技术还有很大的差距。我国要实现玻璃固化的工业化，现有基础还很薄弱，急需建立玻璃固化台架装置，作为科研平台，更好的开展玻璃固化技术的自主研发工作。

6.5　我国高放废液玻璃固化技术重点研发内容

6.5.1　我国玻璃固化技术今后发展趋势分析

我国今后高放废液处理技术的发展路线应立足现状，着眼未来，紧跟国际。综合考虑当前分离—嬗变技术的研发现状以及我国后处理厂建设规划进度，将我国高放废液处理分为 3 步走的发展思路是比较合理。即：直接玻璃固化处理、分离—整备—固化处理和分离—嬗变—固化处理。

6.5.1.1　直接玻璃固化处理技术

采用直接玻璃固化技术能够消除现有国内军工遗留高放废液贮存的安全隐患。国内目前已经建成的第一座玻璃固化工厂，主要是为了处理我国中核四川环保工程有限责任公司长期贮存在大罐内的军工遗留高放废液。

目前从国际上发展和工艺技术工程化角度来看，玻璃固化仍然是解决高放废液玻璃固化的首选技术路线。我国高放废液固化处理应重点放在冷坩埚玻璃固化自主研发和电熔炉固化工艺的国产化研究两个方面。充分考虑电熔炉固化技术固有的缺陷、再次引进的周期、国产化的进度等因素，加快自主研发冷坩埚固化技术，以适应不同动力堆高放废液的固化处理。

6.5.1.2　分离—整备—固化处理技术

分离—整备—固化处理：通过化学分离从高放废液分离出次锕系元素、长寿命裂变产物 ^{137}Cs、^{90}Sr 等，使高放废液变为中放废液。分离后的产品进行分类整备，除了核技术应用外，如 ^{137}Cs 可作为工业探伤的原材料，^{90}Sr 可作为热源原料，剩余的含次锕系元素、长寿命核素高放废液进行分类玻璃固化或陶瓷固化处理。

2009 年清华大学利用 TRPO 流程对我国生产堆高放废液进行了热试验，分离效果较好。原规划在"十二五"开展中试热验证工作（包括能力建设和验证试验），预计"十三五"末完成。但至今仍未立项,预计推迟到 2030 年左右。2025 年后开展动力堆乏燃料后处理产生的高放废液的热实验验证。截至 2030 年,我国完全掌握具有自主知识产权的高放废液分离技术,具备高放废液分离工程的设计建造能力。

6.5.1.3 分离—嬗变—固化处理技术

分离—嬗变—固化处理:首先通过化学分离把高放废液中的超铀元素和长寿命裂变产物分离出来,制成燃料元件或靶件送反应堆或加速器中,通过核反应使之嬗变成短寿命或稳定核素。通过嬗变后仅有少量的未嬗变完全的核素以及新产生的长寿命核素需要进行固化处理,实现了高放废液的大体积减容,减少了高放废液地质处置的负担和长期风险。

从国际分离嬗变的技术研发来看,主要的技术难点不在于高放废液的分离,而在于嬗变装置、嬗变靶等的研发。我国分离嬗变研究始于 20 世纪 90 年代末,前期在科技部的资助下,完成了 2 个重大基础研究项目。2010 年后,我国科学院积极推进先导专项,开展嬗变研究,预计 2050 年以后才能初步掌握分离—嬗变的关键技术,2060 年以后具备热验证的能力。

6.5.2 高放废液玻璃固化研究趋势

我国反应堆堆型较多,从而导致乏燃料后处理产生的高放废液组成差异较大,在进行玻璃固化技术研发时,应着眼于今后几十年的废液处理,尽量选择适应性更好的固化技术。随着反应堆燃耗加深,高放废液中锕系元素、Mo、Zr 等含量越来越高,采用陶瓷固化体代替玻璃固化体来固化锕系元素是比较可行的方法,而陶瓷固化所需的熔制温度相对较高,现有的电熔炉固化不能满足需求,需要熔制温度更高的设备。冷坩埚玻璃固化技术由于其具有熔制温度高、熔炉寿命长、适用范围广等显著的优点,是一种先进玻璃固化技术,可作为我国今后玻璃固化的主要发展方向。该技术既可满足高放废液玻璃固化的需求,同时又由于熔制温度不受限制,可以进行陶瓷固化、玻璃陶瓷固化体的熔制。此外该技术还可以用来处理疑难的高放或 α 废物,如 Pu 污染的金属废物、α 污染泥浆、废树脂等,在今后放射性废物处理上的适应范围非常广。

一个完整的玻璃固化工艺流程包括高放废液进料、基础玻璃进料、玻璃熔制、玻璃出料、产品容器的处理、尾气净化处理、二次废液再浓缩和其他辅助系统等工艺过程,涉及很多关键技术(包括材料、工艺、设备及标准等),是高科技结晶的产物。这些关键技术有些是共性技术,有些则是冷坩埚玻璃固化的特有技术。共性技术可在电熔炉玻璃固化技术的引进和消化吸收过程中解决,特有技术则需在今后的研发过程中重点攻克。此外,冷坩埚玻璃固化工艺技术研究过程中还涉及许多基础性科学问题需要解决,以保证冷坩埚玻璃固化设施安全、稳定、可靠运行以及生产的玻璃固化体满足高放地质处置要求。这些重点研究趋势如下:

6.5.2.1 电熔炉技术的引进和消化吸收

根据当前我国技术发展现状,高放废液的输送和进料、基础玻璃进料、玻璃出料、二次废液再浓缩和其他辅助系统等涉及的技术已基本成熟,仅有个别需要进一步的优化验证;产品容器的处理、尾气净化处理等国内已有一定的研究基础,但还需工程验证;玻璃熔制的关键设备——电熔炉，国内研究基础薄弱，未掌握深层的设计原理，要将其实现国产化，需要重点进行研究。

因此，针对高放废液电熔炉玻璃固化工艺技术，今后需开展的主要工作如下所示。

（1）电熔炉的消化吸收及国产化研究

电熔炉是用于玻璃熔制的关键设备，其技术核心在于熔炉结构的合理设计以及电极材料、耐火材料。目前，尽管已经引进了电熔炉，但对于熔炉深层的设计原理并未掌握，在中核四川环保工程有限责任公司项目上熔炉抗震问题就充分说明了此问题，为了适应中方抗震要求的提高，熔炉结构产生了变化，耐火材料中增加了钢棒支撑，德方还同意提供相应的抗震计算。熔炉耐火材料内的温度分布是影响支撑结构的因素之一，中方曾设想过在炉体中增加带冷却的支撑结构，与德方方案比较复杂很多。没有坚实的试验依据，很难提出简单明了的解决方案。如果没有可靠的理论力学模型，这样一个多层材料组成的设备，其抗震计算是得不到可预计的结果的。同时，熔炉耐火材料国内还没有确定的替代品，需要进行调研和合作研发，电极材料国内也还不能生产，需要进口，这种材料的机械加工国内还未掌握。此外，长时间的验证考验是十分重要的，如熔炉尾气管问题，只有在长时间运行考验下才能体现并进行解决。

电熔炉工艺国产化研究包括：引进电熔炉的消化分析并掌握电熔炉的设计，包括电熔炉结构、电熔炉的搅拌、热电偶的布局等；电熔炉所用的耐火材料和电极材料的国产化研发；电熔炉的各种材料、操作性能、维修方案、解体方案和安全性能等的验证及考验研究，事故状态下操作性能的验证研究。通过这些研究，实现电熔炉的国内自主设计加工制造，并获得电熔炉材料和运行时的各项重要参数。

（2）产品容器处理系统的工程验证研究

产品容器处理系统包括产品容器的制造、去污、焊接、转运和贮存等，国内已有研究基础，但尚缺乏工程验证。

重点研究内容包括：制造产品容器的材料选择及质量评价体系的建立；产品容器焊接设备的研发及工程验证研究；产品容器转运方法及工程验证研究；产品容器贮存条件及方法研究；非能动通风系统设计研究；产品容器运输容器的设计方法和工具研究等。

（3）尾气系统的优化及改进研究

高放废液在熔炉中经过蒸发、煅烧，生产煅烧物后与玻璃珠一起熔制成产品玻璃，在这个过程中有大量的气体产生，同时亦掺入了大量空气，这些气体夹带了一定量的固体微尘。这样，从熔炉排出的这些尾气含有很高的放射性、固体物及化学物质，因此必须经过净化处理。通常是采用湿法—干法结合的处理方法。对于尾气处理工艺，国内有一定的研究基础，目前存在的主要问题是材料的腐蚀问题和长期运行状态下过滤器芯的更换。此外，由于动力堆燃耗相较于生产堆更高，高放废液在处理过程中排出的尾气中放射性组成也存在一定的差别，因此针对一些物质（如 Ru 的吸收）需开展新型过滤材料研究和工程验证。

尾气系统的研究主要包括：熔炉尾气管堵塞问题解决途径研究和优化，尾气湿法处理中关键设备的设计及材料研究，长期运行状态下过滤器芯快速更换方法研究，新型过滤材料的研究和工程验证研究。

（4）其他关键设备和系统的优化及工程验证研究

1）高放废液取样分析系统的优化及工程验证研究

主要包括：自动化水平更高的取样装置的研制及工程验证，高放废液关键核素快速分析方法的建立或优化。

2）二次废液再浓缩系统的工程验证研究

主要包括：当前各种可能、有效的二次废液再浓缩方法的评价，新开发但尚未工程应用方法的工程验证研究，材料的加工性能和焊接工艺研究。

6.5.2.2　冷坩埚技术的自主研发

我国在冷坩埚技术研发已经具备一定的基础，应加快冷坩埚固化工艺向工程化转化方面的研究，解决工程设计和工程转化中的重大问题，推进该技术的工程应用。鉴于一些共性技术可在电熔炉玻璃固化技术引进和消化吸收的过程中解决，在高放废液冷坩埚玻璃固化工艺技术研究中，着重于特有技术的研发及部分共性技术的工程验证。

（1）冷坩埚玻璃固化技术需解决的关键技术

冷坩埚玻璃固化技术实现工业化应用，需要重点攻克以下 5 项关键技术。

1）高放废液预处理技术

如何将高放废液由液态转化为适合进入冷坩埚内进行固化处理的形式（氧化物含量、含水量、颗粒度），是保证冷坩埚的处理能力及产品质量的一个关键。研究中着重于两个方面：即煅烧炉的结构设计和煅烧工艺。煅烧炉设计时需要考虑如下几个因素：煅烧炉分段、刮板布置及形状（解决结疤问题）、进料方式设计（喷淋、雾化等）、出料口设计（与冷坩埚的衔接）、维修更换方式等。

煅烧工艺重点考虑煅烧炉内的温度分布、煅烧炉的转速和倾斜角度等对煅烧产物的物性（含水量和硝酸盐含量）有很大影响，确定工程化应用的运行工艺。

2）冷坩埚研制及与高频电源的匹配技术

为保证冷坩埚能够高效的熔制玻璃，最大程度的利用高频电源能量，需要对坩埚体结构和高频电源的频率和功率进行合理设计，使冷坩埚与高频电源合理匹配，降低能耗，提高固化效率。

坩埚体结构研究重点解决冷坩埚的生产能力、磁通密度、冷壁厚度、密封性等问题。具体在坩埚体结构参数设计时主要考虑：坩埚体直径和高度、分瓣数、瓣间距、壁厚、分瓣形状（圆形管状、弧形块状）、集水环的位置及大小等。

高频电源的参数设计主要包括：电源的频率和功率、感应线圈的高度、匝数、匝间距等。

3）搅拌技术

由于冷坩埚加热的特点导致熔炉内温度分布不均匀，中心高温区与坩埚底部低温区最高可相差几百度，坩埚底温度过低会导致出料困难，因此为确保能够正常出料，不得不降低熔制液位高度，从而导致生产能力降低。运行过程中增加搅拌有利于降低冷坩埚内的温度差，增大高温熔区的体积，提高玻璃生产能力，提高玻璃固化体的均匀性，同时还有利于避免贵金属在坩埚底部的沉积。

搅拌主要有两种方式：机械搅拌，鼓泡搅拌。由于冷坩埚内的使用环境与常规的玻璃熔制环境有很大的区别，不仅是在高温下操作，还是在高黏度、高腐蚀性、强磁场、强放射性条件下操作，因此机械搅拌桨和鼓泡搅拌装置的结构设计与常规搅拌不同，是该技术研发重点和难点。

4）卸料技术

冷坩埚玻璃固化技术在处理高放废液时，为保证固化处理过程能够连续进行，必须使高温熔体定期从熔炉内卸出。由于冷坩埚坩底在运行过程中与坩壁一样也存在一层冷壳，且由于坩底透磁效果较差，导致坩底部的玻璃温度相对较低，冷壳较厚，不利于正常出料。

目前对于冷坩埚出料有两种技术：冻融阀和闸板阀。研究主要是要合理设计坩底和出料阀门的结构，从而降低坩埚底部冷壳的厚度，保证熔体正常卸料。同时考虑到冷坩埚长期运行处理放射性废物，出料装置不仅要能够长期使用，且要与产品容器能够对接保证密封性。为今后远距离维修方便，装置要容易更换。

5）启动技术

废物玻璃常温下为介电体，高温熔融后变为导体，要使用电磁感应加热必须先将固态玻璃体转变为熔融玻璃液，这一过程称为"启动"。

启动方法有很多种，如热辐射能熔化、焰熔化、电弧加热熔化、高频融化、微波加热、等离子体启动等。冷坩埚玻璃固化在选择启动方法时需要考虑以下几个问题：

①启动材料的复用问题。冷坩埚是有坩盖的，坩盖上布置有进料口、尾气出口、热电偶、搅拌桨等，不适宜来回拆装，因此启动方法最好选择启动材料能够在启动完成后留在熔体内不需再取出的；

②启动材料的易导电问题。为保证启动效果，启动材料应选择易导电、发热量高的物质，如金属钛，石墨等；

③启动材料对玻璃体配方无影响。启动材料若燃烧完全后，产物应对玻璃性质没有较大影响。

（2）冷坩埚玻璃固化急需解决的重大基础问题

冷坩埚玻璃固化工艺技术研究过程，涉及许多基础性科学问题需要解决，以保证冷坩埚玻璃固化设施安全、稳定、可靠运行以及生产的玻璃固化体满足高放地质处置要求。主要开展的基础研究方向如下。

1）贵金属裂变产物在玻璃熔体中行为研究

Ru、Rh、Pd 等贵金属裂变产物在硼硅酸盐玻璃以何种化学形态存在，是否在冷坩埚内会发生沉积，如果发生沉积对熔炉正常运行有何种影响、沉积是否会导致出料困难等还未开展研究，国外也无冷坩埚固化长期运行的数据，这直接影响到冷坩埚固化正常运行及搅拌等工艺参数的选择。

2）高放废液预处理过程多价态核素的形态研究

将高放废液由液态转化为可进入冷坩埚内进行固化的形式，多价态 Np、Tc、Ru 等元素的氧化物是否形成团聚，附着性如何，与其他裂变产物能否共熔等还没有开展过研究，这些问题不搞清楚将直接影响冷坩埚的处理能力及产品质量。

3）玻璃熔体均匀性判断依据

无论利用机械搅拌桨进行搅拌还是鼓泡方式进行搅拌，如何判断熔融玻璃体是否完全均匀，关键核素是否有沉积，用何种方法、手段、仪器来指示，是工艺研究不可或缺的。

4）冷坩埚玻璃固化配方研究

由于冷坩埚玻璃固化温度高，可达 2000 ℃ 以上，因此对基础配方的选择与以前有很大的不同，对关键核素的包容量如何，固化体浸出率如何，能否满足高放地质处置的要求等还没有研究。

5）玻璃体对包装材料的蚀变行为研究

高放废液酸度高，且预处理和固化过程有氧气存在，因此，高价态元素都可能以氧化态形式存在，而且贵金属裂变产物可能存在沉积问题，这些现象都可能影响到玻璃固化体贮存安全问题。

除此之外，还要考虑工艺运行过程的产品分析、工艺监测等方面的应用基础问题。

（3）工程应用和工程化相关研究

在工程应用和工程化阶段需要对放射性操作必须考虑的远距离维修、辐射防护、自动控制等进行研究。建立工业规模冷坩埚玻璃固化装置，通过冷/热试全面检验工业装置及运行工艺，考察强辐射场下设备长期运行稳定性和可靠性、关键设备部件的使用寿命及更换频率，并对长时间运行过程中产生的问题，如贵金属沉积，尾气管堵塞等进行解决，对装置和工艺进行改进和完善。再建立应急方案和解决措施，实现冷坩埚玻璃固化的工业应用。

6.6 我国冷坩埚玻璃固化技术发展路线

依据我国高放废液玻璃固化的总体发展目标，全面开展高放废液玻璃固化引进工程的国产化、冷坩埚玻璃固化项目的自主研发工作，加快建立冷坩埚玻璃固化冷台架，尽快具备与核电发展相匹配的高放废液处理能力，并通过不断优化、改进，最终建成能满足核电长期稳定发展的先进高放废液玻璃固化处理工厂。其关键技术发展线路如图 6-17 所示。

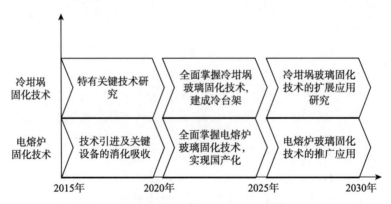

图 6-17　高放废液玻璃固化关键技术发展线路图

其中，冷坩埚玻璃固化自主研发本着科研发展的规律，分为原理样机、实验室样机、工程样机、工程应用四个阶段进行（见图 6-18）。目前原理样机和实验室样机已经研制完成，现正处于工程样机研究阶段。通过这几个阶段的研究突破所有上述的关键技术。冷坩埚玻璃固化技术的研发应遵循"以我为主,引进为辅"的原则,采取先解决关键技术再进行系统集成方式,加快研发进程,力争在后处理大厂中实现国产化。

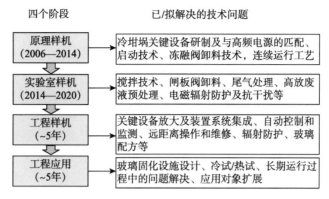

图6-18 我国冷坩埚研发阶段描述图

实验室样机研究阶段:主要是通过建立冷坩埚玻璃固化实验室样机,突破冷坩埚玻璃固化所涉及的主要特有关键技术,解决冷坩埚主工艺所涉及的设备、工艺问题,为工程设计提供输入参数。通过该阶段的研究确保能够实现冷坩埚玻璃固化的技术可行。

工程样机研究阶段:主要是通过建立一个1:1规模的冷坩埚玻璃固化工程样机,对装置进行系统化集成,同时开展自动控制和监测、远距离操作与维修、辐射防护等技术研究,对消化吸收的共性技术进行工程验证。通过该阶段的研究确保能够实现冷坩埚玻璃固化的工程可行。

工程应用研究阶段:主要是通过在建成的工程规模装置的基础上,开展冷/热试,全面检验工业装置及运行工艺,考察设备长期运行稳定性和可靠性、关键设备部件的使用寿命及更换频率,并对长时间运行过程中产生的问题,如贵金属沉积,尾气管堵塞等进行解决。该阶段完成后,可达到自主化设计建造的能力。

同时,由于冷坩埚玻璃固化技术熔制温度不受限制,所以该技术不仅适用于高放废液玻璃固化,还适用于对锕系核素包容性好、熔制温度较玻璃固化更高的陶瓷固化,以及废树脂的焚烧固化、金属熔炼等,在该阶段,可进行冷坩埚技术在这些废物处理上的相关研究,扩展该技术的应用范围。

参考文献

［1］刘坤贤，王邵，韩建平，等. 放射性废物处理与处置［M］. 北京：原子能出版社，2012.

［2］罗上庚. 放射性废物处理与处置［M］. 北京：中国环境科学出版社，2006.

［3］HiroyukiQigawa（JAEA），Perspectives of Partitioning and Transmutation Technology［C］. Proc. of Global 2011，Makuhari，Japan，Dec，11-16，2011，pⅡ-1.

［4］Implication of partitioning and transmutation in radioactive waste management，IAEA Technical Report Series No. 435［R］. Vienna：IAEA，2004.

［5］吴华武. 核燃料化学工艺学［M］. 北京：原子能出版社，1989.

［6］张威. 高放废液玻璃固化陶瓷电熔炉工艺系统的设计与研究［C］. 放射性废物处理处置学术交流年会论文集，厦门，2007.

［7］吴浪. 高放废液固化处理技术研究新进展［J］. 科技创新导报，2016（5）.

［8］KWANSIK C，CHEON-Woo K，JONG Kil Park，et al. Pilot-scale tests to vitrify Korean low-level wastes［C］//WM'02 Conference. Tucson：AZ，2002.

［9］RAMSEY W G，GRAY M F，CALMUS R B，et al. Next generation melter（s）for vitrification of hanford waste：Status and direction［R］. US：The U. S. Department of Energy Assistant Secretary for Environmental Management，2011.

［10］SOBOLEV I A，DMITRIEV S A，LIFANOV F A，et al. A history of vitrification process development at sia radon including cold crucible melters［C］//WM'04 Conference. Tucson：AZ，2004.

［11］DO-QUANG R，PETITJEAN V，HOLLEBECQUE F，et al. Vitrification of HLW produced by uranium/molybdenum fuel reprocessing in COGEMA's cold crucible melter［C］//WM'03 Conference. Tucson：AZ，2003.

［12］SUGILAL G. Experimental analysis of the performance of cold crucible induction glass melter［J］. Applied Thermal Engineering，2008，28：1952-1961.

［13］Jantzen CM. Vitrification as a complex-wide management practice for high-level waste［C/OL］//Office of Environment Management. SPNL：NWTRB，2013. http：//www. nwtrb. gov/meeting/2013/april/jantzen. pdf.

［14］Jay Roach，Nick Soelberg. Cold crucible induction melter testing at Indio national laboratory for the advanced remediation technologies program-9337［C］//WM2009 Conference. 2009：1-2.

［15］Vincent Maio. Generalized test plan for the vitrification of simulated high-level waste calcine in the idaho national laboratory's benc-scale cold crucible induc tion melter［R］. INL/EXT-11-23231，2010：4-4；7-9.

［16］宋玉乾，高振，吉头杰，等. 美国高放废液玻璃固化概述［J］. 辐射防护，2014，34

（5）：333-336.

[17] 刘丽君，张生栋. 放射性废物冷坩埚玻璃固化技术发展分析 [J]. 原子能科学技术，2015，49（4）：589-596.

[18] 伍浩松. 俄马雅克即将启用新高放废物玻璃固化熔炉 [J]. 国外核新闻，2016（9）：32.

[19] 陈亚君，陆燕. 国外高放废液玻璃固化技术概览 [J]. 国外核新闻，2018（2）：27-31.

[20] Decommissioning of nuclear facilities and waste management on the Karlsruhe site [R]. 内部交流资料.

[21] 邵辅义，严家德，张宝善，等. 含硫酸盐模拟高放废液罐式法玻璃固化中间装置中硫的分布 [J]. 原子能科学技术，1990，24（4）：58-65.

[22] 陈靖，王建晨. 从高放废液中去除锕系元素的 TRPO 流程发展三十年 [J]. 化学进展，2011，23（7）：1366-1371.

习　题

1. 高放废液的来源和特点是什么？
2. 高放废液的处理方法有哪些？
3. 高放废液玻璃固化、陶瓷固化、玻璃陶瓷固化的原理是什么？
4. 目前四种已经工业化的玻璃固化技术是什么？各有什么特点？
5. 为什么说冷坩埚玻璃固化技术是一种先进的固化技术？
6. 国内外玻璃固化技术的研究进展如何？
7. 今后高放废液玻璃固化处理的发展趋势是怎样的？

第7章 放射性有机废物处理技术

7.1 放射性有机废物的来源和特点

在核工业体系链中，无论是核燃料循环前段，还是核电运行，以及核燃料循环后端，都离不开有机萃取剂、离子交换树脂，它们在核工业发展中起到重要作用。同时还有核设施内设备在运行过程产生含有放射性核素的各种油脂，助溶剂等有机废物。目前，绝大多数放射性有机废物都以暂存的方式贮存，还没有相对经济合理、安全可靠、对环境友好的处理工艺进行大规模工程应用，存在较大的安全风险。这些放射性有机废物主要包括放射性废离子交换树脂、放射性废 TBP/煤油、放射性污溶剂、其他有机废液等。

7.1.1 废树脂的来源和特性

7.1.1.1 放射性废树脂的来源

离子交换树脂，吸附容量高，操作方便，在核工业得到广泛的应用。离子交换树脂主要用于核素的分离纯化、铀的回收、放射性废液的净化处理等。因此，放射性废树脂主要来源 2 个方面。

（1）核电运行产生的放射性废树脂

为了满足能源需求，核电作为能源的补充，至 2019 年世界核能发电量已达 2657 TW·h，从 2012 年开始，已连续 7 年保持增长趋势。

随着核电站安全运行，放射性废物特别是放射性废树脂不断产生。表 7-1 为压水堆核电厂常用离子交换树脂床。

表 7-1 压水堆核电厂常用离子交换树脂床

系统	离子交换树脂柱	用途
一循环冷却剂化学和容积控制	混合床、阳离子床、阴离子床	放射性核素去污、除硼
硼回收	混床、阴床	放射性去污、硼回收
冷凝液和蒸汽发生器排污水	混床	放射性去污、去离子
乏燃料元件贮存池	混床	放射性去污、去离子
检维修产生废水处理	混床、阳床、阴床	放射性去污

不同类型的反应堆每年产废树脂量不尽相同, 表 7-2 是瑞典和加拿大核电项目经过长期调查总结得出不同类型水冷堆 (功率为 1000 MW) 平均每年产生的废树脂的数量。

表 7-2　不同类型水冷堆 (1000 MW) 每年产生废树脂的量

反应堆类型	树脂类型	来源	数量/ (m³/a)
沸水堆	颗粒状	一回路水净化系统	10~20
		废液处理系统	5~10
	粉末状	冷凝水净化系统	50~100
		贮存池水净化	2~6
压水堆	颗粒状	主回路净化	5~10
		二回路净化	10~15
	粉末状	贮存池水净化	4~8
重水堆	颗粒状	总量	130
	粉末状	贮存池水净化	3

离子交换树脂的交换能力是可以再生的, 但再生过程会产生大量的二次废水, 而且操作麻烦。所以核电站废树脂一般不做再生处理, 而将废树脂从设备中排出, 贮存在不锈钢贮槽中, 作为放射性废物等待处理。从表 7-2 看出, 压水堆每年产生的放射性废树脂最少约 30 m³/a。截至 2020 年年底, 我国我国核电装机容量约 50 000 MW, 按每 1000 MW 每年产生 30 m³ 废树脂计, 每年产生约 1500 m³ 的废树脂。

核电厂产生的废树脂中主要含有 ^{137}Cs、^{90}Sr 等裂变产物核素, ^{60}Co、^{14}C、^{110m}Ag 等中子活化产物。核电厂产生的废树脂一般都属于中、低放废物, 但是有些废树脂的比活度可能很高。在核电机组正常运行时, 废树脂放射性活度占核电废物总放射性活度的 80%。表 7-3 列举了废树脂中部分放射性核素的种类和含量。

表 7-3　废树脂中放射性核素的种类和含量 (GBq/m³)

树脂种类	来源	^{60}Co	^{137}Cs	^{14}C	其他
颗粒状	沸水堆	370	740	0.02	
颗粒状	压水堆	370	1900	0.4	
颗粒状	重水堆	500	3000	4500	60 (^{144}Ce)
粉末状	沸水堆	10	6	0.06	
粉末状	燃料池	250	100		1 (α 发射体)
颗粒状	净化		40 000		40 000 (^{90}Sr)

(2) 核燃料循环后端产生的废树脂

由于离子交换树脂具有良好化学特性和物理特性, 在核燃料循环后端, 放射性废水处理、关键核素提取等工艺中常常采用离子交换树脂用于放射性废水的净化、关键核素的提取和纯化。

1) 放射性废水处理工艺产生的废树脂

各类设施产生的低、中放废水的源项不同, 在实际应用中, 往往需要将化学沉淀、蒸发和离子交换三种处理方法组合使用。离子交换法通常用于废水的最终处理或对废水的进一步净化。如废水中的盐含量较高时可以先化学沉淀，再用离子交换处理上清液。或者先蒸发，然后冷凝液用离子交换进一步吸附放射性核素达到深度净化目的。某废液处理设施，接收来自于后处理运行产生的中低放废液，废液总 β 放射性约 10^7 Bq/L，硝酸浓度小于 1 mol/L，主要放射性核素为 ^{137}Cs、^{90}Sr、^{241}Am、U、Pu、^{99}Tc 等，共存 Na^+、K^+、Mg^{2+}、Ca^{2+}、Fe^{3+}、Al^{3+}、Ba^{2+} 等阳离子和 NO_3^-、Cl^-、PO_4^{3-} 等阴离子。该设施采用过滤、蒸发脱硝、两级蒸发冷凝、离子交换吸附串联的方法处理，设计能力为 300 L/h，实际运行约 150~180 L/h。经统计，每月产生约 25~30 L 放射性废树脂，树脂中主要放射性贡献为 ^{137}Cs、^{90}Sr 等核素，废树脂的放射性比活度约为 10^7~10^8 Bq/L。

2）关键核素提取工艺产生的废树脂

离子交换树脂在化学分离、关键核素提取等方面多用于样品制备、化学分析、关键核素提取纯化等，废树脂总量不大，但放射性比活度差异较大，核素种类复杂。

从高放废液中提取高纯度 ^{90}Sr 时，需将预先提取的 ^{90}Sr 用阴阳离子交换树脂混合柱串联两级阳离子交换树脂柱来净化 Ba、Ca 等杂质离子。通常一个生产周期更换一次树脂，废树脂多为低放水平。

TUR®、UTEVA、TEVA 等萃取色层树脂广泛用于锕系元素、U、Pu、Am、Tc 放射性元素的分离实践中，会产生少量的放射性废物树脂。这类树脂放射性核素多含有 U、Pu、Am 等，且含有一定的硝酸、盐酸、草酸等。

7.1.1.2 废树脂的特点和性质

无论是核电运行还是核燃料循环后端产生的废树脂绝大多数都属于中、低放废物范畴。但由于其特殊性受到了业界人士的高度关注，其特点和性质如下。

（1）放射性比活度较高。核电运行和核燃料后段产生的放射性废树脂一般比活度在 10^5~10^8 Bq/L（科研过程不确定）。因此，其放射性比活度比较高。随着贮存时间增加，部分放射性核素可能发生扩散或者交换，进入到水溶液中。

（2）暂存过程存在安全风险。废树脂在长期贮存过程，受到放射性射线的作用，会产生 H_2、CH_4、C_2H_4、NH_3 等燃爆性气体。因此，长期暂存会有潜在火灾、爆炸风险，存在安全隐患。

（3）难降解。离子交换树脂是一种交联度很高的有机聚合物，具有较强的耐腐蚀性，难以溶解于有机溶剂，或者被强酸、强氧化剂、热、辐射等方式降解。虽然废树脂在存放过程机械强度可能逐渐降低，变成粉末状，但是难以实现降解。

（4）易漂浮或者冲散。由于废树脂质量轻，容易漂浮在水溶液或者有机溶剂中，或者容易冲散。并且随着废树脂放置时间增加，废树脂还会发生破碎，更易漂浮和冲散。

（5）强吸水性。干树脂吸水具有溶胀作用，产生较大的静压力，因此，树脂水泥固化体放置一定时间会发生膨胀龟裂现象，造成放射性核素扩散或者迁移。

另外，废树脂在长期暂存过程会慢慢粉化，在槽罐底部出现板结，造成回取困难。同时许多树脂含硫、氮等官能团。因此，废树脂在裂解焚烧过程产生大量的 SO_3、NO_2 等强腐蚀性气体，在高温下裂解设备、工艺管道发生强烈的腐蚀。

7.1.2　放射性有机废液的来源和特性

7.1.2.1　放射性废 TBP

在核工业发展过程，磷酸三丁酯（TBP）作为 U（Ⅵ）、Pu（Ⅳ）的优良萃取剂，在核燃料循环体系中广泛用于 U 和 Pu 的分离和纯化。多次使用后，无法复用的 TBP 将作为放射性有机废物收集暂存。

（1）核燃料循环前段

核燃料循环前段，TBP 作为萃取剂常与煤油、正十二烷等稀释剂共同用于铀、钍矿浸出液中铀、钍的分离、铀的纯化等过程。铀萃取过程中产生有机废液主要被铀和钍污染。据估算，每提取 1 t 铀约产生废 TBP/稀释剂 1~5 kg。我国二七二厂铀纯化生产线经过 60 多年的运行积存了约 500 m^3 的废 TBP/煤油混合物，U 浓度为 5~32 g/L。

（2）核燃料循环后段

乏燃料后处理过程中产生的 TBP 及稀释剂，主要为铀钚共去污、铀钚反萃净化的 1CW、2EW 和 2BW 等有机溶剂。产生的有机废液，一般需要通过洗涤或精馏再生后复用，最后将无法复用的 TBP/稀释剂，最终作为中放有机废液暂存，主要放射性元素为 U、Pu 和裂片元素等。放射性废 TBP/稀释剂的产生量，与具体的工艺流程、运行水平及 TBP/稀释剂回收复用技术等密切相关。世界各国后处理厂的废 TBP/稀释剂的产生量区别非常大。据报道，法国 UP2 每年约产生 10 t 废 TBP/煤油，总 α 放射性约 2×10^6 Bq/L、β/γ 约为 4×10^8 Bq/L。改进运行工艺后，法国 UP3 称其基本不产生废 TBP/煤油，仅产生少量的废有机溶剂洗脱液。

7.1.2.2　放射性废 TBP 的特性

放射性废 TBP 一般与稀释剂如煤油、正十二烷、TPH 等混合使用，因其来源、放射性水平及暂存时间不同，存在状态和性质区别很大。一般说来，后处理运行产生的废 TBP 较铀矿冶、铀纯化转化、元件制造等过程产生的废 TBP 放射性强。除 TBP、稀释剂（如煤油）外，后处理厂产生的废 TBP 有机相中还有 DBP、MBP、丁醇、长链烷基磷酸酯、硝基化合物、亚硝基化合物、磷酸酯、高沸点聚合物等，成分非常复杂。部分辐解产物对铀、钚及裂变产物络合能力强，造成废有机溶剂放射性强，α 约 10^6 Bq/L，β/γ 约 10^8 Bq/L。废 TBP 长期暂存在着火、爆炸等风险。随着时间推移，废 TBP/煤油会发生复杂的物理化学变化，发生浑浊、分相，甚至出现类似 "奶酪" 及 "结垢" 等现象，导致暂存于储罐中的废有机物回取和处理难度增大。

7.1.3　放射性污溶剂

放射性废油和污溶剂主要来源于核电机组运行。正常情况下，单台压水堆核电机组每年产生 250~2500 L 放射性废油和废溶剂，根据大亚湾和岭澳一期核电厂运行经验，每两台核电机组每年产生废油 600 L、废溶剂 400 L。放射性废油、废溶剂含有的放射性核素主要成分和一回路水中的放射性核素成分相似，即含有微量的 ^{60}Co 和 ^{110m}Ag 等核素。废油的放射性活度浓度一般为 $0.1\times10^6 \sim 1.5\times10^6\,Bq/m^3$，特殊情况下可达到 $4.5\times10^6\,Bq/m^3$，废溶剂放射性活度浓度一般为 $0.1\times10^6 \sim 0.4\times10^6\,Bq/m^3$，特殊情况下可达到 $3.0\times10^6\,Bq/L$。核电机油为中级–涡轮机/循环系统油 MobilDTE 系列，闪点 221 ℃，主要成分为长链烷烃；废溶剂为短链烷烃（9–12 个碳链），闪点 55 ~ 60 ℃。

7.1.4　其他有机废液

除了放射性废树脂、废 TBP、放射性污溶剂外，还有从科研实验、核设施退役过程产生的放射性有机废液。各种有机萃取剂，如镧锕分离试剂、荚醚等；各种有机溶剂，如乙醇、丙酮、三氯乙烷等，还有用于放射性测量的有机闪烁液等。在核设施退役过程，产生各种有机去污剂，如高氯乙烷和氟里昂等。

上述放射性有机废液种类比较多，应用情景不同，所含有的放射性核素也不尽相同，且绝大多数均收集后混合存放。

7.2　放射性有机废物处理技术

目前，放射性有机废物处理技术主要有：焚烧处理、湿法氧化、固化处理等几类。

7.2.1　焚烧技术

焚烧技术包括过量空气直接焚烧、热裂解焚烧、蒸汽重整、等离子体焚烧、冷坩埚焚烧等处理技术。

7.2.1.1　过量空气直接焚烧技术

过量空气直接焚烧技术的主要特点是一步完成，即将过量的空气（过量 50% ~ 70%）与经过分类、破碎、掺杂等预处理后的放射性有机废液，在焚烧炉中完全充分燃烧。在多数情况下，放射性有机废液本身产生的热量足以维持燃烧反应，但在有些情况下需要补充燃料（油或天然气）。直接焚烧技术的主要优点是彻底破坏有机物，生成性能稳定的无机灰分，可获得很高的减容比，其产物主要是 CO_2、H_2O 及灰分（P、S 和金属的氧化物等），TBP 中的磷被转化为 P_2O_5。但是，在过量空气通入下，放射性焚烧灰飞扬、尾气夹带严重，必须配置良好的尾气处理系统。如果焚烧过程中控制不好，部分有机物如树脂若焚烧不完全会导致焦油、烟怠生成量大导致生产设备停转等问题。焚烧 TBP 时，排气冷却液中夹带的 P_2O_5 与 H_2O 反应生成腐蚀性很强的磷酸，会给尾气净化系统带来严重的腐蚀。

法国于 1981 年在卡德拉希（Cadarache）建造了一套用于焚烧废溶剂的中试焚烧炉（见图 7-1）。该装置于 1981—1985 年共运行 5000 h，处理的废溶剂包括含氯溶剂、油类、闪烁液和废 TBP，共计 130 m^3，减容比为 30 ~ 300。

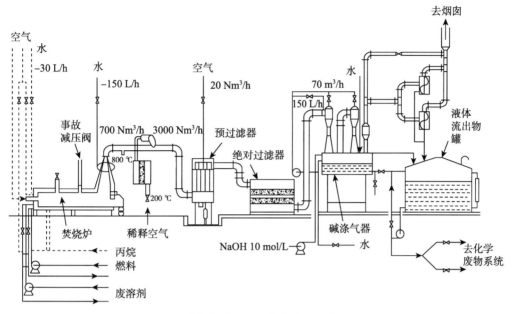

图 7-1　法国卡德拉希中试规模废溶剂焚烧处理示意图

美国在 Mound 建立了一种简单的旋风式焚烧炉（见图 7-2）开展实验研究。该装置由一软钢桶制成的焚烧炉安装在一间封闭小室内，燃烧产生的灰烬积存在桶内，适时更换容器桶。

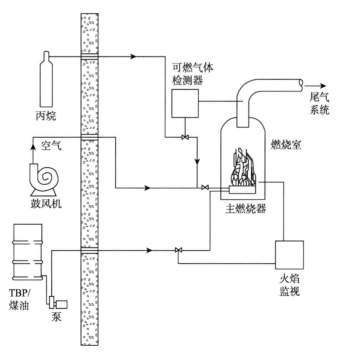

图 7-2　美国 Mound 实验室的旋风式焚烧炉示意图

德国卡尔斯鲁厄核研究中心也建造了一套有机废液处理焚烧炉（见图 7-3），其主体流程与法国的流程相似。废液基料的比例为：油类 40%，溶剂 34%，闪烁液 10%，水16%。截至 1983 年，处理废液 360 m³。

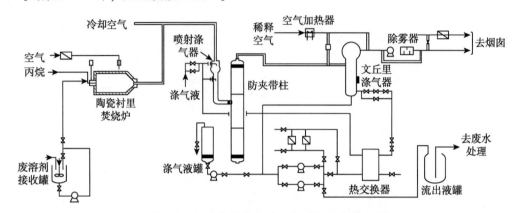

图 7-3　德国卡尔斯鲁厄核研究中心有机废液焚烧处理示意图

7.2.1.2　热裂解焚烧技术

热裂解焚烧处理有机物分两个阶段。第一阶段，有机物在几百摄氏度下发生热裂解反应，生成可燃气和灰渣等。该过程是可燃有机物在高温缺氧情况下，分解为短链有机气体、微量氢气，以及留在裂解炉（一次炉）中的固定碳和灰分。第二阶段，产生的可燃气体流入二次燃烧室内充分燃烧，生成二氧化碳、水等产物，最后对尾气、灰渣等二次废物进行处理。

废 TBP/稀释剂热裂解的一般工艺流程：废有机相在惰性环境（冲入氮气）下，在一次裂解炉中加热至 350~500 ℃，TBP 热解产生的 P_2O_5 与氢氧化钙中和生产焦磷酸钙，从而大大减少对燃烧及尾气处理设备的腐蚀。热解气体和汽化煤油与预热空气充分混合后进入二次燃烧炉中充分燃烧。尾气经冷却、过滤、淋洗等过程后排放。热解过程中产生的焦磷酸钙和过量的氢氧化钙所形成燃烧渣进行水泥固化处理。

相比直接焚烧技术，热裂解焚烧技术有如下优点：（1）裂解产生的尾气量小，过滤设备小；（2）由于热裂解的操作温度较低，易挥发核素大部分滞留在裂解反应器底部；（3）设备腐蚀小、寿命长，焦油、烟煤生成量少的特点。

国外热解焚烧技术已进入放射性可燃有机废物处理实际应用阶段，处理对象主要是热值高的中低放有机可燃废物如废 TBP/OK、废油等，其代表之一是德国 NUKEM 公司开发的热解焚烧炉及焚烧工艺，该技术能够有效降低可燃有机废物热解焚烧对设备的腐蚀。德国 NUKEM 有机废液的商用高温裂解装置如图 7-4 所示，采用球床高温裂解反应炉。对于TBP/十二烷的高温裂解，则需先与氢氧化钙、去离子水和乳化剂按一定比例混合制成乳状液后再加料。我国八二一厂引进了德国 NUKEM 的热解焚烧技术和设备，2017 年进行了冷调试和试运行，现已进入热运行。

美国萨凡纳河国家实验室开发了具有两级燃烧室的焚烧炉，见图 7-5。该装置既可焚烧固体废物，也可焚烧有机废液，其处理能力分别为 180 kg/h 和 110 kg/L。1982 年，该装置已处理了 15 700 kg 固体废物和 5.7 m³ 废溶剂。

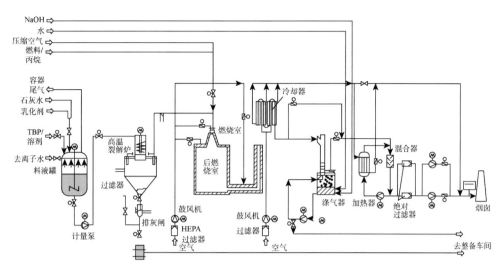

图 7-4　德国 NUKEM 高温裂解处理放射性有机废液流程示意图

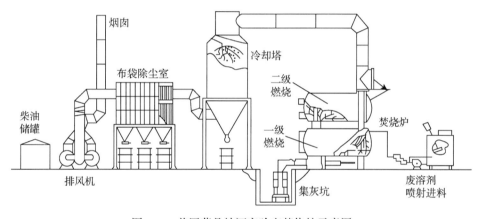

图 7-5　美国萨凡纳河实验室焚烧炉示意图

我国自 20 世纪 80 年代开始热解焚烧技术研究，历经关键技术研究、实验室验证、小台架冷试验及热试验验证和 1∶1 规模冷台架试验等阶段。1∶1 规模热解焚烧 TBP/OK 冷台架实际处理能力为 21 L/h，热解温度 450 ℃，热解率>99.9%，固磷率达到 99.5%，净化系数 DF>10⁶，实现了预期目标。

7.2.1.3　蒸汽重整技术

典型的蒸汽重整技术是石化工业中将有机碳氢化物与高温水蒸气反应分解为 CO、CO_2、H_2、H_2O、CH_4 及其他无机物的一种有效技术。当前，蒸汽重整技术在放射性废物处理领域已有应用。放射性有机物在 300~1200 ℃下与水蒸气接触从而转化为 CO、CO_2、H_2、H_2O、CH_4 等气体。有机物中含有的卤素、磷酸及硫酸基团，碱金属元素如钠、钾、铯等，在分解过程中与无机添加剂发生反应形成新的矿化相，将放射性核素固化。

整个蒸汽重整过程主要涉及热解过程和矿化过程两类化学反应。主要的热解化学反应：

$$C_xH_yO_z \rightarrow C+CH_4+CO+H_2$$

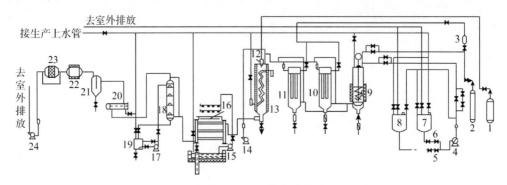

图 7-6　我国 1∶1 规模 TBP/OK 热解焚烧冷试验工艺流程图

1—液化石油气罐；2—氮气罐；3—氮气缓冲罐；4—计量罐；5、6—管道过滤器；7、8—料液罐；
9—热解炉；10—除尘器；11—旋风分离器；12、13—高温过滤器；14—燃烧器；15—燃烧炉；
16—鼓风机；17、19—水泵；18—喷淋冷却器；20—洗涤塔；21—储槽；22—换热器；23—捕集器；
24—电加热器；25—高效过滤器；26—排风机；27—除雾器

$$H_2O+C \rightarrow H_2+CO$$
$$2NO_3+3C \rightarrow N_2+3CO_2$$
$$C+O_2 \rightarrow CO_2$$
$$2CO+O_2 \rightarrow 2CO_2$$
$$2H_2+O_2 \rightarrow 2H_2O$$

矿化过程主要化学反应：
$$2Na+Al_2O_3 \cdot 2SiO_2（黏土）+1/2O_2 \rightarrow Na_2O \cdot Al_2O_3 \cdot 2SiO_2$$
$$Na+K+Al_2O_3 \cdot 2SiO_2（黏土）+1/2O_2 \rightarrow NaKO \cdot Al_2O_3 \cdot 2SiO_2$$
$$2Na+SO_4+Al_2O_3 \cdot 2SiO_2（黏土）\rightarrow Na_2SO_4 \cdot Al_2O_3 \cdot 2SiO_2$$
$$Na+Cl+Al_2O_3 \cdot 2SiO_2（黏土）\rightarrow NaCl \cdot Al_2O_3 \cdot 2SiO_2$$
$$Na+F+Al_2O_3 \cdot 2SiO_2（黏土）\rightarrow NaF \cdot Al_2O_3 \cdot 2SiO_2$$
$$Na+Al_2O_3+2SiO_2（硅土）+1/2O_2 \rightarrow Na_2O \cdot Al_2O_3 \cdot 2SiO_2$$

1999 年，斯图兹威克公司开始在美国 Erwins 处理废树脂、化学废液、废油和干活性废物等放射性废物，其所用的废树脂蒸汽重整工艺 THOR[SM] 流程图如图 7-7 所示。在流化床重整反应器中，废树脂、过热蒸汽、固体添加物（如碳、木炭、糖类、黏土或铁氧化物等）和氧气发生蒸汽重整反应，将废树脂分解为 CO_2、H_2O、H_2、N_2 等，反应器中产生的废渣由底部的铁氧化物磁性螺杆分离器进行分离和收集，最后装入高整体性容器（HIC）进行贮存。从重整反应器出来的夹带着固体颗粒的高温废气首先经过陶瓷过滤器过滤，被截留下来的固体颗粒同样被收集到 HIC 进行贮存。通过陶瓷过滤器的废气进入直燃式焚烧炉进行燃烧。燃烧之后的烟气需要经过冷凝塔和碱液洗涤塔进行处理，之后再进入高效空气净化器（HEPA）净化，最后经在线监测装置监测达标后经烟囱排放。2001—2002 年，在 Erwin 的工厂内共处理约 962.7 m^3 有机废物。经评估，该工艺对废树脂体积减容比为 20~100，质量减容比为 12~85，矿渣废物装入高性能包装容器 HIC 后可直接处置。该处理装置可接收的废物包括活性炭、废树脂、废溶剂、防冻液、废油、泥浆、高水含量有机物和高有机质含量废液等。

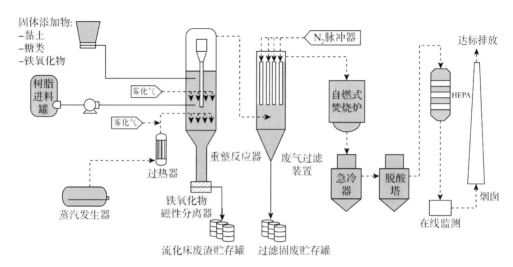

图 7-7 美国废树脂 THOR^SM 蒸汽重整工艺流程图

蒸汽重整技术很适合处理难以燃烧完全的有机废物，例如含有机质的淤泥、废树脂、废润滑脂等。该工艺在中温下进行，设备运行环境不如焚烧设备恶劣，设备腐蚀性小于焚烧法；包容核素的矿渣多以方钠石、霞石为主，化学稳定性与玻璃固化体相当，可直接处置；废物减容比不低于 20。蒸汽重整是强吸热反应（需要添加碳棒及液化气产热），生产过热蒸汽（将过饱和蒸汽加热到 550 ℃ 再进入重整反应器）也需要加热，因此整个系统的耗能较大。与传统焚烧技术相比，该技术难度较大，热解工艺控制、矿化工艺控制等均有一定的要求。目前，中国原子能科学研究院、中国核动力研究院、中国广核电有限公司等正在开展蒸汽重整处理废树脂、废有机相等相关研究。

7.2.1.4 等离子体焚烧技术

等离子体焚烧技术是利用等离子体的高温和高能量密度，将有机废物快速分解成小分子气体进行燃烧，剩余残渣熔融后形成固化体。其优点是减容比大、产生废气少、几乎不产生二噁英、适用各种废物的处理、废物固化体一次成型无须后续处理等，缺点是高温操作、耗费电能、处理成本较高。

日本、韩国、瑞典、俄罗斯、美国等对等离子体技术处理放射性废物进行了大量的研究。Barinova 等将磷酸和放射性废有机溶剂按一定比例混合，并掺加玻璃形成剂（NaOH 和 Al_2O_3）进行热等离子体处理，得到性能稳定的磷酸铝钠固化体。固化体在长期浸出试验中未检出核素 ^{235}U、^{238}U、^{234}Th，且废物体积减小了 8 倍。Mabrouk 等用实验室级别的等离子体炉（见图 7-8），处理了模拟放射性废有机溶剂（TBP/OK）等废物，废物处理能力为 3~4 L/h，氧气等离子体炬输出功率为 30 kW。该工艺矿化率达 99%，磷的固定率达 98%。

俄罗斯 SIARADON（莫斯科放射性废物处理和环境保护生态技术与科学工业联合体，简称拉氡）研发了等离子体气化熔融废物处理装置，以等离子体炬为热源的竖式炉为基础建立了低放废物处理试验厂，处理了加里宁核电厂的放射性焚烧灰和离子交换树脂，处理能力 40~50 kg/h。

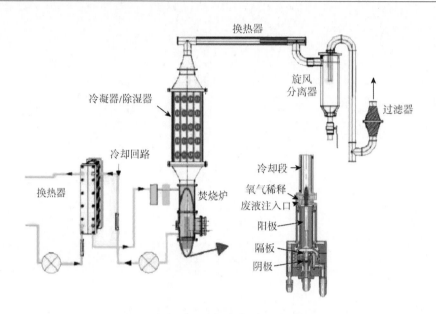

图 7-8　法国等离子体焚烧炉示意图

近年来，我国也开展了该技术处理放射性废物的初步研究，处理的废物有放射性废树脂、棉制品焚烧灰以及塑料类低放废物等，但还未开展有机废液等离子体处理相关研究。核工业西南物理研究院等单位建立了低放废物等离子体高温焚烧试验台架，开展了等离子体炬研制、等离子体高温焚烧工艺等关键技术研究。台架系统主要包括混合物进料、等离子体熔融焚烧、玻璃体整备、尾气净化、测量控制、应急安全等部分，模拟树脂的处理能力约 25 kg/h，减容比 24。核心部件离子体炬系统功率 30~200 kW，热效率大于 70%，阴极寿命约 600 h。

7.2.1.5　冷坩埚焚烧固化技术

冷坩埚焚烧固化技术具有工作温度高、废物处理类型广、减容比高、埚体使用寿命长等优点，除了作为高放废液玻璃固化技术，也可作为中低放有机废物、可燃固体废物的焚烧固化技术，在国际上受到广泛关注。韩国、俄罗斯等在废树脂及其他固体可燃废物方面也进行了相应的研究，且在韩国实现了工程应用。

冷坩埚焚烧固化处理废树脂的原理为在 1000 ℃ 左右的高温下，废树脂与熔融玻璃、空气接触混合，大部分发生高温氧化，形成二氧化碳和水蒸汽。在氧气不足时，部分发生高温炭化、水蒸气分解及其他反应，形成少量 CO、H_2 等在二次燃烧炉内燃烧。树脂焚烧灰则直接与玻璃基料形成玻璃固化体，树脂中 S、N 等则形成 SO_2、NO_x 等进入尾气吸收系统，图 7-9 为韩国冷坩埚玻璃固化处理树脂及中放废物装置流程图。

1990 年，韩国计划采用玻璃化技术处理低、中放废物。1994—1995 年，韩国从技术与经济角度对熔炉技术进行可行性研究。评估认为，冷坩埚焚烧固化技术是所有可燃废物的最佳处理技术。韩国在采用冷坩埚玻璃化技术处理核电站产生的低、中放废物、离子交换树脂和可燃固体废物的过程中，将项目分为三个阶段。

第一阶段：在实验室装置和法国 CEA 的直径为 300 mm 的冷坩埚中试装置进行初级试验；

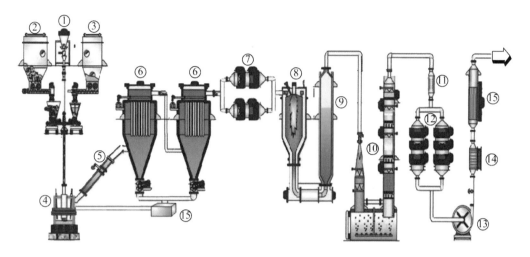

图 7-9　韩国废树脂冷坩埚玻璃固化项目装置流程图

①—玻璃基料送料器；②—干废物送料器；③—树脂送料器；④—冷坩埚；⑤—管式冷却器；⑥—高温过滤器；⑦—HEPA 过滤器；⑧—二次燃烧炉；⑨—尾气冷却器；⑩—洗涤器；⑪—再热器"A"；⑫—活性炭/HEPA 过滤器；⑬—风机；⑭—再热器"B"；⑮—NO$_x$ 脱出系统

第二阶段：在韩国建立了一套具有完整尾气处理系统的原型装置；

第三阶段：系统的可靠性试验验证。

完成三个阶段研究后，2002 年，韩国开展了固化设施（UVF）商业化项目。UVF 位于 Ulchin 5 号和 6 号核电厂的放射性厂房内，主要用来处理该电站的干放射性废物和低水平放射性离子交换树脂，处理能力为 20 kg/h。为确保 UVF 性能满足规范和设计要求，采用非放模拟物（一种干的放射性废物与废离子交换树脂的混合物，混合比例为5∶1）对系统进行了长期实验。结果表明，UVF 安全运行 200 h，处理了约 1700 kg 废物，产生了约 302 kg 玻璃固化体，净化后的烟气污染物浓度满足规范标准及设计要求，产生的废玻璃体具有优良的机械耐久性，废物体积减容比为 76。项目于 2008 年 5 月完成调试，10 月8 日取得运行许可证，目前已经实现工业化运行。

7.2.2　湿法氧化技术

湿法氧化技术就是在溶液状态下，利用强氧化剂，或者电化学作用、或者在一定温度和压力下，将放射性有机物氧化分解为小分子气态产物，如 CO_2、SO_3 和水等，放射性核素留在溶液中，或固化残渣中的处理技术。目前，主要包括强酸氧化、芬顿氧化、电化学氧化、超临界水氧化等方法。

7.2.2.1　强酸氧化技术

它是利用硫代硫酸根、强酸（硝酸、硫酸的混酸）及其他氧化混合物等强氧化剂，将有机物氧化分解成二氧化碳、水和无机残渣。利用硫代硫酸钠或硫代硫酸进行氧化，常温下反应比较缓慢，但在加热、紫外、催化剂存在的条件下可以快速反应氧化有机物。其反应体系的结构示意见图 7-10。美国劳伦斯利莫尔国家实验室采用这一体系在 80~100 ℃下，对 TBP、乙二醇、煤油、三乙胺、离子交换树脂、纤维素等进行了氧化分解试验，得到了较高的降解效率，实现了 TBP 的完全分解。

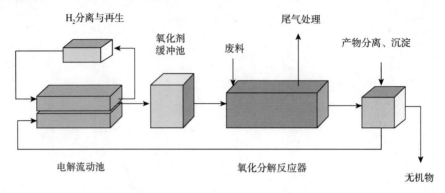

图 7-10 硫代硫酸根氧化体系示意图

强酸氧化通常在 120~250 ℃，一定压力下进行，处理有机废液的范围较广。但是由于强酸的腐蚀性，设备腐蚀严重。同时，氧化过程中多产生硫和氮的氧化物，需要进行尾气净化吸收。德国卡尔斯鲁厄核研究中心开发的 H_2O_2-H_2SO_4 工艺在 Ta 材质容器内、230 ℃条件下将阳离子树脂分解为二氧化碳、水和硫氧化物，树脂分解率可达到 90%；美国汉福特公司建立的 H_2SO_4-HNO_3 工艺在 250 ℃、Ta 反应器内将废树脂氧化分解为二氧化碳、水、氮氧化物和硫氧化物；英国建立的湿法氧化中间规模验证设施可达到 200 kg/批的处理能力，批量处理核电厂产生的粉末状树脂，其无机残渣用水泥固化法处理。美国西屋萨凡纳河公司的研究人员开发出了一套利用酸氧化放射性有机物，减容固化的工艺（见图 7-11）。整套系统由进料装置、氧化反应器、尾气处理装置（包括 NO_x 的循环利用）、固化装置四部分构成。在主反应过程中同时加入硝酸和磷酸，在 140~210 ℃，0~20 psig 的条件下，可将有机物完全氧化为 CO_2 和 H_2O。大部分的有机物可在低于 175 ℃和小于 5 psig 的条件下降解，例如纤维素、EDTA、TBP、离子交换树脂等。

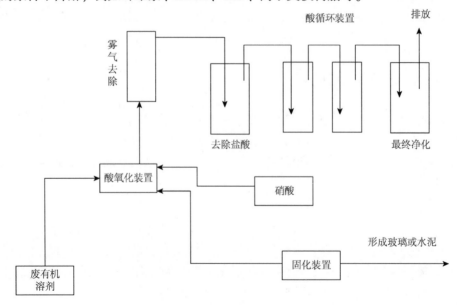

图 7-11 美国酸氧化处理放射性有机物流程示意图

7.2.2.2　芬顿氧化技术

1893 年，化学家 Fenton H J 发现，过氧化氢与二价铁离子的混合溶液具有强氧化性，可将有机物如羧酸、醇、酯类等氧化为无机物，氧化效果非常显著。该类氧化反应被命名为芬顿反应。芬顿试剂具有很强的氧化能力主要在于其反应生成的羟基自由基（·OH），其氧化电位高达 2.8 V，氧化能力仅次于氟。同时，羟基具有很高的电负性。因此，芬顿试剂可以氧化水中大多数有机物，其反应涉及有：

$$Fe^{2+}+H_2O_2 \rightarrow Fe^{3+}+ \cdot OH+OH^-$$
$$Fe^{3+}+H_2O_2 \rightarrow Fe^{2+}+ \cdot HO_2+H^+$$
$$Fe^{2+}+ \cdot OH \rightarrow Fe^{3+}+OH^-$$
$$Fe^{3+}+ \cdot HO_2 \rightarrow Fe^{2+}+O_2+H^+$$

芬顿试剂利用催化分解 H_2O_2 产生的·OH 与有机物分子反应夺取氢，将大分子有机物逐步降解为小分子有机物或二氧化碳和水等无机物。芬顿氧化处理工业有机物如印染废水、炼油废水、制药废水等其 COD 的去除率可以达到 80% 以上，配合脱色处理等手段已经实现了工业应用。该方法的主要缺点为：反应速率较慢，H_2O_2 的利用率低，有机物无机化不充分，处理后的水带有颜色。

对于放射性废树脂的处理，日本原子力研究所、东电公司等开发的 H_2O_2-Fe^{2+} 处理工艺，以 Ti/SUS 材质反应槽为主设备，在 100 ℃、常压下反应 2~5 h 将废树脂分解为二氧化碳和水，分解率 98%。对于废有机溶剂，日本 Kuribayashi 等利用 H_2O_2-Fe^{2+} 工艺将废 TBP 在 95 ℃下分解为二氧化碳、水和磷酸，然后加入苏打水中和，最后废液浓缩后水泥固化处理。英国 Winfrith 已建成了一座处理能力为每批次 200 kg 有机废液的处理装置。加拿大采用芬顿氧化法处理蒸汽发生器的去污废液。印度开展了 TBP/煤油的芬顿氧化实验室研究，在 95~100 ℃和铁盐催化剂的存在下，通入 H_2O_2 进行回流式操作，4 h 内破坏了 95% 的 TBP。

清华大学核研院在芬顿试剂处理放射性废有机溶剂 TBP/煤油方面已经研究了近 20 年，积累了大量的数据和经验。先后从事了催化氧化 TBP/OK 配方研究、工艺试验研究，建立了中试规模的湿法氧化台架装置。研究发现，TBP/煤油经氧化分解后放射性核素滞留于分解残液中，有机相体积缩小 70%。中国原子能科学研究院也对芬顿法处理 TBP/煤油、HDBP/煤油溶液和界面物有机污、废树脂等进行了研究。结果发现，树脂分解不完全，残渣较多，且分解产生的水相多带颜色。

7.2.2.3　电化学氧化技术

电化学氧化与化学氧化类似，两种方法均是在较低的温度和压力下通过强氧化反应破坏有机物。不同之处在于，后者采用化学氧化剂如双氧水、强酸、芬顿试剂等直接作用；前者主要依赖于电化学过程中生产的强氧化的自由基（OH·、Cl·等）、金属离子（如 Ag、Co、Ce）等将有机物氧化分解为水、二氧化碳、无机盐及部分水溶性小分子。

美国西北太平洋国家实验室建立了 EDTA 电化学氧化处理试验装置，将 EDTA 废液与 NaOH 混合后送入阳极室，在 3500 A/m^2、50~65 ℃下反应 3~4 h 后，EDTA 降解为小分子有机物、水、二氧化碳和无机盐。研究结果表明，该种直接电化学氧化法工艺简单，但氧化分解不完全，电流效率较低，能耗较大。

目前，研究较多的是利用高氧化还原电极电位的金属离子对（如 $Ag^+ - Ag^{2+}$、$Ce^{3+} - Ce^{4+}$ 等）的强氧化性和电化学的协同作用，将放射性有机废物氧化分解为水、二氧化碳和无机盐残渣，该技术也被称为媒介电化学氧化技术。被还原的低价金属离子在电极作用下再生为高价态金属离子，实现再生循环使用。电化学氧化破坏有机物的使用范围很宽，分解率可达100%。

日本 NUCEF 建立了 U 型管结构反应器并用 Nafion 膜分隔阴极室和阳极室，在常温和60 ℃下分别开展了 TBP、单宁酸废物处理工艺研究，考察了机械搅拌和超声波协同作用对废物分解效果的影响。结果表明，TBP 和单宁酸全部氧化分解，在超声波协同作用下电流效率大幅提高；对于 TBP，建议采用碱解预处理后再进行 Ag/MEO 氧化分解。法国 CEA 利用 Ag/MEO 工艺进行了含钚废物处理和钚的回收研究，$Ag^+ - Ag^{2+}$ 媒介可多次反复使用；阿格厂利用 Ag/MEO 工艺对部分桶装 α 废物实现了非 α 化处理，同时回收了大部分 Pu 材料。美国开展了 Ag/MEO 法处理 20%TBP/OK 工程规模验证试验，选择钛合金为阳极、不锈钢为阴极，废物减容达到 94%。韩国 Balaji 等研究了铈媒介电化学氧化处理 EDTA 的情况，结果表明，在长时间（120 min）连续进样条件下，系统能够稳定工作，EDTA 的去除率达到 85%。

我国在电化学氧化处理有机废液方面已经也进行了大量研究，中国原子能科学研究院的结果发现，Ce 电化学催化分解 TBP 氧化分解率可达99%；Ag 催化电化学氧化分解树脂可达70%；TBP 模拟废液和废树脂 Ag 媒介电（Ag/MEO）化学实验室结果表明，TBP 模拟废液可实现完全分解，模拟核素全部进入水相，后续用净化吸附法处理液体二次废物，可实现高减容比；废树脂采用 Ag/MEO 工艺处理废物分解率和电流效率低于 TBP，产生较多无机残渣，后续工作应加强废树脂的预处理及提高电流效率方面。中国辐射防护研究院开展了 TBP 的处理工艺研究，发现电解液酸度、电流强度和超声波搅拌是影响 TBP 分解率的重要因素。北京化工大学研究了 Ag/MEO 工艺处理 TBP/OK 的工艺参数影响以及二次废物水泥固化配方。目前，电化学氧化处理放射性有机废物的研究均处于试验室研究阶段，没有实现工业化。

7.2.2.4 超临界水氧化技术

当流体的温度、压力均高于临界温度和临界压力时，即处于超临界状态。超临界态具有类似气体的良好流动性和穿透性，但密度远大于气体。当水达到其临界点（374 ℃，22.1 MPa）以上，形成超临界水状态，其密度、黏度、电导率、介电常数等基本性能均与普通水有很大差异，表现出类似于非极性有机化合物的性质。因此，超临界水能与非极性物质（如烃类）和其他有机物完全互溶，而无机物盐在超临界水中的电离常数和溶解度却很低。同时，超临界水可以和空气、氧气、氮气和二氧化碳等气体完全互溶。因此，超临界水是有机物和氧气的良好溶剂，有机物与氧气的反应可以在均一相中进行，不存在相间转移的问题。在 400~600 ℃ 的高温下，反应速度非常快，几秒钟内有机可破坏99%以上。超临界水氧化（SCWO）反应完全时：有机碳转化为 CO_2，氢转化为 H_2O，卤素原子与金属离子结合形成氯化物，硫和磷分别转化为硫酸盐和磷酸盐，氮转化为硝酸根和亚硝酸根或氮气，形成的无机盐几乎完全析出。在氧化过程中释放出大量的热量。

TBP 被氧化为 H_3PO_4、CO_2 和 H_2O，其反应式如下：

$$(C_4H_9O)_3PO+18O_2=H_3PO_4+12CO_2+12H_2O$$

离子交换树脂（以强酸性苯乙烯磺酸基阳树脂为例）被氧化为 H_2SO_4、CO_2 和 H_2O，其反应式如下：

$$[-CH_2-CH(C_6H_4SO_3H)-]_n+12.5nO_2=nH_2SO_4+8nCO_2+8nH_2O$$

与湿法氧化和热解焚烧技术比，超临界水氧化处理反应彻底（99%以上有机溶剂得到分解），反应时间短，无明火、无二噁英产生等优点。因此，世界各国均竞相研究，美国 DOE 将超临界水氧化技术列为最有前途的废物处理技术之一。

法国 CEA 下属的 ATLANTE 自 1994 年开发这项技术，先后建立了若干个超临界水反应器：1999—2004 年，建立了体积为 100 mL 的小型超临界水反应器 Mini DELOS，处理能力为 10 g/h，以纯有机物溶剂为处理对象，开展实验研究和验证研究；2003 年，ATA-LANTE 建立了非放装置 POSCEA2 和放射性装置 DELOS（见图 7-12），反应器体积为 600 mL，处理能力 150 g/h；进一步放大后的试验反应器体积为 2 L，处理能力为 1 kg/h。目前该项技术已经用于 ATALANTE 后处理研究过程含 Pu 和 U 的 TBP/溶剂的处理当中，有机物停留时间随对象而变化，一般低于 1 分钟，所处理的有机物分为四类：PEG200、十二烷、十二烷和 TBP 混合物（70%/30%）、十二烷和 Na_2SO_4 混合物，有机物分解率在 99.9%以上。

图 7-12　DELOS（CEA）图

美国能源部将 SCWO 技术视作一种极具潜力的技术移植到放射性废物、危险/有毒废物、军工废水、特殊废物处理领域中，依托 MODAR、MODEC、GA 等公司的技术实力，在洛斯阿拉莫斯国家实验室（LANL）、爱达荷国家工程实验室（INEL）等实验室内进行了相关废物处理技术研究。LANL 于 1995 年开始研究超临界水氧化锕系元素污染的有机物、废离子交换树脂、EDTA 络合剂等废物。首先选用一个小型反应器，处理能力为 3.6 kg/h。在取得一些实验结果后，DOE 对这项技术进行了安全评价，在 LANL 建立一套冷的和一套热的中间实验装置。目前，ANL 已经取得了一些全规模设施设计的技术参数。LANL 开展了多种废物的超临界水氧化处理实验，其中一种是锕系元素污染的有机废物，用质量分数 30% H_2O_2 做氧化剂，在超临界反应器入口处，有机物浓度 1800~25 000 mg/L 不等，经过超临界反应后，有机物浓度降至 20 mg/L 以下，大部分小于 5 mg/L，有机物的破坏率大于 99.9%。另外，LANL 用这种技术处理废离子交换树脂，混合液经过 1 分钟的反应，树脂分解成 CO_2、H_2O、N_2 和 HCl，流出液的总有机碳降至 6 mg/L 左右。

INEL 在 1993—1995 年也开展过超临界水氧化研究，实验装置能力为 50 g/h，其中废物流为 10%，其余为水，测试的有机废物包括苯、甲醇、磷酸三丁酯（TBP）。研究表明，有机物的破坏率达到 99%。萨凡纳河国家实验室在 2000 年后开展了中试和工业规模的超临界水氧化含^{238}Pu 的有机废物工程规模台架验证研究，装置由两部分组成：有机物脱附单元和超临界水氧化单元。55 加仑的废物桶在有机物脱附单元内被加热，有机物以气态形式进入超临界水氧化单元，在约 649 ℃ 下被氧化。研究结果表明：90% 以上的有机物被破坏。同时开展了包括塑料、橡胶、纤维、各类有机物的超临界水氧化处理实验。

日本也开展了超临界水氧化放射性废树脂和有机溶剂的研究。东芝公司设计安装了两套工艺装置，其中工厂规模的试验装置反应器的体积为 25 L，用来处理放射性废树脂。试验结果表明：反应温度为 425 ℃，压力 30 MPa，10 min 内 99.9% 以上的树脂被破坏，树脂处理能力为 1 kg/h，见图 7-13。另一套装置为实验室规模的台架实验装置，反应器的体积只有 500 mL，研究人员在该装置上进行了闪烁液、TBP、涡轮机油、硅油等的超临界水氧化实验，取得了较好的效果，改造后的装置关键部件可安装在手套箱中，目前已安装在核设施场投入运行。

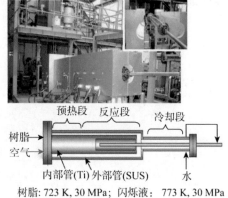

图 7-13　SCWO 中试装置（日本）图

俄罗斯的核电厂的蒸残液主要的放射性核素是^{60}Co，蒸残液中含有大量的有机物质，主要成分是 EDTA，放射性水平非常高。俄罗斯用超临界水氧化处理核电厂产生的蒸残液。并建立一套实验室规模的处理装置，在 180~250 ℃、50~150 bar 下连续处理蒸残液，^{60}Co 去污因子很高。在此基础上，研究人员设计加工了一套处理能力为 20 L/h 的流动性中试装置，并于 2006 年 5—11 月之间在新沃罗涅日核电厂进行了中试实验，获得了优化的工艺条件并进行了代价/效益比分析，目前该设备准备投入运行。

超临界水氧化技术在非核行业也得到发展，Modar 公司于 1985 年建成日处理量 950 L、有机物浓度 10% 的超临界水氧化处理工业试验装置，并于 1994 年在德国 Bayer 为德医药联合体废水处理设计的 SCWO 工厂投入运行，处理能力为 5~30 t/d。EWT 公司于 1994 年在 Austin 城建立了第一套用以处理化工有机污水的商用处理装置，其处理能力为 1100 L/h，废物分解率 99%。在 MODEC 的帮助下，瑞典 Chematur（CEAB）在 1995 年与 EWT 合作研制了商业设备 Aqua Critox（250 kg/h），并在日本 Shinko Pantec（SP）建立了中试和小型全规模装置，处理量可达到 1100 kg/h。通用原子（GA）、东芝、三菱等公司也在积极开发相关技术，见图 7-14 和图 7-15。超临界水氧化处理技术在 20 世纪 90 年代已初步实现商业化，并随着材料科学、过程控制、超临界水氧化反应机理研究的发展而逐步成熟。

图 7-14 武器研制过程生产有机废水处理
SCWO 装置（GA）图

图 7-15 可移动式 SCWO 装置（GA）图

我国已经开展了超临界水氧化树脂、有机物的配方和氧化参数及关键设备等基础研究和关键技术研究，超临界水反应器示意图见图 7-16。原子能院建立了一套超临界水氧化废油和废树脂的原理装置，该装置主要包括：树脂预处理系统、进样系统、超临界反应器、汽水分离器、冷却系统、监控系统等，进行了废油和废树脂超临界水氧化工艺冷试验，获得了主工艺参数，掌握了超临界水氧化基本规律。废油处理能力达到 1.5 kg/h，氧化率可到达 99.9%，废树脂处理能力达到 4 kg/h，氧化率可达到 99.9%。2019 年，中国原子能科学研究院开发成功了 0.5 L/h 的小型化超临界水氧化处理放射性 TBP/煤油，并累计处理了约 80 L 的放射性 TBP/煤油，运行温度约 400~600 ℃、压力约 25 MPa，有机物分解率大于 99.9%，产生的废水经中和后可进行蒸发处理，放射性核素主要集中于少量的固体磷酸盐中。

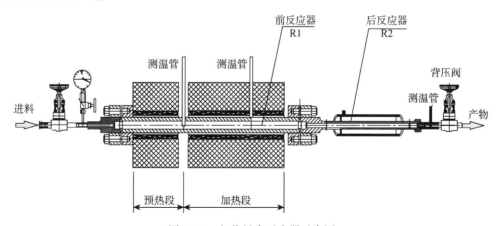

图 7-16 超临界水反应器示意图

我国超临界水氧化技术在非核有机废水处理方面开展了大量的研究，其在设备和运行经验值得放射性有机物处理借鉴，如河北高清环保科技有限公司（以下简称河北高清）、山东大学、东华大学、西安交通大学和大连理工大学均相继开展了蒸发壁式超临界水氧化设备的设计，其中山东大学已经建立了一套超临界水氧化反应系统供热站。

河北高清是国内从事超临界水氧化（SCWO）设备开发及制造的专业公司，致力于理论与实践相结合。1998 年 12 月，独立研制出第一套 SCWO 间歇试验装置，如图 7-17。超临界水氧化间歇实验装置的主要技术指标为：2000 mL，600 ℃ PID 温控反应釜，带有开关控制的冷凝器。2002 年 5 月，河北高清成功研制出第一套 SCWO 连续试验装置，2006 年 12 月，建成中国内地目前最大的 SCWO 连续中试装置，处理量 0.3 t/d。

图 7-17　间歇（左）和连续（右）实验装置图

7.2.3　固化技术

低、中放废物的固化技术，属于废物整备技术。废物的"整备"是指为使废物形成一种适于装卸、运输、贮存和（或）处置的货包而进行的操作活动。放射性废物的固化技术，可以获得稳定废物形态，即消除废物的流动性、分散性和在废物包装桶内的自由移动，从而避免或减少在废物贮存、转运和处置过程中的放射性核素泄露、迁移或弥散的可能性。这里主要介绍水泥固化、塑料固化和吸收固化等 3 种技术。

7.2.3.1　水泥固化技术

水泥固化主要用于放射性废树脂的固化，其基本操作是将水泥、废树脂、水、添加剂按一定的比例添加混合，在常温下硬化成废物固化体。在物料混合过程中，水泥中的组分与水发生一系列的水化反应，释放出热量。反应产物首先形成"溶胶"的分散物，该过程约需 1 h。接着，溶胶开始聚结成凝胶逐步沉淀，该过程约需 6 h。随后，凝胶开始生成结晶，最终导致水泥硬化，该过程称为养护，约需 28 d。废物中放射性核素随之被包容在硬化的水泥块中。低放树脂水泥固化是一项较为成熟的处理技术，几十年来被世界各国广泛采用。

随着水泥固化应用和研究的深入，逐步发现废树脂水泥固化体普遍存在树脂溶胀，长期稳定性差，核素浸出率升高等问题。为解决树脂溶胀问题，开展了许多添加剂研究，以期解决水泥固化废树脂包容量问题和溶胀问题，如加入钢纤维、碳纤维等，总体效果并不理想。日本日立公司研发的炉渣水泥固化工艺中加入 10% 钢纤维和 20% 酸性黏土，废树脂包容量提高至 39%。但是否满足处置库长期处置的要求，还要进行长时间的考验。

水泥固化通常有两种操作方式：桶内混合搅拌固化和桶外搅拌固化处理，两种方法各有优缺点。我国水泥固化技术以桶内搅拌水泥固化工艺为主,目前在核电站、核燃料循环后端设施和科研院所都采用此类技术工艺。如中国原子能科学研究院、中国核动力设计研究院等均建立了桶内搅拌水泥固化工艺处理中低放废液和废树脂。对于桶外搅拌水泥固化工艺,中国核电工程有限公司和中国原子能科学研究院共同开发了桶外搅拌水泥固化工艺并通过了台架冷验证,废物包容量达到45%。并在四川某公司建成一条自动化的桶外搅拌水泥固化线,并已投入运行。目前中核集团承担的巴基斯坦卡拉奇 K2/K3 核电项目建设上使用桶外搅拌水泥固化工艺处理废树脂工艺路线。

水泥固化有机废液的能力有限,包容量一般为12%(体积分数),但乳化后包容量可显著提高。国际上,有机废液水泥固化大多数处于均为试验研究阶段,在工程上使用较少。有机废液水泥固化的典型配方为:波特兰水泥165 kg,石灰17 kg,有机废液72 L,乳化剂62 L,水14 L,硅酸盐助凝剂7 L。一般在200 L固化桶内进行搅拌水泥固化。为减小每批有机废液的差异对操作的过程的影响,通常先向有机溶剂中加入一定量吸收剂,转化为颗粒状,然后再用水泥固化。所采用的吸收剂不同,固化配方和包容量也有差别。如用黏土和硅藻土做吸收剂,包容量分别约15%和38%(体积分数)。

中国原子能科学研究院在20世纪八九十年代研究了 TBP/煤油的大体积浇注水泥固化。研究了425矿渣水泥,DH型水泥添加剂,BG活性炭吸附剂进行水泥固化,30%TBP-煤油包容量可达14%(质量分数)以上,固化体表面无游离水,在非绝热条件下基本满足大体积浇注水泥固化的技术指标要求。

水泥固化技术成本低、操作简便以及无二次污染等优点,尤其是对少量的废有机溶剂处理优势明显。问题是水泥与有机相的相容性差,增容量大、长期稳定性较差等。需要明确的是,水泥固化技术适用于固化处理废树脂废、有机溶剂通过焚烧、湿法氧化产生的焚烧灰、无机残渣、蒸残浓缩液等二次废物,即在实现废树脂、废有机溶剂无机化处理后,采用水泥固化处理二次废物更适合。清华大学赵斌、云桂春等研发了废 TBP 湿法氧化水解产物水泥固化配方;中辐院等单位针对中低放可燃废物焚烧灰开发了水泥固化配方,结果发现固化效果好,包容量大大提高,技术指标满足处置要求。

7.2.3.2　塑料固化技术

塑料固化技术是采用聚合物,通过共聚或物理包容的方式将废有机溶剂和废树脂包容固化在塑料基体中。以聚乙烯固化剂为例,其基本过程为:将聚乙烯加热后,将放射性有机废物混合搅拌,待水分蒸发后,有机废物便均匀的包容在聚乙烯基体之中,混合均匀的产品注入储罐,自然冷却硬化后成为固化体。塑料固化适用于废离子交换树脂、有机废液,具有相容性好,废物包容量高等优点。常见聚合物有聚乙烯、聚酯或环氧树脂、苯乙烯—二乙烯基苯等。塑料固化或聚合物固化,目前已经在美、欧、日等地获得较广发的应用,聚合物固化体性能均能满足要求,表7-4列举了一些国家的聚合物固化技术开发现状。

德国埃森公司在 FAMA 建立了一套苯乙烯废树脂固化移动装置,其处理能力10桶/天,一台核电机组一年产生的废树脂1个月内可处理完毕。法国开发了 SETH200 移动式环氧树脂树脂桶内搅拌固化装置,处理能力为 $1 \sim 1.5 \text{ m}^3/\text{d}$,用于处理核潜艇基地积存废树脂。法国、德国和荷兰用苯乙烯固化流动装置处理核电站废物。设备安装在一个 8 m×2 m×3.5 m 的大型卡车上,根据需要开到核电站,只需三个月时间就可以将一座核电站一年产生的 60 m³ 的废树脂处理完毕。图 7-18 为法国开发的用于苯乙烯固化树脂的流动固化系统示意图。

表 7-4　放射性废物聚合物固化技术开发现状

国家	厂址	废物种类	聚合物及固化方式
	Grenoble	废树脂、浓缩液、化学泥浆	聚酯或环氧树脂（桶内固化）
法国	Chooz	核电废物	聚酯或环氧树脂（桶内固化）
	COMETEL2	废树脂	苯乙烯—二乙烯（桶内固化）
德国	FAMA，MOWA	废树脂	苯乙烯—二乙烯（桶内固化）
	福岛	核电厂废物	聚酯（桶内固化）
日本	东海村	后处理厂萃取剂	聚酯（桶内固化）
	柏原	核电厂废物	聚乙烯（连续挤压法）
英国	Trawsfynydd	废树脂	乙烯酯—苯乙烯（桶内固化）
美国	DOW	核电厂废物	乙烯酯—苯乙烯（桶内固化）

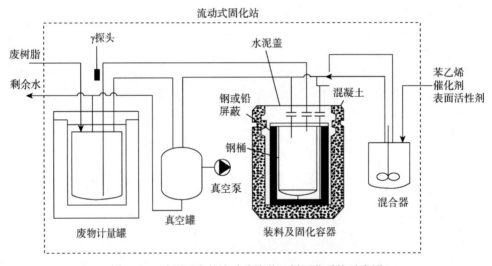

图 7-18　法国开发的流动式聚苯乙烯固化系统示意图

中国原子能科学研究院建立了一套 50 L/批聚乙烯—苯乙烯固化中间冷试验装置，可在室温下不烘干树脂的情况下树脂废物包容量达到 60%；上海放射性三废实验处理站开展了利用 PVC、PE 和放免测试管废料（PS）固化焚烧灰的实验室研究，采用螺杆挤压设备将焚烧灰和塑料物混合制成塑料固化体，废物包容量达到 30%。

塑料固化技术对于解决放射性有机废物临时贮存安全是可行的，但是从处置库长期稳定性而言，由于其机械强度较差、辐解稳定性较差、熔点较低等特点，难以作为放射性有机废物最终处理技术。

7.2.3.3　吸收技术

吸收技术主要适应于放射性有机废液的处理，且吸收后与水泥固化相结合，达到对放射性有机废液的处理，满足处置的要求。

放射性有机废液的吸收技术是利用高分子吸收剂将放射性有机废液吸收固定于吸收剂分子内部，从而形成吸收固化体。再对吸收固化体进行处理，达到对有机废液的最终处理的要求。有机废液吸收剂一般为有机高分子聚合物，并用其他无机或者有机添加剂进行改性处理，以提高吸收固化体的性能。高分子吸收剂能够吸收各种含有放射性的废油、废有机液体。吸收技术处理放射性有机废液工艺流程示意图见图 7-19 所示。

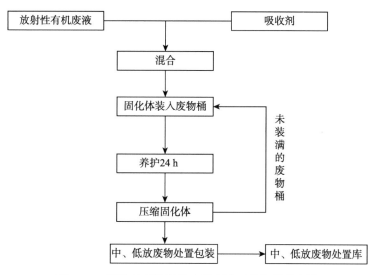

图 7-19　吸收处理放射性有机废液工艺流程示意图

国外对放射性有机废液的吸收剂 Imbiber Beads、Nochar、Petroset 等开展了大量研究，并通过多项实验验证，结果表明 Nochar 系列吸收剂材料是放射性有机废液吸收处理最佳材料，已实现工程化应用。

南非利用 Nochar 聚合物吸收有机废液如 TBP/煤油研究，相关结果表明，将聚合物（吸收有机物后）进行水泥固化处理后，没有观察到放射性核素的浸出。用于 Nochar 吸收体包封的水泥是 PPC 水泥，并且吸收到聚合物中的 TBP/煤油的比例保持接近于质量比 2∶1 的理想比例。放射性有机废液的吸收—固化流程见图 7-20 所示。

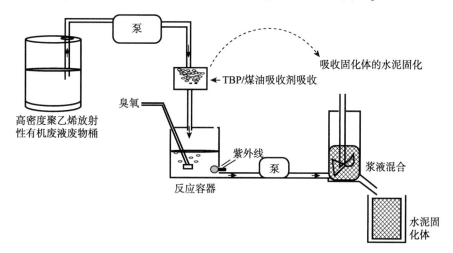

图 7-20　放射性有机废液的吸收—固化流程图

中国工程物理研究院开展了黏土、硅藻土、蛭石粉和 Nochar 吸收剂对含氚泵油的吸收应用研究。研究表明 Nochar 适用于放射性比活度较高的含氚泵油，蛭石粉、黏土适于处理比放较低的含氚泵油。原子能院开展了 Nochar 系列吸油材料对某贮罐内积存的放射性废油和废闪烁液的应用试验。研究表明，Nochar N910 系列材料能够较好的吸收固化放射性废油和废闪烁液，在液固比 3∶1 的条件下，废油吸收固化体性能良好，耐辐照性能满足要求。

现阶段 Nochar 吸收剂均作为美国专有垄断产品。尽管 Nochar 吸油固化性能良好，但售价昂贵，国内部分核设施由于没有放射性有机废液处理设施，使用 Nochar 材料处理少量中低放有机废液。另一方面，吸收剂是否适用于 α 废有机溶剂、高放废有机溶剂尚未获得明确结论。另外，固化体无法进行直接地质处置，需要进行水泥固化等后续处理。该技术可用于核应急处理，其优点是可快速吸收有机废液，防止有机废液的扩散。

7.3　放射性有机物处理技术发展展望

我国是采用核燃料闭式循环路线的国家，随着核电机组的增加，核电运行产生的乏燃料也随之增加，核电厂及后处理厂运行产生废有机溶剂（TBP/煤油）、废树脂的量会逐步增加。放射性有机物尤其有机废液处理需求非常急迫。

国际上，世界各核大国均具备自主设计和建设废有机溶剂和树脂处理设施的能力。同时更在研究开发，减容比高、固化体性能稳定的处理技术。为满足实现我国从核大国到核强国的转变，我们也需对标国际，建立健全我国放射性有机物处理能力，开发先进处理技术。

表 7-5 归纳比较了现有放射性有机废物处理技术。

表 7-5　放射性有机废物处理技术对比

处理技术	处理对象	操作条件	应用情况	优缺点
直接焚烧	有机溶剂、TBP、闪烁液等液体，及实验服、手套、抹布、棉织品、橡胶、塑料、废树脂等固体废物	温度：800~1100 ℃；需要通入过量空气，必要时，需补充燃料；对焚烧对象剂量率、放射性性及 α 活度有一定要求	法国、英国、俄罗斯、德国、美国、印度、西班牙、比利时等均实现工程应用	优点：技术成熟；减容比大。缺点： 1. 明火焚烧，受国家和地方环保政策制约； 2. 产生二噁英； 3. 尾气处理系统复杂，存在飞灰、焦油、烟尘夹带、强酸腐蚀等问题
热解焚烧	TBP/溶剂、固体废物	热解温度：300~600 ℃，惰性气体保护，石灰水、乳化剂等同时进料；热解气与空气混合二次燃烧	已实现工程化，德国、法国有相应设施	优点：技术成熟；热解温度低、放射性核素大部分滞留在裂解室底部。设备腐蚀小，尾气处理系统较简单。减容比大；缺点：明火焚烧，受国家和地方环保政策制约

处理技术	处理对象	操作条件	应用情况	优缺点
蒸汽重整	废树脂、废机油、有机溶剂,尤其适合难以完全燃烧有机废物	温度:300 ℃以上;添加矿化剂	美国、捷克等已实现工程化	优点:成熟度高;设备腐蚀小;放射性核素直接矿化至矿渣中;减容比大; 缺点:有一定技术难度;能耗较大
等离子焚烧	固体、液体	高温等离子体焚烧,掺杂一定的固化体形成剂进料	处于中试阶段;国际上,美国、日本、韩国、俄罗斯、瑞典等开展相应研究	优点:减容比大;几乎不产生二噁英;可直接形成固化体; 缺点:技术难度大;操作温度高;耗电量大,处理成本较高
冷坩埚处理	废树脂、可燃固体废物	1000 ℃左右,添加玻璃基料	实现工业化运行,法国、韩国、印度、俄罗斯、美国	优点:废物处理类型广、减容比大、直接形成玻璃固化体; 缺点:技术难度大;操作温度高、能耗高
强酸氧化	TBP、有机溶剂、树脂等	温度:80～200 ℃,强酸、催化剂等	处于研究阶段	优点:低温常压操作;无明火;技术较为简单。 缺点:处理对象较为单一;设备腐蚀严重;需要酸气处理系统,无机化不完全
芬顿氧化	废树脂、有机废液	常温、常压操作,芬顿试剂	日本、英国、加拿大等国实现工程化	优点:常温常压操作;无明火;技术成熟; 缺点:对象较为单一;废树脂分解不完全;设备腐蚀严重
电化学氧化	废树脂、有机废液	常温操作,金属催化离子对	处于研究阶段	优点:常温常压操作;尾气处理简单;利于小型化; 缺点:对象较为单一;耗电量大
超临界水氧化	废树脂、有机废液等	375～600 ℃,22～30 MPa	法国有工程实例,非核工业已实现工程化	优点:能够通过有机物自己燃烧供给热量,有机物完全氧化为无机产物。 缺点:高温、高压,技术难度大,设备要求高
水泥固化	废树脂、有机废液、废水、无机残渣	有机废液处理需要乳化剂、吸收剂配合水泥固化	废树脂、废水、无机残渣水泥固化实现工程化;有机废液工程应用少	优点:水泥固化技术简单、成本低;技术成熟; 缺点:增容过程,一般树脂的体积包容量约25%,还存长期存放溶胀、粉化等问题
塑料固化	废树脂、有机废液等	添加有机聚合物	已实现工程应用	优点:包容量高;有机废液可很好地固化;可作为废有机非要我临时贮存方法。 缺点:长期处置稳定性较差
吸收处理	废机油、TBP/煤油	添加吸收剂	美国用于有机废液吸收以实现工程化应用	优点:操作简单; 缺点:吸收剂价格昂贵;吸收固化体无法直接进行处置

总体来讲，焚烧技术最为成熟，我国也已引进德国焚烧技术开展热实验验证，可在一定时期内解决我国放射性有机废物，尤其是有机处理需求，降低安全隐患。但随着环保监管的日趋严格，世界各核工业大国已经基本不再新建焚烧设施，而是研究对环境友好的新处理技术。我国既要着眼历史遗留有机废物处理需要，也要为后处理厂建设提供支撑，更要紧跟技术发展前沿，开发研究先进技术如蒸汽重整、超临界水氧化、电化学氧化、冷坩埚和等离子焚烧固化处理废等技术。相关技术重点研发方向和内容简述如下。

7.3.1 热解焚烧技术的自主工程化

以消除安全隐患为目标，紧扣我国后续工程应用建设节点，以热解焚烧工艺为主，以引进的焚烧平台为基础，充分积累经验，掌握 TBP/OK 热解焚烧处理技术，开发出适应我国废物特点的自主工程技术。下面详细介绍主要研究内容。

（1）料液配方及输送工艺研究：国外料液配方主要为悬浮液，有钙基或镁基两种；中辐院研究的料液为介稳悬浮液、原子能院配方为乳化液配方。已进行了悬浮液配方试验研究并开展了冷试应用，但运行时间有限，需长时间考察。在冷试期间，发生了料液沉积影响输送进料的问题，带来热解工况的不稳定。因此，需针对我国废物特性，从基础配方到设备选择、输送工艺等方面开展深入研究。

（2）核心热解焚烧工艺改进研究：根据实际工况和废物源项，研究工艺技术，优化工艺参数，改进工艺，解决实际工程问题。冷试期间发现的诸如搅拌器问题、钢球结焦等问题需进行针对性的研究改进，从进料方式、填料高度、搅拌形式与强度、温度场确定、灰渣排除、高温过滤形式等多方面进行热解工艺研究。同时现热解炉与高温过滤器集成一体设计，为方便排灰，但在试验中出现了过滤器阻力升高较快、反吹效果不好的问题，直接影响运行，可进行热解与高温过滤工艺分置改进研究，保证运行平稳安全。

（3）尾气净化工艺改进研究：对现湿法净化工艺进行优化改进研究。现在我国引进的德方系统同时为废有机溶剂、废树脂、PVC 的热解焚烧的烟气净化服务，而 TBP/OK 热解焚烧在前端进行了磷的固定与高温烟气过滤，尾气中酸性气体与放射性成分已较少了，湿法净化效率虽高，但二次废液量大，烟气湿度大造成后续设备负担等问题。可进行烟气净化工艺的优化组合研究，达到净化效率高二次废物少的目的。

（4）核心关键设备的研制：对热解炉、高温过滤器、燃烧炉、排灰装置等关键设备进行自主化研制，最终掌握系统设备自主设计、制造技术。以实现工艺的核心关键设备热解炉为例，从选材、结构、传动、内部搅拌钢球运行轨迹、料液喷嘴、搅拌螺带等多方面进行针对性设计与验证试验，保证系统设备安全稳定运行。

（5）系统安全性研究：热解燃烧系统防止燃爆与安全泄爆措施与装置；系统密封安全；系统排灰安全措施；燃烧炉油气喷嘴安全措施、燃烧监视；系统防腐；辐射安全；应急工况安全停炉等与安全相关的主动安全措施与方法以及相应装置设备等，需按照纵深防御的理念进行深入研究。

7.3.2 蒸汽重整技术

蒸汽重整技术在我国石化工业已经非常成熟，但在核工业有机废液处理领域处于刚起步阶段，需要吸收国外及我国石化工业技术，开展适应性研究和工程科研，主要内容包括：

（1）建立蒸汽重整冷试验台架，采用模拟废有机相，开展蒸汽重整工艺技术研究。深入理解蒸汽重整处理有机放射性废液如 TBP/稀释剂工艺特点，解决重整、裂解过程中产生的磷酸及磷酸对设备腐蚀问题，研究明确重整过程中放射性核素流向分布，研究有机废液重整前的预处理等，为热试验和工程化提供工艺依据。

（2）开展工艺、设备研究

建立蒸汽重整中试规模冷试验台架，系统开展蒸汽重整技术处理 TBP/稀释剂工艺优化，配套工艺设备研究及尾气处理系统设备研究，掌握蒸汽重整工艺、设备、辐射防护、安全稳定运行等关键技术。

7.3.3 等离子体技术

等离子体焚烧固化技术应重点开展放射性有机废物和中低放固体废物等离子体高温熔融固化热实验研究，建成一套中低放废物等离子高温熔融固化热试验装置，完成放射性废树脂及可燃有机废物等离子高温熔融处理实验，研发长寿命等离子炬等关键设备，解决辐射屏蔽及尾气处理等配套系统研究及验证优化等，具备处理实际中低放废物能力。

7.3.4 超临界水氧化技术

开展超临界水氧化处理废树脂、废有机溶剂工程化应用研究，主要内容包括：废树脂预处理工艺和设备工程化研究；超临界水氧化处理工程化核心设备研制；尾气处理系统和二次废物接收或处理系统研制；工艺和系统设备优化；热实验验证和工程化运行考验；设备的小型化和移动设备研发，具体如下所示。

（1）废树脂预处理工艺和设备工程化研究

废树脂不同于有机溶剂，其进入超临界水氧化处理反应器需要进行流态化处理，便于反应压力、温度和进料量等工程上的连续控制。

（2）工程化核心设备研制

超临界水氧化由于其反应温度高、压力高，设备连续安全稳定运行要求较高，尤其是其反应器的进料设备、反应器结构设计、压力控制调节和控制设备等需要进行研究。

（3）尾气和二次废物接收处理

前期研究均开展的冷态试验，未进行尾气和二次废物的处理研究。超临界水氧化处理主要的二次废物为放射性水溶液，少量的固体放射性残渣（主要为各种盐类）及放射性尾气。其中，水溶液一般为低放废液，主要放射性主要集中于固体残渣中。因此，低放废水和固体残渣的接收、处理，需解决。但目前，关于此类固体残渣目前还未开展相应的研究。因此，一体机化、小型化的配套尾气处理系统研制，二次废液处理接口，固体残渣最终处理方法等研究非常必要。

（4）工艺和系统设备优化研究

为充分发挥超临界水氧化处理技术的优点，需要根据工艺对系统进行优化和集成。现在的超临界水氧化开展工艺研究时，氧气和双氧水等均是按照一次通过使用，这样便会产生大量的废液。同时，氧化启动需要加热，而氧化处理后的二次流出物又需要进行冷凝降温分离，过程中能耗损失非常大。因此，工程化时必须优化工艺，循环使用双氧水、优化氧气用量。合理设计优化系统循环，降低能耗和二次废物量。

（5）热实验验证和工程化运行

采用真实源项开展热实验验证，开展工程化运行，解决工程化过程中的辐射防护、安全性、稳定性及可维修性等问题。

（6）设备小型化和移动设备研发

研究处理能力适中，针对核电及科研院所，开发小型化或移动式超临界水处理设备，可降低固投资金，提高设备利用率。超临界水设备因其技术特点只需解决有机物无机化的小型化问题，利用核厂址的现有废液处理系统处理二次废液即可。

7.3.5　其他湿法氧化技术

湿法氧化处理的主要优点是工艺较为简单、常温常压操作，便于小型化。因此，特别适用于少量低放有机废液处理、α 有机废液处理或需要在热室或手套箱内进行处理情况。基于此，湿法氧化应着重研究如下内容。

（1）有机物预处理技术

电化学氧化和催化氧化处理废有机溶剂尤其是 TBP 时，分解产物中盐含量高，导致分解效率低。因此，研究有机溶剂的洗涤预处理技术降低有机溶剂中的金属离子含量非常必要。

（2）优化工艺和关键部件

解决分解不完全、电流效率较低、电解池隔膜易损等问题。

（3）实现设备小型化

开发、设计功能齐全，便于在热室或者手套箱内操作的小型化处理设备。该设备的易损部件可更换、清洗去污，或者具有较长的使用寿命等。最终实现在热室或手套箱处理真实的有机废液或废树脂。

7.3.6　冷坩埚技术

冷坩埚技术依托现有的研发平台，积极推进放射性废树脂、废石棉、实验服、手套等固体放射性废物的焚烧—固化处理研究，拓展冷坩埚处理技术的应用领域。主要研究如下内容：处理工艺、固化配方、固化体评价和测试等。

我国应掌握 2 种以上的放射性有机废物处理技术，以便针对不同种类的有机废物处理具备选择的技术。同时，只有掌握相关技术后才可以从经济、安全、环保、工艺操作、二次废物产生等多方面进行比较，优选处理工艺。

参考文献

［1］吕仪军. 离子交换树脂应用进展［J］. 四川化工与腐蚀控制，1999，2（6）：36-38.

［2］罗上庚. 放射性废离子交换树脂的处理技术［J］. 辐射防护，1992（5）：401.

［3］Treatment of spent ion-exchange resins for storage and disposal［R］. IAEA Technical Reports Series No. 254.

［4］张生栋. 放射性废树脂处理技术研究动态［S］. 海峡两岸核废物处理技术交流会.

［5］张志东. 放射性废油废溶剂源项报告［R］. 深圳中广核工程设计有限公司，2011.

［6］马明燮. 放射性废物的焚烧处理［J］. 辐射防护，1991（11-3）：164.

［7］王培义. 放射性废有机溶剂的热解焚烧处理［J］. 辐射防护，1996，16（1）：59-64.

［8］范显华. TBP-煤油热解燃烧冷台架试验［J］. 原子能科学技术，1999，33（6）：546-552.

［9］李承. 废 TBP/煤油热解焚烧冷台架试验装置的设计与运行［J］. 辐射防护，1999，19（6）：433-438.

［10］林立. 放射性废物蒸汽重整及矿化技术发展现状及展望［J］. 科技创新导报，2015，8：6-10.

［11］THORSM. Steam Reforming Process for Hazardous and Radioactive Waste［S］. TR-SR02-1. rev. 1.

［12］Mason J. B. et al. Studsvik processing facility pyrolysis /steam reforming technology for volume and weight reduction and stabilization of LLRW and mixed wastes［A］. WM'98 conference［C］. Tucson：WMS，1998.

［13］Cooper J F，Balazs G B. Applications of direct chemical oxidation to demilitarization［R］. Prepared for 1998 Global Demilitarization Symposium and Exhibition of Coeur d'Alene Idaho May 11-14.

［14］Cooper J F. Destruction of organic wastes by ammonium peroxydisulfate with electrolytic regeneration of the oxidant［R］. Prepared for submittal to the Sixth International Conference on Radioactive Waste Management and Environmental Remediation October 12-16，1997，Singapore，Republic of Singapore.

［15］Pierce R A. Wet chemical oxidation and stabilization of mixed and low level organic wastes［R］. Prepared for Waste Management 1998 at Tucson，AZ，USA，March 5-9.

［16］Kuribayashi H. Volume reduction by oxidation［R］. Proceedings of Waste Management，1984.

［17］刘祖发. Fenton 试剂氧化降解水体有机磷酸酯的动力学研究［J］. 亚热带资源与环境学报，2016，11（1）：1-8.

［18］Elmore M R，Lawrence W E. Electrochemical destruction of organics and nitrates in simulated and actual radioactive Hanford tank waste［R］. Prepared for the U.S. DOE under contract DE-AC06-76RLO1830.

[19] Miki UMEDA and Susumu SUGIKAWA, Waste Treatment in NUCEF Facility with Silver Mediated Electrochemical Oxidation Technique, ATALANTE 2004, P4. 07.

[20] Paire A, Espinoux D, Broudic J C, et al. Organic Compound Oxidation Mechanisms by the Ag (Ⅱ) Process [C]. Proceedings of GLOBAL, 1997.

[21] Laurie Judd, A Demonstration of SILVER IIÔ for the Decontamination and Destruction of Organics in Transuranic Wastes, em1-6.

[22] XING Hai-qing, MA Hui, ZHANG Zhen-tao et al. Destruction of Resin by Ag (Ⅱ) Mediated Electrochemical Oxidation [J]. Annual Report of China Institute of Atomic Energy. 2009, 327.

[23] 刘志辉. 银媒介电化学氧化（Ag/MEO）处理有机废物的初步研究 [J]. 辐射防护, 2008, 28 (4): 208-213.

[24] 成章. 废有机溶剂磷酸三丁酯（TBP）的处理研究 [J]. 北京化工大学, 2008.

[25] Y. Calzavara, C. Joussot-Dubien et al. A new reactor concept for hydrothermal oxidation, J. of Supercritical Fluids 31 (2004) 195-206.

[26] S. J. Buelow, et al. Final Report on the Oxidation of Energetical Materials in Supercritical Water, LA-UR-95-1164, Final Air Force Report, April3, 1995.

[27] J. M. Svoboda, D. J. Valentich, Design Requirements for the Supercritical Water Oxidation Test Bed, Contract DE-AC07-781D01570, EGG-WTD-11199, Rev. 0, May1994.

[28] C. S. Barenes, Supercritical Water Oxidation Test Bed Effluent Treatment Study, Contract DE-AC07-761D01570, EGG-WTD. 11271, April 1994.

[29] Michael H. Spritzer, et al. Supercritical Water Partial Oxidation, Hydrogen, Fuel Cells, and Infrastructure Technologies, FY 2003 Progress Report.

[30] Y. Akai, H. Ohmura et al. Development of Radioactive Waste Treatment System Using Supercritical Water, WM'05 Conference, Februrary 27-March 3, 2005, Tucson, AZ.

[31] V. A. Avramenko, E. A. Dmitrieva, et al. Novel approaches to "problematic" LRW management-Cobalt removal from NPP evaporator concentrates. IAEA-TECDOC-1579, CD-ROM (2007).

[32] 沈晓芳. 超临界水氧化能量转换供热站系统设计与技术经济分析 [D]. 济南：山东大学, 2009.

[33] 徐东海, 王树众, 公彦猛, 等. 城市污泥超临界水氧化技术示范装置及其经济性分析 [J]. 现代化工, 2009, 29 (5): 55-59, 61.

[34] Xu D H, Wang S Z, Gong Y M, et al. A novel concept reactor design for deposition in supercritical water [J]. Chemical Engineering Research and Design, 2010, 88 (11): 1515-1522.

[35] 刘艳艳. 用超临界水氧化法进行废水处理的应用研究 [D]. 大连：大连理工大学, 2008.

[36] K2/K3 中国核电工程有限公司. 核电项目水泥固化配方研制招标文件 [R]. 2015.

[37] 王培义. 放射性废有机溶剂的热解焚烧处理 [J]. 辐射防护, 1996, 16 (1): 59-64.

[38] 经维琯. 放射性固体废物塑料固化技术研究 [J]. 上海环境科学, 1994, 13 (6): 1-5.

[39] 任俊树. 固定含氚泵油吸附剂性能实验研究 [J]. 环境科学与技术, 2008, 31 (4): 33-36.

[40] 包良进. 一种新的放射性废液吸收技术. 放射性废物处理处置学术交流会 [R]. 厦门, 2007: 98-101.

习 题

1. 简述核电厂废树脂的主要来源及主要放射性核素。
2. 简述常见的有机废物处理技术。
3. 简述超临界水氧化处理废有机溶剂的基本原理及特点。

第8章　热泵蒸发处理低放废液

8.1　低放废液的来源和特点

放射性废液来源广泛，所有涉及放射性物质操作、生产和使用过程中均有可能产生放射性废液，其中低放废液所占比例最大，主要来源于以下几方面。

（1）核燃料循环前段产生的放射性废液：主要是指铀矿开采与水冶、铀的纯化与转化、铀的浓缩、元件制造等过程产生的各种废液，主要含有天然铀及其衰变子体，这类废液的含盐量，根据不同来源含有 NH_4^+、Na^+、F^- 等离子。

（2）核电厂反应堆运行产生的废液：主要来源有主设备和辅助设备排空时的排放水、反应堆排放水、第二回路的放射性废液、清洗废液和冲洗水、离子交换装置的再生废液和清洗水、专用洗涤水和淋浴水以及泄漏水。在压水堆核电厂中，将放射性废液分为三类，即工艺疏水、地面疏水和化学疏水。

（3）乏燃料后处理厂产生的废液：乏燃料在后处理过程中将会产生大量的放射性废液，产生的废液成分也最复杂，其中低放废液约占放射性废液总体积的 96%~99%。

（4）核技术应用产生的废液：放射性同位素及同位素药物生产过程、科研院所进研究过程等产生的废液。

（5）核设施退役产生的废液：核设施退役过程，针对设施、容器、管道等系统在拆除解体前进行冲洗和去污、或者拆除后对废物分类解控时去污等过程会产生一定量的放射性废液。退役过程产生的废液绝大多数属于低放水平，部分废液也可能达到中放水平。

放射性废液是指含有放射性核素，其放射性浓度超过国家审管部门规定的排放限值的液态废弃物。在放射性废物（气态、液体、固态）中，放射性废液所含放射性总量占原态放射性废物总量的比例相当大，放射性废液按其放射性浓度的高低可分为 3 类。

（1）高水平放射性废液（简称高放废液，HLLW），其放射性浓度大于 4×10^{10} Bq/L。

（2）中水平放射性废液（简称中放废液，MLW），其放射性浓度在 $4 \times 10^6 \sim 4 \times 10^{10}$ Bq/L 之间。

（3）低水平放射性废液（简称低放废液，LLLW），其放射性浓度小于 4×10^6 Bq/L。

8.2　低放废液处理的需求分析

低放废液是核燃料循环过程中产生种类最多、体积最大的一种放射性废液。目前，核工业系统内积存着大量的低放废液，不但对环境影响造成潜在的风险，且每年需要一定的维护成本。随着核工业、核电产业的发展和核设施的退役推进，继续不断产生低放废液。就低放废液产生量来说，将主要集中在核电厂运行、乏燃料后处理厂和核设施退役过程中。

根据《中国核能发展报告（2020）》，截至 2019 年年底，我国运行核电机组达 47 台（不含中国台湾地区），总装机容量 4875 万 kW，仅次于美国、法国，位列全球第三，占全国电力装机总量的 2.42%；在建核电机组 13 台，总装机容量 1387 万 kW，装机容量继续保持全球第一。到 2025 年，在运核电装机达到 7000 万 kW，在建 3000 万 kW；到 2035 年，在运和在建核电装机容量合计将达到 2 亿 kW。

以我国最常见的压水堆核电厂为例，一座 1008 MW 的核电厂机组年产生放射性废液量为 5000~6000 m^3。AP1000 是一种先进的非能动型压水堆核电技术，与传统压水堆核电厂相比，AP1000 的放射性废液产生量较小，每台机组年产量约为 3000 m^3。这些废液中的 96%~99% 均为低放废液。

我国实行闭式燃料循环政策，因此与核电相适应的乏燃料后处理厂建设正在推进。以我国正在建设的 200 t/a 乏燃料后处理中试厂为例，每年产生的低放废液预计达 25 000 t，随着后续其他后处理厂的建成投运，低放废液产生量将非常庞大。

核设施关闭和退役过程中均会产生一定量的低放废液。前期准备阶段，需要对厂房内残存废物进行导出，如废液贮罐底部泥浆等残留物导出，在一些情况下，需要采用水力冲击、化学溶解等技术，会产生放射性废液或造成放射性废液量的增加。前期源项调查阶段为方便进入厂房监测或取样分析，需要做一定程度的去污，会产生一定量的放射性废液。在退役实施阶段，要做许多拆除、切割解体和拆卸工作，同时去污工作必不可少，在切割和去污过程中，必不可少的会产生一定量的放射性废液，根据核设施类型和退役技术的不同，产生的低放废液量也不同，但由于我国在核技术科研和应用等阶段建设的各类科研设施和核电厂数量众多，因此，产生的低放废液量也将非常庞大。

8.3　低放废液处理常规技术

8.3.1　几种处理技术

在放射性废液处理方法中，放射性废液浓缩净化处理是放射性废液处理的一个重要步骤。所谓放射性废液浓缩净化处理就是通过某种或几种手段将放射性废液中的放射性核素浓集在体积较小的浓缩液中,而体积较大的仅包括微量放射性物质的净化液,达到排放标准的可安全排放到环境中去或经过再处理后复用。常用的浓缩净化方法包括凝聚沉淀、蒸发、离子交换、膜分离等。

8.3.1.1 絮凝沉淀

絮凝沉淀也称为化学沉淀法,是一种简易的处理方法。在废液中加入适量的凝聚剂,调节到适当 pH,废液中的放射性核素就能通过载带、吸附或共沉淀保留在沉淀物中。在放射性废液絮凝沉淀处理过程中,絮凝剂的选择至关重要。絮凝剂是指能使固体分散体系中的微粒集合成较大的凝聚体,以加快沉降,改善分离性能的物质。作为絮凝剂,一般应具备高效、稳定、价廉、适应性强、对后续工作无不良影响等特性。絮凝剂按其化学成分总体可分为无机絮凝剂和有机絮凝剂两类,常用的凝聚剂可见表 8-1。

表 8-1 常用絮凝剂

名称	分子式	密度/ (g/cm^3)	性质	应用范围
硫酸铝	$Al_2(SO_4)_3 \cdot 18H_2O$	1.62	无色或白色六角形鳞片,或针状结晶和粉末,易溶于水,极难溶于酒精,1%(质量)水溶液的 pH 为 3.4	pH = 6.4~7.8
硫酸铝钾（明矾）	$KAl(SO_4)_2 \cdot 12H_2O$	1.76	无色或白色透明结晶或粉末,微甜,带有涩味,溶于水,水溶液呈酸性	pH = 6.4~7.8
硫酸亚铁（绿矾）	$FeSO_4 \cdot 7H_2O$	1.89	淡蓝绿色结晶,在空气中风化和被氧化,溶于水	pH = 5.5~8.0
硫酸铁	$Fe_2(SO_4)_3 \cdot 9H_2O$	2.1	粒状,容易吸潮	pH = 5.5~6.5
氯化铁	$FeCl_3$	1.5	黄褐色晶体或结晶块,吸水性极强,在水中易潮解,易溶于水、醇及丙酮中	pH = 5.5~8.0
硝酸三钠	$Na_3PO_4 \cdot 12H_2O$	1.62	无色或白色三角形结晶,极易溶于水,其水溶液具有强碱性	pH = 9.0~12.0
碳酸钠（苏打）	Na_2CO_3	2.53	白色粉末、易溶于水,1%（质量分数）水溶液的 pH 为 11.2	提供碱度,与硫酸铁、石灰共用
氢氧化钠	$NaOH$	2.31	白色固体,具有强烈腐蚀性和吸水性,易溶于水,1%（质量分数）水溶液的 pH 为 12.9	用来调节碱度
生石灰	CaO	3.41	白色或灰白色硬块或粉状颗粒,遇水生成熟石灰并放出热量	pH = 7.0~9.5,与硫酸亚铁、碳酸钠共用

絮凝沉淀使用最多的化学反应是在 pH 为 10 左右形成磷酸钙沉淀,或形成氢氧化铁沉淀。磷酸钙絮凝沉淀对于锶的去污效果好,氢氧化铁絮凝沉淀对于高于 2 价阳离子的去污系数为 50~100;但是对于 1 价和 2 价阳离子,以及以阴离子形式存在的金属的去污系数,一般不超过 2。通常根据其废液的特点和去污要求选用絮凝剂,采用化学絮凝沉淀法作为低放废液处理的预处理段,并与其他方法联合使用。常用的絮凝沉淀方法及适用的沉淀核素见表 8-2。

表 8-2　常用絮凝沉淀方法

方法名称	适用核素	去除效果
铝盐凝聚沉淀法	^{144}Ce、^{90}Y、^{89}Sr、^{106}Ru、^{137}Cs、^{95}Zr、^{147}Pm 等核素	去除能力较低
铁盐凝聚沉淀法	^{141}Ce、^{144}Ce、^{140}Ba、^{60}Co、^{95}Zr、^{131}I、^{137}Cs、^{90}Sr、^{147}Pm 等核素	对 Pu、Am 等锕系元素的净化系数可达 10^3，对活化产物的净化系数可达 100，高于二价的净化系数只有 5~10
石灰—苏打凝聚沉淀法	去除钙、镁、锶、钡、钇、镉、钪、铌等核素	去除率可达 75% 以上
磷酸盐凝聚沉淀法	^{90}Sr	能去除 99% 左右的 α 放射性和 90% 左右的 β 放射性，除铯能力差
金属—亚铁氰化物共沉淀法	^{137}Cs	去除率可达 98% 以上
硫化铜共沉淀法	钌	pH>8 的条件下，总 β 去除率可达 50%
硫酸钡—石灰沉淀法	铀、钍、镭	pH＝9~11 的条件下，除镭效率可达 44%~49%

8.3.1.2　蒸发

（1）放射性蒸发原理

在放射性废液中大多数放射性核素是不挥发的，因此可以利用蒸发法来处理放射性废液。蒸发浓缩是借助外部加热使溶液的部分溶剂汽化，经过冷凝冷却后成为含不挥发溶质较少的二次蒸汽冷凝液而得到净化，剩余溶质因保留在较少溶剂中成为蒸发残液而得到浓缩。

蒸发器中的放射性废液通过蒸汽或者电加热的方式将废液中的水逐渐蒸发成水蒸气，经冷凝形成冷凝液，而废液中的放射性核素，特别是不挥发的放射性核素留在浓缩液中；其结果是冷凝液中的放射性浓度大大低于原来废液中的浓度，从而使放射性废液得到有效地净化和浓缩。放射性废液经过蒸发处理后分成两部分：一部分为体积较大，但放射性浓度却大大降低的二次蒸汽冷凝液；另一部分是体积较少但浓集了废液中绝大部分放射性核素的蒸发残液（又称为浓缩液）。对于蒸发残液，一般暂存于贮槽中以待进一步处理；对于二次蒸汽冷凝液，一般根据其放射性浓度的高低，或予以排放或复用，或进一步处理后排放。在实际生产过程中，由于雾沫夹带及废液中含有易挥发的放射性裂变产物，因此二次蒸汽中仍夹带有一定量的放射性物质。为了降低二次蒸汽的放射性活度，在蒸发器后面还需要设置气体净化系统，减少二次蒸汽夹带的雾沫。

（2）蒸发浓缩法的优缺点

蒸发浓缩法在核工业中得到广泛应用，它具有如下优点。

1）净化系数高。通常单效蒸发处理的净化系数可达 10^4，多级蒸发处理可达 10^6。

2）适应性强、浓缩倍数高。该方法适于处理高放、中放和低放废液，尤其是对于废液中盐类较多、成分较为复杂的情况，该方法具有其他方法无法比拟的效能。

3）灵活性大。该方法既可以单独使用，也可以串联使用，还可以与其他方法联合使用；既可以采用间歇操作，又可以采用连续操作，还可以采用半连续式操作。

蒸发是化工工艺上比较成熟的单元操作之一，在理论方面和实际操作上均积累了比较系统、完整的资料和经验，设计把握性大，操作简单，运行可靠。

蒸发法也存在一些缺点，主要包括以下几点。

1）不适合处理含有易挥发放射性核素（如 ^{106}Ru、^{129}I）的废液，也不适合处理含有易起泡沫的物质（如某些有机物）的废液。在一些情况下，蒸发法需要与其他方法结合才能获得较高的去污系数，例如，在蒸发之前进行化学预处理，除去某些易挥发裂变产物或破坏发泡物质，在蒸发操作时添加消泡剂等。

2）蒸发法的能耗高、投资和运行费用高、系统复杂、运行和维修要求高。

8.3.1.3 离子交换

放射性废液中的放射性核素一般以离子状态存在，特别是经过凝聚沉淀处理后的放射性废液，由于除去了放射性核素的胶体，使得废液中剩余的核素几乎均呈离子状态，其中大多数是阳离子，另有少数是阴离子。例如，碘常以碘离子或碘酸根离子存在，磷以磷酸根离子存在，钼、锝等放射性核素在溶液中往往以阴离子形式存在。当放射性废液与离子交换剂接触时，借助于离子交换剂上的可交换离子（活性基团）与废液中的放射性离子进行交换，当活性基团带正电荷时可与废液中的阳离子进行交换，反之离子交换剂将与废液中的阴离子进行交换，从而将废液中的放射性核素转移到离子交换剂中，有选择性地将其除去，达到净化废液的目的。典型的阳离子、阴离子交换反应如下：

$$2HR_{(固相)} + {}^{90}Sr\,(NO_3)_{2(水相)} = {}^{90}SrR_{2(固相)} + 2HNO_{3(水相)}$$

$$RCl_{(固相)} + Na^{131}I_{(水相)} = Na^{131}I_{(固相)} + NaCl_{(水相)}$$

离子交换是低放废液处理的常用技术，具有技术成熟、效率高、工艺简单、易操作等优点，适用于处理低含盐量废液。废液流过离子交换柱，放射性核素通过交换作用留在树脂柱上。树脂达到饱和交换容量之后可进行再生。放射性核素反洗到洗涤液中。如果树脂不作再生，离子交换柱则直接当作废物处理。

活性炭和一些天然黏土材料，如膨润土、蛭石等，对放射性核素也有较好的吸附作用。采用无机交换剂通常不作再生处理。

离子交换法的去污系数在 $10^2 \sim 10^4$ 之间。这种方法适用于处理电解质含量低、比放射性较高的废液，通常作为化学法或蒸发法进一步去污的补充。

离子交换剂中离子交换树脂的去污效果好，性能易于控制。但是树脂的价格较贵，再生时所形成的废液仍需进一步蒸发浓缩和固化处理。为了克服上述缺点，很多实验室从各方面进行了努力。安东努奇等用天然吸附剂火山凝灰岩代替合成树脂，用以处理核燃料贮存池中的废液。在吸附剂饱和后即作为固体废物加以处理。贝拉克发现使用天然吸附剂如浮石流纹岩、玄武凝灰岩、tephritic 凝灰岩等对铯的吸附性能好。此外，他们还把硫酸钙和硫酸铁的混合物加热煅烧，所得产品有一定机械强度，能装柱，当废液中钙离子浓度达 2.5×10^{-3} g/L 时，这种煅烧物对锶的去污系数仍可达 10^5。

8.3.1.4 膜分离技术

（1）膜分离技术的原理

膜分离技术是以具有选择透过性的无机或高分子材料作为分离层，以压力差、浓度差、电位差、温度差等中的一种或几种为推动力，使流体中各组分得以分离或富集的一种方法。与传统处理工艺（化学沉淀、蒸发浓缩、离子交换）相比，膜分离技术在处理低放废液时，具有出水水质好（净化系数达到 1000 以上）、浓缩倍数高（可达 50 左右）、操作条件温和、设备简单、运行稳定可靠等诸多优点。近年来，该技术在低放废液处理得到广泛的研究和一定的应用。

膜分离技术研究和应用较多是反渗透、微滤、超滤、纳滤、电渗析。

（2）反渗透

反渗透法是 20 世纪 60 年代发展起来的一种新型隔膜分离技术，主要用于低放废液的处理。图 8-1 为渗透与反渗透原理图。

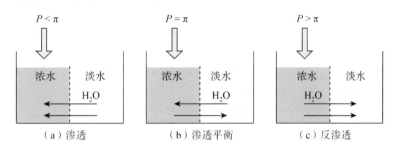

图 8-1　渗透与反渗透原理图

反渗透法具有以下优点。

1）反渗透膜分离过程在常温下进行、无相变、能耗低，可用于热敏感性物质的分离、浓缩。

2）可有效地去除无机盐和有机小分子杂质。

3）该方法适用于处理含盐量较低（0.5 g/L），pH = 3~12，温度不高于 45 ℃的低中放废液，去污系数达 10~100，浓缩液体积占料液的 10%左右。

4）具有较高的脱盐率和较高的废液回用率。

5）膜分离装置简单，操作简便，便于实现自动化。

但是，该方法也具有一定的缺点。

1）分离过程要在高压下进行，因此需配备高压泵和耐高压管路。

2）反渗透膜分离装置对进水指标有较高的要求，需对原水进行一定的预处理。

3）分离过程中，易产生膜污染，为延长膜使用寿命和提高分离效果，要定期对膜进行清洗。

反渗透法可以单独使用，也可以和其他方法（如离子交换法、超滤法等）联合使用。

（3）超滤技术

超滤也称为超过滤，是在静压差的推动力作用下进行的液相分离过程，从理论上讲是筛孔分离过程，如图 8-2 所示。

超滤工艺的基本过程为：在静压差的作用下，放射性料液中溶剂和小分子的溶质离子（如电解质）从高压的料液侧透过膜到低压侧，通常称为滤出液或透过液；而大分子的溶质离子成分（如胶体、悬浮物质等）被膜所阻截，使它们在滤剩液（或称浓缩液）中浓度增大。

在核工业系统，超滤通常用于除去废液中的 α 核素。这是因为超滤膜适用于截留大分子的胶体颗粒，而锕系元素在放射性废液中通常以胶体或假胶体的形式存在，因而超滤膜可以有效地去除废液中的锕系元素。

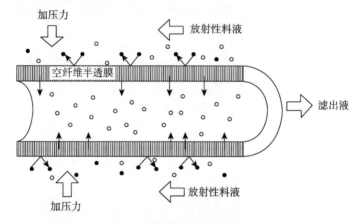

图 8-2　超滤基本原理示意图

超滤用于放射性废液处理具有以下优点。

1）产水量大、能耗低、操作简单。

2）浓缩倍数高，最高可达 10^4，二次废物少。

3）去污系数较高，实验证明，超滤膜对 α 核素的去污系数可达 1000，对 β、γ 核素的去污系数可达 100。

4）受废液中悬浮固体、发泡剂和高浓度惰性盐的存在影响较小。

超滤的主要缺点是：该过程容易产生浓差极化，通常靠提高进料流速和温度来减缓浓差极化作用，必须定期清洗。

8.3.2　国内外低放废液处理应用实例

在实际生产中，对于较为复杂的放射性废液，采用一种处理方法往往达不到规定的净化系数（去污系数），常需要将几种方法联合使用，以获得理想的处理效果。

8.3.2.1　絮凝沉淀—蒸发—离子交换技术

目前我国现有低放废液处理大部分采用"絮凝沉淀—蒸发—离子交换"的老三段工艺流程，流程方框图见图 8-3。

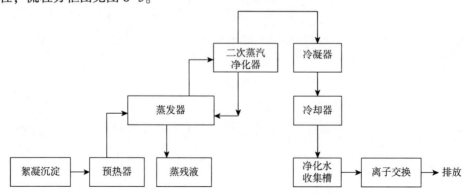

图 8-3　"老三段"工艺流程方框图

"老三段"的工艺流程在我国核工业废液处理工艺中被广泛采用，各单位根据废液的放射性水平或性质的不同，选用其中的一段或几段进行组合，但基本工艺方法没有改变。该工艺流程净化系数高，减容比大，适应范围广，运行稳定可靠。该流程中絮凝沉淀和离子交换两段的净化系数较低，蒸发段的净化系数可以达到 10^4 以上，是整个处理流程中的核心工艺，但其缺点是蒸发环节能耗太高。一般的蒸发过程包含蒸发与冷凝两个过程，蒸发通过供热实现（要专设锅炉房供热），冷凝过程通过冷却水将其汽化热带走（要专设冷却水泵房及冷却水塔等设施），浪费大量的热能和循环冷却水，也是低放废液处理过程中能耗最高的单元。在该蒸发过程中，每蒸发 1 t 废液需 130 ℃的蒸汽 1.2～1.5 t，冷凝时又要消耗 5 t 冷却水，处理 1 t 废液的能耗达 $2.73×10^6$ kJ，是典型的高能耗低效益的工艺流程。

8.3.2.2 组合处理

在实际生产中，往往是将几种技术组合应用。如在秦山第三核电厂放射性废液处理系统的净化回路就采用过滤+离子交换的方式对不合格的低放废液进行去污处理。

在田湾核电厂放射性废液处理系统中采用过滤+蒸发+离子交换组合方式，被收集的废液经过滤后进入自然循环式蒸发器中，产生的蒸汽经过冷凝后分别通过阴、阳离子交换器进行净化，收集液经检测合格后允许排放，不合格液体需返回阴、阳离子交换器重复净化处理。

三门核电厂采用第三代 AP1000 核电技术，在二代加核电技术基础上对废液处理系统做了改进，比如二代加蒸发器排污系统采用过滤+离子交换进行净化，而 AP1000 采用过滤+连续除盐（CEDI）技术，既节省了设备的占地面积，又减少了二次废物的排放。

针对内陆核电站放射性废液净化处理问题，以清华大学核能与新能源技术研究院放化实验室和反应堆产生活度浓度为 32 kBq/L 的混合废液作为试验原水，清华大学进行相关处理工艺研究，采用硅藻土+两级反渗透+离子交换树脂吸附的工艺，系统流程如图 8-4 所示，试验证明，系统可以有效去除水中的放射性核素，两级的总去除率可以稳定在 99.9% 以上。当原水总 β 活度浓度约为 30 kBq/L 时，采用一级反渗透处理出水低于 1 kBq/L，采用两级反渗透组合处理出水总 β 活度浓度约为 30 Bq/L，经离子交换树脂吸附后出水为 1.1 Bq/L。试验数据表明，采用该处理工艺完全可以实现内陆核电厂放射性废液的排放标准。需要说明的是，采用硅藻土+两级反渗透+离子交换树脂吸附的工艺将放射性废液浓缩后需要进行树脂除盐或蒸发处理从而实现废物的最小化。

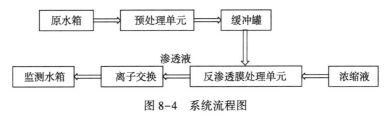

图 8-4 系统流程图

8.3.2.3 反渗透—连续电除盐（CEDI）技术

连续电除盐（CEDI）技术是一种新兴水净化处理技术，是电渗析与离子交换有机结合形成的新型膜分离技术，即将离子交换树脂填充于离子交换膜之间，在外电场的作用下，阴离子向浓项发生迁移的净化技术。该技术结合了电渗析可连续稳定运行和离子交换净化效果好的优点。对核素离子具有良好的去除效果，Sr^{2+}、Co^{2+}、Cs^+等离子的去除率高达99%以上，CEDI技术对弱电解质硼同样具有去除作用。

Andrew Turner等人在比利时的Doel压水堆核电厂建立了连续电除盐的中试装置，并连续运行了2年。该装置去污系统高达2500，浓缩比超过1600，净化效果优异，运行成本较低且二次废物量少。清华大学项目组经过几年的研究，形成了以反渗透（RO）+连续电除盐（CEDI）的成套膜工艺。集成系统涉及的工艺流程如图8-5所示。

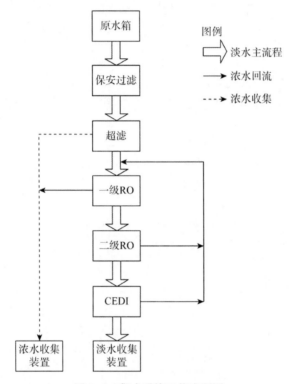

图8-5　集成系统工艺流程图

清华大学研制的成套膜工艺中，关键技术为精处理单元：连续电除盐（CEDI）。该技术是在阴极和阳极之间交替排列阴阳离子交换膜，将聚合物填充在阴阳离子交换膜之间形成淡水室。工作过程中，低放废液中的离子被聚合物吸收后，在直流电场的作用下逐步迁移到阴阳离子交换膜附近，最终通过阴阳离子交换膜进入浓水室被清除。与此同时，少量水分子在电场的作用下分解为氢离子和氢氧根离子，对聚合物进行连续再生，从而使聚合物保持在最佳的工作状态。清华大学项目组开发出的新型CEDI膜堆适用新型选择性弱解离性聚合物部分代替CEDI堆膜的阴性填充材料形成了对各类低放废液具有针对性的11种膜对填充配方。

通过微滤（MF）+超滤（UF）+反渗透（RO）的组合，可以依次去除水中颗粒物质、胶体、有机物杂质，去除包括放射性核素在内的大部分盐分，从而达到净化废液的目的。清华大学开发的反渗透（RO）+连续电除盐（CEDI）全膜集成系统尺寸为长×宽×高 = 1.5 m×0.8 m×1.81 m；系统重量（不含水）600 kg；处理量为30～60 L/h。试验验证结果如下：在源项 7000 Bq/L 左右，浓缩液控制在 5%～10% 以下（取决于原水含盐量），液态流出物的放射性活度 <1 Bq/L。整个操作过程可以实现自动控制，易于维护；处理 1 t 废液耗电 36 度，相对蒸发而言，能耗大大降低。

与传统处理工艺相比，膜技术可在一般温度下操作，浓缩分离同时进行，不需投加其他物质，不改变分离物质的性能，可通过模块式的并联满足处理量的要求。

8.3.2.4　无机吸附剂—有机螯合剂吸附技术

为了减少对天然铀资源的依赖、提高铀资源的利用率，如何有效对后处理回收铀进行萃取纯化，研究由此产生的盐含量高、放射性核素种类多（U、Np、Pu、Cs、Sr、Tc等）、有机物络合剂复杂废液，是国内外废液处理技术的难题之一。

由于回收铀废液处理因含盐量高、核素种类多、有机络合剂复杂、排放要求严和二次废物量目标值低等特点限制，原子能院根据高盐放射性废液的特点，综合国内外相关废液处理的关键技术，建立了 Cs/Tc/Ac 选择性共沉淀—碟片式高速离心固液分离、Sr 选择性共沉淀—碟片式高速离心固液分离、锕系元素水溶性高分子螯合—裂片元素选择性吸附的三段处理工艺。经过实验室基础研究、中间规模（100 L/h）单元系统试验研究、中间规模全流程工艺冷台架研究、中间规模全流程工艺台架长时间（120 h）热验证，解决了高盐复杂放射性废液的处理难题，废液处理后总 β、γ 低于 10 Bq/L，总 α 低于 1 Bq/L，达到了近零排放的水平。在研究成果的基础上，根据回收铀萃取工艺产生的不同源项废液的特征，按照废物最小化与流出物近零排放原则，提出了适用于各种源项废液的工程设计工艺。

依据废液源项实际情况，Cs/Tc/Ac 去除、Sr 去除和螯合—吸附三段处理工艺可以有4 种运行模式：当废液源项极端复杂时，采取三单元全流程运行模式；当废液源项中放射性核素与含盐量出现有利于处理的情形时，可以采用第一个单元运行模式、第一与第三联合运行模式、第一与第二单元联合运行模式（见图 8-6）。

（1）Cs/Tc/Ac 去除单元

Cs/Tc/Ac 去除单元由废液冷却器、配料系统、计量系统、反应池、沉淀池/泥浆池、高速离心机、道尔顿超滤膜组成（见图 8-7）。其中高速离心机排出的渣料送到沉淀池内，

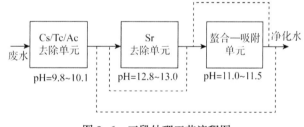

图 8-6　三段处理工艺流程图

沉淀池内的沉淀泥浆每隔一段时间排入泥浆池内，废液温度需要控制在 28 ℃ 以下，因此需要冷却器。

本单元 pH 操作范围窄，反应池设计为两个，进行批式进料操作。当其中一个反应池（pH 完全满足指标）运行往沉淀池送料时，另一个反应池进行进水、配料、计量、进料、pH 调控操作，直到 pH 满足指标要求。当第一个反应池送料完毕后，第二个反应池开始往沉淀池供料，两个反应池交替操作。

配料系统主要由亚铁氰化镍钾、硝酸镍、硫酸钛、TPP、阳性高分子和氢氧化钠配料设备组成，目的是配置特定浓度的反应物，供计量之用，配料系统如图 8-8 所示。

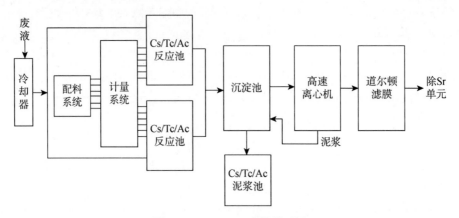

图 8-7 Cs/Tc/Ac 去除单元图

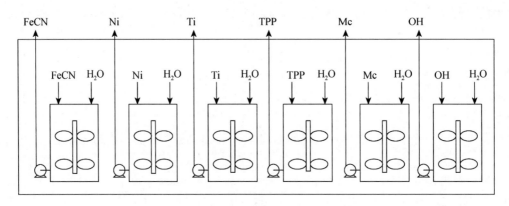

图 8-8 配料系统图

计量系统由亚铁氰化镍钾、硝酸镍、硫酸钛、TPP、阳性高分子和氢氧化钠等反应物的计量罐等设备组成；计量罐设置高低液位和连续测量液位，每个计量罐配备精确计量泵、精确流量计，可以进行瞬时流量指示和累积输送体积记录；计量的准确度通过计量罐、计量泵、流量计进行时间段和瞬时计量保障；整套计量系统采取交替模式供料，计量系统图如图 8-9 所示。

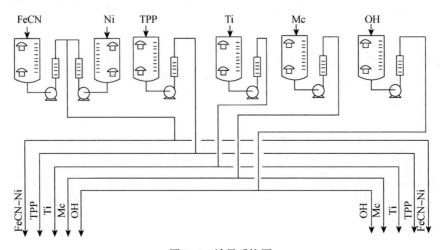

图 8-9 计量系统图

反应池设置两个，池内设置 pH 计、温度计、高低液位报警、连续液位测量、机械搅拌浆、泥浆供料泵、废液接管、反应物进料管、呼排气管等；设置了反应池 pH 与 NaOH 计量泵联动控制，有效保证反应池内 pH 的瞬时准确度；池内温度控制在 28 ℃ 以下；反应池供料泵选用泥浆泵，防止出现供料泵堵塞现象的发生，反应池关联图如图 8-10 所示。

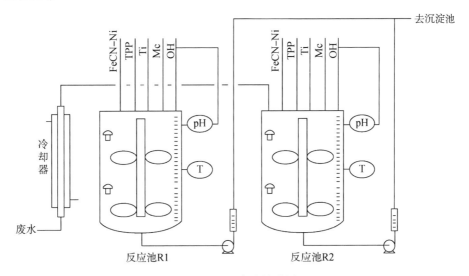

图 8-10　反应池关联图

废液经过投加反应物后进入沉淀池、高速离心机和道尔顿超滤膜等设备进行固液分离；沉淀池主要用来分离大颗粒悬浮物、高速离心机用来分离小颗粒物、道尔顿膜主要用来分离胶体；高速离心机分离出的渣料回流到沉淀池内，沉淀池内的沉淀泥浆排入到泥浆池。沉淀池设置为中心管底部辐射进料、顶部环槽出料、底部泥浆卸料、中部泥浆切线回流结构；沉淀池运行时，可以在沉淀池内投加细沙、泥浆回流、延长沉淀时间等措施来增加沉淀池的分离效果，减少二次废物量；离心机运行时，可以适当增加排渣频次，减少道尔顿超滤膜的负担并减小二次废物量；道尔顿膜运行时，可以试用不同过滤直径的过滤膜，进一步减少膜的更换量，减少二次废物量；其中泥浆回流采用泥浆泵输送，见图 8-11。

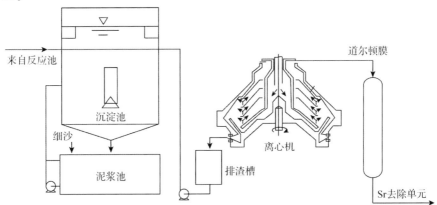

图 8-11　沉淀池—离心机—道尔顿膜图

（2）Sr 去除单元

Sr 去除单元由废液冷却器、配料系统、计量系统、反应池、沉淀池/泥浆池、高速离心机、道尔顿超滤膜组成见图8-12。其中高速离心机排出的渣料送到沉淀池内，沉淀池内的沉淀泥浆每隔一段时间排入泥浆池内，废液温度需要控制在 28 ℃以下，因此需要冷却器。

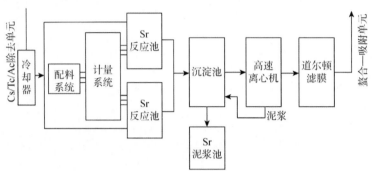

图 8-12　Sr 去除单元流程图

鉴于本单元 pH 操作范围窄的特点，反应池设计为两个，进行批次进料操作，运行时其中第一个反应池（pH 完全满足指标）运行，往沉淀池送料；第二个反应池进行进水、配料、计量、进料、pH 调控操作，直到 pH 满足指标要求，同时等待第一个反应池送料完毕，当第一个反应池送料完毕后，第二个反应池往沉淀池供料；第一个反应池送料完毕后，则进水、配料、计量、进料、pH 调控，两个反应池交替操作。

计量系统由硫酸钛、TPP、阴性高分子和氢氧化钠等反应物的计量罐等设备组成；计量罐设置高低液位和连续测量液位，每个计量罐配备精确计量泵、精确流量计，可以进行瞬时流量指示和累积输送体积记录；计量的准确度通过计量罐、计量泵、流量计进行时间段和瞬时计量保障；整套计量系统采取交替模式供料（见图8-13）。

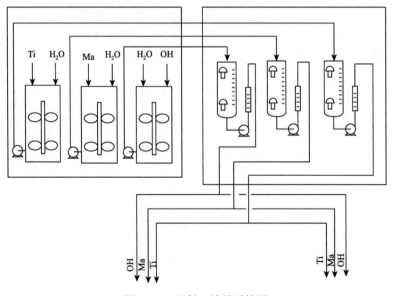

图 8-13　配料—计量系统图

反应池设置两个，池内设置 pH 计、温度计、高低液位报警、连续液位测量、机械搅拌浆、泥浆供料泵、废液接管、反应物进料管、呼排气管等；设置了反应池 pH 与 NaOH 计量泵联动控制，有效保证反应池内 pH 的瞬时准确度；池内温度控制在 28 ℃ 以下；反应池供料泵选用泥浆泵，防止出现供料泵堵塞现象的发生。

8.4　热泵蒸发技术

热泵技术是一项高效环保的节能技术，可应用于需要进行蒸发浓缩等工艺的行业，如化工、食品、药品、海水淡化等工业生产领域。

"热泵"的概念是在 19 世纪 50 年代由英国物理学家威廉·汤姆逊（后来叫开尔文）首先提出的。汤姆逊最先提出的一种热泵系统（亦称热泵放大器）是用空气作为工作介质，将空气抽入气缸中进行膨胀使其降温降压，然后通过一个空气热交换器，在这里吸收环境空气中的热量，吸热后的空气经压缩机压缩，使其温度高于环境温度，最后将这些热空气输送到需要采暖的建筑物内。汤姆逊设想，有一种装置可以从沸腾溶液中抽出蒸汽，用压缩的方法加入外加热能使其温度升高，然后再将潜热传给较冷的沸腾溶液。他最早提出了蒸汽压缩的概念，但由于当时的压缩机效率过低而无法实现这个设想。最早将这一概念用于实际的是沃斯的热压缩系统，这个系统包括一台透平压缩机和一台蒸发器，被称为"自动蒸发器"，这种系统出现于 19 世纪。

在第二次世界大战前，适于工业用热泵的设计和示范性装置都已制造出来。后来因为世界大战的爆发及其他种种原因，工作进展极为缓慢。但在这一时期，小型空调热泵试验装置仍有所进展。在大战期间，由于军事上的需要，淡化海水用的小型热泵蒸发装置发展很快，出现了数以千计的这类装置。20 世纪 50 年代热泵技术已在造纸工业的黑液浓缩过程中有了普遍应用，化工生产上也采用这一技术来制备无机盐或进行溶液的浓缩。

在 20 世纪 60 年代，美国、德国，法国等国家相继将热泵蒸发技术应用于核工业放射性废液的蒸发浓缩处理中，如法国的 Fontenay-aux-Rose 和 SaClay 两个核研究中心和德国卡尔斯鲁厄核研究中心，均采用了机械压缩式热泵处理放射性废液。

1949 年后，我国在热泵技术方面也做了一些研究工作，然而只着重于小型空调式热泵的研制。从 20 世纪 70 年代起一些高等院校和科研单位对工业用热泵进行了探索性的研究，并积极开发这项技术。近年来，在我国化工、石油、轻纺、食品、药品、环保等行业中水溶性料液的蒸发、蒸馏操作中，热泵蒸发技术已得到比较广泛的应用，且发展迅速。而热泵处理技术在核工业放射性废液的处理上也已开展了工程科研，目前已实现工程应用。

8.4.1　热泵技术的原理

热泵从实质上讲是一种热机，只是在两个温度之间以相反的方式运行，将热量由低品位传到高品位的热力循环，如图 8-14 所示。热机通过从高温 T_2 得到热量 Q_2 产生做功 W，

并且将 Q_1 的热量放入低温 T_1 中，然而热泵是通过输入功 W 从低温 T_1 中吸取热量 Q_1，然后将热量 Q_2 传递到高温 T_2。

机械式热泵蒸发装置是将蒸汽压缩机与蒸发器联合起来的一种节能装置。它将二次蒸汽通过压缩机的压缩，提高了二次蒸汽的压力、温度和焓，然后将压缩后的蒸汽回送到蒸发器的加热室中，作为热源去加热蒸发料液，被加热的料液吸收潜热又转化为蒸汽，如图 8-15 所示。这样，以少量的高质能（电能、机械功）通过热泵蒸发装置将大量的低温能转化为有用的高温热能加以利用，达到节能的目的。

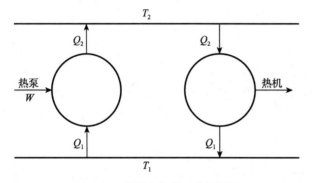

图 8-14　热泵与热机工作原理图

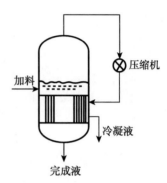

图 8-15　热泵蒸发器示意图

8.4.2　核心设备应用现状及发展趋势

8.4.2.1　蒸汽压缩机类型

热泵蒸发系统的主要设备包括预热器、蒸发器、蒸汽压缩机等，其中蒸汽压缩机是系统中的核心设备，常规的用于热泵蒸发的压缩机类型包括罗茨式、螺杆式、离心式等类型，这些类型的压缩机各有优缺点。

（1）罗茨式压缩机

罗茨式压缩机是利用两个叶形转子在气缸内作相对运动来压缩和输送气体的回转压缩机，如图 8-16 所示，机壳内有两个渐开摆线形的转子，两转子之间、转子与机壳之间缝隙很小，使转子能自由运动而无过多的泄漏，两转子的旋转方向相反，可使气体从机壳一侧吸入，从另一侧排出。一般转子有两叶型和三叶型两种。罗茨压缩机的气量和转速成正比，这一类压缩机结构简单、制造方便，转子不用润滑油，可保持水蒸气的洁净。

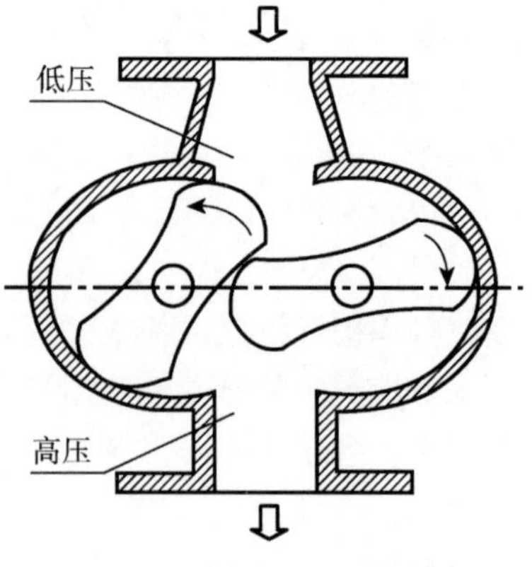

图 8-16　罗茨压缩机原理图

2010—2013 年，原子能院建立了一套以罗茨压缩机为核心设备的热泵蒸发系统，用于处理低水平放射性废液，系统处理低放废液能力为 1 m³/h，热试验连续运行 92 天，设备运行正常。

（2）螺杆式压缩机

螺杆式压缩机是在"∞"字形的气缸内，平行放置两个螺杆，两者按一定转动比相互啮合并高速回转，在气缸内完成吸气、压缩和排气的过程，两种螺杆均为螺旋形。这种压缩机主要优点是压比高，零件较少，维护简单，缺点是噪声较大，加工制造难度较高。沈阳化工机械厂同沈阳化工厂合作研制压缩式热泵，采用螺杆式蒸汽压缩机。该装置经在烧碱蒸发装置中应用一年多实践表明，热泵系统主要技术性能指标基本上达到原设计要求，取得了较好的节能经济效果，并于 1985 年 12 月 29 日通过市级技术鉴定。

（3）离心式压缩机

其原理是气体从叶轮中心进入后，叶片旋转带动气体沿叶片周围甩出，从而达到气体压力升高的目的的，这类压缩机流量大、转速高、结构紧凑，相比其他压缩机，其处理量更大、压缩比更高，其缺点是机组费用和故障率较高，尤其是不能适用于流量太小的场合，一般以 2 t/h 流量为下限。泸州天然气化工厂合成一车间在 1987 年从德国进口了两台当时较先进的离心式蒸汽压缩机（K201、K202），其作用是将贫液和半贫液减压闪蒸出的低品位蒸汽送入压缩机加压后送回再生塔，作为溶液再生的部分热源，压缩机主要参数如表 8-3 所示。

表 8-3 主要参数表

	K201	K202
型号	RT_{35-1}	RT_{45-1}
介质	水蒸气	水蒸气
质量流量/（kg/h）	7541	11 245
进口压力（绝压）/10^5 Pa	0.868~0.94	0.833~0.93
进口压力（绝压）/10^5 Pa	1.386~1.57	1.524~1.706
进口温度/℃	99.5~103.5	99.53
进口温度/℃	153.1	166.6~167
轴功率/kW	201	407~423
压缩机转速/（r/min）	20 954	18 927

中核四〇四公司进口了一套德国的蒸汽压缩机，自主设计了蒸发器等其他设备，搭建了一套热泵系统，用于硝酸铀酰的浓缩，采用离心式蒸汽压缩机，处理量 8~18 t/h，每天 24 h 运行，每年运行 200 多天，年产约 1000 t。系统运行稳定，节能效果良好。

（4）往复式压缩机

也称为"活塞"式压缩机，其基本原理是依赖外力带动活塞在汽缸内做往复式运动，从而压缩汽缸内的气体，使气体压力升高，一个循环包括吸气、压缩、排气、再吸气过程。往复式压缩机的特点：a. 容易获得高压；b. 压缩效率高；c. 压力、容量特性稳定。缺点：a. 由于转速低，机型和重量大；b. 由于是往复运动，惯性力大，成为振动的原因；c. 压缩气体有脉动；d. 结构复杂，保养困难；e. 由于使用活塞环，压缩气体中混入润滑油。国内将往复式热泵装置应用于生产实践的很少，国外也鲜有利用。

南京航空航天大学韩东等对蒸汽机械再压缩的硫酸铵蒸发结晶进行了研究，建立了一套试验装置，如图 8-17 所示。

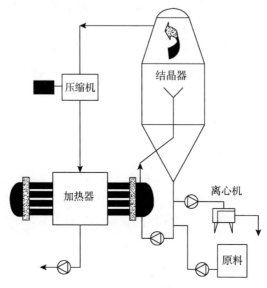

图 8-17　试验装置图

物料在加热器中被加热，在结晶器中减压蒸发，二次蒸汽经由结晶器的上部进行气液分离，液相返回到结晶器中，分离后的二次蒸汽被送往蒸汽压缩机，经过压缩机压缩后，二次蒸汽的温度压力得到提升，进入加热器释放其潜热加热物料。其压缩机采用的是德国进口的容积式压缩机，增压比为 1.8，设计的蒸发量为 1.2 t/h。系统结构简单，运行平稳，与三效蒸发器相比，每蒸发 1.2 t/h 水，年运行费用可节省 53.58%。

8.4.2.2　蒸汽压缩机的应用现状

离心式压缩机应用于压缩大流量蒸汽，但单级压缩产生的压比小，要获得 4~6 甚至更高的压比需要多级压缩串联，但这样机器复杂、造价高。目前国内外采用的热泵系统中大多采用单级离心式压缩机，但国内进口的压缩机普遍成本较高，而且维护、维修困难。

罗茨、螺杆式压缩机寿命长、操作方便、运行可靠、稳定、容积变化容易，适宜压缩水蒸气，由于转速较低，沿转子轴向运动的物料流动又较平稳，所以故障率低。这些特点是螺杆式压缩机在热泵系统中应用较为普遍。相比于螺杆式，罗茨式压缩机结构更简单、造价更低、压缩比更低，也可用于对压缩比要求不大的热泵装置中。

上述几种常见的蒸汽压缩机各有优缺点，罗茨、螺杆式压缩机整机效率低，噪音高，尤其当设计处理量较大时，这些缺点将更加突出。往复式压缩机的特点机型和重量大，振动大，国内将往复式热泵装置应用于生产实践的很少，国外也鲜有利用。目前离心式蒸汽压缩机的研制相对更为成熟，应用更广，相对于罗茨式压缩机，离心式压缩机生产能力大，供气量均匀，流量平稳、结构可靠，运转周期长，人员操作少等优点，但一般情况下，该机型转速较高，需要齿轮箱传动，因此存在设备体积大，占地面积大，配套系统多，不能应用于小规模热泵系统等缺点。随着近年来高速电机的发展和应用，离心蒸汽压缩机的缺点得到很大改善。

目前国内高速驱动设备大多采用常规电机+变速箱增速方式，其主要缺点为：增速箱可靠性较差且占用空间较大；增速箱齿轮必须通过油站进行润滑，密封问题较难解决；维护成本高，寿命短，噪声大；增速箱的传动会带来效率损失，导致整个系统效率低下，能源浪费较大。高速电机通常是指转速超过 10 000 r/min 或难度值（转速和功率平方根的乘积）超过 $1×10^5$ 的电机。采用高速电机直接驱动，可省去增速箱环节，系统体积可缩小 $40\%\sim60\%$，而且具有转动惯量小，动态响应快、系统噪声低、可靠性高、免维护、传动效率高等突出优势，可实现节能 15% 以上。

8.4.2.3 蒸汽压缩机发展趋势

国外对高速电机的发展已经具有较好的研究基础，产业势头良好，国内高速电机发展相对滞后，产业化水平较低，目前哈尔滨工业大学、华中科技大学、东南大学、浙江大学、南京航空航天大学、沈阳工业大学等对高速电机的电磁场、应力场、温度场、流体场以及转子动力学等方面进行了深入的研究，取得了较好的成果。

以高速电机驱动的离心蒸汽压缩机将是后续热泵技术核心设备的发展趋势，将在以下几方面进一步优化热泵技术。

①热泵系统节能效果将进一步提升，目前，采用常规的罗茨或离心蒸汽压缩机的热泵技术节能效果为 $85\%\sim90\%$，高速电机驱动的离心蒸汽压缩机效率更高，节能效果有望达到 90% 以上；

②系统设备体积大幅缩小、系统噪音更低，维护更简单方便，高速直连蒸汽压缩机无增速箱环节，油箱、油泵等润滑油系统设备大幅缩小，所以整机体积可缩小 $40\%\sim60\%$，相应地，设备动态响应更快、系统噪声更低、免维护简单费用小；

③提升离心蒸汽压缩机与热泵技术的匹配性，针对较小处理规模（2 t/h 以下）的热泵系统，就常规的齿轮箱增速的离心压缩机而言，需要较高转速，通常在 40 000 r/min 以上，由此造成设备增速难度大、密封、润滑、轴承等难题，导致设备稳定性可靠性较差，且设备效率较低、经济性差，针对较小规模的热泵系统，通常采用罗茨压缩机，而高速直连电机解决了常规驱动方式存在的种种问题，它的推广应用将实现其与不同规模热泵系统的良好匹配。

8.4.3 国内外研发应用现状

8.4.3.1 国外实例分析

热泵蒸发技术在核电站放射性废液处理方面的研究可以追溯到 20 世纪四五十年代。早在 1955 年，美国布鲁克海文国家实验室（BNL）开展了热泵蒸发技术处理放射性废液的研究，其蒸发处理能力是 $1\ m^3/h$，该实验室共进行了两个阶段的研究：第一阶段运行 6 个月，共处理废液 886 t，产生浓缩液 11.5 t，压缩机功率 27 kW，补充蒸汽 19 kg/h；第二阶段运行 22 h，处理废液 22.5 t，产生浓缩液 0.3 t，压缩机功率 33 kW，补充蒸汽 19 kg/h。

该实验室研究结果表明，采用热泵蒸发技术处理低放废液，仅蒸发器的净化效果就能达到 $10^4\sim10^6$，如在蒸发器后加玻璃纤维过滤器后，其净化效果能达到 $10^6\sim10^7$。

1965 年起，法国丰太尼奥罗斯核研究中心利用热泵蒸发处理低放废液，处理能力可达 25 m^3/h，净化系数可达 10^4，主要设备包括预热器、蒸发器、蒸汽压缩机等，根据资料显示，该系统在 1965—1969 年这 5 年期间共计处理低放废液 8100 m^3。

1968 年，德国卡尔斯鲁厄核研究中心应用热泵技术处理放射性废液，处理能力为 4.5 m^3/h，净化系数达到 $10^6 \sim 10^7$，主要设备包括第一预热器、第二预热器、蒸发器、蒸汽压缩机等，该系统运行稳定，已实现安全、连续运行近 40 年，该系统能量平衡很好，数据显示每蒸发 1 t 放射性废液需补充新鲜蒸汽 20 kg，压缩机耗电 27.8 kW · h，搅拌机耗电 4.1 kW · h。

英国核武器机构股份公司（AWE）在奥尔德马斯顿村厂址建造了一座新的废液处理场，并于 2005 年开始试验运行，废液经过粗过滤和预热后，采用热泵蒸发和反渗透膜法进行处理。

国外热泵蒸发处理低放废液起步较早，运行多年，技术成熟，不同规模不同处理能力的热泵系统普遍存在，处理量从 1 t 到 25 t 不等，净化系数为 $10^4 \sim 10^6$，主要设备有预热器、蒸发器和蒸汽压缩机，采用新鲜蒸汽作为启动和补偿蒸汽。目前，国外热泵蒸发技术已形成不同处理能力的标准化设计生产能力，蒸发器大多采用强制循环以提高换热效果，减小设备体积。

8.4.3.2 国内研究进展

中国原子能科学研究院在 20 世纪 80 年代开展了热泵蒸发技术的基础研究，研制并建立了一套处理能力为 0.3 t/h 的热泵蒸发试验装置，进行了模拟料液冷试验，取得大量的试验数据，节能效果明显。

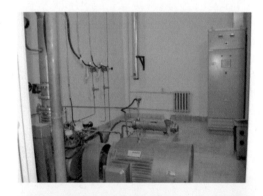

图 8-18 原子能院 1 t/h 热泵蒸发装置图

2013 年，开展了处理低水平放射性废液热泵蒸发技术的工程应用研究，是国内首次应用热泵蒸发技术处理放射性废液，通过 3 个月连续运行，共处理放射性废液409.8 m³，完成了热试验方案中全部试验内容，对热泵系统处理低水平放射性废液进行了全面考验，掌握了热泵蒸发系统的运行控制参数。处理能力、节能效果以及净化效果三方面技术指标均满足设计要求，系统处理量为 1 t/h，总体净化系数达到了 10^5，同传统的低放废液蒸发处理方法相比，节能效果达到90%以上。

技术路线是采用离心式蒸汽压缩机取代原有热泵系统中罗茨蒸汽压缩机，通过台架冷调试和系统热试验，验证离心蒸汽压缩机可靠性和稳定性，通过系统试验获得离心压缩机设备的运行参数，为放大规模的热泵蒸发器系统设计和离心压缩机设备设计奠定基础。热泵系统具体的工艺方框流程如图 8-19 所示。

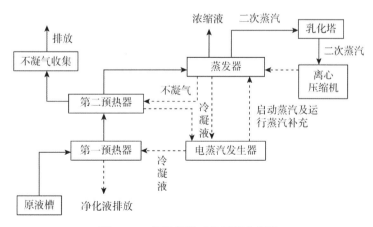

图 8-19 热泵蒸发工艺流程方框图

料液由供料泵从废液储槽输送至本系统内，先经过永磁软水器后进入第一预热器，在第一预热器内，用电蒸汽发生器来的二次蒸汽冷凝液将料液预热到80 ℃左右后送入第二预热器，用蒸发器加热室中排出的不凝性气体及其夹带的蒸汽，进一步预热至90 ℃以上，最后进入蒸发器的加热室加热到沸腾，在分离室内进行汽液分离。

蒸发器分离室中产生的二次蒸汽，先经过蒸发器分离室内金属丝网除沫，然后经过乳化塔进行最后净化。从乳化塔出来的二次蒸汽直接进入离心压缩机进行压缩，提高二次蒸汽的压力和温度后，再作为加热蒸汽送入蒸发器加热室去加热料液，蒸发浓缩后的浓缩液从蒸发器加热室底部排出。

蒸发器加热室和第二预热器的二次蒸汽冷凝后自流进入电蒸汽发生器，电蒸汽发生器中的冷凝液大部分输送至第一预热器去预热料液，而自身冷却为 40 ℃ 左右的净化水进行排放。另外，电蒸汽发生器还作为整个系统的启动热源，系统启动时，电蒸汽发生器全功率运行，待蒸发器内二次蒸汽大量产生，蒸汽压缩机正常运行后，电蒸汽发生器只作为系统补充热源小功率运行。

电蒸汽发生器内另外两部分蒸汽冷凝液，一部分输送到压缩机的出口，用以消除压缩后蒸汽的过热，将过热蒸汽变为饱和蒸汽，另一部分作为喷淋水进入乳化塔，用以净化二次蒸汽。

目前，国内热泵蒸发处理低放废液技术研究单位逐步增加，但除中国原子能科学研究院外尚未有工程应用实例。

8.5 热泵蒸发技术发展路线

8.5.1 规模发展

2019 年初，国防科工局发布了《乏燃料后处理科研 2019−2020 年项目申报指南》（以下简称指南），对乏燃料后处理相关技术研发提出了要求和建议，低放废液热泵蒸发工程样机研制是指南中的重点研究课题之一，要求开展机械式热泵蒸发技术研究，研制工程样机并进行工程验证试验，掌握低放废液机械式热泵蒸发工程技术。目前，我国正在进行 200 t/a 乏燃料后处理中试厂相关试验研究，年低放废液产生量约为 25 000 m^5。在目前研究的基础上，200 t/a 后处理厂也在进行规划设计中，至 2030 年，我国还要建成处理能力为 800 t/a 的后处理大厂，低放废液产生量将非常大。

目前，我国低放废液处理大多仍采用传统的"老三段"蒸发技术，运行能耗、经费和维护成本过高，以原子能院为例，处理 1 t 废液需要 1.2~1.5 t 蒸汽，每年处理 400 t 放射性废液需要蒸汽费 1000 多万元。成本和能耗极其昂贵，且二次蒸汽冷凝过程还需消耗大量的冷却水，系统庞大、设计复杂，是典型的高耗能过程，不符合节能减排的要求，严重制约着乏燃料后处理厂放射性废液处理技术设计。

热泵技术已经被验证是一种高效节能的蒸发技术，原子能院已完成热泵工艺技术研究，建成了一套处理能力为 1 t/h 的热泵蒸发装置，进行了低放废液热泵蒸发热试验验证，相比常规"老三段"蒸发工艺，热泵技术节能效果可达到 85%，处理后的净化液放射性水平与"老三段"工艺基本一致，可达到 10 Bq/L 的排放要求。

热泵技术节能效果好，系统简单，操作方便，设备数量和规模大幅减少，已具备工程应用要求，在后处理厂、核电厂和科研生产厂院设计建造不同处理规模的热泵蒸发系统替代"老三段"工艺迫在眉睫。

8.5.2　可移动式发展

核设施运行、检修与退役等各个环节均会产生不同特性的放射性废液，通常根据废液源项的特性，由固定式陆上废液处理设施分类接收，采用不同处理工艺进行处理。但是，固定式放射性三废处理设施系统设备发生故障时，如没有应急装置，放射性废液接收处理将无法进行；其次，反应堆装置一旦发生核燃料元件破损等事故，产生的废液中的放射性核素成分将变得极其复杂，不仅含有腐蚀活化产物核素，还含有大量裂变核素，如果采用固定三废处理设施进行处理，将会污染固定设施的系统与管路。因此，从核应急及复杂源项废液接收处理的角度考虑，研究开发小型可移动式放射性废液接收处理装置尤显必要和紧迫。

在国外的一些应用实例中，相比固定式处理系统，移动式处理系统具备独特的优势，是更可取的选择，尤其是关系技术革新、技术改进系统。比如，一套移动式系统的发展、更新或者替代比固定式系统更加容易实现，费用也相对更低。同时，在一些废液产生较少、较分散的地区，放射性废液的处理也存在问题，建立新的固定设施成本代价高，将废液集中运输出处理风险大。

国外移动式放射性废物处理装置已非常成熟，覆盖了废物处理管理的各个阶段和各个方面，各种气、液、固废物的一些处理方法均实现了可移动化，在国际原子能机构出版的"Mobile Processing Systems for Radioactive Waste Management"认为，在下一代核电设计以及核设施退役过程中，移动式的废物处理系统将发挥重要作用。专著中分别介绍了各国已经成熟应用的移动式放射性废物处理、处置装置，具体装置名称及其相关情况如表 8-4 所示。

表 8-4　国外移动式废物处理装置

应用方向	应用技术	废物物项	已应用国家
预处理	预压缩	S	俄罗斯、美国
	机械去污、净化	S	印度、美国
	化学中和、化学沉降	L	美国
	土壤洗涤	S	俄罗斯、美国
	放射性油去污	L	加拿大、美国
处理	过滤	L	俄罗斯、美国
	过滤、膜和离子交换	L	俄罗斯
	核素去除系统中的选择性离子交换	L	芬兰
	使用过的离子交换树脂和过滤膜脱水	WS	美国
	湿固体废物和液体的滚筒干燥	L、WS	美国

应用方向	应用技术	废物物项	已应用国家
	金属基体废弃密封源封装	S	俄罗斯
整备	固化	L	法国、德国等
	离子交换废树脂聚合物的封装	WS	法国
	超压	S	巴西、加拿大等
处理和整备联合方法	活性成分的减容包装	S	美国
	高活度废弃源的拆卸和包装	S	南非、英国

注：表中废物物项中 S 表示固体废物，L 表示液体废物、WS 表示湿的固体废物。

我国核设施维护退役过程均不断地产生着低放废液，这种废液存在以下特点：低放废液占比大，这些废液放射性水平较低。同时，我国沿海城市核设施放射性废液净化后废液排放标准较内陆高，一般在 100 Bq/L 以上，而医院产生的废液放射性水平较低，一级蒸发处理净化系数约为 10^4，因此，经过一级蒸发处理即可满足此类废液的净化要求。这就为热泵蒸发装置设备适当的简化，设计制造集成化、可移动式的热泵蒸发装置提供了可能。

移动式废液处理装置在一些场所不仅可用于代替常规设施，处理核设施退役过程中产生的放射性废液，从而省去对关停多年、已污染的、老化陈旧、庞大的废液处理设施及废液管网的恢复和改造，也可解决废液处理设施本身退役中产生的放射性废液的处理问题。一些新建核设施，或者一些未建废液处理装置的核设施中，新建废液处理设施投资大，后期运行、维护费用较高，而集成化热泵装置占地面积小，灵活性高，可作为废液处理设施对在役核设施运行、科研、生产及核武器研制生产中产生的放射性废液进行净化处理。

另外，一些核电厂反应堆装置一旦发生核燃料元件破损等事故，产生的废液中的放射性核素成分将变得极其复杂，不仅含有腐蚀活化产物核素，还含有大量裂变核素，如果采用固定三废处理设施进行处理，将会污染固定设施的系统与管路。同时，日本福岛核燃料泄漏事故也提醒我们，核废液泄漏等重大核事故的应急保障相关技术和装置亟待研究和完善。移动式热泵蒸发废液处理装置，设备、管道少，污染后危害小，去污方便，操作灵活无需外部辅助设施，其具备的优点将在我国核应急处理中将会发挥重要作用。

8.5.3　热泵技术在核工业扩展应用

8.5.3.1　铀转化过程硝酸铀酰的浓缩

在后处理 PUREX 流程中，经溶剂萃取分离和净化得到的硝酸铀酰溶液中的铀浓度不能满足后续工序的要求，需对其进行浓缩处理。国外如英国热堆氧化物燃料后处理厂、英国塞拉菲尔德二厂（四效蒸发器）、法国 UP2 后处理厂、德国卡尔斯鲁厄后处理中间试验工厂、俄罗斯马雅克后处理厂、日本六个所后处理厂、日本东海村后处理中间试验工厂、美国巴维尔工厂等均采用蒸发技术对铀纯化后的硝酸铀酰溶液进行蒸发浓缩，最终浓缩至一定浓度的硝酸铀酰溶液。

中核四〇四公司采用强制循环蒸发器为主的热泵蒸发系统，采用连续进料、间歇出料的操作方式将铀纯化循环来的 3EU 溶液蒸发浓缩,为流化床脱硝制备铀产品和电解槽制备四价铀提供高浓度硝酸铀酰溶液。

8.5.3.2　核电含硼废液的浓缩

核电厂中的硼酸通常用于控制链式反应的反应性,核电厂运行期间硼浓度质量分数在 $1 \times 10^{-5} \sim 130 \times 10^{-5}$,AP1000 单堆每年硼酸排放量约为 6 t。目前,核电厂产生的含硼废液通常采用蒸发、离子交换等方法处理,但离子交换树脂的容量有限,而内陆 AP1000 核电厂含硼废液目前尚无经济可行的处理技术。常规蒸发技术是一种优良的含硼废液处理方式,对硼的去除效果优异,可大幅较少废液量,但蒸发处理装置设备复杂,能耗高,维护困难,鉴于这种废液产量较低,所以采用较小规模的集成式或可移动的热泵蒸发装置将是非常经济合理的选择。

以上的实际工况对移动式低放废液处理技术提出了需求。相比常规的“老三段”蒸发技术,热泵蒸发系统工艺简单,设备数量少,主要设备有预热器、蒸发器、蒸汽压缩机,其他净化和配套设备可以视工艺省略或另行配置,因此,研究设计一套处理能力较小的热泵系统,将装置集成在一套可移动的装置内是可行的,将是下一步热泵技术的发展趋势。

参考文献

[1] 周书葵，娄涛，庞朝辉，等. 放射性废液处理技术 [M]. 北京：化学工业出版社，2011.

[2] 云桂春，成徐州. 压水反应堆水化学 [M]. 哈尔滨：哈尔滨工程大学出版社，2009.

[3] 王俊峰，刘坤贤，王邵，等. 放射性废物处理与处置 [M]. 北京：中国原子能出版社，2012.

[4] 赵璇，侯韬. 连续电除盐技术对核电站一回路冷却剂中核素的净化特性 [J]. 清华大学学报，2010，50（9）：1429-1431.

[5] 赵璇，李福志，张猛. 膜技术用于低放废液处理的研究 [G]. 中国核科学技术进展报告（第四卷），2015：94-98.

[6] 张劲松，郭卫群. 低放废液组合膜分离工艺研究 [J]. 核动力工程，2014，35（3）.

[7] 杨腊梅，俞杰，张勇. 放射性废液处理技术研究进展 [J]. 污染防治技术，2007：35-37.

[8] 魏俊明. 秦山第三核电厂放射性废液处理系统性能改进 [J]. 核动力工程，2007（10）：91-94.

[9] 陈良. 田湾核电站放射性废液处理系统介绍 [C]. 核化工三废处理处置学术交流会，2007：84-87.

[10] 李红波，姜钧. AP1000 核电机组蒸汽发生器排污系统设计改进 [J]. 科技世界，2016（10）：88.

[11] 李俊峰，孙奇娜，王建龙. 放射性废液膜处理工艺中试实验研究 [J]. 原子能科学技术，2010（9）：148-152.

[12] 黄志坚，袁周. 热泵工业节能应用 [M]. 北京：化学工业出版社，2014.

[13] 庞合鼎，王守谦，阎克智. 高效节能的热泵技术 [M]. 北京：院子能出版社，1985.

[14] 黄理浩，陶乐仁，郑志皋，等. 机械压缩式热泵蒸发技术在碱回收系统中的研究 [J]. 现代化工，2011，31（1）：75-78.

[15] IAEA. Mobile Processing Systems for Radioactive Waste Management [R]. 2014.

[16] 黄祖祥. 介绍两台新型设备 [J]. 现代节能，1990，4：44-47.

[17] 韩东，彭涛，等. 基于蒸汽机械再压缩的硫酸铵蒸发结晶实验 [J]. 化工进展，2009，28：187-189.

[18] 董剑宁，黄允凯，金龙，等. 高速永磁电机设计与分析技术综述 [J]. 中国电机工程学报，2014，34（27）：4640-4653.

[19] 谭建明，刘华，张治平. 永磁同步变频离心式冷水机组的研制及性能分析 [J]. 流体机械，2015，43（7）：82-87.

[20] 刘延泽，侯红梅. 污水处理行业曝气鼓风机技术发展趋势 [J]. 通用机械，2014（4）：30-33.

[21] 戴睿, 张凤阁, 王惠军. 高速电机的特点与关键技术问题 [J]. 风机技术, 2019, 61 (4): 59-66.

[22] 许明霞. 乏燃料后处理厂"红油"爆炸安全分析 [J]. 核安全, 2011 (1): 23.